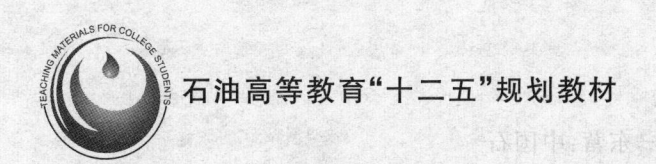

石油高等教育"十二五"规划教材

油气田环境保护

黄维安　主编

中国石油大学出版社

图书在版编目(CIP)数据

油气田环境保护 / 黄维安主编. —东营:中国石油大学出版社,2015.11
　ISBN 978-7-5636-5125-2

Ⅰ. ①油… Ⅱ. ①黄… Ⅲ. ①油气田—环境保护—高等学校—教材 Ⅳ. ①X74

中国版本图书馆 CIP 数据核字(2015)第 292201 号

石油高等教育教材出版基金资助出版

书　　名:油气田环境保护
作　　者:黄维安

责任编辑:穆丽娜(电话 0532—86981532)
封面设计:青岛友一广告传媒有限公司

出 版 者:中国石油大学出版社(山东 东营　邮编 257061)
网　　址:http://www.uppbook.com.cn
电子信箱:shiyoujiaoyu@126.com
印 刷 者:青岛国彩印刷有限公司
发 行 者:中国石油大学出版社(电话 0532—86981531,86983437)
开　　本:185 mm×260 mm　印张:18.75　字数:456 千字
版　　次:2015 年 11 月第 1 版第 1 次印刷
定　　价:45.00 元

前言
Preface

当今世界,环境问题是世界人民关注的焦点,环境保护已成为一个国家经济发展水平和文明程度的标志。1972年6月联合国发表的《联合国人类环境宣言》指出:现在已达到历史上这样一个时刻:保护和改善人类环境已经成为一个迫切的任务。人们在决定各种行动的时候,必须更加审慎地考虑它们对环境产生的后果,由于无知或不关心,我们可能给我们生活所依靠的地球环境造成巨大的无法挽回的损害,反之,有了比较充分的认识和采取比较明智的行动,就可能使我们自己和我们的后代在一个比较符合人类需要和希望的环境中过着较好的生活。这段话清楚地告诫我们,人类必须具备基本的环境保护意识。

目前,环境质量在局部地区得到改善,但全球面临的环境问题仍很严重:大气环境面临着酸雨、温室效应、臭氧层破坏三大问题;水污染加剧、水质下降、世界性的水资源紧缺和干旱带来水荒和沙漠化问题;物种减少、森林滥伐、生态平衡遭到破坏;每年有上千种有机合成新物质出现,其中有的是致癌物,导致人类癌症患病率上升。以上种种事实表明:保护环境刻不容缓。

石油是工业的血液,是重要的战略物资,对于建设社会主义现代化国家,提高人民生活水平,实现国民经济长期持续发展,起着十分重要的作用。石油、天然气的勘探开发是整个国民经济的基础产业之一。在过去的几十年里,我国石油工业取得了举世瞩目的成就,形成了勘探、钻井、采油、集输、加工等完整的产业链。石油企业在为国家做出重大贡献的同时,也带来一系列环境问题:油气开采和石化生产中产生的废水、废气、落地原油、含油污泥、废弃钻井液等对水体、大气、土壤和生态环境造成污染。由于过去人们的环保意识差,重生产、轻环保,不仅造成了资源浪费,而且也污染了环境。石油企业成为全国污染大户之一,这与现代化企业的形象极不相称。因此,在油气田开发过程中保护好空气、水源、草原、树木,在油气加工过程中减少对环境的污染、保护好生态环境和人民身体健康,是非常有必要的,而这项任务也是十分艰巨的。

由于石油工业涉及的施工类型多、工艺复杂、工序差别大,所以其污染具有地域分布广阔性、点污染源分布高度分散性、面污染源分布区域性的特征,且不同工艺环节的污染物组成性质、产生量等差异较大。本教材以"加强环保意识、普及环保通识"为指导思想,以环境概论为起点,以石油行业污染物的产生原因、特点及其危害为基点,系统阐述石油工业主要工艺环节产生的污染物性质及治理技术。

本教材分三篇,共十二章。第一篇为环境概论,分三章,主要介绍环境问题及环境保护、环境与资源保护法、国内外石油生产企业的环境保护概况等相关知识;第二篇为油气田环境污染及保护技术,分六章,主要介绍污染物的毒性及其测试方法、勘探、钻井、采油采气、集输、加工过程中的污染物来源及其防治措施,以及油气田环境污染控制与修复技术新进展;第三篇为油气田环境影响评价,分两章,主要介绍中国石油天然气集团公司的 HSE 管理体系、ISO 14001 环境管理体系与 HSE 体系的整合、环境应急管理,以及油气田环境影响评价涉及的建设项目工程分析、评价要素、清洁生产、油气田生产环境风险评价及环境影响报告书的编制要点。

本教材各章后均设置了思考题,引导读者掌握基本知识点和梳理学习内容;各章后还附有参考文献,可供读者深入钻研参考。

本教材可作为石油院校石油工程专业及相关专业的教学用书、继续教育环境保护相关专业的参考用书、从事石油工程专业的研究人员和工程人员的参考用书,以及石油行业职工的环境保护科普读本。

本教材是在中国石油大学(华东)油气田环境保护课程讲义的基础上编写的。编写过程中得到了石油工程学院王业飞教授、邱正松教授、吕开河教授的大力支持和帮助,资料收集、分析、整理过程中得到了江琳、赵明伟、雷明、赵聪、王晓强、张家旗、赵宝全等的帮助,在此深表感谢!

限于编者的知识水平,书中不妥之处在所难免,敬请读者给予批评指正!

编 者
2015 年 11 月

目录

Contents

第一篇　环境概论

第一章　环境保护概论 ... 3
第二章　环境与资源保护法法律通识 ... 21
第一节　环境法概述 ... 21
第二节　环境与资源保护法概述 ... 26
第三节　国家的环境管理 ... 32
第四节　国际环境法 ... 39
第三章　我国石油生产企业的环境保护概况 ... 48
第一节　油气田环境污染 ... 48
第二节　国内主要石油生产企业环境保护状况 ... 53
第三节　国外跨国石油生产企业环境状况简介 ... 58

第二篇　油气田环境污染及保护技术

第四章　污染物的毒性 ... 71
第一节　毒性 ... 71
第二节　毒性测试方法 ... 80
第三节　油田污染物的毒性 ... 94
第五章　油气钻探中的环境污染与保护技术 ... 105
第一节　油气勘探中的环境污染与保护技术 ... 105
第二节　钻井、固井中的环境污染与保护技术 ... 108
第三节　测井、录井中的环境污染与保护技术 ... 118

第六章　采油采气工程中的环境污染与保护技术 …… 127
第一节　采油工程中产生的污染物与保护技术 …… 127
第二节　井下作业中的环境污染与保护技术 …… 135

第七章　海洋油气勘探开发中的环境污染与保护技术 …… 147
第一节　海洋油气勘探开发中产生的污染物 …… 147
第二节　海洋油气勘探开发中的环境保护技术 …… 152

第八章　石油集输中的环境污染与保护技术 …… 163
第一节　石油集输中产生的污染物 …… 163
第二节　石油集输中的环境保护技术 …… 169

第九章　石油加工中的环境污染与控制技术 …… 173
第一节　石油加工中产生的污染物 …… 173
第二节　石油加工中的污染控制技术 …… 176
第三节　石油加工中的废水处理技术 …… 183

第十章　油气田环境污染控制与修复新技术 …… 198
第一节　油气田环境污染控制技术 …… 198
第二节　生态环境修复技术研究与应用 …… 212
第三节　环境应急技术研究与应用 …… 225

第三篇　油气田环境影响评价

第十一章　油气田环境管理体系 …… 233
第一节　概　述 …… 233
第二节　中国石油的 HSE 管理体系 …… 235
第三节　ISO 14001 环境管理体系与 HSE 体系的整合 …… 241
第四节　环境应急管理 …… 248

第十二章　油气田环境影响评价 …… 258
第一节　概　述 …… 258
第二节　油气田建设项目工程分析 …… 265
第三节　油气田开发的环境要素评价 …… 270
第四节　清洁生产与循环经济分析 …… 282
第五节　油气田开发环境风险评价 …… 285
第六节　环境影响报告书的编制要点 …… 290

第一篇 环境概论

　　油气田环境是人类生活大环境的一部分,为加强通识教育,第一篇首先介绍环境问题及环境保护、环境与资源保护法、国内外石油生产企业的环境保护概况等相关知识。

　　第一章主要介绍环境概念、环境分类、环境问题、环境污染以及环境保护。环境概念部分介绍环境的内涵与外延,环境的性质;环境分类部分介绍不同的环境分类方法及对应环境类型的定义;环境问题、环境污染部分介绍人类活动对环境的干预、环境对人类活动的响应及目前全球主要的环境问题等;环境保护部分介绍环境保护的概念、发展历程、内容、内涵。

　　第二章主要介绍环境法、环境与资源保护法、国家的环境管理、国际环境法,包括环境法的定义、特点、与其他法律部门的关系、我国环境法体系,环境与资源保护法的概念、目的、作用、地位、体系,国家环境管理权及内容、体制,国际环境法的概念、体系、实施及我国加入的国际环境保护公约。

　　第三章主要介绍油气田环境污染、国内主要石油生产企业环境保护状况、国外跨国石油生产企业环境状况,包括油气田环境污染源及其特点,我国石油生产企业环境保护现状、土壤污染现状、油田生产过程中的非污染生态影响,国外石油公司石油开发、生产项目的环境保护管理、采油(气)废水的处理、固定噪声源的治理、废钻井液和岩屑的处理、环境敏感区作业方式、污染防治效果、环境保护和社会公益事业投资情况、环境保护发展的新趋势。

第一章 环境保护概论

一、环境概念

中国历代对"环境"有多种释义：

(1) 周围的地方。《新唐书·王凝传》："时江南环境为盗区，凝以强弩据采石，张疑帜，遣别将马颖，解和州之围。"清代方苞的《兵部尚书范公墓表》："鲁魁山贼二百年为环境害，至是就抚。"

(2) 环绕所管辖的地区。《元史·余阙传》："抵官十日而寇至，拒却之，乃集有司与诸将议屯田战守计，环境筑堡寨，选精甲外扦，而耕稼其中。"清代刘大櫆的《偃师知县卢君传》："君之未治偃师，初出为陕之陇西县，寇贼环境。"

(3) 周围的自然条件和社会条件。蔡元培的《〈鲁迅先生全集〉序》："'行山阴道上，千岩竞秀，万壑争流，令人应接不暇'；有这种环境，所以历代有著名的文学家、美术家，其中如王逸少的书，陆放翁的诗，尤为永久流行的作品。"茅盾的《青年苦闷的分析》："只有不断地和环境奋斗，然后才可以使你长成。"

国外，德国学者 E. Haeckel 在 1866 年的《普通生物形态学》中首先使用了"环境"一词。

广义的环境(environment)是指某一主体周围一切事物的总和。对不同的对象和科学学科来说，环境的内容不同：

(1) 在环境科学中，环境是指围绕着人群的空间，以及其中可以直接或间接影响人类生活和发展的各种因素的总和；

(2) 在生态学中，生物是环境的主体，环境是指某一特定生物体或群体以外的空间，以及直接或间接影响生物体或生物群体生存和活动的外部条件的总和；

(3) 对文学、历史和社会科学来说，环境是指具体的人生活周围的情况和条件；

(4) 对建筑学来说，环境是指室内条件和建筑物周围的景观条件；

(5) 对企业和管理学来说，环境是指社会和心理的条件，如工作环境等；

(6) 对热力学来说，环境是指向所研究的系统提供热或吸收热的周围所有物体；

(7) 对化学或生物化学来说，环境是指发生化学反应的溶液；

(8) 对计算机科学来说，环境多指操作环境，例如编辑环境，即编辑程序、代码等，是由任务窗口(界面、窗口、工具栏、标题栏)、文档等构成的系统；

(9) 从环境保护的宏观角度来说，环境是指人类的地球环境。

因此，环境是一个相对的概念，相对一定主体而言，主体不同，环境的内涵不同，即使是同一主体，由于对主体的研究目的及尺度不同，环境的分辨率也不同，即环境有大小之分，如对生物主体而言,生物环境可以大至整个宇宙,小至细胞环境。对太阳系中的地球生命而言,整个太阳系就是地球生物生存和发展的环境;对某个具体生物群落而言,环境是指所在地段上影响该群落发展的全部有机因素和无机因素的总和。

狭义的环境是指如"环境问题"中的"环境"一词,大部分的环境往往是指相对于人类这个主体而言的一切自然环境要素的总和。

《中华人民共和国环境保护法》第一章第二条规定:"本法所称环境,是指影响人类生存和发展的各种天然的和经过人工改造的自然因素的总体,包括大气、水、海洋、土地、矿藏、森林、草原、湿地、野生动物、自然遗迹、人文遗迹、自然保护区、风景名胜区、城市和乡村等。"这是我国现行环境法律中唯一一个对"环境"一词的定义,它体现了环境法的国际一体化趋势。

环境科学所研究的环境是以人类为主体的外部世界,即人类生存、繁衍所必需的、相适应的环境或物质条件的综合体,一般分为自然环境和人工环境两种类型。1972年6月联合国人类环境会议通过的《联合国人类环境宣言》第一次从环境科学的环境概念中引申出人类环境权的概念:人类既是其环境的创造物,又是其环境的塑造者,环境给予人以维持生存的东西,并为其提供了在智力、道德、社会和精神等方面获得发展的机会。人类环境的两个方面,即天然和人为的两个方面,对于人类的幸福和对于享受基本人权,甚至生存权利本身,都是必不可少的。

环境具有以下六方面的性质:

1. 环境的多样性

(1) 自然环境的多样性,包括自然物质多样性、生物多样性(物种多样性、遗传多样性、生态系统多样性)、环境形态多样性、环境过程多样性、环境功能多样性;

(2) 人类需求的多样性(人工环境的多样性),包括物质需求多样性和精神需求多样性;

(3) 人类与环境相互作用的多样性,包括作用界面多样性和作用方式多样性。

2. 环境的整体性

(1) 环境各要素之间相互联系、相互制约;

(2) 局部环境与整体环境相互影响、相互依存;

(3) 环境中物质和能量的循环与转化;

(4) 跨界(省市、地区、国家)环境的相互影响;

(5) 环境问题的综合性、复杂性。

3. 环境的区域性

(1) 地球环境的多样性,侧重空间,如水域、陆地等地带性;

(2) 局部小环境的多变性,侧重时间,如季节;

(3) 局部与整体之间环境要素关系的复杂性,如污染物借助特殊传播途径的传播。

4. 环境的相对稳定性

由于环境中的物流、能流和信息流不断变化,环境本身具有一定的抗干扰自我调节能力,在一定的干扰强度范围内,环境的结构和功能基本不变。

5. 环境变化的滞后性

环境受到外界影响后,环境发生变化的时间要滞后于外界干扰的时间,如臭氧层空洞的形成。导致滞后的原因可能是潜在的、滞后的反应及环境监测技术发展水平有限等。

6. 环境的脆弱性

由于人类"人口爆炸"的压力、快速增长的需求、不合理的发展等,导致了如资源危机、环境污染等一系列环境问题。

二、环境分类

人类活动对整个环境的影响是综合性的,而环境系统也从各个方面反作用于人类,其效应也是综合性的。人类与其他的生物不同,不仅以自己的生存为目的来影响环境,使自己的身体适应环境,而且为了提高生存质量,通过自己的劳动来改造环境,把自然环境转变为新的生存环境。这种新的生存环境有可能更适合人类生存,但也有可能使人类的生存环境恶化。在这一反复曲折的过程中,人类的生存环境已形成一个庞大的、结构复杂的、多层次多组元相互交融的动态环境体系。环境一般以主体、空间规模、环境要素、环境的性质等为依据进行分类,如图1-1-1所示。

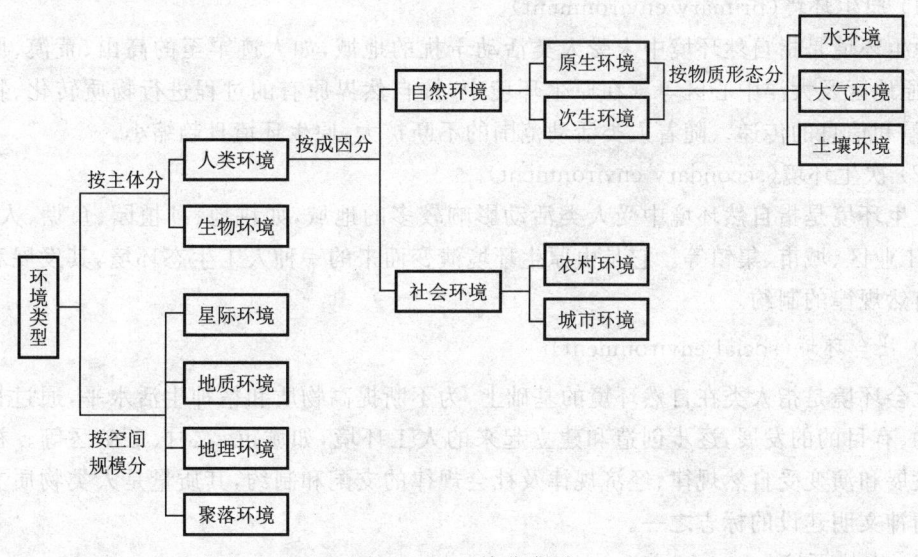

图1-1-1 环境分类图

1. 按主体分

根据主体不同,可将环境分为人类环境和生物环境。顾名思义,这两种类型的环境分别是以人类和动物为主体的环境,而研究的重点往往在人类环境上。根据成因的不同,人类环境习惯上又分为自然环境和社会环境。

1) 自然环境(natural environment)

通俗地讲,自然环境是指未经过人类加工改造而天然存在的环境,是客观存在的各种自然因素的总和。它亦称地理环境,是指环绕于人类周围的自然界,包括大气、水、土壤、生物和各种矿物资源等。自然环境是人类赖以生存和发展的物质基础。在自然地理学上,通常把这些构成自然环境总体的因素分别划分为大气圈、水圈、生物圈、土壤圈和岩石圈等五个自然圈。与人类生活关系最密切的是生物圈,从有人类以来,原始人类依靠生物圈获取食物来源;在狩猎和采集食物阶段,人类和其他动物基本一样,在整个生态系统中占有一席之地。但人类会使用工具,会节约食物,因此人类占有优越的地位,会用有限的食物维持日益壮大的种群;发展到畜牧业和农业阶段后,人类已经改造了生物圈,创造了围绕人类自己的人工生态系统,从而破坏了自然生态系统。随着人类不断发展,人口数量不断增加,人工生态系统范围不断扩大,而地球的范围是固定的,因此自然生态系统不断缩小,许多野生生物不断灭绝。从人类开始开采矿石、使用化石燃料以来,人类的活动范围开始侵入岩石圈。人类开垦荒地,平整梯田,尤其是自工业革命以来,大规模地开采矿石,破坏了自然界的元素平衡。

20世纪后半叶,工农业蓬勃发展,人类大量使用水资源,过量使用化石燃料,向水体和大气中排放大量的废水废气,造成了大气圈和水圈的污染,引起全世界的关注,环境保护事业开始出现。如今随着科技的发展,人类活动已经延伸到地球之外的外层空间,甚至私人都能发射火箭,造成目前有几千件垃圾废物在外层空间围绕地球的轨道上运转,大至火箭残骸,小至空间站宇航员的排泄物,严重影响了对外空的观察和卫星的发射。人类的环境已经超出了地球的范围。

(1) 原生环境(primary environment)。

原生环境是指自然环境中未受人类活动干扰的地域,如人迹罕至的高山、荒漠、原始森林、冻原地区及大洋中心区等。在原生环境中,按自然界原有的过程进行物质转化、物种演化、能量和信息的传递。随着人类活动范围的不断扩大,原生环境日趋缩小。

(2) 次生环境(secondary environment)。

次生环境是指自然环境中受人类活动影响较多的地域,如耕地、种植园、鱼塘、人工湖、牧场、工业区、城市、集镇等。它是由原生环境演变而来的一种人工生态环境,其发展和演变仍受自然规律的制约。

2) 社会环境(social environment)

社会环境是指人类在自然环境的基础上,为不断提高物质和精神生活水平,通过长期有计划的、有目的的发展,逐步创造和建立起来的人工环境,如城市、农村、工矿区等。社会环境的发展和演变受自然规律、经济规律及社会规律的支配和制约,其质量是人类物质文明建设和精神文明建设的标志之一。

(1) 农村环境(rural environment)。

农村环境是指以农村居民为中心的乡村区域范围内各种天然和人工改造的自然因素的总体,包括该区域内的土地、大气、水、动植物、交通道路、设施、建筑物等。农村环境保护是指对农业或农村环境资源的保护与管理活动。农村环境是农业环境的中心,加强农村环境保护是保护农村经济和社会持续、稳定、协调发展的需要,也是保证农村居民身体健康的需要,对提高农村环境质量和促进农村经济、社会和环境可持续发展均具有非常重要的作用及意义。

(2) 城市环境(urban environment)。

城市环境泛指影响城市人类活动的各种外部条件,包括自然环境、人工环境、社会环境和经济环境等,为居民的物质和文化生活创造了优越的条件。随着城市的发展及其所承载的经济、社会、自然、生态等要素之间关系的日益复杂化,城市环境的内容也更趋繁杂,既包括以自然因素或生物系统为核心的生态环境,也包括与生产紧密联系的生产环境,还包括以人们居住、生活为核心的城市居住环境。

2. 按空间规模分

按照人类生存环境的空间范围,可将环境由近及远、由小到大地划分为聚落环境、地理环境、地质环境和星际环境等层次结构,而每一层次均包含各种不同的环境性质和要素,并由自然环境和社会环境共同组成。

1) 聚落环境(community environment)

聚落是指人类聚居的中心和活动的场所。聚落环境是人类有目的、有计划地利用和改造自然环境而创造出来的生存环境,是与人类的生产和生活关系最密切、最直接的环境。聚落环境中的人工环境因素占主导地位,它也是社会环境的一种类型。人类的聚落环境从自然界中的穴居和散居,直到形成密集栖息的乡村和城市。显然,聚落环境的变迁和发展为人类提供了安全清洁和舒适方便的生存环境。但是,由于人口的过度集中、人类缺乏节制的频繁活动以及对自然界的资源和能源超负荷的索取,造成局部、区域以至全球性的环境污染。因此,聚落环境历来都备受人们的重视和关注,是环境科学重要的研究领域。

2) 地理环境(geographical environment)

地理学上所指的地理环境位于地球表层,处于岩石圈、水圈、大气圈、土壤圈和生物圈相互制约、相互渗透、相互转化的交融带上,下起岩石圈的表层,上至大气圈下部的对流层顶,厚 10~20 km,包括全部的土壤圈,其范围大致与水圈和生物圈相当。概括来说,地理环境是与人类生存与发展密切相关的,直接影响到人类衣、食、住、行的非生物和生物等因子构成的复杂的对立统一体,是具有一定结构的多级自然系统,水圈、土壤圈、大气圈、生物圈都是它的子系统,每个子系统在整个系统中有着各自特定的地位和作用。非生物环境都是生物(植物、动物和微生物)赖以生存的主要环境要素,它们与生物种群共同组成生物的生存环境。非生物环境是来自地球内部的内能和来自太阳辐射的外能的交融地带,有着适合人类生存的物理条件、化学条件和生物条件,因而构成了人类活动的基础。

3) 地质环境(geological environment)

地质环境主要是指地表以下的坚硬地壳层,也就是岩石圈部分,它由岩石及其风化产物(浮土)两部分组成。岩石是地球表面的固体部分,平均厚度为 30 km;浮土是由土壤和岩石碎屑组成的松散覆盖层,厚度范围一般为几十米至几千米。实质上,地理环境是在地质环境的基础上、在星际环境的影响下发生和发展起来的,在地理环境、地质环境和星际环境之间,经常不断地进行着物质和能量的交换和循环。例如,在太阳辐射的作用下,在岩石风化过程中,固结在岩石中的物质释放出来,进入地理环境中,经过复杂的转化过程又回到地质环境或星际环境中。如果说地理环境为人类提供了大量的生活资料,即可再生的资源,那么地质环境则为人类提供了大量的生产资料,特别是丰富的矿产资源,即难以再生的资源,它对人类社会发展的影响与日俱增。

4) 星际环境(interstellar environment)

星际环境又称为宇宙环境,是指地球大气圈以外的宇宙空间环境,由广大的空间、各种天体、弥漫物质及各类飞行器组成。它是在人类活动进入地球邻近的天体和大气层以外空间的过程中提出的概念,是人类生存环境的最外层部分。太阳辐射可为人类生存提供主要的能量,太阳的辐射能量变化和对地球的引力作用会影响地理环境,与地球的降水量、潮汐现象、风暴和海啸等自然灾害有明显的相关性。随着科学技术的发展,人类活动越来越多地延伸到大气层以外的空间,人类发射的人造卫星、运载火箭、空间探测工具等飞行器本身失效及遗弃的废物给宇宙环境及相邻的地球环境带来了新的环境问题。

3. 其他环境类型

1) 区域环境(regional environment)

区域环境是指一定地域范围内的自然和社会因素的总和,是一种结构复杂、功能多样的环境,分为自然区域环境(如森林、草原、冰川、海洋)、社会区域环境(如各级行政区、城市、工业区)、农业区域环境(如作物区、牧区、农牧交错区)、旅游区域环境(如西湖、桂林、庐山)等。

2) 生态环境(ecological environment)

生态环境是指围绕生物有机体的生态条件的总体,由许多生态因子综合而成。生态因子包括生物性因子(如植物、动物、微生物等)和非生物性因子(如水、大气、土壤等)。生态环境的破坏往往与环境污染密切相关。

3) 海洋环境(marine environment)

海洋环境是指地球上广大连续的海和洋的总水域,包括海水、溶解和悬浮于海水中的物质、海底沉积物以及海洋生物,它是生命的摇篮和人类的资源宝库。随着人类开发海洋资源规模的日益扩大,海洋环境已受到人类活动的影响和污染。

4) 投资环境(investment climate)

投资环境是指影响投资效益的各种条件,主要包括:投资所在地的政治经济制度和经济立法状况;市场规模和容量;基础设施和协作条件;劳动力状况,如人员素质、工资水平;政策上的优惠条件等。

5) 特殊环境(special environment)

特殊环境是指人们极少遇到的环境,如南北极超低温、高山缺氧、沙漠干旱、风沙、赤道丛林、高温高湿、地方病高发区、水下环境、外层空间环境,以及冲击、爆炸、辐射、强磁场、高频噪声等环境。

6) 创造环境(created environment)

创造环境是指能够激发人们进行创造的社会环境,包括社会的组织结构、思想氛围、激励方式,如善用创造性的人才、鼓励人才流动、尊重创造性人才生活习惯和个性特点,以及精神和物质激励等。

三、环境问题

1. 概念及分类

环境问题(environmental problem)是指在人类生活和生产活动的作用下,人们周围环

境的结构与状态发生不利于人类生存和发展的变化。环境问题可分为以下类型:

1) 原生环境问题(第一环境问题)

原生环境问题是指由自然环境自身变化引起的、没有人为因素或很少有人为因素参与的环境问题,如地震、火山、台风、洪水、自然地球化学异常等。

2) 次生环境问题(第二环境问题)

次生环境问题是指人类活动作用于周围环境引起的环境问题,主要是指人类不合理利用资源所引起的环境衰退及工业发展所带来的环境污染问题。次生环境问题又可分为环境破坏、环境污染与干扰两种类型。

(1) 环境破坏。

环境破坏又称生态破坏,主要是指人类的社会活动引起的生态退化及由此衍生的有关环境效应,它们导致了环境结构与功能的变化,对人类的生存与发展产生了不利的影响。环境破坏主要是由于人类活动违背了自然生态规律,盲目开发自然资源而引起的,其表现形式按对象性质可分为两类:一类是生物环境破坏,如过度砍伐引起的森林覆盖率锐减、过度放牧引起的草原退化、大肆捕杀引起的多种动物物种灭绝等;另一类是非生物环境破坏,如盲目占地造成耕地面积减少,毁林开荒造成水土流失和沙漠化,过度开采地下水造成地下水漏斗、地面下沉、海水入侵等。

(2) 环境污染与干扰。

由于人类的活动,特别是工业的发展,工业生产排出的废物和余能进入环境,造成了环境污染和干扰。环境干扰是指人类活动所排出的能量进入环境并达到一定的程度,产生对人类生活和生产的不良影响,包括噪声、振动、电磁波干扰和热干扰等。

2. 世界十大环境问题

1) 全球气候变暖

由于人口的增加和人类生产活动规模的增大,向大气释放的二氧化碳(CO_2)、甲烷(CH_4)、一氧化二氮(N_2O)、氯氟碳化合物(CFCs)、四氯化碳(CCl_4)、一氧化碳(CO)等温室气体不断增加,导致大气的组成发生变化,大气质量受到影响,气候有逐渐变暖的趋势。全球气候变暖会对全球产生各种不同的影响,较高的温度可使极地冰川融化,海平面每10年将升高6 cm,因而将使一些海岸地区被淹没;全球变暖也可能影响到降雨和大气环流的变化,使气候反常,易造成旱涝灾害。这些都可能导致生态系统发生变化和破坏,全球气候变化将对人类生活产生一系列重大影响。

2) 臭氧层的耗损与破坏

在离地球表面10~50 km的大气平流层中集中了地球上90%的臭氧气体,在离地面25 km处臭氧质量浓度最大,形成了厚度约为3 mm的臭氧集中层,称为臭氧层。臭氧层能吸收太阳的紫外线,从而保护地球上的生命免遭过量紫外线的伤害,并将能量储存在上层大气中,起到调节气候的作用。但臭氧层是一个很脆弱的大气层,如果一些破坏臭氧的气体进入其中,它们就会和臭氧发生化学作用,臭氧层就会遭到破坏。臭氧层被破坏后,地面受到紫外线辐射的强度就会增加,可给地球上的生命带来很大的危害。研究表明,紫外线辐射能破坏生物蛋白质和基因物质(脱氧核糖核酸),造成细胞死亡;使人类皮肤癌发病率增高;伤

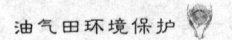

害眼睛,导致白内障甚至使眼睛失明;抑制植物如大豆、瓜类、蔬菜等的生长;穿透 10 m 深的水层并杀死浮游生物和微生物,从而危及水中生物的食物链和自由氧的来源,影响生态平衡和水体的自净能力。

3) 生物多样性减少

《生物多样性公约》指出:生物多样性是指所有来源的形形色色的生物体,这些来源包括陆地、海洋和其他水生生态系统及其所构成的生态综合体。生物多样性包括物种内部、物种之间和生态系统的多样性。在漫长的生物进化过程中会产生一些新的物种,同时,随着生态环境条件的变化,也会使一些物种消失,因此,生物的多样性是在不断变化的。近百年来,由于人口的急剧增加和人类对资源的不合理开发,加之环境污染等原因,地球上的各种生物及其生态系统受到了极大的冲击,生物多样性也受到了很大的损害。有关学者估计,世界上每年至少有 5 万种生物物种灭绝,平均每天灭绝的物种达 140 个,21 世纪初,全世界野生生物的损失达其总数的 15%~30%。在我国,由于人口增长和经济发展的压力,以及对生物资源的不合理利用和破坏,生物多样性所遭受的损失也非常严重:已有 200 多个物种灭绝;约有 5 000 种植物处于濒危状态,约占我国高等植物总数的 20%;大约有 400 种脊椎动物也处在濒危状态,约占我国脊椎动物总数的 7.7%。因此,保护和拯救生物多样性及这些生物赖以生存的生活条件,是摆在人们面前的重要任务。

4) 酸雨蔓延

酸雨是指 pH 值低于 5.6 的雨、雪或其他形式的大气降水,这是大气污染的一种表现。酸雨对人类环境的影响是多方面的:酸雨落到河流、湖泊中,会妨碍水中鱼、虾的生长,以致鱼、虾减少或绝迹;酸雨可导致土壤酸化,破坏土壤的营养,使土壤贫瘠化,危害植物的生长,造成作物减产。此外,酸雨还会腐蚀建筑材料,有关资料表明,近十几年来,一些地区的古迹特别是石刻、石雕或铜塑像,因酸雨而造成的损坏程度超过以往百年以上,甚至千年以上。目前世界上有三大酸雨区,我国华南酸雨区是唯一尚未治理的。

5) 森林锐减

在今天的地球上,我们的绿色屏障——森林——正以平均每年约 4 000 km² 的速度消失。森林的减少使其涵养水源的功能受到破坏,造成物种减少、水土流失以及对二氧化碳的吸收减少,进而又加剧了温室效应。

6) 土地荒漠化

全球陆地面积占 60%,其中沙漠和沙漠化面积占 29%。每年有 600×10^4 hm²($1 \text{ hm}^2 = 10^4 \text{ m}^2$)的土地变成沙漠,每年的经济损失达 423×10^8 美元。全球共有干旱、半干旱土地 50×10^8 hm²,其中 33×10^8 hm² 遭到荒漠化威胁,致使每年有 600×10^4 hm² 的农田、900×10^4 hm² 的牧区失去生产力。人类文明的摇篮——底格里斯河、幼发拉底河流域——由沃土变成荒漠。我国黄河的水土流失亦十分严重。

7) 大气污染

大气污染的主要污染物为悬浮颗粒物、一氧化碳、臭氧、二氧化碳、氮氧化物、铅等。大气污染导致每年有(30~70)万人因烟尘污染死亡,2 500 万儿童患慢性喉炎,(400~700)万农村妇女儿童受害。

8）水污染

水是人们日常最需要，也是接触最多的物质之一，然而水如今也成了危险品。

9）海洋污染

人类活动使近海区的氮和磷增加了50%～200%，过量的营养物质导致沿海藻类大量生长，波罗的海、北海、黑海等出现赤潮。海洋污染导致赤潮频繁发生，破坏了红树林、珊瑚礁、海草，使近海鱼虾锐减，渔业损失惨重。

10）危险性废物越境转移

危险性废物是指除放射性废物以外，具有化学活性或毒性、爆炸性、腐蚀性和其他对人类生存环境存在有害特性的废物。美国在其《资源保护与回收法》中规定，危险性废物是指一种固体废物和几种固体废物的混合物，因其数量和浓度较高，可能导致人类死亡率上升，或引起严重的难以治愈的疾病或致残的废物。

四、环境污染

1. 环境污染

环境污染（environmental pollution）是指由于人为因素使有害有毒物质对大气、水体、土壤、动植物造成损害，使它们的构成和状态发生变化，从而破坏和干扰人类的正常生活的现象（图1-1-2）。

图1-1-2　环境污染

自20世纪20年代以来，世界性环境污染威胁着人类的安全。人类在解决环境污染问题上，经历了工业污染治理、城市环境污染综合防治、生态环境综合防治、区域污染防治等四个历程。但在相当长的一段时间里，人们的着眼点局限在一个工厂、一个行业、一条河流、一个地区。自20世纪80年代以来，人们逐渐认识到，威胁人类生存的不仅仅是局部地区，而是更大的范围，甚至是全球范围。

烟和其他污染物的全球环境污染问题很多，现在人们把注意力集中在温室效应、臭氧层破坏和酸雨三大问题上。除此之外，还存在一系列令人不安的环境问题，仍然表现在大气、水体、食物、土壤等方面。据世界卫生组织和联合国环境规划署有关空气、水和食物污染的报告称：全世界城市居民中有4/5生活在受污染的大气环境中，饮用不符合卫生要求的水。另据报道，全世界有18亿人饮用过受污染的水，每年有30%的人因环境污染而患病。

倾注于河流中的液体废物正在破坏建筑物,威胁社会生产,危害人体健康。例如,具有两千多年历史的雅典古城堡的大理石建筑和雕塑艺术正在一层层地剥落;纽约自由岛上的自由女神铜像已披上一层厚厚的铜绿;我国重庆长江大桥的不锈钢底座已锈迹斑斑。

环境污染对人体的危害十分复杂,一般可分为急性、慢性和积累性三种。积累性危害也叫远期危害,主要是致癌、致畸、致突变作用。以致癌作用为例,全世界每年大约有500万人死于癌症;世界卫生组织认为,人类的癌症极大部分是由环境因素引起的,而在环境因素中,由化学物质引起的癌症占90%。

环境污染问题是不分国界的,需要众多国家甚至全球的共同努力才能解决。人类只有一个地球,保护全球环境是全人类的责任。

2. 全球性环境污染

全球性环境污染是指由人类活动产生的一些物质进入地球的大气圈、水圈和岩石圈上层,从而使整个生物圈的结构和功能发生变化,对人类和生物产生不利影响的现象。例如,进入大气圈中的 SO_2 等不仅本身有毒,还可与大气中的水滴结合形成酸雨,危害环境;矿物燃烧产生的 CO_2 进入大气后,使大气中 CO_2 含量不断增加,从而导致"温室效应",引起全球气候变暖;南极水域的农药污染来源于其他大陆。防止和控制全球污染,必须国际协同合作。

1) 大气污染(atmospheric pollution)

洁净的空气是生命的要素。减少污染,净化空气已成为世界各国人民的共同心愿。

清洁的空气中含有78%的氮、21%的氧、0.93%的氩,以及少量的二氧化碳、水蒸气和微量的稀有气体。当大气中某些气体异常增多或者增加了新的成分时,大气就变污浊了。当大气成分的变化增大到危及生物的正常生存时,就造成了大气污染。大气污染的来源有自然和人为两种。火山爆发、地震等产生的烟尘、硫氧化物、氮氧化物等称为自然污染源;人类的生产、生活引起的称为人为污染源。大气污染主要来源于人类的活动,特别是工业和交通,因而在工业区和城市中大气污染特别严重。

在世界著名的八大公害中就有五起是由大气污染造成的。据初步统计,已经产生危害或引起人们注意的大气污染物约有100种,其中影响范围广、对人类环境威胁较大的主要是煤粉尘、二氧化硫、二氧化碳、碳化氢、硫化氢和氨等,世界每年的排放量达 6×10^8 t。

煤粉尘是人体健康的大敌,其中直径 0.5~5 μm 的飘尘对人体危害最大,它可以直接到达肺细胞并沉积,且可能进入血液,送往全身。粉尘粒子表面有各种有毒物质,进入人体后可引起呼吸道、心肺等方面的疾病。

释放到大气中的二氧化硫往往与水汽结合变成硫酸烟雾,具有很强的腐蚀性。工业和汽车排放的一氧化碳是无色无味的剧毒气体,可在大气中保持很长时间,是一种数量大、积累性强的毒气。汽车和工厂排出的氮氧化物和碳化氢经太阳紫外线照射能生成一种有毒的光化学烟雾,强烈刺激人的眼、鼻、喉。

排放到大气中的有害物质还包括许多有毒重金属,如铅、镉、锌、铬、汞等,它们进入人体可引起心血管、中枢神经、呼吸系统等方面的疾病。大气污染对儿童的身心健康危害尤其严重,污染区的儿童不仅发育缓慢,反应迟钝,智力下降,而且患病率比正常地区的儿童高2~6倍。

大气污染还会给农业生产带来巨大损失。少量二氧化硫气体就能影响植物的生活机能,如水稻扬花时若受到硫化氢污染产量会下降85.9%。家畜也会因大气污染而中毒甚至死亡。建筑、器物等,特别是珍贵文物,在污染的大气下遭受着严重的腐蚀和破坏。

2) 水污染(water pollution)

人体体重的50%~60%是水分,儿童体内的水分占体重的80%。地球上的淡水资源只占地球水资源总量的3%,而这3%的淡水中可直接饮用的只有0.5%。因此,水是人类的宝贵资源,是生命之泉。

然而,水污染在世界上相当普遍且非常严重。当水中的有害物质超出水体的自净能力时,就发生了水污染。这些有害物质包括农药、重金属及其化合物等有害物质,有机和无机化学物质、致病微生物、油类物质、植物营养物质,各种废弃物和放射性物质等。水污染的主要来源是未处理的工业废水、生活废水和医院污水等。

大量的污染水首先排入河流,造成内陆水域污染。20世纪80年代初,我国对5.3×10^4 km的河段进行了调查,水污染不能灌溉的约占23.3%,水质合乎饮用标准的仅占14%。湖泊和海湾的污染也相当严重,地下水也难逃厄运。

水污染对人体健康危害极大。污水中的致病微生物、病毒等可引起传染病的蔓延。水中的有毒物质可使人畜中毒,一些剧毒物质可在几分钟之内使水中的生物和饮水的人死亡,这种情况比较容易发现。最危险的是汞、镉、铬、铅等金属及其化合物的污染,它们进入体内后可造成慢性中毒,一旦发现就无法遏止。据世界卫生组织的调查,世界上有70%的人喝不到安全卫生的饮用水。现在世界上每年有1 500万5岁以下的儿童死亡,死亡原因大多与饮用水有关。据联合国统计,世界上每天有2.5万人由于饮用被污染的水而得病或由于缺水而死亡。

水污染给渔业生产带来巨大损失。污染严重的水使鱼虾大量死亡;水污染还干扰鱼类的洄游和繁殖,导致其生长迟缓和畸形,鱼的产量和质量大大下降;许多水产品因污水而不能食用,许多优质鱼濒临灭绝。

此外,污水还会污染农田和农作物,使农业减产;对运输和工业生产的危害也很大,可严重腐蚀船只、桥梁、工业设备,降低工业产品的质量;造成其他环境质量的下降,影响人们的旅游、娱乐。

目前,水污染已成为人类生死攸关的大问题,解决水污染问题将对人类社会产生深远的影响。

3) 陆地污染(land pollution)

垃圾的清理成为各大城市的重要问题,在每天数千万吨的垃圾中,很多是不能焚化或腐化的,如塑料、橡胶、玻璃等。

4) 海洋污染(ocean pollution)

海洋污染的主要污染源是油船或油井漏出的原油、农田用的杀虫剂和化肥、工厂排出的污水、矿场流出的酸性溶液等,不但海洋生物受害,鸟类和人类也可能因吃了中毒的海洋生物而中毒。

5) 噪声污染(noise pollution)

噪声污染是指所产生的环境噪声超过国家规定的环境噪声排放标准,干扰他人正常工作、学习、生活的现象。

6) 放射性污染(radiation pollution)

放射性污染是指由人类活动造成的物料、人体、场所、环境介质表面或者内部出现的超过国家标准的放射性物质或射线。

3. 我国的环境污染

我国的经济发展取得了巨大的成就,经济发展的步伐更是令世界震惊,但是我国的环境也遭受到前所未有的破坏。中国社会科学院公布的一项报告表明:我国环境污染的规模居世界前列,水污染、大气污染、固体废弃物污染尤为严重。

1) 水污染

我国是世界上缺水严重的国家之一,虽然水资源总量位居世界总量的第六位,但人均淡水资源占有量只有 $2\,300\ m^3$,仅为世界平均水平($10\,000\ m^3$)的 1/4,其排名在世界第 100～117 位之间。据统计,全国半数以上城市缺水,日缺水量达 $1\,600\times10^4\ m^3$,几百万人的生活用水紧张,污染性缺水的城市日益增多。因缺水而影响的工业产值每年约达 $2\,300\times10^8$ 元。随着城市的发展、人民生活水平的提高以及城市人口的增加,缺水势将扩大。农业每年缺水约 $300\times10^8\ m^3$,全国有 3 000 多万头牲畜得不到饮水保障,有 $0.067\times10^8\ hm^2$ 农田由于缺水得不到充足灌溉,造成粮食产量降低。从水资源质量来看,我国的水环境局部有所改善,但整体上呈恶化趋势。

据统计,全国七大水系中一半以上河段水质受到污染,35 个重点湖泊中有 17 个被严重污染,1/3 的水体不适合鱼类生存,1/4 的水体不适合灌溉,70% 以上城市的水域污染严重,50% 以上城镇的水源不符合饮用水标准,40% 的水源已不能饮用。水污染已成为水资源利用中的一大障碍,成为威胁人体健康和制约社会经济发展的重要因素之一。因此,我国的水污染已经到了非治理不可的地步。

2013 年,在我国 4 778 个地下水环境质量监测点之中,水质较差和极差的比例合计为 59.6%,水质优良的比例仅为 10.4%(图 1-1-3)。

(a) 2013年地下水监测点水质状况　　　　(b) 2013年地下水水质年际变化

图 1-1-3　中国 2013 年地下水监测结果统计

2) 大气污染

我国的大气污染主要是由燃煤造成的,属于能源结构性的煤烟型污染,主要污染物是烟尘和二氧化硫。目前,我国的能源结构以煤为主,2014 年占一次能源消费总量的 62%,大气污染程度随能源消耗的增加而不断加重。另外,在一些发达的城市,汽车行驶总量常达上百万辆之多,因此交通污染也成为大气污染的主要原因之一。

城市大气污染的主要来源是工业排放和机动车尾气排放,大气中的主要污染物为二氧化硫、二氧化氮、臭氧和总悬浮颗粒物。大气中的 SO_2 主要来源于各类工业排放气体,在工厂比较集中的地区,SO_2 的质量浓度往往较高。排放到大气中的 SO_2 在适当的气候条件下(如逆温、微风、日照等)极易形成硫酸雾和酸雨,从而对人体健康和农作物等造成很大的危害。

2013 年全国平均阴霾日数为 35.9 d,比 2012 年增加了 18.3 d。

大气环境不断恶化的后果之一就是人们自身的健康受到严重威胁,某些疾病的发病率和死亡率不断上升。据统计,呼吸系统和心血管疾病患者呈增加趋势;我国十大城市癌症的死亡病人调查结果显示,肺癌的死亡人数居首位。虽然这不能全部归咎于大气污染,但它们无疑与当前的大气环境恶化密切相关。这就提醒人们应该冷静、认真地思考一下由于人类自身行为而恶化大气环境、损害自身健康的严峻现实。

3)固体废弃物污染

(1)工业废物污染。

2009 年,全国工业固体废物产生量为 $204\ 094.2\times10^4$ t,比上年增加了 7.3%;排放量为 710.7×10^4 t,比上年减少了 9.1%;综合利用量(含利用往年储存量)、储存量、处置量分别为 $138\ 348.6\times10^4$ t,$20\ 888.6\times10^4$ t 和 $47\ 513.7\times10^4$ t。危险废物产生量为 $1\ 429.8\times10^4$ t,综合利用量(含利用往年储存量)、储存量、处置量分别为 830.7×10^4 t,218.9×10^4 t 和 428.2×10^4 t。

(2)生活垃圾污染。

目前国内广泛采用的城市生活垃圾的处理方式主要有卫生填埋、高温堆肥和焚烧等。焚烧是目前全国广泛采用的城市垃圾处理技术,配备的大型设备为有热能回收与利用装置的垃圾焚烧处理系统,由于顺应了回收能源的要求,正逐渐上升为焚烧处理的主流。据统计,截至 2007 年底,全国 655 个城市的生活垃圾清运量为 1.52×10^8 t,各类生活垃圾场有 447 座,处理垃圾能力为 27.2×10^4 t/d,集中处理量为 $9\ 380\times10^4$ t,集中处理率约为 62%。其中,城市生活垃圾填埋场 363 座,处理垃圾能力为 21.5×10^4 t/d,填埋处理量约为 $7\ 664\times10^4$ t;城市生活垃圾堆肥厂 17 座,处理垃圾能力为 0.79×10^4 t/d,处理量为 250×10^4 t;城市生活垃圾焚烧厂 67 座,处理垃圾能力为 4.58×10^4 t/d,处理量为 $1\ 466\times10^4$ t。按处理量统计,填埋、堆肥和焚烧的处理比例分别为 81.7%,2.7% 和 15.6%;按清运量统计分析,填埋、堆肥和焚烧处理比例分别为 50.4%,1.6% 和 9.6%。

(3)有毒化学固体废物污染。

若有害固体废物长期堆存,经过雨雪淋溶,可溶成分会随水从地表向下渗透,向土壤迁移转化,富集有毒物质,使堆场附近土质酸化、碱化、硬化,甚至发生重金属污染。例如,一般的有色金属冶炼厂附近土壤中的铅含量为正常土壤中的 10~40 倍,铜含量为 5~200 倍,锌含量为 5~50 倍。这些有毒物质一方面通过土壤进入水体,另一方面在土壤中发生积累并被植物吸收,从而毒害农作物。

(4)白色污染。

我国是世界上十大塑料制品生产和消费国之一。其中,包装用塑料在塑料制品中所占比例较大。包装用塑料中的大部分以废旧薄膜、塑料袋和泡沫塑料餐具的形式被丢弃在环境中。这些废旧塑料包装物散落在市区、风景旅游区、水体、道路两侧,不仅影响美观,造成"视觉污染",而且因其难以降解而对生态环境造成潜在危害。

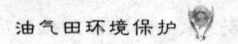

五、环境保护

1. 环境保护的提出与发展

环境保护(environmental protection)一般是指人类为解决现实或潜在的环境问题,协调人类与环境的关系,保护人类的生存环境,保障社会经济的可持续发展而采取的各种行动的总称。环境保护涉及范围广、综合性强,它涉及自然科学和社会科学的许多领域,有其独特的研究对象。环境保护可通过行政、法律、经济、科学技术、民间自发环保组织等,合理利用自然资源,防止环境的污染和破坏,以求自然环境同人文环境、经济环境共同平衡、可持续发展,扩大有用资源的再生产,保证社会的发展。环境保护可以看作是人类拯救地球的运动,甚至是一次自救,更是一次深刻的觉醒。

最早提出要进行环境保护的是美国生物学家蕾切尔·卡逊。20世纪40年代,卡逊等人注意到政府滥用DDT等新型杀虫剂的情况,并对此发出警告。从1955年起,她花了四年时间研究化学杀虫剂对生态环境的影响,在此基础上写成了《寂静的春天》一书。该书生动地描写了人类生存环境遭受到严重污染的景象,阐明了人类同大气、海洋、河流、土壤、生物之间的密切关系,揭示了有机氯农药对生态环境的破坏,它还告诫人们,人类的活动已经污染了环境,不仅威胁着许多生物的生存,而且正在危害人类自己。《寂静的春天》一经出版就在世界范围内引起了轰动,并产生了深远的影响。不久,环境保护运动便蓬勃地开展了起来。由于该书的警示,美国政府开始对剧毒杀虫剂问题进行调查,并于1970年成立了环境保护局,各州也相继通过了禁止生产和使用剧毒杀虫剂的法律。由于此事,该书被认为是20世纪环境生态学的标志性起点。

1972年6月5日至6月16日,由联合国发起,在瑞典斯德哥尔摩召开的"第一届联合国人类环境会议"提出了著名的《人类环境宣言》,这是环境保护事业正式引起世界各国政府重视的开端。此次会议以后,"环境保护"这一术语被广泛采用。

1) 发达国家环境保护发展历程

工业革命以来,发达国家在解决环境污染问题上经历了先污染、后治理,先破坏、后恢复的过程,其间付出了惨痛的代价。发达国家对环境保护工作的认识是随着经济增长、污染加剧而逐步发展的,大致可分为以下四个阶段:

(1) 经济发展优先。

20世纪60年代以前,发达国家的主要目标是发展,对环境保护工作并不重视。20世纪60年代开始,由于实行高速增长战略,能源消耗量大增,公害问题开始引起人们的重视。这一时期发生了震惊世界的马斯河谷烟雾事件、洛杉矶光化学烟雾事件等八大公害事件,在付出惨痛的代价后,人们终于开始觉醒。在20世纪50—60年代,发达国家政府开始制定各种法律法规来规范生产企业的排污行为,要求企业在追求经济利益的同时也要进行环境污染治理。例如,1969年,东京在实施《烟尘限制法》《公害对策基本法》等国家环境立法的基础上,颁布了《东京都公害控制条例》,严格执行有关控制规定,使二氧化硫等污染物排放从质量浓度控制转向排放总量控制。

(2) 环境与经济并重。

20世纪70年代,为了解决环境问题,发达国家的环境保护设备企业逐步发展,出现了从公害防治到环境保护的观念的转变，进入环境保护时代。许多国家都把环境保护写入宪法，定为基本国策。

随着环境科学研究的不断深入，污染治理技术也不断成熟。环境污染的治理也从"末端治理"向"全过程控制"和"综合治理"的方向发展。美国的法制建设比较完善，公民法制意识强，且美国社会特别重视记录，尤其是违法记录。在美国，环保法律法规的制定和完善是一项重要的工作。法律法规明确规定的就是要求企业、公民努力做到的，也是执法部门认真执行的。很少有协调变通的事情发生，且对违法行为的处罚相当严厉，如对违反规定的排污行为可处每天10 000美元的罚款。美国的环保法，如《清洁空气法》《清洁水法》等是美国环保工作取得成果的主要法律依据，这些法案的实施使得美国的大气污染和水污染得到有效控制，并改善了大气、水环境质量。

(3) 实施可持续发展战略。

20世纪80年代以来，人们认识到人类不能为所欲为地成为大自然的主人，必须与大自然和谐相处。

1987年，时任挪威首相的布伦特兰夫人在《我们共同的未来》中提出了可持续发展的思想。1992年6月，在巴西里约热内卢召开了第二次联合国环境与发展会议，通过了《里约环境与发展宣言》和《21世纪议程》两个纲领性文件。在这样的背景下，"污染预防"成为新的指导思想，环境标志认证、ISO 14001环境管理体系认证推动的"绿色潮流"席卷全球，深刻地影响着世界各国的社会和经济活动。20世纪90年代，发达国家的环境管理发生了理念上的变革。企业开始自觉守法，由"被动治污"转向"主动治污"。各大公司变得十分重视开发环境模拟和协调技术，从产品设计和生产的最初环节就把环境保护手段纳入其中。保护环境已经成为公民的自觉行动，架构"政府—企业—公众"共同治理的模式成为发展目标。

(4) 环境全球化。

气候变化的趋势危及整个人类的生存，因此积极应对气候变化，减少温室气体排放成为人们共同追求的目标。

随着经济全球化、环境全球化的大潮，发达国家公众的环保观念再次飞跃，推进循环经济、建设循环型社会已成为全社会的共同目标，企业主动治污理念得到强化，公众参与保护环境的热情高涨，全球在朝着经济、社会全面绿化的领域快速发展。

2) 我国环境保护发展历程

(1) 文革前后我国对环保问题的认识。

我国的环境保护事业是从1972年开始起步的。1972年，我国参加了联合国世界环境大会，对大会定稿宣言提出了不少宝贵的建议。

周恩来总理曾在20世纪70年代初提出："环境问题与社会制度无关，如果我们发展工业时不注意生态、资源，同样危害环境。"

(2) 改革开放以来我国环境保护工作进程。

1978年全国人大通过的宪法中规定："国家保护环境和自然资源，防治污染和其他公害。"这是新中国历史上第一次在宪法中对环境保护做出的明确规定。后来又出台了一系列环境保护方面的法律法规。1979年颁布了《环境保护法(试行)》，我国的环保工作进入法制轨道。

1983年的长江洪水以及1998年的长江特大洪水一再向我们警示生态环境保护的重要性。为此，1999年，我国在长江流域实施了天然林保护工程(又称"天保工程")，明确提出

"退耕还林(还草)、封山绿化、个体承包、以粮代赈"的方针,将生态、环境保护提升到一个新的高度。

1988年,基于"中国改革开放正处在前所未有的多重危机之中,基于中国特殊的地理环境条件和人口因素等国情以及历史留给我们及后代的回旋余地是狭小的,调整时间是短暂的,基础条件是苛刻的,发展机会是最后的,中国只能走资源节约、适度消费的非传统的现代化发展模式",为此,由中国科学院组成的国情分析研究小组完成了《生存与发展》的主题报告,对我国人口、资源、生态环境、粮食等进行了综合的系统分析。该报告旨在唤起民众生存的危机感、民族的忧患感、改革开放的紧迫感和历史的责任感。

我国在1990年参加了《联合国气候变化框架公约》的谈判,并且是第一批签署该公约的国家之一。我国政府始终认为节能减排是世界的需要,也是我国自身发展的需要,因此,从"为人类负责、对国民负责"的高度,我国承诺不重复发达国家高能耗、高排放、高污染的"高碳"发展老路,并克服种种困难,发展低碳经济之路,在应对气候问题方面,我国用行动表现出了最大的合作诚意。

经过几十年的改革开放,我国经济得到快速发展,人民生活水平得到较大的提高,但改革发展中的资源环境也暴露出许多问题,这些问题关系到我国未来的可持续发展。

2003年,在党的十六届三中全会上,科学发展观的提出将生态环境问题融入我国的总体发展理念之中。

2005年,胡锦涛同志在联合国成立60周年首脑会议上发表《努力建设持久、平共同繁荣的和谐世界》的讲话,向全世界表达了我国特有的和谐世界观。同年,党的十六届五中全会把新型工业化道路,建设社会主义新农村,大力发展循环经济作为构建和谐世界的战略安排。

在2007年公布的《中国应对气候变化国家方案》中,我国政府向国内外郑重提出了中期减排目标,即截至2010年,仅通过传统能源转化为新能源一项措施,中国五年内节省612×10^8 t标准煤,相当于少排放15×10^8 t二氧化碳。

2008年10月,我国发表了《中国应对气候变化的政策行动》白皮书,全面介绍了气候变化对我国的影响,减排缓和适应气候变化的政策与行动,以及对此进行的体制机制建设。

2009年12月18日,温家宝同志以哥本哈根气候变化会议领导人的名义发表讲话,指出:"中国在发展过程中高度重视气候变化问题,为应对气候变化做出不懈努力和积极贡献,中国正处在工业化、城镇化快速发展的关键阶段,能源结构以煤为主,降低排放存在特殊困难,但仍然始终把应对气候变化作为重要战略任务。"

2. 环境保护的内容

环境保护是指人类有意识地保护自然资源并使其得到合理的利用,防止自然环境受到污染和破坏;对受到污染和破坏的环境做好综合治理,以创造出适合于人类生活、工作的环境。其方法和手段有工程技术的、行政管理的,也有法律的、经济的、宣传教育的等。其主要内容如下:

(1) 防治由生产和生活活动引起的环境污染,包括防治工业生产排放的"三废"、粉尘、放射性物质以及产生的噪声、振动、恶臭和电磁微波辐射,交通运输活动产生的有害气体、液体、噪声,海上船舶运输排出的污染物,工农业生产和人民生活使用的有毒有害化学品,城镇生活排放的烟尘、污水和垃圾等造成的污染。

（2）防治由建设和开发活动引起的环境破坏，包括防治由大型水利工程、铁路、公路干线、大型港口码头、机场和大型工业项目等工程建设对环境造成的污染和破坏，农垦和围湖造田活动、海上油田、海岸带和沼泽地的开发、森林和矿产资源的开发对环境的破坏和影响，新工业区、新城镇的设置和建设等对环境的破坏、污染和影响。

（3）保护有特殊价值的自然环境，包括对珍稀物种及其生活环境、特殊的自然史遗迹、地质现象、地貌景观等提供有效的保护。

此外，城乡规划、控制水土流失和沙漠化、植树造林、控制人口的增长和分布、合理配置生产力等也都属于环境保护的内容。环境保护已成为当今世界各国政府和人民的共同行动和主要任务之一。我国把环境保护作为一项基本国策，并制定和颁布了一系列环境保护的法律法规，以保证这一基本国策的贯彻执行。

3. 环境保护的内涵

环境保护是利用环境科学的理论和方法来协调人类与环境的关系，解决各种问题，保护和改善环境的一切人类活动的总称。环境保护至少包含以下三个层面的含义：

（1）对自然环境的保护。防止自然环境的恶化，包括对青山、绿水、蓝天、大海的保护。这就涉及不能私自采矿、不能滥砍滥伐、不能乱排乱放、不能过度放牧、不能过度开荒、不能过度开发自然资源、不能破坏自然界的生态平衡等。

（2）对人类居住、生活环境的保护。可使生活环境更适合人类工作和劳动的需要，涉及人们衣、食、住、行的方方面面，都要符合科学、卫生、健康、绿色的要求。这既要依靠公民的自觉行动，又要依靠政府的政策法规的保证。

（3）对地球生物的保护。涉及物种的保全，植物植被的养护，动物的回归，生物多样性，转基因的合理、慎用，濒临灭绝生物的特别、特殊保护，灭绝物种的恢复，栖息地的扩大，人类与生物的和谐共处等。

| 思考题 |

1. 阐述广义的环境概念。
2. 环境的性质是什么？
3. 简述环境的分类依据及其分类。
4. 简述环境问题、环境破坏的概念。
5. 什么是环境污染？全球性环境污染类型有哪些？
6. 分析我国的环境污染现状（建议结合实时文献）。
7. 简述环境保护的概念以及我国环境保护发展历程。

参 考 文 献

[1] 周训芳.环境概念与环境法对环境概念的选择[J].安徽工业大学学报（社会科学版），2002,19(5):11-13.

[2] 李颖明,李晓娟,宋建新.城市环境管理系统及运行机制研究[J].生态经济,2011(6):152-155.

[3] 赵晓呼.世界十大环境问题[J].求知,2002(214):41.

[4] 刘鸿亮,曹凤中,徐云.国外环境保护发展历程说明"环保风暴"必然理性回归[J].黑龙江环境通报,2010,34(3):1-3.

[5] 唐国琪.我国环境保护发展进程回顾与展望[J].山西高等学校社会科学学报,2010,22(7):57-61.

[6] 张笑归,刘树庆,宁国辉,等.我国农村环境污染现状及其对策研究[J].河北农业科学,2009,13(4):100-102.

[7] 苗得雨,周孝德,程文,等.中国环境污染现状分析及防治管理措施[J].水利科技与经济,2006,12(11):751-753.

[8] 刘涛,顾莹莹,赵由才.能源利用与环境保护[M].北京:冶金工业出版社,2011.

第二章 环境与资源保护法法律通识

第一节 环境法概述

一、环境法的定义

环境法是指由国家制定或认可的,并由国家强制保证执行的关于保护环境和自然资源、防治污染和其他公害的法律规范的总称。环境法的保护对象是一个国家管辖范围内的人的生存环境,主要是自然环境,包括土地、大气、水、森林、草原、矿藏、野生动植物、自然保护区、自然发展史遗迹、风景游览区和各种自然景观等,也包括人们用劳动创造的生存环境,即人为的环境,如运河、水库、人造林木、名胜古迹、城市及其他居民点等。环境法的作用是通过调整(包括组织)人们在生产、生活及其他活动中所产生的与保护和改善环境有关的各种社会关系,协调社会经济发展与环境保护的关系,把人类活动对环境的污染与破坏限制在最小限度内,维护生态平衡,达到人类与自然的协调发展。环境法所调整的社会关系可分为两类:一类是与保护、合理开发和利用自然资源有关的各种社会关系;另一类是与防治工业废气、废水、固体废物、放射性物质、恶臭物质、有毒化学物质、生活垃圾等有害物质和废弃物对环境的污染,以及同防治噪声、振动、电磁辐射、地面沉降等公害有关的各种社会关系。

关于环境法的称谓,不同国家有不同的称谓,甚至同一个国家在不同时期也有不同的称谓。

在美国,多称为"环境立法"(environmental legislation)或"环境法"(environmental law),这是其广义称谓;其狭义称谓是"环境保护法"(environmental protection act),或"环境政策法"(environmental policy act)。

西欧国家大多称之为"污染控制法";苏联及东欧一些国家则普遍称之为"自然保护法",它包括环境保护、名胜古迹保护和自然资源保护等。我国称之为"环境保护法"。

人类社会早期的环境问题主要是农业生产活动引起的对自然环境的破坏。古代文明国家已经有关于保护自然环境的法律规定。例如,《秦律·田律》规定:"春二月,毋敢伐材木山林及雍(壅)堤水。不夏月,毋敢夜草为灰,取生荔、麛(卵)鷇,毋……毒鱼鳖,置穽罔(网)。"意思是说,在春天不准到山林里砍伐林木,不准堵塞水道,不到夏季不准烧草作为肥料,不准采集刚发芽的植物,不准捕捉幼兽、鸟卵和幼鸟,不准毒杀鱼鳖,设置陷阱。产业革命以后,随着工业的发展,出现了大规模的工业污染。从19世纪中叶开始,一些发达国家陆续制定了防治污染的法规,如英国的《碱业法》(1863年)、《河流防污法》(1876年)、《公共卫生(食品)法》(1907年)、《公共卫生(消烟)法》(1926年)、《水法》(1945年);美国的《港口管理法》(1888年)、《河流与港口法》(1910年)、《石油污染控制法》(1924年);法国关于大气、水等的《1917年12月17日法》、关于大气污染的《48~400号法》、关于水的《1937年5月4日法令》、关于放射性物质的《1937年11月9日法令》;日本的《矿业法》和《河川法》(1896年)、《农药取缔法》(1948年)等。此外还制定了保护自然的法规,如法国、奥地利等在19世纪已有较完整的森林保护法规。

环境法的迅速发展是从20世纪50—60年代开始的。这一时期,环境的污染、自然资源和生态平衡的破坏日益严重,甚至发展成灾难性的公害,迫使各国政府不得不认真对待并采取各种有力的措施,其中包括制定一系列环境保护法规。环境法迅速从传统的法律部门分离出来,并发展成为一个独立的内容广泛的新的法律部门。

二、环境法的特点

环境法与其他法律相比具有以下五个方面的特点。

1. 综合性

首先,环境保护范围广泛,所调整的社会关系相当复杂。环境法不仅包括大量的专门环境保护法规,而且包括宪法、行政法、民法、刑法、劳动法、经济法等法规中有关环境保护的规定。其次,调整方法多元化。综合运用行政、科技、宣传、教育和法律等多种方法。第三,监督管理部门多元化。除县级以上环境保护行政主管部门外,还包括海洋、港监、海事、渔业、渔政、军队、公安、交通、铁道、民航、土地、矿产、林业、农业、水利等15个依法实施环境监督管理权的行政主管部门,在有些场合,如限期治理,还包括县级以上地方人民政府。

2. 科学技术性

环境法以马克思主义法学和环境科学为基础,反映了社会主义经济规律和生态规律的要求。环境法的基本原则和基本制度都体现了这些规律,如经济发展与环境保护相协调的原则,预防为主、防治结合的原则,环境影响评价制度、三同时制度等。保护环境须采取自然科学的、工程技术的、经济的等各种手段,环境法同上述各种手段密切相关,因此,环境法中包含较多的技术规范。

3. 可持续发展性

从立法目的来看,我国的环境法律法规,尤其是1992年以来修订颁布的《大气污染防治法》《海洋环境保护法》《防沙治沙法》《清洁生产促进法》等都明确规定了可持续发展的思想。从法律原则和基本制度的角度来看,也都体现了可持续发展的思想。

4. 广泛的社会性

环境法与其他法律一样受社会经济制度的制约,由于其保护对象是土地、大气、水、森林等自然环境,因此又受客观存在的自然生态规律制约。环境法作为一个法律部门诚然是统治阶级意志的体现,是为统治阶级的利益服务的,但也在不同程度上符合整个社会和民族的利益。环境污染和环境破坏的受害者具有普遍性,在环境问题产生的区域内任何人都是受害者。

5. 共同性

人类生存的地球环境是一个整体，环境问题是人类面临的共同问题。在环境法所调整的社会关系中，更多地涉及经济发展、生产管理和科学技术方面的问题，反映某些社会发展规律、经济规律和自然规律。与其他法律相比，在各国的环境法中有较多可以互相借鉴的内容。地球是人类共同的家园，全球性的环境问题不是某个国家或地区的问题，已经超出国界。

三、与其他法律部门的关系

1. 环境法与经济法

环境法对大气、水、海洋、土地、矿产、森林、草原、野生动植物等的保护是从环境因素和生态利益着眼，尽量减少或避免人类活动造成污染、浪费和破坏，乃至生态系统失调或物种灭绝。环境法侧重保护资源的生态价值，而经济法对自然资源的保护是将其作为"财源"，保护的主要目的是获得经济利益，着眼于自然资源的经济价值。

2. 环境法和民法

环境法对自然因素的保护是为了维护生态平衡，保障人体健康，促进经济和社会的可持续发展，其对自然资源和生态环境的保护着眼于环境资源的生态价值及其内部的相关联系。民法对环境和自然资源的保护则着眼于保护其所有权、使用权等权属关系，不注重关联性。

3. 环境法与劳动法

在法律适用和案例分析中，环境法与劳动法常常发生竞合。理清环境法和劳动法的界限对于准确选择适用的法律十分重要。

环境法是防止由于各种生产建设或其他人类活动向周围的环境排放污染因子，对生活环境和生态环境造成污染和危害，导致环境质量下降或者生态系统失调，从而危害生活在该环境中的群体的人身健康、生命安全及其他生物的生存与发展。环境法和劳动法的区别如下：

（1）场所不同。环境法是指向劳动和工作场所以外的环境排入污染，造成环境质量下降，从而危害人体健康，侵害人身权、财产权；劳动法则是指在劳动、工作过程中产生的有害物质和能量对劳动、工作场所以内人员的伤害。

（2）危害方式不同。环境法是指间接环境侵权，即通过对环境因子的污染，使环境恶化，然后造成对人身权的侵害；劳动法则是指劳动者在劳动过程中直接受到污染的侵害。

（3）危害的范围不同。环境法中所指的危害范围十分广泛，是一般意义上的生活环境和生态环境；劳动法则是专指在特定的生产、工作场所中正在劳动、工作的人受到的伤害。

因此，在劳动和工作场所内，受到生产、工作过程中所排放的污染物和能量污染危害的人不属于环境污染的受害者，不得依据环境法向所在企业、事业单位索赔，或者向人民法院起诉，而应依据《劳动法》保护自己的合法权益。

4. 环境法与刑法

环境法与刑法联系紧密,破坏资源和污染环境情节严重、造成多人伤亡或者重大的财产损失的行为往往上升为刑法的范畴,但二者对不同环境危害行为的界定有所不同。环境法认为,环境污染是伴随着人类正常生产生活而出现的有害副产品,主观上并无犯罪的直接故意,其结果可能会造成多人的伤亡或者重大财产损失,但社会对它的评价和《刑法》对它的惩罚与故意伤害罪、杀人罪有严格区别。

四、我国的环境法体系

我国的环境法体系包含以下八个方面。

1.《宪法》中有关环境保护的法律规范

明确规定保护环境和防治污染是国家的根本政策,是国家机关、社会团体、企事业单位和公民个人的义务。我国早在建国初期发布的《共同纲领》中就设有环境保护规范,在1978年和1982年的《宪法》中也都设有环境保护规范。从现行《宪法》第9条第2款、第10条第5款、第22条第2款和第26条的规定可知,环境保护是我国的一项基本国策;现行《宪法》与1978年《宪法》相比,对环境保护工作提出了更高的目标和要求,并明确规定了环境保护的任务、内容和范围,是我国开展环境保护,进行环境监督管理和制定环境法律、法规、规章的根本依据。需要指出的是,在公民的基本权利和义务中并未设置公民的环境权利。

2. 综合性环境保护基本法

环境法体系中这一层次的法律是适应环境要素的相关性、环境问题的复杂性和环境保护对策的综合性等的需要而设立的,是国家对环境保护的方针、政策、原则、制度和措施的基本规定,其特点是法律规范的原则性和综合性,如美国的《国家环境政策法》、日本的《环境基本法》和我国的《环境保护法》。这类环境法在整个环境法体系中具有重要地位,其效力仅次于《宪法》和国家基本法,是制定环境法体系中自然资源保护与环境污染防治单行法律、环境法规、规章的依据。

3. 环境保护单行法律法规

(1) 环境污染防治单行法律法规。这种环境法单行法以防治某种污染物为主要内容,同时含有自然资源保护的规范,体现了防治污染为主、保护自然资源为辅的立法模式,如《大气污染防治法》《水污染防治法》《环境噪声污染防治法》《固体废物污染防治法》《放射性污染防治法》《环境影响评价法》等。此外还有国务院和有关部门制定的细则、条例或规章,如《大气污染防治法实施细则》《水污染实施细则》《防止船舶污染海域管理条例》《海洋倾废管理条例》《排污费征收使用管理条例》《排污费征收标准管理办法》《环境保护行政处罚办法》等。

(2) 自然资源保护单行法律、法规。如全国人大制定的《水法》《土地管理法》《渔业法》《矿产资源法》《森林法》《草原法》《野生动物保护法》《可再生能源法》,国务院制定的《自然保护区条例》《风景名胜区管理暂行条例》,以及上述法律的实施条例、细则等。

4. 环境纠纷解决程序的法律法规

环境纠纷解决程序的法律法规是指有关追究破坏或者污染环境的单位和个人的环境行政责任、民事责任和刑事责任的程序性法律规范。对此,各国一般都沿用国家公布的行政诉讼法、民事诉讼法和刑事诉讼法的有关规定,专门制定环境纠纷解决程序的国家仅有日本,其于1970年颁布了《公害纠纷处理法》。

我国环境纠纷解决的程序也是沿用国家有关的法律法规,如《行政诉讼法》《民事诉讼法》和《刑事诉讼法》,对行政争议的解决途径还沿用《行政复境保护行政处罚办法》《土地违法案件处理暂行办法》《林业行政处罚程序规定》等。

5. 环境标准中的环境法律规范

环境质量标准和污染物排放标准属于强制性标准,是我国环境法体系的重要组成部分。环境标准可以分为国家标准和地方标准。

截至2001年4月,我国颁布了10项国家环境质量标准,85项国家污染物排放标准,如《环境空气质量标准》《地表水环境质量标准》《土壤环境质量标准》《渔业水质标准》《辐射防护规定》和《车用汽油有害物质控制标准》等。此外,还有配套的270项环境基础标准和环境方法标准,以及74项行业标准。除了国家级环境保护标准之外,一些省级人民政府也制定了某些地方性环境保护标准。

6. 地方性环境法规、规章

20世纪以来,全国各地依据《宪法》和《环境保护法》制定了大量的地方性环境法规、规章。其中,有省级、省政府所在地的市、经国务院批准的较大的市以及经济特区环境综合性地方法规,也有以某种环境保护要素为保护对象,或者以某种污染物为防治对象的地方性环境法规、规章。地方性环境法规、规章的内容相当广泛,可操作性强,在地方环境保护监督管理过程中起着重要的作用。

7. 其他部门法中的环境保护规范

如《民法通则》中关于相邻权的规定,关于民事责任的承担要件、形式、免责条件和"不可抗力"含义的规定,关于诉讼时效的规定等;《刑法》中关于犯罪的概念、犯罪责任年龄、犯罪的追诉时效的规定;《经济法》中关于指导外商投资方向和防止污染转嫁的规定等;行政法中关于行政执法的效力、特点、种类的规定;《治安管理处罚条例》中关于处罚故意破坏树木、草坪、花卉的规定以及关于在城镇违法使用音响器材给予治安管理处罚的规定;国家有关行政、民事、刑事诉讼的法律规定等。

8. 我国参加并批准的国际条约中的环境保护规范

我国参加并批准的国际条约中的环境保护规范包括我国参加、批准并对我国生效的一般性国际条约中的环境保护规范和专门性国际环境条约中的环境保护规范。前者如《联合国海洋法公约》中关于海洋环境保护的规范,后者如《控制危险废物越境转移及其处置巴塞尔公约》、《保护臭氧层维也纳公约》及其议定书、《气候变化框架公约》、《生物多样性公约》和

《联合国湿地公约》等，它们都是我国环境法体系的组成部分。当然，这些国际环境条约只有通过国内法加以规定，才能得以贯彻实施，执法、司法部门不应直接引用这些国际条约作为解决环境纠纷的依据。

第二节 环境与资源保护法概述

一、环境与资源保护法的概念

环境与资源保护法作为一门新兴的法律学科，在世界各国法学界有不同的称呼，除了各国共称为"环境法"或"环境与资源保护法"外，还有许多别名。我国称之为"环境与资源法""环境保护法"或"环境与资源保护法"；日本称之为"公害法""国土法"；西欧称之为"污染防治（或控制）法""自然资源法"；苏联称之为"自然保护法""土地法"。

对于环境与资源保护法的概念，国内外法学理论界众说纷纭。美国当代著名环境与资源保护法教授威廉·罗杰斯（William H. Rodgers）认为："环境法可以被定义为行星家政法，它是旨在保护这颗行星和它的居民免受损害地球及其生命支持系统的活动所产生的危害的法律。"环境法教授约瑟夫·萨克斯（Joseph L. Sax）认为："环境法由为同污染、滥用和忽视空气、土地和水资源做斗争而设计的法律战略和程序所组成。"威廉·戈德伐教授（William Goldfarb）认为："环境法是关于自然和人类免遭不明智的生产和发展的后果之危害的法规、行政条例、行政命令、司法判决，以及公民和政府求助于这些'法律'时所凭借的程序性规定。"在我国法学界，对环境法主要有三种说法：其一，环境法是"合理利用自然资源，保护和改善生活环境和生态环境，防止资源损失，防治污染和其他公害，使人类具有合适的生存和发展的法律规范的总称"；其二，环境法是"调整人们在开发利用、保护改善环境的活动中所产生的环境社会关系的法律规范的总和"；其三，环境法是"调整人类在开发利用和保护环境中所产生的各种社会关系的法律规范的总和"。

综合以上关于环境法的认识可知，环境与资源保护法是调整有关环境资源的开发、利用、保护和改善的社会关系的法律规范的总称，它包括环境保护法或污染防治法、自然保护法、资源（能源）法、土地法、国土法、区域发展法或城乡规划建设法等法律。

二、环境与资源保护法的目的和作用

1. 环境与资源保护法的目的

环境与资源保护法的目的即环境与资源保护法的立法目的，是指国家希望通过环境与资源保护法的实施而实现的目标或结果，是国家在制定环境与资源保护法之前必须明确的立法意图，属于环境与资源保护法基本问题的范畴。根据环境资源法的定义，环境与资源保护法的立法目的包括两方面的内容：一是保护环境和自然资源，维持生态系统平衡；二是防治环境污染，合理开发利用自然资源，防止自然环境遭到人为破坏。

不同的国家对环境与资源保护法的立法目的有不同的表述。例如，日本《公害对策基本法》（1974年）将该法的目的规定为"保护国民健康和维护其生活环境"；美国《国家环境政策

法》(1969年)将该法的目的规定为六项;《欧洲联盟条约》(1993年)规定,共同体的环境保护政策应有助于达到下述目标:保护和改善环境质量,保护人类健康,节约、合理地利用自然资源,促进处理区域性或世界性的环境问题的国际措施的制订与实施;匈牙利《人类环境保护法》(1976年)规定"本法的宗旨在于保护人的健康,不断改善当代人及子孙后代的生活条件。"从以上各国关于环境与资源保护法的立法目的的规定可以看出,各国环境与资源保护法的立法目的大致可分为两类:一类为目的一元论,即主张"环境优先论""保障人体健康优先论",以匈牙利为代表。该主张对于解决人类当前面临的环境问题有一定的作用,但从长远来看,如果一味地强调"环境优先"而忽视经济发展,势必出现因贫困而加剧环境危机的状况,从而影响人类的生存。另一类为以美国为代表的目的二元论或目的多元论,即主张"经济、社会和环境保护的协调、持续发展"的观点。该观点认为环境资源的保护必须与经济的发展有机地结合在一起,在环境资源允许的承载范围内,实现人与自然和谐共处。目前目的二元论或多元论的主张已成为世界许多国家制定环境与资源保护法立法目的的主流。

不同级别的环境法规的立法目的也不尽相同。环境保护基本法的立法目的包括目的和任务两方面。例如,我国《环境保护法》(1989年)规定:"为保护和改善生活环境与生态环境,防治污染和其他公害,保障人体健康,促进社会主义现代化建设的发展,制定本法。"这一规定指明了我国环境资源立法的任务在于合理地利用自然环境和自然资源,防治环境污染和生态破坏,为人民创造清洁适宜的生活和劳动环境,而任务的最终目的在于保护人的健康,促进经济发展。

在我国,《宪法》和《环境保护法》将环境与资源保护法的立法目的规定为以下五个方面:

(1) 保护和改善生活环境和生态环境。这是从保护对象出发规定环境与资源保护法的立法目的。环境与资源保护法的立法目的不仅在于保护环境现状,防止环境质量退化,还在于治理和改善环境,不断提高环境质量;不仅要保护和改善人类的生活环境,还要保护和改善人类生活环境之外的生态环境。

(2) 防治污染和其他公害。这是从防治客体出发规定环境与资源保护法的立法目的。防治污染和其他公害主要是指防治废气、废水、固体废物、噪声、放射性物质、有毒有害化学物质和电磁辐射等对环境资源的污染以及乱砍滥伐林木、滥采矿藏、乱牧滥垦草地、乱捕滥猎野生动物、滥采野生植物、滥垦荒地、滥用水资源等对环境资源造成的破坏。

(3) 合理开发、利用环境资源。这是从生产、经济角度出发规定的环境与资源保护法目的。合理开发、利用环境资源主要是指遵循社会经济规律、自然生态规律以及人与自然相互作用的规律,采用先进的科学技术手段,以对环境资源无污染无破坏或少污染少破坏的方式,对环境资源进行开发和利用。只有在生产、经济活动中合理开发和利用环境资源,才能保护和改善环境。

(4) 保障人体健康。这是防治环境污染立法的基本出发点和目标。环境与资源保护法之所以将保障人体健康作为立法目的,是因为适宜的生活环境是人们有效工作和幸福生活的必需条件,而环境污染往往会破坏这一条件。人们生活的环境一旦受到污染,就会诱发身体产生各种疾病,损害人体健康,破坏社会生产力,影响和阻碍经济和社会的发展。因此,环境资源立法首先就是保障给人类提供一个安全、舒适的生活环境,把环境质量保持在有利于人体健康的水平之上。

(5) 促进经济和社会的可持续发展。这是与保障人体健康并重的一项基本目标。环境资源是经济和社会发展的物质基础和源泉,环境资源的污染和破坏是对经济、社会发展条件的损害,保护环境资源有利于经济和社会的可持续发展。只有经济和社会可持续发展,才能为环境保护提供必要的经济技术条件,才能提高人类的生活质量。

2. 环境与资源保护法的作用

环境与资源保护法的作用亦称环境与资源保护法的功能,它表示环境与资源保护法存在的价值。环境与资源保护法最基本的作用是调整和规范因开发、利用、保护、改善环境所发生的社会关系,包括人与环境之间的关系和人与人之间的关系。环境与资源保护法作用的具体表现可以从环境管理、环境资源、环境保护、环境意识和环境国际关系五个方面来认识。

(1) 国家进行环境管理的法律依据。环境与资源保护法是国家进行环境行政管理的依据和法律保障,它对环境管理部门及其职责、环境监督管理措施和制度、环境管理范围以及各项环境保护工作都做了全面的规定,有力地推动了我国环境保护事业和环境资源工作的开展。

(2) 合理开发和利用环境资源,防治环境污染,保护环境质量的法律武器。环境与资源保护法规定了开发、利用、保护和改善环境的各种行为规范,规定了人们在环境资源保护方面的权利和义务以及相应的法律责任和补救措施,是人们享受权利、履行义务,防止环境资源污染和破坏行为的有力武器。

(3) 协调经济、社会发展和环境保护的有效手段。环境与资源保护法把协调经济、社会发展和环境保护的经济手段、行政手段和科学技术手段上升到法律的高度,确定了环境规划、布局、现场检查、申报登记、行政处罚等调控方式,成为协调经济、社会发展和环境保护的有效手段。

(4) 促进公众参与环境管理、普及环境科学知识的教材。环境与资源保护法提出了保护环境的行为规范和政策措施,以法律的形式在环境资源领域树立了判断环境保护的标准,成为推动环境保护工作和提高公民环境意识的最好教材。

(5) 处理环境国际关系、维护我国环境权益的重要工具。我国环境与资源保护法纳入了有关国际环境法规范,表明了我国的基本环境政策,明确了环境法的适用范围,有利于防止外国向我国转嫁污染以及侵犯我国的环境权益。国际环境与资源保护法正是以规定国家的环境权利和环境义务为主要内容,从而成为国际环境保护合作的有效手段。

三、环境与资源保护法体系

环境与资源保护法体系简称环境法体系,是指由相互联系、相互补充、相互制约的各种环境与资源保护法律规范组成的统一法律整体,即由旨在调整因开发、利用、保护、改善环境资源所发生的社会关系的法律规范和其他法律渊源所组成的系统。

环境与资源保护法体系是由环境与资源保护法的调整对象决定的。调整对象的独立性决定了法律规范的独特性,从而决定了整个环境与资源保护法体系的独特性。环境与资源保护法的调整对象决定了环境与资源保护法体系中各个亚法律部门(或称子部门)法的构成。这里所讲的环境与资源保护法体系不是指某个具体的环境与资源保护法律法规,而是指所有的环境与资源保护法律规范和其他法律渊源的总和。

从不同的角度出发,可以构建不同的环境与资源保护法体系类型。

1. 环境与资源保护法律规范体系

这是从法律规范角度对环境与资源保护法体系的界定。由于对法律规范存在不同的理解,环境与资源保护法律规范体系的范围也有相应的区别。根据法律规范由假定、指示和制裁三要素组成的观点,环境与资源保护法律规范体系仅指制裁性的法律规范,不包括宪法中有关环境资源保护的原则性规定和环境与资源保护法中其他不含制裁内容的规定。根据法律规范由条件、处理和后果三要素组成的观点,环境与资源保护法律规范体系包括制裁性法律规范、奖励性法律规范和其他法律规范。用法律规范来概括环境与资源保护法体系的局限性在于:它可能将对环境与资源保护法律法规的司法解释、判例以及法律中的序言、法律术语、定义和其他指导性内容排除在环境与资源保护法体系之外。环境与资源保护法法律规范体系包括:

1) 宪法法律规范

宪法中有关合理开发、利用和保护、改善环境的规定称为宪法法律规范。宪法法律规范属于指导性法律规范的范畴,具有指导性、原则性和政策性的特点。例如,我国现行《宪法》第9条规定"国家保障自然资源的合理利用,保护珍贵的动物和植物。禁止任何组织或个人用任何手段侵占或者破坏自然资源";第10条规定"一切使用土地的组织和个人必须合理地利用土地";第26条规定"国家保护和改善生活环境和生态环境,防治污染和其他公害。国家组织和鼓励植树造林,保护林木。"

2) 行政法律规范

环境资源行政法律规范又称国家环境行政管理法律规范,是指调整因实施国家环境资源行政管理而产生的行政关系的各种法律规范。主要包括如下内容:国家环境资源行政监督管理体制和行政管理部门的分工;环境资源行政监督管理机关和行政相对人的权利和义务;各种环境资源行政行为和行政管理措施、行政补救措施;环境资源行政监督管理的制度、程序;环境资源行政责任和行政制裁。目前,我国的环境与资源保护法律规范多数属于环境资源行政法律规范。

3) 民事法律规范

环境资源民事法律规范是指调整平等主体之间因环境资源行为而产生的民事权利义务关系的法律规范,包括民法中有关环境资源规范和环境与资源保护法律法规中有关民事规范。例如,《民法通则》第124条规定:"违反国家保护环境防止污染的规定,污染环境造成他人损害的,应当依法承担民事责任。"环境资源民事法律规范主要包括以下内容:自然资源所有权、使用权和其他民事权利;与环境资源有关的民事义务、环境资源民事侵权行为、民事责任和民事制裁等。环境资源民事法律规范是在开发、利用、保护、改善环境资源的活动中保护民事权利、履行民事义务、承担民事责任、解决民事纠纷的法律依据。

4) 刑事法律规范

环境资源刑事法律规范是指在开发、利用、保护和管理环境资源中有关犯罪和追究刑事责任的法律规范,包括刑法中有关环境资源的规范和环境与资源保护法律法规中有关刑事的规范,如我国现行《刑法》第六章第六节关于"破坏环境资源保护罪"的规定,我国《水污染防治法》第57条有关破坏水资源的犯罪规定。环境资源刑事法律规范是追究环境资源犯罪的法律依据。

5）诉讼法律规范

环境资源诉讼法律规范是有关环境资源诉讼的程序性法律规范，是进行环境诉讼的法律依据。它包括环境行政诉讼法律规范、环境民事诉讼法律规范和环境刑事诉讼法律规范，即《行政诉讼法》《民事诉讼法》《刑事诉讼法》中的有关规定。

6）其他法律规范

环境与资源保护法具有综合性，除了上述法律规范之外，还包括有关经济法律规范、国际法律规范以及不属于上述法律规范范畴的其他法律规范。

2. 环境与资源保护法效力体系

环境与资源保护法的效力体系是根据环境与资源保护法的各种形式意义上的法律部门的制定机关、具体内容的不同，按照不同的效力等级或层次而划分的环境与资源保护法的内部结构。从现行法律法规的效力级别来看，我国环境与资源保护法体系主要由以下五个层次构成：

1）宪法

宪法在一个国家中处于法律体系的最高位阶，任何法律规范都必须首先符合宪法规定。目前，各国宪法都已将环境与资源的价值纳入其规范体系之中，以此作为环境与资源立法、执法的依据。

我国宪法中关于环境与资源保护的规定是环境与资源保护法的基础，是各种环境与资源保护法律法规和规章的立法依据，对环境与资源保护做出了基本的和原则性的规定。

2）环境与资源保护法

环境与资源保护法是指由全国人民代表大会及其常务委员会制定的有关合理开发、利用和保护、改善环境资源方面的法律。它包括环境与资源基本法和环境与资源基本法以外的法律，具体有以下三类：

（1）环境与资源保护基本法。这里所谓的"基本法"，是指国家制定的包含某方面综合性政策、目标规定的整体性综合性法律。理论上，综合性环境与资源保护基本法的地位和效力仅次于宪法，而且是环境与资源保护单行法的立法依据。从这个意义上说，我国目前还没有完整意义上的环境与资源保护基本法，但我国环境法学者一般都将《环境保护法》称为我国的综合性环境与资源保护基本法。

（2）环境与资源保护单行法。环境与资源保护单行法是指针对环境污染的防治和环境要素的保护，由国家立法机关制定的单项法律。它们是以综合性环境与资源保护基本法的存在为前提而出现的一种环境立法现象，具有控制对象的针对性和专一性特点。

（3）其他部门法中有关环境与资源保护的规定。由于环境问题和环境保护所涉及社会关系的综合性和复杂性，各国除了制定专门的综合性环境与资源保护基本法以及有关环境与资源保护单行法外，还在其他一些法律如民法、刑法和有关经济、行政的立法以及有关程序立法中对环境与资源保护做出了一些规定。这些法律中的环境与资源保护规范也是环境资源法律体系的组成部分。例如，我国《民法通则》有关合理利用自然资源、相邻关系、过错责任和无过失责任原则、涉及环境侵权的规定等，都可以直接适用于环境社会关系；我国《刑法》有关走私罪、破坏环境与资源保护罪以及渎职罪的规定也同样可以适用于环境社会关系；其他诸如《农业法》《标准化法》《城市规划法》《文物保护法》等也规定了环境保护的内容。

与专门的环境与资源保护单行法相比，这些法律既包括国家基本法律，又包括国家一般法律，所以它们的地位和效力要分情况来确定。对适用这些法律中有关环境与资源保护的规范及适用环境与资源保护单行法的关系上，一般应当优先适用专门的环境与资源保护单行法。对于个别事项，还应当视具体法律的效力等级、颁布的先后顺序等进行个别判断。

3）环境资源行政法规及规章

环境资源行政法规是指由国务院依照宪法和法律的授权，按照法定权限和程序颁布或通过的关于环境与资源保护方面的行政法规。目前国务院环境与资源保护行政法规的规定几乎涵盖了全部环境与资源保护行政管理领域。例如，除了制定有关环境法律的实施细则外，还制定了《对外开放地区环境管理暂行规定》《防止拆船污染环境管理条例》《土地复垦规定》《化学危险物品安全管理条例》《农药管理条例》等。

环境资源行政规章是指由国务院所属各部委和其他依法有行政规章制定权的国家行政部门制定的有关环境资源方面的规章。我国环境与资源保护行政规章也是大量存在的，例如《建设项目环境保护管理条例》《放射环境管理办法》《环境保护行政处罚办法》《排放污染物申报登记管理办法》《环境保护标准管理办法》等。按照法理，行政规章只对制定该规章的行政机关内部的行政行为发生效力。但由于法律不够健全，我国行政机关制定的部门行政规章也与国务院行政法规同样对行政管理相对人产生重大的影响。

4）地方环境资源法规及规章

由于我国国家级的环境立法是针对整个国家的环境与资源管理，它们只对具有共同性、基本性、原则性的内容予以规定，而不可能对每一个地区的具体事项做出规定。因此，地方环境立法也是国家环境法律体系的一个重要组成部分。

按照地方环境立法在制定机关和效力上的不同，可以将它们分为地方性环境法规（一般由省级地方人大制定颁布）和地方部门环境与资源保护规章（地方政府制定颁布），如《海南省环境保护条例》《太湖水源保护条例》《湖北省环境保护条例》等。民族区域自治地方还可以直接根据宪法和地方组织法的规定制定环境与资源保护自治条例或单行条例。

5）其他环境资源规范性文件

其他环境资源规范性文件是指除上述四类外，由县级以上人民代表大会及其常务委员会、人民政府依照宪法、法律的规定制定的有关环境资源方面的规范性文件。

上述五个层次的效力级别：宪法是我国环境与资源保护法体系的基础，在整个环境与资源保护法规体系中具有最高的法律效力，其他层次都不得同宪法相抵触，并且其效力依次递减（规章例外）。在环境资源行政诉讼中，环境与资源保护法律法规称为"依据法"，环境资源行政法规及规章称为"参照法"，其他规范性文件只有参考的价值。在具体适用法律而发生法律冲突时，除法律明确规定外，一般按照"大法优于小法，新法优于旧法，特殊法优于普通法，国际法优于国内法（我国宣布保留的条款除外）"的原则处理。

3. 环境与资源保护法功能体系

从环境与资源保护法律法规的内容和功能的角度来构建体系，有利于建立内容完备、功能齐全、各有侧重、有机联系的环境与资源保护法规体系。其基本组成如下：

(1) 综合性环境与资源保护法律或者具有较强综合性的法律,是指从全局出发,对整体环境以及合理开发、利用和保护、改善环境资源的重大问题做出规定的法律,在整个环境与资源保护法规体系中处于领头地位,如《环境保护法》(1989年12月)。

(2) 单行性专门环境与资源保护法规,指专门对某种环境要素或合理开发、利用和保护、改善环境资源的某个方面的问题做出规定的法规。从立法体制的角度看,单行性专门环境与资源保护法规包括:环境与资源保护法律、环境资源行政法规、环境资源行政规章、地方环境与资源保护法规、地方环境资源行政规章及其他规范性文件。按其所属关系或调整范围的大小,环境资源单行性专门法规可分为:一级法或基本法,如污染防治法;二级法,如水污染防治法;三级法,如长江水污染防治条例;四级法,如湘江水污染防治条例等。

(3) 环境资源标准及其有关法律规定。这里的标准包括环境保护标准、环境卫生绿化标准、城乡建设标准、资源开发利用标准等。到目前为止,我国已颁布了400多项各类国家环境标准,初步形成了我国的环境保护标准体系,如《环境空气质量标准》《大气污染物综合排放标准》《环境空气质量功能区划分原则与技术方法》等。

(4) 各种有关环境资源方面的计(规)划和有关法律规定。这里的计(规)划包括由国家立法机关批准或通过的国家经济社会发展计(规)划、全国国土规划;由国务院批准的城市规划、经济区规划和其他区域开发整治规划;各种环境与资源保护法律明确规定必须制定和实施的污染控制计划、资源开采计划等。例如,《全国土地利用总体规划纲要》《全国造林绿化规划纲要》《全国海洋开发规划纲要》等。

(5) 我国缔结或参加的国际环境资源条约。国际法是国内环境与资源保护法的一个重要渊源。目前,国际社会已经签订了数以百计的有关环境保护的公约、协定、约定书等条约文件,这些条约以不同的方式成为有关条约缔约方的国内法的一部分,即国内法的渊源。

到2003年底,我国已与33个国家签署了59个双边环境合作协定或备忘录,包括14个核安全合作协议,除宣布予以保留的条款外,它们都构成我国环境与资源保护法体系的一个组成部分。当我国参加的国际环境条约与国内环境法规发生冲突时,除我国宣布保留的条款外,应执行国际环境条约的规定。

(6) 其他法律部门的法律法规中有关环境资源的法律规定,如《民法通则》在物权关系、相邻关系、民事责任等章节中有关环境资源的规定,《刑法》中有关破坏环境和资源保护犯罪的规定等。

第三节 国家的环境管理

政府作为公共利益的保护者、公权力的拥有者和行使者,在环境保护中不应仅仅被动地保护环境,而应当积极主动地在防治环境污染、生态破坏和保护环境方面发挥作用。政府实施环境管理的途径是行使国家环境管理权,为此,必须设置专门的环境管理机构,建立环境管理体制,并赋予环境管理机构一定的职责权限。

一、国家环境管理权

环境保护无法回避的公共性使公权力的介入成为必要,而国家作为现代社会最重要的公共主体,应当在环境保护中发挥重要作用,其途径就是行使国家环境管理权。

1. 国家环境管理与国家环境管理权

1) 国家环境管理

所谓国家环境管理(national environmental management),是指国家通过各级政府以法律的形式和国家的名义,在全国范围内行使对环境保护工作的执行、指挥、组织、监督诸权力,并对全社会环境保护进行预测和决策。国家环境管理具有如下特征:

(1) 国家环境管理是国家的一项基本职能,是一种组织活动。根据国家的一般理论,国家权力活动的主要特征是凭借其强制力和各种物质设施,通过职能机关,以各种手段迫使管理相对方接受自己的意志,从而使整个社会和各项活动符合其政策,实现其利益。我国法律明确规定了国家保护环境的职能,环境管理是国家管理活动的重要方面。首先,从主体方面来看,国家环境管理机关是依组织法建立的,有自己特殊的条件、法律依据和组建程序。其次,在手段方面,由于国家在环境管理中的特殊地位和国家管理行政的特殊性质,它在实行管理时可以运用法律允许的特别方式、方法。再次,在目的方面,国家环境管理只能是为了全体人民的健康和民族的生存发展,不允许追逐个人、团体的利益或者局部的公共利益。

(2) 国家环境管理主要通过环境行政实施,而环境行政是一种直接而经常的国家职能,具有行为方式上的直接性及时间上的连续性和不可中断性。首先,从国家政权与被管理者的关系来看,国家环境行政活动具有直接性,各级环境保护机构直接代表国家实施法律规定的职能,对相对人行使权利的法定条件、法定资格、法律行为进行审查、确认、认可或监督,其他管理主体都不具备这样的资格。其次,国家的生产活动和人民生活的不可中断性决定了国家环境管理活动的不可中断性,即使在没有明确地提出环境法、环境管理概念的时代,国家对环境的管理也在具体地、经常地进行,它作为国家管理职能的重要组成部分不可能被中断。

2) 国家环境管理权

国家环境管理权是指国家环境管理职能部门依法行使的对环境保护工作的预测、决策、组织、指挥、监督等权力的总称。它是国家行政权力在环境保护领域的运用和实施。

从社会学角度来看,国家环境管理权产生的基础是现代以来市民社会与政治国家融合,产生了所谓的公共领域,客观上需要国家拥有公共事务管理权、发挥公共事务管理职能。体现在环境保护领域,环境污染和破坏往往涉及一定范围内大多数人的利益,仅靠私人权利的对抗和制衡已无法全面解决问题,从而产生公共管理的客观需要,由此产生国家环境管理职能和环境管理权。

从环境伦理角度来看,应该认为大自然有其自身的内在价值,这种价值是固有的、客观的,不能还原为人的主观偏好,与人是否参与评价无关,因而保护和促进具有内在价值的生态系统的完整和稳定是人类所负有的一项客观义务。这项义务对于国家来说即履行环境保护职责,从而需赋予其环境管理权;对于个人的环境保护义务,除了法律的直接规定外,法律无法明确规定的仍需由国家的具体行为来确定,而对于个人课以环境义务的行为需要以国家环境管理权做基础。因此,人类的环境保护义务是国家环境管理权的伦理基础。

基于对国家环境管理权产生基础的分析,其范围和界限也应当是明确的:首先,国家环境管理权存在的直接社会基础是保护公共环境利益的需要,因此,公共环境利益的界限以及应当保护的程度构成了国家环境管理权本身的限制。即国家环境管理权的行使应当是保护公共环境利益所必需的,其范围和界限不能超出公共环境利益的界限,应与环境资源的公共性特征相适应。对公共环境利益的确定应考虑环境影响的范围和程度,影响范围大、程度深的通常应确认为公共环境利益,可以由国家环境管理权介入进行保护。其次,国家环境管理权的范围和界限要与公民的环境保护义务相适应。国家环境管理权的行使通常直接导致公民承担相应的义务,这种义务不能超过公民在客观上应当承担的环境保护义务的范围。即从公民的环境权利和义务角度来讲,国家环境管理权也应当有一个客观的界限,这构成国家环境管理权的外在限制。公民环境保护义务的确定有赖于一定环境伦理和正义标准的明确,并受制于公众环境意识的强弱,但最基本的如环境责任原则已得到普遍的承认。最后,国家环境管理权要受到公民基本权利的制约。国家环境管理权和公民环境保护义务的目的都是维护环境利益,但环境利益特别是公共性环境利益可能与公民的私人利益存在冲突,国家环境管理权也可能与公民的基本权利存在正面冲突。

2. 国家环境管理权的内容

国家环境管理权是一项综合性权利,其实施要通过规划、许可、指挥、监督等手段。具体来说,国家环境管理权可以分为事前控制权、事中控制权和事后控制权三个阶段。

1) 事前控制权

(1) 环境规划权。

为了维持环境质量的良好状况和促进环境资源的有效利用,国家有权对环境资源及其利用从总体上进行规划,确定资源的用途和利用程度、限制污染排放总值,这是国家进行环境管理的重要内容。环境规划权的行使体现为环境规划的制定和落实,一方面是专门的环境规划的制定和实施,另一方面是综合规划中有关环境保护和资源利用内容的确定和实施。

环境规划权具有以下特征:一是综合性。环境规划是对有关环境保护事项的综合预测和安排,涉及未来环境保护工作的方方面面,因此环境规划的制定是一种综合性权力的行使。二是法定性。环境规划权是法定权力,必须依法行使,而且规划事项的确定也必须有充分的法律依据。三是广泛的裁量性。在法定范围内,环境规划权包含了广泛的自由裁量权,因为法律只能规定规划的总体目标以及应当考虑的因素,而具体规划内容的形成只能依靠规划制定权人。

(2) 环境标准制定权。

环境标准是环境法律体系的重要组成部分,也是国家环境管理权行使的重要方式。按照我国现行法律法规的规定,国家环境标准和国家环境保护总局标准由国家环境保护总局组织制定,地方环境标准由省级人民政府制定。地方环境标准仅限于两种类型:一是针对国家环境标准未做规定的项目制定地方环境质量标准和地方污染物排放标准;二是严于国家污染物排放标准的地方污染物排放标准。

环境标准制定权应当与环境规划权相协调。环境规划是环境管理目标的系统表达,通过环境标准进行的环境质量控制和污染排放控制都是实现环境规划目标的重要手段,因此,环境标准制定权和环境规划权应当统一、配合行使,以使环境标准与环境规划的目标和各规划区域的功能相一致。

(3) 环境行政许可权。

环境行政许可权是国家环境管理主体根据管理相对人的申请,经审查对符合法定条件者依法准予从事特定环境活动的权力。环境行政许可权可以分为两个方面:一是自然资源使用许可权,即针对自然资源使用申请,准许符合法定条件的申请人开发利用特定自然资源的权力。该权力一般与自然资源的国家所有权相联系,针对需要限制开发利用的自然资源控制开发利用的数量、方式或者时间。二是环境行为许可权,即针对从事环境行为的申请,准许符合法定条件的申请人从事特定环境行为的权力。该权力一般与污染防治相关,针对可能污染环境的行为从行为主体、行为方式或者直接从排污数量等方面进行限制,以防止造成环境污染。

环境行政许可权依当事人的申请而启动,不得主动行使以授予当事人从事特定环境活动的资格或者权利。环境行政许可权以法律对环境活动的一般性禁止为前提,对特定当事人的特定环境活动申请进行审查后决定是否准许,从而可以控制环境活动的总体水平,是实现环境法预防为主原则的重要途径。

2)事中控制权

(1)环境行政命令权。

环境行政命令权是国家环境管理主体依法要求管理相对人为或不为一定行为的权力。在国家实施环境管理的过程中,要根据公共利益的需要对特定主体的行为进行直接的约束和限制,就要通过行使环境行政命令权来实现。

环境行政命令权最主要的特征是具有先定力,即依据环境管理主体单方面的意思表示而具有约束力,管理相对人只有服从的义务。即使认为环境行政命令违法,也只能启动事后的审查程序,而在此之前,管理相对人都必须依行政命令为或不为一定的行为,否则将导致行政处罚或者行政强制执行的后果。作为行政权的一种表现形式,环境行政命令权具有较强的赋课义务特征,对于国家环境管理主体及时、有效地处理环境管理事务具有极其重要的意义。

(2)环境税费征收权。

为了控制对环境资源的开发利用,对利用自然资源或排污征收税费以提高其成本是一项重要措施。与此相应,国家环境管理主体应当具有环境税费征收权,即根据国家环境管理和社会公共利益的需要,依法向管理相对人强制地、无偿地征集一定数额金钱或实物的权力。

环境税费征收权直接对应于管理相对人的财产性义务,是剥夺管理相对人财产权的权力,其行使必须遵循以下原则:① 法定原则。为了确保管理相对人的合法权益不受违法征收行为的侵害,必须将征收的整个过程纳入法律调整的范围,将环境税费征收权置于法律的支配之下,使征收项目、征收金额、征收主体、征收相对人、征收程序都有法律上的明确依据。② 公开、公平原则。环境税费征收权的行使必须贯彻公平原则,并定期公开征收状况,将权力的行使置于公众的监督之下。③ 及时、足额征收原则。环境税费征收权的行使既不得侵犯管理相对人的合法权益,同时也不得减少征收的范围或程度、拖延征收时限而损害公共利益。

环境税费征收权包括环境征税权和环境收费权。征税权针对资源税、环境税,收费权针对排污费、自然资源有偿使用费。国家环境管理主体在征税和收费上的权限是不同的,对应的税款使用权限和收费使用权限也不相同。税收一般具有普遍性,其使用通常也是纳入总

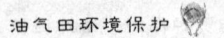

的支出计划;收费则通常具有特定目的和范围,其使用一般也是专款专用。

(3) 环境监督权。

环境法律法规能否得到遵守,完善的监督机制起着关键作用。环境监督权就是国家环境管理主体对公民、法人和其他组织遵守环境法律法规的状况进行监督检查,以及对环境质量状况和自然资源保护状况进行监测评价的权力。通过环境监督权的行使,国家环境管理主体可以从微观层面掌握公民、法人和其他组织遵守环境法律法规的情况,及时制止违法行为或对其进行处罚;又可从宏观层面掌握一定范围的环境质量状况、自然资源利用状况,及时发现环境保护工作的不足,采取措施保护自然资源,提高环境质量。

环境监督权的核心内容是获取信息的权力,并不直接改变管理相对人的财产权益。但其行使需要管理相对人的配合,应当尽量避免影响管理相对人的正常生产经营活动,并对监督过程中获悉的相对人的技术和经营情况依法保守秘密。对应于环境监督权,管理相对人有接受监督的义务,以及积极提供相关信息的义务。

3) 事后控制权

(1) 环境行政裁决权。

环境保护在很大程度上要依靠公权力推进,环境权益的保护往往也需要政府的介入,这就决定了相当一部分环境纠纷的解决需要政府的参与。环境行政裁决是政府参与环境纠纷解决的重要方式。环境行政裁决权是国家环境管理主体依照法律的授权,对当事人之间发生的与环境管理密切相关的纠纷进行审查并做出裁决的权力。

环境行政裁决权针对与环境管理活动密切相关的纠纷,以实现环境管理目标为目的。具体种类包括:① 自然资源权属纠纷的裁决。当事人因财产所有权或者使用权的归属产生的争议,包括草原、土地、水及矿产等自然资源权属争议,经当事人申请,有权机关可以依法做出裁决。② 环境侵权纠纷的裁决。对于因排放污染侵犯当事人合法权益引起的纠纷,包括相关的损害赔偿纠纷,经受害者申请,有权机关有权做出确认侵权事实、赔偿责任和赔偿金额等内容的裁决。

环境行政裁决权是为满足国家对环境事务的积极干预的需要而产生的,其作用在于及时解决争议、纠正不法行为、稳定社会秩序,优势在于可以充分发挥国家环境管理主体在环境管理领域的专业特长,以及便于把握环境保护的政策取向。环境行政裁决权的行使应遵循公正、平等原则,简便、迅捷原则及客观、准确原则。

(2) 环境行政处罚权。

环境行政处罚权是国家环境管理主体为达到对违法者予以惩戒,促使其以后不再犯,有效实施环境管理,维护公共利益和社会秩序,保护他人合法权益的目的,依法对管理相对人违反环境管理法律规范尚未构成犯罪的行为给予人身的、财产的或其他形式的法律制裁的权力。

环境行政处罚权是一项重要的环境管理权,是维护环境管理法律规范的效力、维护社会生活和环境管理秩序的重要手段。对于较严重的环境违法行为,环境行政处罚具有较强的制裁和惩处作用,有利于良好环境管理秩序和生产、生活秩序的建立。

二、国家环境管理体制

国家环境管理体制是指一个国家环境管理系统的结构和组成方式,即采用怎样的组织形式以及如何将这些组织形式结合成为一个合理的有机系统,并以怎样的手段和方法来实现环境管理的任务。具体来说,环境管理体制是规定中央、地方、部门、企业在环境保护方面的管理范围、权限职责、利益及其相互关系的准则。环境管理体制的核心是管理机构的设置、各管理机构职权的分配以及各机构间的相互协调。

健全有效的环境管理体制首先可为环境管理提供可靠的组织保证,它通过管理机构的设置使管理职权得到落实并且成为管理的基础;其次,有效、健全的管理体制在一定程度上可以弥补政策不合理、法制不健全、技术经济不发达所带来的不足。管理体制的运行实效直接影响到管理的效率和效能,因而它在整个环境管理中起着决定性作用。一般认为,一个国家的环境管理体制的现状直接反映了该国对环境和环境问题的认识水平,体现着该国环境管理的范围和要求;环境管理体制的强弱显示了该国环境管理的能力和程度,是该国环境政策的重要表现、环境法完善程度的重要标志。因此,建立健全我国的环境管理体制是强化管理、保护和改善环境,扭转我国环境现状的关键所在。

1. 国外环境管理体制的主要类型

1) 其他行政管理主体兼任

由一个或若干个履行其他行政管理职权的部(或局)拥有部分和全部的环境管理权,也就是没有专门设置环境管理的统管机构和协调机构,而是由其他部门代为行使环境管理职权。苏联就采取了这种体制,只是在国家计划委员会内设置自然保护局,在国家科学技术委员会内设置自然利用与环境保护委员会,把环境保护工作分散在农业、卫生、渔业、地质各部和各工业主管部。随着环境问题的日益严重,这种体制不利于环境统一管理的弊端愈发暴露。

2) 委员会

委员会是一个协调机构,一般都是在中央政府内部设置,由有关部门的领导充当委员,实行一人一票制,负责制定政策和协调各部的活动。20世纪70年代,很多国家设立了环境委员会。1970年,德国设立了由总理和各部部长组成的环境委员会,意大利设有环境问题部际委员会,澳大利亚设有环境委员会。委员会的优势在于可以充分协调各个行政主体之间的管理职权。

3) 专门机构

将以前分散在其他机构的环境管理职权逐渐集中起来,成立一个专门机构,赋予其环境管理权。1970年,英国、加拿大成立了环境部;1971年,丹麦设立了环境保护部;1974年,德国设立了相当于部级的环境局。

4) 独立机构

独立机构的环境管理权限超过一般的专门机构,或者由政府首脑兼任该机构的领导,如美国在总统执行署设立的联邦环保局,日本设立的由国务大臣任长官的环境厅。独立机构的级别很高,环境管理权限范围又非常广泛,便于对环境资源进行更为有效的、全面的、统一的管理。

5) 几种机构并存

这种设置实际上是基于统一领导与分工负责相结合的原则和理念。这种设置方法以英国、德国、法国、比利时、瑞典等为代表。德国除设有统管环境工作的环境局外,还设有协调各部工作的内阁环境委员会,在中央有关各部如外交、财政、经济等部也都设有部属的环保局,负责本部门的环保工作。

目前,这种设置方案得到广泛的认同。即使在设置了独立机构的美国和日本,也都有并存的情形。美国的内务部、商业部、卫生教育福利部、运输部也都设有相应的环境与资源管理机构,在商业部内设有编制达 10 000 人的海洋和大气管理局。

2. 我国的环境管理体制

我国的环境管理体制经历了五次大的变迁:

(1) 新中国成立以后至 20 世纪 70 年代初,环境管理权由相关的部委兼任,如农业部、卫生部、林业部等分别负责本部门的环境管理工作。

(2) 1974 年 5 月,国务院成立了由 20 多个部委组成的环境保护领导小组,下设办公室。该小组是主管和协调全国环境工作的机构,日常工作由下属的办公室负责。

(3) 1982 年,成立城乡建设环境保护部,同时撤销了国务院环境保护领导小组。这样,环保局作为建设环境保护部的下属机构,主管全国的环境保护工作。另外,在国家计划委员会内设置了国土局,负责全国国土与整治工作,其职责也同环境保护有一定的关联。

(4) 1984 年 5 月,根据《国务院关于环境保护工作的决定》,成立了国务院环境保护委员会,负责研究审定环境保护工作的方针、政策,领导和组织协调全国的环境保护工作。同年 12 月,城乡建设环境保护部下属的环保局改为国家环保局,同时也是国务院环境保护委员会的办事机构,负责全国环境保护的规划、协调、监督和指导工作。

通过以上对机构设置历史沿革的梳理,不难发现:国家环境管理权从基本上由其他部门兼负,到逐步独立,再到越发加强。实际上,这种发展根植于环境问题日益严重、人与自然的关系愈发紧张这一大的背景,而环境资源的生态属性要求对其实施统一的管理,如果将环境管理权分别赋予在不同的行政主体之上,那么极易导致各个主体之间互相推诿、扯皮,从而不利于环境管理政令的上通下达。

(5) 2008 年,第十一届全国人大一次会议通过的国务院机构改革方案,决定将国家环保局升级为国家环境保护部。与以往有形架构的变化不同,这次变迁更加注重内在管理体制的变革,更加强调实际的效用,因此不妨称之为"正在发生的第五次变迁"。《国务院关于落实科学发展观加强环境保护的决定》对于环境管理体制的变革提出了要求和目标性的指引:按照区域生态系统管理方式,逐步理顺部门职责分工,增强环境监管的协调性、整体性,建立健全国家监察、地方监管、单位负责的环境监管体制。国家加强对地方环保工作的指导、支持和监督,健全区域环境督查派出机构,协调跨省域环境保护,督促检查突出的环境问题。地方人民政府对本行政区域环境质量负责,监督下一级人民政府的环保工作和重点单位的环境行为,并建立相应的环保监管机制。

3. 环境管理机构

环境管理机构是环境管理体制的核心和重要组成部分,是环境管理的组织形式。环境管理的职能只有通过一定的机构来行使才能得以实现,环境管理机构的设立与强化是进行有效环境管理的必要保证。

根据环境管理机构的设置、职责及相互关系,我国中央一级的环境管理机构可分为三种类型,即综合性环境管理机构、部门性环境管理机构与专门性环境管理机构,它们是我国国家环境管理体系的三大部分,在国务院的统一协调下行使环境管理职权。

综合性环境管理机构是指国务院环境保护行政主管部门,即国家环境保护部,其主要职责是负责全国环境的统一监督管理,实行宏观调控,推动各方面的环境保护工作。

部门性环境管理机构是指各业务主管部门成立的环境管理机构,如中央各部委的环境保护局。部门性环境管理机构由三部分组成:一是综合部门的环境管理机构,即根据法律法规拥有环境管理某一方面职权的机构,如国家计划与发展委员会、科技部分别负责国民经济和社会发展计划及生产建设、科学技术发展中的环境保护综合平衡工作,这些机构对于其管辖范围内的环境保护拥有主管权限,是这些范围内的综合管理部门;二是专业部门的环境管理机构,即依法拥有对某些专门的或特殊的环境要素行使管理权的机构,如林业部门、土地管理部门,除主管林业生产、土地利用之外,还负有环境保护方面的职责;三是部门自管的环境管理机构,即各有关机构内部设置的负责本部门环境管理工作的机构。部门性环境管理机构不仅在一般业务范围内涉及环境保护工作,它们与综合性环境管理机构的相互关系是统管与分管的关系,属于综合性环境管理机构的分系统,因此它们应接受综合性管理部门的指导、协调与监督。

专门性环境管理机构是指跨地区、跨部门,由各级主管部门共同领导的环境管理体系,它们对某一特定的保护对象或在特定区域行使环境管理权。目前我国的专门性环境管理机构主要有江河流域水源保护机构、自然保护区管理机构等。从尊重自然规律的角度来看,专门的环境管理机构较之地区性环境管理机构更能满足环境保护的要求,自然环境并不因为人为的行政区域划分而改变,但行政管理的地域性,尤其是地方利益冲突,却可能造成环境污染和破坏,地方保护主义带来新的环境问题是在实践中已经反复被证明了的事实,因此,如何根据环境保护的规律探索新的环境管理机构模式是极为重大的课题。

综合性环境管理机构和部门性环境管理机构、专门性环境管理机构分工合作,统一规划,紧密配合,相辅相成,缺一不可。部门性、专门性环境管理机构承担本部门、本系统以及所辖的特定对象和地区环境管理的职责,对直属部门、企事业单位实行直接领导,对非直属单位规划管理进行业务指导。但环境管理具有区域性、整体性的特点,必须有全面规划、宏观控制、统一监督和协调,因此,部门管理和专门管理必须在综合管理的总目标、总战略指导下进行,以综合管理为主。

第四节　国际环境法

环境问题古而有之,但与人类活动相关的大范围的环境问题则是在近代工业革命之后出现的。随着经济的快速发展,人类对环境作用的深度和广度的加强,产生了大规模的全球环境问题,威胁到全人类的生存和发展。保护生态环境,实现可持续发展,已成为世界各国紧迫、艰巨的任务。环境问题不是孤立的,而是与各国经济、社会活动密切联系的。环境问题在各国经济发展中产生,也必须在经济发展中加以解决。

由于环境问题的国际性,解决这些问题需要世界各国和地区协调一致的努力和卓有成

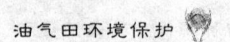

效的合作,所以加强国际法和国际环境保护法的研究、制定与实施势在必行。

一、国际环境法概述

1. 国际环境法的概念

所谓国际环境法(international law on environment),是指国际法主体(主要是国家)在调整国际社会因开发、利用和保护、改善环境的国际交往中形成的社会关系的法律规范的总称。

国际环境法作为国际法的一个分支,是20世纪60年代中期由于环境问题的发展而兴起的一个国际法部门。国际法所调整的对象是国际关系,而作为国际环境法的调整对象只能是国际环境法的分支,具有传统国际法的一般属性,即国际环境法律关系的主体主要是国家;国际环境法的制定者是国家,且法的制定程序必须经诸国协商而不是由一国单独立法,国际环境法的阶级性主要表现为各国统治阶级意志的协调;国际环境法的强制实施主要依靠国家本身的行动。

2. 国际环境法的体系

国际环境法的体系指的是由有关开发、利用和保护、改善环境的各种法律文件所组成的、具有内在有机联系的整体。国际环境法体系是一个广义的体系,它包括国际法中的"硬法"和"软法"。构成国际环境法体系的法律文件的形式主要有条约(公约、协定、协议书和条约等)、反映国际习惯法的文件、反映有关国际环境保护的一般法律原则的文件、司法判例和国际组织的决议等法律文件。

该体系目前主要包括以下三大部分:

(1) 国际环境保护纲领性文件。这类法律文件是以规定全球环境保护的指导思想、基本原则和行动计划为主要内容的国际法文件,如《联合国人类环境会议宣言》《人类环境行动计划》《里约环境与发展宣言》《21世纪议程》等,这些法律文件由于不具有法律强制力,因而又被称为国际法中的"软法"。

(2) 针对特定环境保护的国际法律文件。这类法律文件代表着当前国际环境法最为发达的部分,其数量以百计,主要由以保护特定环境因子为主旨的条约组成,也包括其他形式的国际法文件。目前,这类法律文件所覆盖的范围已相当广泛,如关于保护大气环境的《联合国气候变化框架公约》《保护臭氧层维也纳公约》及其议定书等。

(3) 针对其他有关环境问题的国际法律文件。这类国际法文件不是以保护特定的环境或环境因子为主旨,而是针对与环境密切相关的一些问题,如固体废物和危险废物问题、核污染问题、贸易与环境问题、国际环境标准、军备和战争与环境问题等,这类环境问题的特点是涉及面广,往往涉及多个环境的保护和多种国际关系。针对这类环境问题的特点,相关国际法律文件有《控制危险废物越境转移及其处置巴塞尔公约》《核材料实质保护公约》等。

3. 国际环境法的渊源

国际环境法的渊源即国际环境法的表现形式,它与一般国际法渊源一样,包括国际条约、国际习惯、一般法律原则的辅助方法(司法判例)、公法学的学说等方面,但由于一方面有丰富的国际环境资源保护条约,另一方面又有丰富的国际环境资源保护实践,尤其是国际环境资源保护的"软法"正迅速发展并在国际环境资源保护中日益发挥重要的作用。依《国际法院规约》第 38 条的精神及法学界的普遍理解,国际环境法的渊源主要有公约,双边或多边条约,国际会议与国际组织的重要宣言、决议、大纲,国际习惯法,重要的国际环境标准、准则、建议。

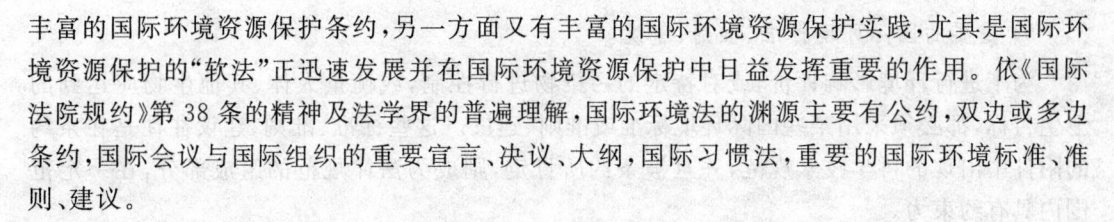

1) 公约

公约是指由世界上多个国家缔结,并对这些国家具有普遍约束力的国际环境保护条约。国际公约是国际环境法最主要的渊源,国际环境保护条约作为国家之间共同保护环境资源的明式协议,对缔约国有约束力,因而也成为国际法院判案的主要依据。

2) 双边或多边条约

双边或多边条约是指由两个或两个以上的国家缔结的条约。这类条约只对缔约国具有法律拘束力,如《美国和加拿大关于大湖水质的协议》《中日关于保护候鸟及其栖息环境协定》等。这些条约对于解决跨国界污染、区域污染以及生态破坏等问题具有积极意义。

3) 国际会议与国际组织的重要宣言、决议、大纲

很多关于国际环境保护的国际会议和国际组织通过的宣言、决议和大纲,由于其反映或体现国际环境法的原则、规则和制度而得到国际社会的普遍承认,成为国际环境法的又一渊源。这一渊源通常被称为"软法",主要在人们处理国际社会关系时形成,可以为各国共同接受,是灵活性较大、约束力较弱的国际准则,与传统的国际条约相比,软法没有关于权利和义务的具体规定,是一种非传统的国际法渊源。在国际环境法的发展过程中,软法起到了十分重要的作用,在国际环境法中占重要地位。软法是国际法与国际政治相结合的产物,因而能较好地解决在对待重大环境问题上的政治冲突和经济利益的矛盾,使其成为处理国际环境问题不可缺少的重要组成部分。软法文件提出的许多国际环境法的原则是对国际环境法理论和实践经验的总结,具有政治和道义上的影响力。这类宣言、决议和纲领主要有《联合国人类环境会议宣言》《里约环境与发展宣言》《21 世纪议程》《世界自然资源保护大纲》等。

4) 国际习惯法

国际习惯是国际环境法的另一个主要渊源,由于国际环境法是一个新兴的国际法领域,加上国际习惯的形成需要各国的反复实践以形成通例并被各国接受为法律,因此,国际环境法中的国际习惯法律规范并不多。在过去 20 多年的时间里,环境条约或司法判例中出现了一些有关环境保护的国际习惯和国际习惯的萌芽,判断一个国际习惯的形成应以该国际习惯的国际实践为依据,即看它是否已经成为普遍的通例和被普遍接受为法律。以这个依据判断,在国际环境法的一些原则中,如风险预防原则、共同但有区别原则;在属于程序法的义务中,如国际磋商及提供环境资料和环境影响评价,都已成为国际习惯或反映了国际习惯。目前,从国际环境法的当前发展状况来看,国际环境法的体系仅仅初具雏形,还需要进一步完善。虽然一些重要的全球性公约如《联合国海洋法公约》至今尚未生效,但作为国际习惯法已经在发挥作用,且具有一定的约束力。

国际习惯法与国际会议和国际组织通过的宣言、决议和大纲由于在国际或国内均不具有强制力,因而也被称为软法性规范。

5) 重要的国际环境标准、准则、建议

为了进行环境影响评价,或对特定的污染物进行控制,或衡量人体、其他生物应达到的卫生目标,都必须采用某些国际环境标准或准则、建议。这些标准、准则、建议往往是在条约的附件中出现的科学技术规范,一旦被条约所肯定,则成为法律规范的组成部分,在一定范围内具有约束力。

二、国际环境法的实施

1. 国际环境法的实施

国际环境法的实施是指国际环境法主体行使国际环境权利、履行国际环境义务的活动。国际环境权利是指由国际环境法赋予或承认的关于利用、保护和改善环境的权利。国际环境义务是指依国际环境法承担的关于利用、保护和改善环境的义务。国际环境法实施的目的是实现国际环境法的法律规范。由于国家是国际环境法的基本主体,国际组织有时也是国际环境法的主体,因此,主要是国家实施国际环境法,有时也包括国际组织的实施活动。其中,国家的实施是基本的、直接的、主要的和决定性的,而相对来说,国际组织的实施是非基本的、间接的、次要的和非决定性的,它的实施最终也要通过国家的实施来实现。

国际环境法的实施与国家责任直接联系在一起。如果国家不履行甚至违反其依国际环境法所应承担的义务,那么就得为之承担相应的国家责任。另外,国际环境法如得不到实施,各国没有切实履行其环境义务,各国在利用、保护和改善环境方面的协调意志不能实现,那么,国际环境法就不能起到调整国际环境法律关系的作用。

国际环境法实施的实质和关键是它的习惯法和条约如何转化为国内法并在国内得到实施的问题。一方面,国际环境法的实施由各国根据其主权,通过其国内法来决定,他国无权干涉一国对实施国际环境法方式的选择;另一方面,国家不得以国内法改变国际环境法和破坏各国通过国际环境法所确立的国际环境法律秩序。一般来说,国际环境法的习惯法规则只要不与现行国内法相抵触,各国就直接予以适用。国际环境法中的条约一般要由国家通过一定的立法加以保障或转化之后才能在国内适用。

2. 国际环境法的实施途径

实施国际环境法的途径包括国内实施和国际执行。

1) 国内实施

国内实施环境条约一般都要求缔约国在其国内采取措施以履行条约。环境条约在国内的实施包括两个方面:一是制定有关履行条约的法律法规和其他法律文件;二是执行有关履行条约的法律法规和其他有关的法律文件。前者是履行条约的第一步,如为了实施1989年《控制危险废物越境转移及其处置巴塞尔公约》,我国先后制定了《固体废物污染环境防治法》《废物进口环境保护管理暂行规定》等。这种法律法规和其他法律文件除了确认在国内履行国家依环境条约所承担的义务外,还要根据条约的规定,确定管理条约履行事务的国内政府机关及其职责,国内的履约方,履行的方式、时限,以及不履行所致的法律后果等。国内实施可由两种情况引起,其一是某个国家的环境权益受到他国不当行为的侵害;其二是国际不当行为对国家管辖范围以外的环境造成损害。在前一种情况下,国际法承认受害国依照国际法对加害国提起要求停止侵害和给予赔偿的权利;第二种情况引起一个比较复杂的国际法问题,即认为有权利或资格以全人类的名义对损害国家管辖范围以外的环境的致害方提出权利要求。关于这个问题,国际环境法和国家的实践要求按条约的争端解决条款处理。在不存在条约规定的情况下,一国是否有权以保护人类的名义对损害国家管辖范围以外的环境的国家提出权利要求呢?在 1982 年的加拿大金枪鱼案、1988 年的美国加鲱鱼案和 1991 年的墨西哥金枪鱼案中,关贸总协定争端解决小组都裁定美国不能以保护属于人类共同财产的资源为由依据本国法律单方面对他国采取贸易限制措施。目前,国际法尚未发展到承认一国享有代表国际社会对损害国家管辖范围以外的环境的国家提起类似于国内法中的集体诉讼的权利的制度。

2) 国际执行

国际执行是指国际环境法的主体通过具有管辖权的国际司法机构或国际组织的裁判程序迫使违反国际环境义务的国家或缔约方履行其国际环境义务或从该国或该缔约方取得赔偿的活动。由国际组织的性质决定,国际组织在国际环境法执行方面的权力非常有限。国际组织的执行权来自其成员国的授权。由于环境问题往往事关一个国家的战略利益,因此,各国在授予其参加有关国际组织的执行权时往往非常谨慎。有资格提起国际执行程序的是国际环境法的主体,即国家和国际组织,主要是国家。国家的执行是纠正国际环境法律关系中的国际不当行为和救济受害方的重要手段。国家的执行可由两种情况引起:① 某个国家的环境权益受到他国不当行为的侵害。在这种情况下,国际法承认受害国依照国际法对加害国提出要求停止侵害和给予赔偿的权利,其典型案例是 1938 年和 1941 年的特雷尔冶炼厂仲裁案。在该案中,美国以其华盛顿州的财产受到损害为由,要求加拿大予以赔偿。② 国际不当行为对国家管辖范围以外的环境造成损害。

3. 国际环境管制手段

国际环境管制手段是指国际社会采用的、由国际环境法规定的、调整国际环境法律关系的各种具体措施。

国际环境管制手段可以大致分为直接管制手段和间接管制手段两大类。在实际生活中,这两类管制手段的应用往往是结合在一起的或同时平行应用的。

1) 直接管制手段

在国际环境法中,直接管制表现为环境条约所规定的对条约成员国全体施行的统一的环境保护规划和标准。直接管制措施往往是命令性的,它规定法律主体必须为或不为一定行为。直接管制是目前国际环境法的主要实施手段,国际环境法中的直接管制手段主要有环境标准、环境影响评价、关于报告和情报交流的规定和综合污染控制。

国际环境法中的环境标准是指环境条约规定的人类活动对环境的影响和干扰不得突破的限度,它包括环境质量标准、产品和环境标准、排放标准和工序标准。此外,它还包括国际标准组织制定的自愿性的 ISO 14000 系列环境管理标准。

环境影响评价制度要求对立法、计划和建设项目的环境影响事先做出评价,以便决策者对有关行动做出正确的决策,预防对环境严重不利影响的出现。环境影响评价制度为美国

1969年《国家环境政策法》所首创。目前,有不少环境条约将该种制度作为一项重要的措施加以规定。第一个以环境影响评价制度为专门内容的国际环境法文件是1985年欧共体理事会颁布的《关于环境评价的指令》。

掌握充分、准确、及时的环境信息是有效实施国际环境法的基本条件。不同的环境条约有不同形式的关于环境信息收集和交流的规定。环境条约规定的环境信息的收集方式主要有监测、监视、视察、观察、检查、报告等。环境信息的收集和报告是很多环境条约规定的一项权利和义务。环境条约的实施也是与环境信息的交流、应用分不开的。被要求进行交流的环境信息有关于国家政策和法律的,有关于组织机构和科学知识的,有关于整体环境状况或特定环境要素的,也有关于环境紧急事故的等。环境信息的收集和交流涉及国家重大利益,因此,各国在环境信息交流方面既是自由开放的,又是有限度的。

综合污染控制是一种新的环境保护方法,它的特点是对各种形式的污染和各环境要素实行整体的、系统的控制。传统的管制是分散的、个别控制的方法,其弊端是忽略了各种形式的污染之间的联系、转化以及各环境要素之间的联系、运动。综合污染控制方法克服了传统管制方法的这一缺陷。目前,综合污染控制方法在少数发达国家如美国和一些西欧国内法中有所应用。在国际环境法中,综合污染控制尚未得到条约的广泛承认。

2）间接管制手段

间接管制手段就是经济手段,它指的是从影响成本效益入手,引导经济当事人进行选择,以便最终有利于环境的一种手段。经济手段的目的是利用市场调节机制,保证环境资源的合理价格,促进环境资源的有效利用和合理配置。经济手段导致在污染者和其他社会群体之间出现财政支付转移,如各种税收、收费、财政补贴、产品税,或者产生一个新的实际市场如许可证交易市场。经济手段应用于环境管理的主要好处是激发污染者以较低的成本获得较高的环境保护效果。经济手段可作为直接管制手段的有力补充。当前,经济手段在一些国家,其中主要是在欧美发达国家中有所应用。国际环境法中关于经济手段的规定比较罕见。第一次规定经济手段的全球性多边环境公约是1987年颁布的《关于消耗臭氧层物质的蒙特利尔议定书》。此外,它还包括国际标准组织制定的自愿性的ISO 14000系列环境管理标准。

4．国际环境损害责任和国际环境争端的解决

1）国际环境损害责任

国际环境损害责任是指国际法主体因违背国际环境义务而承担的赔偿责任。国际环境损害责任的主体主要是国家,但这并不排除国家以外的其他国际法主体的环境损害责任问题。

国际环境损害责任有若干基本原则,最主要的是两个,即严格责任原则和绝对责任原则。这两个原则在理论上都归类于无过失责任原则。就损害责任而言,绝对责任与严格责任的区别仅在程度上。绝对责任并非绝对,仍有可适用的免责条件。相对于绝对责任,严格责任的免责条件更多一些。严格责任原则是指行为者无论主观上有无过错,只要有环境损害发生,都要承担法律责任,即不依行为者有无过错作为构成要件,或者说有了"损害结果"就要负责任。绝对责任原则是无过失原则的另一种表现形式,实际上是严格责任原则的一种特殊形式,只要存在环境损害,其行为者必须无条件地承担赔偿责任,举证责任也都由行

为者承担。该原则主要适用于特殊环境领域,如外空开发、核能利用等高度危险领域的污染事故。规定了绝对责任原则或严格责任原则的国际公约有1960年经济合作与发展组织颁布的《核能领域第三方责任公约》及其补充协议、1963年的《核能损害民事责任维也纳公约》和1971年的《海运核材料民事责任公约》等。

国际环境损害责任可以从不同的角度进行分类。依据环境损害责任承担者的不同,可分为国家环境损害责任、法人环境损害责任和自然人环境损害责任;依据国际环境损害责任性质的不同,又可分为国际环境损害民事责任、国际环境损害行政责任和国际环境损害刑事责任。下面主要阐述国家环境损害责任和国际环境损害民事责任。

(1) 国家环境损害责任。

国家环境损害责任是指国家违背国际环境义务,造成环境损害,应当承担的国际环境法上的赔偿责任,它是国际环境损害责任最基本的形式。这里所谓的损害责任是指环境赔偿责任,而不是泛指法律义务的责任。

与环境损害有关的国家责任必须符合国际法关于国家责任的一般原则。根据有关的国际条约、判例和国际组织的决议等国际法文件的规定,各国已经承认"确保在其管辖范围内或在其控制下的活动不致损害其他国家或在各国管辖以外地区的环境"是应尽的国际义务,即国际环境义务。国家违背国际环境义务则属于国际不当行为,应负国家责任。然而,尽管国家不损害他国或国家管辖范围以外的环境已成为一项公认的国际义务,但违背这一义务的法律后果却因受损害的环境是他国管辖范围之内环境或国家管辖范围以外的环境而有所不同。例如,国际不当行为损害的是他国管辖范围之内的环境,则致害方要为之承担国家赔偿责任。但对于损害各国管辖范围之外的环境的国际不当行为,现行国际法尚未规定明确的法律后果。在国际环境领域,跨界环境损害责任分为国家直接赔偿责任和国家为个人行为承担赔偿责任两种情况。

国家直接赔偿责任是因为国家本身和其他国家实体从事的活动造成的域外环境损害,直接由国家承担赔偿责任。例如,《外空条约》规定,一切从事外空活动的实际主体,不论其在国内法上处于何种地位,其活动一概被视为国家本身所从事的外空活动。《联合国海洋法公约》也把国家作为责任主体,另外一国的核动力船在别国港口所造成的污染损害应由国家承担责任。国家为个人行为承担赔偿责任的一个前提条件就是该行为必须处在其控制之下。控制国对个人行为造成的跨界环境污染损害承担赔偿责任,是目前国家环境法的一个重要发展趋势。

(2) 国际环境损害民事责任。

民事责任在国际环境领域的法律责任形式中是最常见的、最重要的一种责任形式。跨界环境污染属于侵权行为的一种,其环境损害承担责任的性质也就是民事责任。从理论上讲,民事责任通常的责任形式是赔偿损失、停止污染损害、排除污染妨碍、恢复原状、赔礼道歉等。实践中,国际环境领域民事责任最经常、最主要采用的方式是赔偿损失。

国际环境损害民事赔偿责任主要是指恢复原状,即负担恢复环境损害发生之前存在的环境状态所需要的一切费用。完全恢复原状往往做不到,实际做法只能是按实际损害给予赔偿款或者其他方式的补偿。

国际环境法中对国家的环境赔偿责任做出规定的条约和有关国家环境赔偿责任的案例较为少见。在环境条约方面,主要有1972年的《空间实体造成损失的国际责任公约》和1982

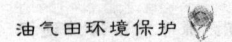

年的《联合国海洋法公约》。在案例方面,主要有1938年和1941年的特雷尔冶炼厂仲裁案、1979年的宇宙"954号"坠落案、1995年美国赔偿日本案和1991年联合国安理会关于伊拉克侵略科威特的第687号决议。

2) 国际环境争端的解决

在国际环境法的实践中,解决国际环境争端的方式主要有谈判、协商、调停、调解、仲裁和司法解决。人们通常将前四种方式称为外交解决方式,将后两种方式称为法律解决方式。

(1) 外交解决方式。

谈判和协商是两个或两个以上国际法主体为了解决彼此间的争议而进行交涉的一种方式。环境条约一般都将谈判和协商作为缔约国之间解决争端的主要方式。例如,《保护臭氧层维也纳公约》第11条要求缔约国以谈判方式解决关于公约的解释或适用的争端。以谈判方式解决环境争端的一个比较著名的例子是1979年加拿大与苏联的宇宙"945号"核动力卫星解体所致环境损害之争。协商也是国际环境条约所普遍规定的争端解决方式。例如,1973年颁布的《国际防止船舶造成污染公约》规定缔约国之间的争议应通过协商解决,如协商不成,则应通过仲裁解决。

调停是指第三国为了和平解决争端而直接参与当事国之间的谈判,并提出参考性的条件或解决方案供争议双方参考,促使双方互相妥协,达成一致意见。调停往往是在争议双方不能通过谈判和协商解决争议的情况下所采用的方法。例如,《保护臭氧层维也纳公约》第11条第2款规定,如果缔约国无法以谈判方式达成协议,它们可以联合寻求第三方进行斡旋或邀请第三方出面调停。

调解又称为和解,指的是争端当事国将争端提交一个调解委员会,由调解委员会查明事实并提出报告和关于解决争端的建议,供争端当事国参考采纳。1992年颁布的《联合国生物多样性公约》的"附件二"第二部分对调解程序做了详细的规定;1992年颁布的《联合国气候变化框架公约》也规定了调解程序。

(2) 法律解决方式。

仲裁是环境条约常规定的一种争端解决方式,是指争端当事国根据协议,约定把争端交给它们所选择的仲裁员处理并接受和遵守仲裁员做出的关于争端解决方式的裁决。仲裁裁决对争端当事国具有约束力并且是终局性的。1969年颁布的《国际干预公海油污染事故公约》在其"附件"中不仅对调解,而且对仲裁规定了详细的程序。在国际环境法的历史上不乏以仲裁方式解决争端的案例,比较著名的案例有1938年和1941年的特雷尔冶炼厂仲裁案和1957年的拉努源仲裁案。

司法解决是指通过国际法院或法庭适用法律规定,以判决来解决国际争端。在国际环境保护领域,可受理国际环境诉讼的国际机构主要有三种:一是联合国国际法院。联合国国际法院的诉讼管辖范围分为自愿管辖、协定管辖、选择强制管辖三种,这三种管辖都包括对国际环境争端的管辖。此外,根据《联合国宪章》第96条和《国际法院规约》第65条,国际法院还具有咨询管辖权。二是国际海洋法庭。国际海洋法庭的管辖权仅限于依照《联合国海洋法公约》提交的争端和其他国际协定授权管辖的事项。海洋法庭所适用的法律是《联合国海洋法公约》和其他与公约不相抵触的国际法原则。国际海洋法庭的判决对争端当事国具有约束力。三是欧洲法院。欧洲法院是欧盟的司法机关,它的管辖权仅限于欧盟成员国,可受理欧盟成员国提起的环境诉讼。欧盟的各机构、成员国和在一定条件下的个人有权向欧洲法院提起司法程序。自1980年以来,欧共体委员会已向欧洲法院提起50多项指控成员国违反欧共体环境法的案件。

三、我国加入的国际环境保护公约

我国政府一贯重视环境保护,深知环境问题所具有的全球性以及我国作为发展中的大国在保护全球环境方面所应承担的责任和可发挥的作用。因而,我国在将保护环境规定为基本国策,努力实现经济、社会、环境效益相统一的可持续发展的同时,十分重视参与环境保护领域的国际合作,为促进全球环境事业做出积极贡献。目前,各种国际环境保护法律文件已超过100件,我国积极参加国际环境保护及其立法活动,已加入了50余个有关国际环境保护条约,这些国际环境保护条约、文件主要有《濒危野生动植物物种国际贸易公约》《联合国海洋法公约》《南极条约》《世界文化和自然遗产保护公约》《保护臭氧层维也纳公约》《国际油污损害民事责任公约》《国际干预公海油污染事故公约》《控制危险废物越境转移及其处置巴塞尔公约》《联合国气候变化框架公约》《联合国生物多样性公约》《关于在国际贸易中对某些危险化学品和农药采用事先知情同意程序的鹿特丹公约》《关于持久性有机污染物的斯德哥尔摩公约》。

| 思考题 |

1. 简述环境法的概念及起源。
2. 简述环境法的特点。
3. 环境法与其他法律部门的关系是什么?
4. 我国环境法体系是什么?
5. 简述环境与资源保护法的概念、目的、作用。
6. 简述国家环境管理权的内容。
7. 什么是国家环境管理体制?
8. 简述国际环境法的概念。
9. 什么是国际环境法的渊源?
10. 我国加入的国际环境保护公约有哪些?

参 考 文 献

[1] 耿保江.从环境法体系看《环境保护法》的定位//可持续发展·环境保护·防灾减灾——2012年全国环境资源法学研讨会(年会)论文集[C].成都:四川大学出版社,2012.
[2] 徐祥民,巩固.关于环境法体系问题的几点思考[J].法学论坛,2009,24(2):21-28.
[3] 焦卫东,谢强.我国环境法体系简介[J].山东环境,2001(2):30.
[4] 吕忠梅.环境法[M].北京:高等教育出版社,2009.
[5] 李昌麒.环境法学[M].厦门:厦门大学出版社,2006.
[6] 王文革.环境资源法[M].北京:中国政法大学出版社,2011.
[7] 黄锡生,李希昆.环境与资源保护法学[M].重庆:重庆大学出版社,2011.

第三章 我国石油生产企业的环境保护概况

第一节 油气田环境污染

一、油气田环境污染源

石油工业是防治工业污染的重要领域,由于原油生产点分散,涉及的污染面积很大,因此造成的治理难度也很大。由于我国地理环境差异较大,原油生产水平不尽相同,故各油田面临的环境保护压力也不尽相同。随着我国环保力度的逐渐加大,迫切需要结合油气生产和油田地区特点,研究开发新的环保技术和设备,并要求石油工业向生产和环境保护协调统一的方向发展。

不同工艺和不同开发阶段排放的污染物及组成不尽相同。油气田环境污染源构成及污染物排放流程如图 3-1-1 和图 3-1-2 所示。下面详细介绍各油气田环境污染源。

(1) 地震勘探阶段的环境污染源主要是放炮震源和噪声源。

(2) 钻井阶段的污染源主要来自钻井设备和钻井施工现场。钻井过程不仅会产生废气、废水,还会产生固体废物和噪声。废气主要为大功率柴油机排出的废气和烟尘;废水主要为柴油机冷却水、钻井废水、洗井水及井场生活污水;废渣主要为钻井岩屑、废弃钻井液及钻井废水处理后的污泥。

(3) 在测井过程中,由于有时使用放射性辐射源和放射性核素,其主要污染源是放射性三废物质、挥发进入空气中的放射性气体、被污染的井筒和工具等。

(4) 井下作业过程中,由于其工艺复杂、施工类型多,故其形成的污染源也较为复杂。在压裂施工中,会产生大量废弃压裂液;地面高压泵组会产生噪声和振动。在酸化施工中,酸化液与硫化物垢作用后可产生有毒的硫化氢气体,造成大气污染;酸化后洗井排出的污水含有各种酸液或酸液添加剂等。在注水和洗井施工中,会产生洗井水;注水泵组会产生较大的噪声。

(5) 采油(气)过程中,主要污染源和污染物是与原油一同产出的油田采油污水,另外在气集输过程中还会有一定量的烃类气体释放。在稠油开采施工过程中,如采用蒸汽吞吐或蒸汽驱开采,还有蒸汽发生炉产生的烟气污染。

(6) 油气集输及储运过程中,主要废水污染源包括:原油脱出的含油污水;油气分离器

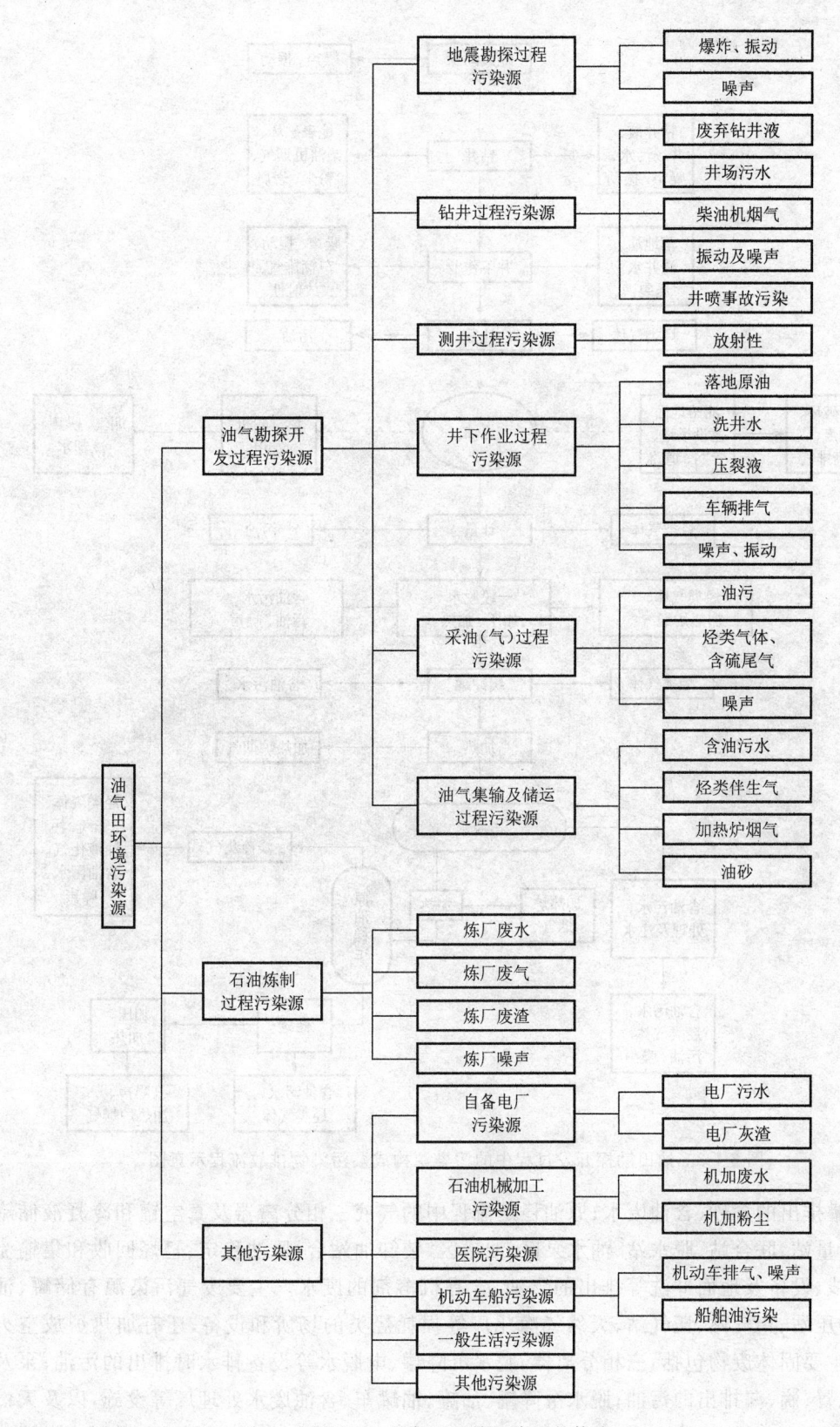

```
                                                          ┌── 爆炸、振动
                                      ┌── 地震勘探过程污染源 ──┤
                                      │                    └── 噪声
                                      │
                                      │                    ┌── 废弃钻井液
                                      │                    ├── 井场污水
                                      ├── 钻井过程污染源 ────┼── 柴油机烟气
                                      │                    ├── 振动及噪声
                                      │                    └── 井喷事故污染
                                      │
                                      ├── 测井过程污染源 ──── 放射性
                                      │
                                      │                    ┌── 落地原油
                                      │                    ├── 洗井水
                ┌── 油气勘探开发过程污染源 ┼── 井下作业过程污染源 ┼── 压裂液
                │                     │                    ├── 车辆排气
                │                     │                    └── 噪声、振动
                │                     │
                │                     │                    ┌── 油污
                │                     ├── 采油(气)过程污染源 ─┼── 烃类气体、含硫尾气
                │                     │                    └── 噪声
                │                     │
                │                     │                        ┌── 含油污水
                │                     └── 油气集输及储运过程污染源 ┼── 烃类伴生气
                │                                              ├── 加热炉烟气
                │                                              └── 油砂
油气田环境污染源 ──┤
                │                     ┌── 炼厂废水
                ├── 石油炼制过程污染源 ──┼── 炼厂废气
                │                     ├── 炼厂废渣
                │                     └── 炼厂噪声
                │
                │                                     ┌── 电厂污水
                │                     ┌── 自备电厂污染源 ┤
                │                     │                └── 电厂灰渣
                │                     │
                │                     │                   ┌── 机加废水
                │                     ├── 石油机械加工污染源 ┤
                │                     │                   └── 机加粉尘
                └── 其他污染源 ─────────┤
                                      ├── 医院污染源
                                      │                  ┌── 机动车排气、噪声
                                      ├── 机动车船污染源 ──┤
                                      │                  └── 船舶油污染
                                      ├── 一般生活污染源
                                      └── 其他污染源
```

图 3-1-1　油气田环境污染源的构成

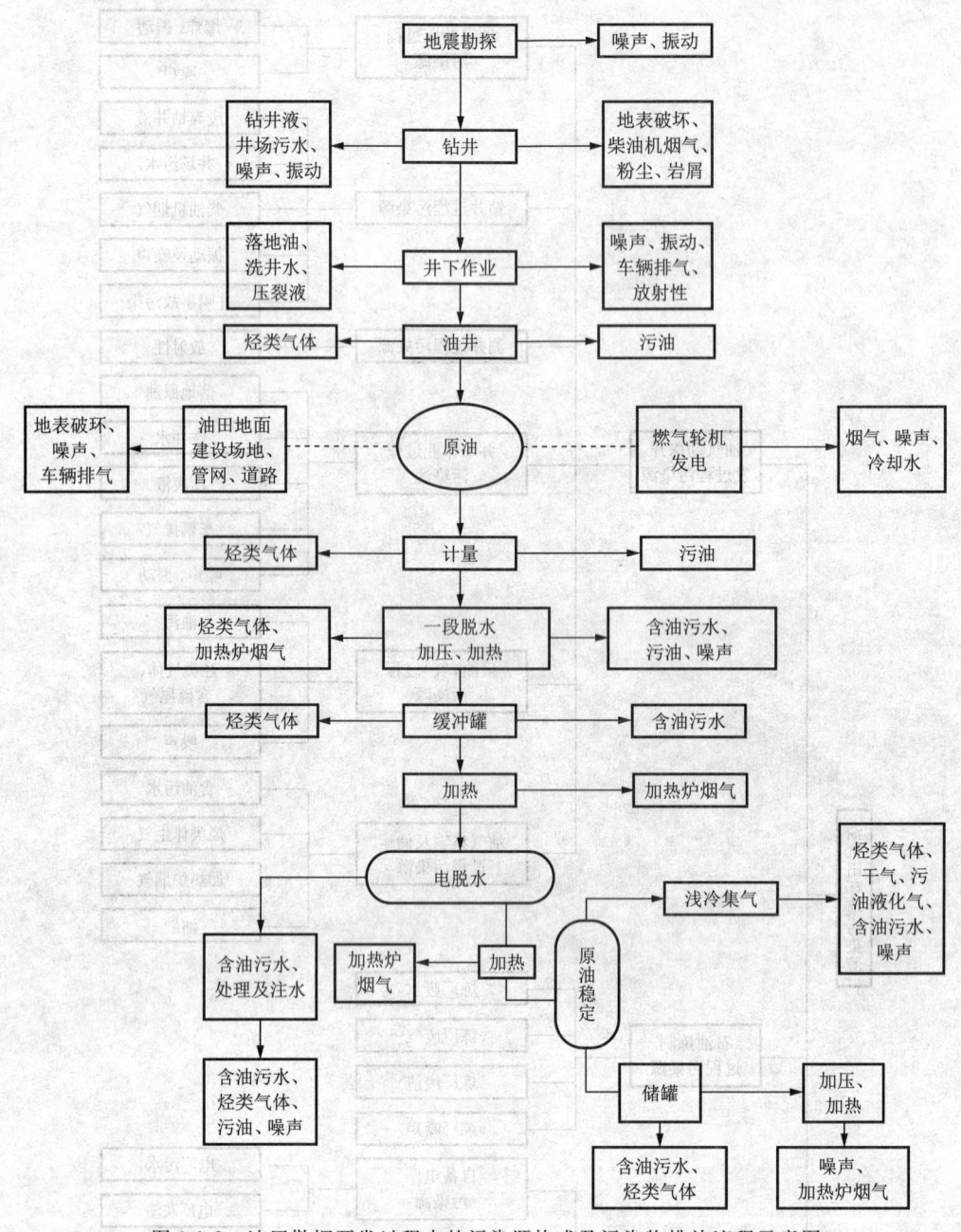

图 3-1-2 油田勘探开发过程中的污染源构成及污染物排放流程示意图

及分配罐排出的含砂、含油废水;原油稳定流程中的气液三相分离器及真空罐和冷凝液储罐排水;计量站、联合站、脱水站、油水泵区、油罐区、装卸油站台、原油稳定、轻烃回收和集输流程的管线、设备及地面冲洗等排出的含油、含有机溶剂的废水。主要废气污染源有储罐、油罐车、增压站、集气站、压气站、天然气净化厂等损耗烃类的场所和设备,还有加热炉放空火炬等。主要固体废物包括:三相分离器、脱水沉降罐、电脱水等设备排水时排出的污油;泵及管线跑、冒、滴、漏排出的污油;脱水沉降罐、油罐、油罐车、含油废水处理厂等设施,以及天然气净化厂清出和排出的油砂、油泥、过滤滤料等固体泥状废物。主要噪声源有机泵、电动机、加热炉螺杆式压缩机等。

(7) 石油加工行业是将原油按烃类沸点不同的特点,用蒸馏等物理分离的方法生产各种馏分油。为了获得高质量的石油产品及经济效益,还要对这些馏分油,用化学的、物理的方法进行深度加工,最终生产出合格的、市场需要的汽油、煤油、柴油、气态烃、液态烃、润滑油、沥青、石蜡、石油焦等产品及化工原料。在加工过程中,同时会产生大量的废水、废气、废渣,对环境造成极大的污染。

总之,在石油工业中,从地震勘探到钻井、采油、集输及储运、石油加工的各个环节,由于工作内容多,工序差别大,施工情况多样,管理水平不一,设备配置不同及环境状况差异,污染源比较复杂。图3-1-2展示了油气田勘探开发过程中污染物排放的一般情况及污染源的构成情况,从中可以了解油田污染源形成的一般规律。

由于社会历史以及建设初期地理位置较偏僻等原因,我国的石油石化企业往往是一个相对独立、半封闭的小社会,包括与各种生产过程相关的自备电厂、机械加工及配套生活设施。表3-1-1中列出了自备电厂、机械加工及配套生活设施的污水和污染物。

表 3-1-1　油气勘探开发生产辅助性过程中的污染物

工程类别	废水类别	来源	主要污染物
自备电厂/动力站	水力冲灰水	冲粉煤灰、炉渣工艺排水	无机盐、颗粒悬浮物(SS)
	循环冷却水	电场循环冷却水	盐分、水温较高
机械加工	含油废水	锻冲、零件加工、热处理、表面处理等	油、化学耗氧量(COD)
	电镀废水	锻件清洗、废镀液、车间冲洗水	各种金属离子、酸、碱类物质等
交通、运输用机动工具	机动工具燃烧废气	汽车尾气、船舶排放气	SO_2、NO_x 等
	洗舱水、压舱水	船舱	油、COD
生活污染源排水	医院污水	病房、手术室、洗衣房等	病原微生物、生物化学耗氧量(BOD_5)、氨等
	一般生活污水	厨房、厕所、浴池	BOD_5、氨、细菌

总之,尽管石油工业排放的污染物多种多样,但不论其来源情况如何,按其形态仍可大致分为五种类型,即水体污染物、大气污染物、固体废弃物、噪声和放射性污染物。

二、油气田环境污染源的特点

与其他行业和企业相比,油气田开发生产过程中各种废物引起的环境污染无论在其构成上,还是在其排放规律和环境影响上都有其特点。

1. 油气田污染物的分布特点

(1) 地域分布的广阔性。油气田污染物分布的广阔性主要是由油气资源的分布决定的。油气资源一般在陆相沉积、海相沉积和海陆过渡相中生成。从我国目前已开发和正在开发的油气田来看,其分布遍及我国东北、西北、华北、中原、西南、华中以及东部沿海等地,开发这些油气田过程中所造成的环境污染从地域上讲是比较广阔的。

(2) 点污染源分布的高度分散性。油气田最基本的污染单元是地震炮孔、探井、注水井和采油井,此外,还有计量站、接转站、联合站、压气站、油库、天然气净化处理站等,它们由油、气、水管网连成一个整体。在油气田开采过程中,我国大多数油田采用行列式内部切割注水和面积注水的方式进行开采。行列式内部切割注水是按一定的排距和井距,在两排注水井之间布置成排的生产井。面积注水是注水井和生产井按一定几何形状均匀分布,多选用四点法和反九点法进行开采。这些油田的井网密度有的为每平方千米几口井,有的则高达每平方千米几十口井,形成高度分散的点污染源。

(3) 面污染源分布的区域性。一个油气区通常包括许多油气田,且大小不一,小的仅有几平方千米,大的有几百甚至几千平方千米。这些油气田中连片的比较少,它们由众多的点污染源(采油井、接转站、联合站等)组成,形成没有具体厂界的区域性污染源。

(4) 与地方工业污染源的交叉性。许多油气田的开发建设与原有地方工业及其他行业所属企业相互交叉分布,这种相互交叉的情况随着地方工业及其他行业所属企业的发展而日趋明显。

2. 油气田污染物的排放特点

(1) 点污染源与面源排放兼有,以点污染源为主。对一个油气田而言,每口油气井就是一个点污染源,由众多的油气井组成的油气田则为面污染源,但其污染物排放大多以点污染源排放为主。

(2) 无组织排放与有组织排放兼有。仅就油气田废气排放而言,大多以无组织形式排入环境,如大功率柴油机的烃类气体排放、井口伴生气的释放及储罐大小"呼吸"中的烃类损失等,都属难以完全避免的无组织排放源;加热炉、蒸汽炉则属有组织排放源。

(3) 正常生产排放和事故排放兼有,以正常生产排放为主。在油气田开发生产过程中,人为因素或自然灾害(地震、暴雨、洪水、雷电等)可导致油、气、水的泄漏事故,甚至火灾、爆炸等,最严重的是井喷和油品储存系统的冒罐、火灾、爆炸事故。因事故而造成的污染通常是较严重的。近年来由于油气田加强了必要的预防和处理措施,事故发生的概率已降得很低。

(4) 连续排放与间歇排放兼有,以间歇排放为主。在油气田开发生产过程中,排污方式多以间歇为主。例如,钻井污水、洗井污水、井下作业污水及矿区雨水等均属在施工期间的间歇性排放。只有采出水属于连续性排放,处理后常回注地层。

(5) 可控排放与不可控排放兼有,以可控排放为主。油田环境污染源的可控性是油气田的一大特点,主要体现在油田采出水的可控性方面。

3. 油气田污染物的污染特点

油气田污染物的污染特点是以石油类污染物为特征污染物。

通常油气田水体污染物排在第一位的是石油类,其次是挥发酚、COD、硫化物、悬浮物。油气田废气污染物中石油烃类仅次于二氧化硫,位居第二,这说明在油气田开发生产过程(包括炼制过程)中,石油类及其烃类是主要的环境污染物之一。

4. 油气田污染物对环境的影响

(1) 环境影响的时间性。油气田开发生产过程的环境影响具有一定的时间性。有的属于暂时性污染,如地震噪声、作业噪声、气体临时排放噪声等在施工和作业时产生,施工停止即消失;有的属一定时期内的污染,如钻井污水、钻井废弃岩屑、落地原油、油砂等是在施工作业中产生的,由于作业的周期有长有短,这些污染物能在环境中存在一定的时期,它们对环境的影响也在相当长的时间内存在;有的属于长期性的污染,如连续排放的采出水(含油污水)、炼化污水、烃类损耗等在油气田生产过程中随时产生,其影响贯穿于油气田生产的全过程。

(2) 环境影响的可恢复性与不可恢复性。石油、天然气开发工程属于资源开发型建设项目,其对环境的影响除对水体、大气、土壤环境造成污染外,还表现在对地层和地表景观的破坏以及对原自然生态环境的改变。这种对原始自然生态环境的影响有些是不可恢复和难以恢复的。

(3) 环境影响的全方位性。所谓环境影响的全方位性,是指油气田开发生产过程对大气环境、水体环境、土壤环境、生态环境、居住环境等诸的影响。

(4) 环境影响的双重性。油气田开发生产过程对环境带来的影响并不全是不利影响,也有有利的一面。例如,油田开发建设在改变原始生态环境的同时,又再造了一个兼有原始生态环境与油田生态环境并存的新的人工生态系统。在这一系统中,由于合理规划和建设,较之原有环境更加适合人们的生产和生活活动,同时对当地及周边地区的经济、社会发展起着极大的促进作用,有利于人类生存环境的改善。

第二节 国内主要石油生产企业环境保护状况

自进入 21 世纪后,随着可持续发展战略的提出,我国石油生产企业将环境管理战略的重点转变为全过程的污染防治工作。加入 WTO 后,国内石油生产企业既面临着发展机遇也面临着严重的挑战,相继投入了大量的人力、物力和财力进行污染物控制与治理技术研究,同时建设污染物处理与回用设施,建立安全、环境与健康管理体系,积极推进清洁生产技术的发展。

一、我国石油生产企业环境保护现状

1. 中国石油天然气集团公司

中国石油天然气集团公司(简称"中国石油")为我国的国民经济做出了重大贡献,同时也在环境保护方面进行了大量投入,以更好地实现"创造能源与环境的和谐"。中国石油的环境保护工作:

(1) 在污染防治方面,由注重末端治理逐步转向生产的全过程控制,即清洁生产;

(2) 在环境管理方面,逐步完善行业内部各种标准、规范的建设和信息系统的建设;

(3) 在污染治理方面,集中解决具有普遍意义的环保问题,并通过示范工程逐步全面实施。

2008 年,中国石油节能减排取得明显成效。继续深化 HSE 管理体系运行,健全完善安全环保规章制度,全员安全环保意识明显增强,同时持续加大安全环保隐患治理工作力度,确保了安全生产、清洁生产。全年万元产值综合能耗下降了 5.2%,工业取水量下降了 3.6%,外排废水 COD 量减少了 4.3%,工业水重复利用率保持在 95% 以上。

2. 中国石油化工集团公司

中国石油化工集团公司(简称"中国石化")始终高度重视环境保护工作,加强管理,强化治理,全面推行清洁生产,大力发展循环经济,积极应对气候变化,竭力建设环境友好型企业。"十五"以来,中国石化在全系统范围内全面推行健康、安全与环境管理体系,并以此为基础,在所属企业积极建立 ISO 14000 体系。截至 2007 年底,集团下属的镇海炼化、洛阳石化、长城润滑油等多家企业相继通过了 ISO 14001 体系审核认证。

自国家颁布《清洁生产促进法》以后,中国石化制定了严于国家标准的《清洁生产企业标准》,通过开展清洁生产示范项目活动和开展清洁生产审核、创建清洁生产企业等活动,进一步加大了清洁生产工作力度,使工艺结构和产品结构得到优化,源头控制污染措施不断加强。在生产总量大幅增加的情况下,中国石化的污染物排放总量持续减少。

2004—2007 年间,中国石化投资数亿元推进清洁生产项目近 450 个,污染物排放减少了 25%。到 2007 年底,已经有 12 家企业、51 套生产装置达到了清洁生产标准。为保护环境、节约能源,公司制定并实施了熄灭"火炬"计划。目前所属炼化生产装置中,95% 以上的"火炬"已经熄灭,每年可减少二氧化碳排放近 400×10^4 t。

中国石化注重综合治理,切实解决重点污染物处置和"三废"再利用。从 2005 年起,中国石化每年安排专项资金$(4\sim5) \times 10^8$ 元用于环保达标治理、恶臭气体治理、污水回用处理、油气治理等项目。至 2008 年,共投资 11.83×10^8 元,安排环保治理项目 279 项,万元产值废水排放量减少了 36.0%,COD 排放量减少了 32.7%,二氧化硫排放量减少了 35.1%,有效地减少了污染物排放量,改善了周边环境。

为尽快提高"三废"综合利用水平,中国石化制定了《"三废"综合利用管理办法》,设立年度专项奖励资金,鼓励和督促企业挖掘"三废"利用潜力,尽量减少污染物排放。经过努力,"三废"治理和综合利用水平不断提高,"三废"综合利用的产值、利润,特别是减免税总额逐年大幅提高,2007 年减免税已超过 3.5×10^8 元,比 2004 年增长了 100%。

中国石化多年来高度重视节水工作,强调项目建设要把节水放在重要位置,以提高用水效率为核心,做好水资源的合理利用。从 2003 年开始,在中国石化达标工作中开展了节水专项竞赛,大力促进企业节水减排的积极性,并对节水成效明显的企业进行表彰奖励。2007 年与 2005 年相比,工业取水量减少了 11.2×10^8 t,工业水重复利用率达 96.5%。

中国石化已建立了开展清洁生产的正常秩序,其总体环境状况、环保管理水平、资源利用水平有了明显提高。但与国外先进石油企业相比,还存在下列问题:

(1) 消耗水资源数量大、浪费大。中国石化炼油企业耗水量与废水排放量均远大于国外平均水平。

(2) 每年排放的污染物数量大。石油化工企业对环境保护工作一向比较重视,自 20 世纪 80 年代起抓生产装置达标工作时就把环保指标作为一项重要内容并积极开展相应的工作。

目前在环境保护方面存在的问题仍然很多,距国外先进水平距离较大。日本科莫斯千叶炼油厂加工 1 t 原油外排 COD 仅为 0.006 6 kg,而我国炼油企业平均为 1.17 kg。

3. 中国海洋石油总公司

中国海洋石油总公司(简称"中国海油")在油气勘探开发过程中将钻井液、各类生产污水、固体废弃物等作为污染防治的主要领域,防治措施贯穿于设计、施工、投产的各个阶段。中国海洋石油总公司严格执行国家的钻井液排放标准,对于油基钻井液、含油钻屑等污染物超标的物质,全部运回陆地进行无害化处理。在海上油田生产中,外排生产水中的石油烃是主要的污染物。中国海洋石油总公司采用物理、化学及生化处理措施,选用适合当地生产水质特点的污水处理设备,使外排生产水的含油量远低于国家标准。对于海上作业产生的工业垃圾等固体废弃物,全部运回陆地由具备处理资质的厂家进行处理,最大限度地减少对海洋环境的污染,取得了良好的环境保护业绩。根据国家标准要求,在辽东湾、渤海湾、莱州湾、北部湾区域排放生产水的含油量限值为 30 mg/L,其他海域限值为 50 mg/L。

表 3-2-1 为部分油田废水污染物排放基本情况,由表中数据分析可以对石油生产企业废水的污染情况有一定的认识。

表 3-2-1 主要油田废水污染物排放基本情况

油田企业	排放量/(t·年$^{-1}$)	分担率/%	累加百分比/%	石油类/(t·年$^{-1}$)	COD/(t·年$^{-1}$)	悬浮物/(t·年$^{-1}$)	挥发酚/(t·年$^{-1}$)	硫化物/(t·年$^{-1}$)	氰化物/(t·年$^{-1}$)	六价铬/(t·年$^{-1}$)	砷/(t·年$^{-1}$)
胜利	11 922.980	14.67	14.67	575.8	7 121.4	4 266.8	18.044	2.40	0.001	0.050	0.085
新疆	9 655.608	11.89	26.56	788.2	5 930.1	3 005.3	19.416	22.48	0.012	—	—
大庆	8 798.106	10.82	37.28	150.7	5 026.8	3 616.9	1.060	2.61	0.014	0.003	0.019
大港	6 211.640	7.62	45.02	90.9	3 823.7	2 284.1	0.667	12.10	—	0.090	0.069
华北	5 832.205	7.18	52.20	101.9	2 300.2	3 414.3	4.592	11.01	0.100	0.103	—
辽河	5 245.048	6.45	58.65	142.6	3 246.5	1 837.1	2.748	16.10	—	—	—
塔里木	5 212.837	6.41	65.06	14.6	1 815.6	3 381.6	0.150	0.00	—	0.887	—
江汉	4 778.781	5.88	70.94	33.0	2 640.0	2 105.7	0.060	0.01	0.001	0.010	—
中原	3 903.170	4.80	75.74	69.4	2 814.3	1 017.0	0.070	1.90	—	0.500	—
长庆	3 871.480	4.76	80.50	118.4	3 114.7	635.2	0.064	3.11	0.002	0.004	—
青海	2 374.989	2.92	83.42	240.5	1 342.8	786.9	0.759	4.03	—	—	—
石油管道局	2 347.917	2.89	86.31	125.0	1 241.5	974.4	0.006	7.01	—	0.001	—
河南	1 908.887	2.35	88.66	76.4	827.7	1 001.1	1.515	2.17	—	0.002	—
玉门	1 766.622	2.17	90.83	77.2	1 208.1	444.9	21.731	14.69	—	0.001	—
江苏	1 595.959	1.96	92.79	25.3	892.8	674.6	0.076	2.85	—	0.333	—
石油物探局	1 587.420	1.95	94.74	0.3	1 078.5	508.6	—	—	—	0.020	—
四川	1 275.614	1.57	96.31	50.0	708.0	513.3	0.637	3.63	—	0.045	0.005 2
吉林	1 109.863	1.37	97.38	6.7	807.8	295.0	0.073	0.29	—	—	—
冀东	626.500	0.77	98.45	15.0	416.0	192.5	—	0.30	—	—	—
滇黔桂	571.880	0.70	99.15	59.7	466.0	43.2	0.100	2.88	—	—	—
吐哈	224.242	0.28	99.73	1.5	167.2	55.3	0.052	0.19	—	—	—

二、土壤污染现状

油田土壤的污染主要是由落地原油引起的。落地原油残留在地表,通过径流污染地表水、海水和滩涂,部分油类物质通过下渗污染地下水,通过扩散污染大气。一旦土壤遭受石油污染,便可引起多项环境要素的改变,以致危害生态环境。由于目前国内对此部分仅限于区域性研究,在此仅以胜利油田和长庆油田为例,阐述我国油田土壤污染现状。

1. 胜利油田

胜利油田的孤东油田原油密度大、黏度高、凝固点低、含蜡量小,属低凝重芳香烃原油;在中性条件下,乳化油含量不高。从现场观察,原油在土壤中既不是静止不动,又不类似于可溶性物质上下迅速迁移。石油对土壤的污染仅限于 0.2 m 表层。在常年储油地,石油可下渗到 0.6 m 处。石油在土壤中的残留率很高,0.1 m 处为 86%,0.2 m 处达 95%。土壤中石油含量分析结果表明,表层土壤含油量平均为 257×10^{-3} g/kg,远远超过背景含量。受石油污染后,土壤中多环芳香烃含量逐渐升高,而且致癌物质苯并(α)芘(3,4-苯并芘)、二苯蒽等均已检出,虽然含量很低,但也应引起注意。

孤东油田地表水已出现石油污染,从感官性状来看,个别河段水面漂有一层黑色的原油。在没有黑色原油的河段,水面上有一层大小不等的片状或带状油膜,河底为黑色的原油沉积物和各种杂乱的有机物。原油漂浮在河面上,滞留在河岸边,形成黑色的原油污染带。一号排涝站和二号排涝站更为严重,水面上有一层 0.5～1.0 cm 厚的原油,随排水进入海滩,使海堤护石被原油铺盖。

从水样分析结果可以看出,孤东油田地表水中油的含量范围为 0～2.9 mg/L。与国家地面水三级标准 0.5 mg/L 相比,孤东油田地表水中油的含量只有 35%超过标准。由于采水样是在水面下 0.1 m 处,一些水样中油的含量偏低。在一号排涝站同时采了两个水样,一个是在排水沟水面下 0.1 m 处采的水样,含油量为 1.0 mg/L;另一个在排水管内采的水样,含油量为 3.1 mg/L。

从整个孤东油田来看,可以将石油污染分为重污染区、污染区和标准级三个区域。重污染区主要是孤东油田东部沿海一带,包括一号排涝站、二号排涝站以及孤东七区、八区范围内的地表水。这一区域是孤东油田油井密度最大的地方,由于油井密度高,这一区域的土壤、生态和地表水受到较为严重的污染;也由于整个孤东油田的内涝积水向这一区域汇集,使其成为孤东油田严重污染的区域。

2. 长庆油田

长庆油田经过多年的勘探开发已成为我国西部石油工业的又一颗明珠,近年来油气当量以每年几百万吨的速度递增。根据油田建设规划,除采油井外,地面建设还有脱水站、注水站等工程设施,土壤的主要污染物为石油。根据开发设计方案,工艺流程采用全密闭流程,但钻井、试油和采油阶段及修井等生产过程"三废"尚未得到彻底处理,生产过程也存在油井喷溅、管道溢漏等临时性事故。因此,在油气田勘探开发过程中同样会对土壤造成污染。

1) 油田土壤污染源

(1) 油池(土油坑)。油池是在生产过程中石油外溢后的临时储藏池,均在井场内开挖,各池存油量不等。参加油田建设的民工及当地农民都以油池或土油坑中的油为燃料,不仅对土壤造成污染,也构成对大气和水体的污染。

(2) 落地油。在试井、洗井和采油作业过程中,落地油往往是进入外环境的主要污染形式之一。但各井场情况不一,个别井场落地油达 20~25 m³。目前国内对落地油的处理主要是先将其存放在井场的临时油池内,然后用罐车送到集中处理站回收。但仍有一部分落地油与泥土混合,形成很难处理的油泥,成为环境污染源。

(3) 井喷及管线断裂。井喷和管线断裂是油田开发和建设过程中的意外事故。在安塞油田修井过程中,由于石油中含有伴生气,极易引起井涌,井涌次数占修井数的60%,每次井喷涌液量为 3~5 t,造成大量原油喷洒在油井周围。管线破裂主要是由于自然灾害,如暴雨冲击、滑坡及人为破坏等因素造成管线泄漏,使大量原油进入周围环境。例如,长庆油田各区块每年不同程度地遭到暴雨袭击,致使输油管线多处断裂,大量原油流失。另外,受当地不法分子破坏,管线被打孔而造成原油外泄,这也是造成土壤污染的主要原因。

(4) 其他。在油田建设过程中,钻井阶段有大量含油固体废弃物产生,如废钻井液、岩屑、油砂等大多数堆放在井场。据化验分析,它们的含油量分别为 550 mg/kg、170 mg/kg 和 440 mg/kg。

2) 长庆油田石油类污染物对土壤的影响

对挖掘的45个土壤剖面的观察分析表明,到目前为止,土壤的物质循环、能量流动、吸收性能、缓冲性能和代谢功能,以及土壤生态系统三大综合功能,即自动调节能力、土壤肥匀、土壤自净能力等都没有明显的改变。另外,从挖掘的土壤剖面来看,土壤的各种功能发挥良好,灰钙土在盐池侵蚀严重,浮沙在其表层堆积,致使草场退化,但土壤剖面结构未见明显改变。

三、油田生产过程的非污染生态影响

油田生产过程中产生的污染物多种多样,可通过各种途径污染大气、水体、土壤等环境要素。更严重的是,油田的生产过程会给油田周围的区域生态系统造成更为敏感甚至不可逆的影响或后果,即非污染生态影响。

针对油田开发和生产,非污染生态环境影响主要包括侵占土地(特别是耕地)、破坏地表地貌形态、诱发土壤侵蚀、改变天然植被类型、改变地表径流的形成过程、影响野生动物栖息环境、减少物种多样性、破坏自然生态平衡等。图3-2-1是油田开发和生产可能直接或间接带来的主要非污染生态影响。

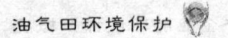

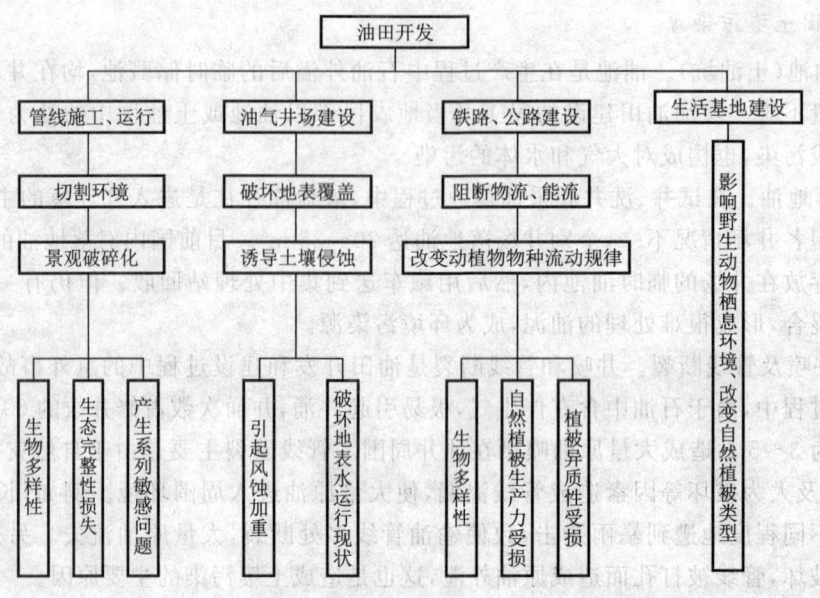

图 3-2-1 油田开发和生产带来的主要非污染生态影响

第三节 国外跨国石油生产企业环境状况简介

一、石油开发、生产项目的环境保护管理

国外各大型石油公司从总部到上、下游板块及各油田生产单位均设有完善的环保管理组织机构,实行以部门经理为首的项目(专业)经理负责制的管理制度。环保管理专职人员充足,管理层次分工明确。以上游事业部为例,设有勘探、钻井、生产管理、国际合作、生态及项目评价等各部专门经理,专业环保管理人员约占 HSE 部门总人数的 40%~50%,每人一岗,责任明确,管理规范、到位。

1. 污染物排放管理

出于自身较强的环保意识和政府法规的要求,国外大型石油生产企业均严格限制污染物的排放,而且努力将其控制在远低于排放标准的限制之下。

主要控制的排放污染物类型:① 废气,包括 SO_x、NO_x、H_2S、VOCs(挥发性有机化合物)等;② 废水,包括石油烃等;③ 固体废弃物,包括岩屑、废钻井液等。

除上述常规污染物外,国外大型石油生产企业通常都强调对氟氯昂(CFC)、含氢氯氟烷烃(HCFC)、哈龙等臭氧层损耗物质以及 CO_2 和 CH_4 等温室气体排放量的控制。

2. 环境年报的编制与发布

企业编制和发布年度环境报告的主要目的是宣传公司的环境保护理念和目标,展示公司的环保业绩,提高公司的环保形象,最终为公司赚取更大利润拓展环境空间。国外大型石油生产企业都定期通过互联网或其他媒体等途径向社会公开发布年度环境报告,并且不回避企业在保护环境方面存在的主要问题。例如,BP AMOCO 公司下属的 Wytch Farm 油田在 1999 年度环境报告中披露了本年度发生的氯离子浓度超标、噪声影响、废水泄漏等污染事件,并坦言油田未能实现年度"零泄漏"的目标;挪威国家石油公司(STATOIL)也在 1999 年度的环境报告中坦言 CO_x 和 NO_x 等污染物的排放量和溢油量比上年度有所增加,并详细说明了原因。

二、采油气废水的处理

从储层中采出的油气通常伴随大量的水,包括地层中的水和为保持产能压力而回注到储层中的水。例如,BP AMOCO,STATOIL 等企业的采油气废水也大多回注。BP AMOCO 规定:现有生产作业设施排放的采油气废水要在符合当地环保标准要求的前提下,达到持续改善的目标;所有新建项目将实现"零排放"。例如 Wytch Farm 油田的一个井场,其地面均用橡胶作防渗处理;井场周围有边沟,专门用于收集雨水和地面水,经过过滤处理和油水分离后,同采油废水一并回注。

三、固定噪声源的治理

BP AMOCO,STATOIL、壳牌(SHELL)等公司对圈定噪声源(钻机、抽油机等)的治理比较彻底,尤其是位于一些环境敏感区的井场和油气集输站,几乎所有固定噪声源都采取了隔声降噪措施。比较常见的做法是将圈定噪声源置于隔声间内或在环境敏感区一侧建隔声墙。隔声间四周完全密闭,在隔声间内,其噪声可达到 60 dB 以上,而在隔声间外,噪声一般都低于 40 dB。这些措施较好地解决了油气勘探开发生产过程中的噪声扰民问题。

值得一提的是,隔声间内安装有用聚酯类泡沫材料做成的标准型隔声板,不仅隔声性能良好,而且便于组装和拆卸。当作业场所变换时,这些标准型隔声板可拆卸并随主体设备转移,而且到达新的作业区后,又可重新进行组装。这对降低噪声处理成本、实现标准化作业非常有利。

四、废钻井液和岩屑的处理

钻井时,通常使用的钻井液为水基钻井液,有时也用油基钻井液,或用被认为更容易生物降解的合成基钻井液。虽然人们更喜欢用水基钻井液,但钻井难度较大时,也不得不用油基钻井液或合成基钻井液。

钻井过程中,油基钻井液中的油类物质必然会污染岩屑。BP AMOCO 提出,禁止排放油基钻井液。

在 Wytch Farm 油田,废钻井液和岩屑使用专门的容器收集,然后送到处理场集中处理。其流程如图 3-3-1 所示。

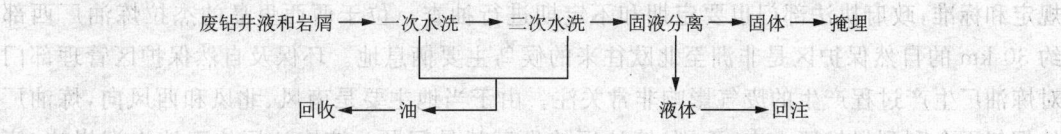

废钻井液和岩屑 → 一次水洗 → 二次水洗 → 固液分离 → 固体 → 掩埋
回收 ← 油   液体 → 回注

图 3-3-1 Wytch Farm 油田废钻井液和岩屑处理流程

五、环境敏感区作业方式

在自然保护区、渔业保护区、森林保护区、度假区、居民区等环境敏感区及其周围环境从事油气勘探开发作业，是国外石油大公司常遇到的难题。Wytch Farm 油田在这方面取得了一些成功经验。Wytch Farm 油田是西欧最大的陆上油田之一，位于伦敦南部的一个风景优美、森林保护价值极高的城郊海湾游览区。为了取得在该地区的油气勘探开发许可证，Wytch Farm 油田和当地贸易工业部门、环保部门、自然保护区管理部门及当地社会名人组成了环保委员会，制定了五项准则：互相协商、公众交流、听取反馈、取得一致、实现承诺。

根据五项准则，Wytch Farm 油田进行了如下工作：

(1) 作业前首先开展景观环境影响评价。将井场周围树的高度逐一测量，并输入计算机，计算其高度分布，以使油田所有建筑物均低于树高目标值。此外，建筑物外部（甚至路面）颜色也与四周环境协调一致。

(2) 非常注意森林保护。划定的森林保护区是井场占地面积的四倍。对于为建井场而不得不砍伐的树木，必须在其周围或附近地区加倍补种。

(3) 对地下文物和地面植被也严加保护。开始地面作业和地下作业（包括铺设地下管网）前，先勘测地下是否有文物古迹，并收集占地地面的草籽；作业结束后，覆土并重新种上草籽，恢复地面植被。

(4) 在钻井施工作业中，使用低噪声钻井设备，控制外界噪声低于 40 dB。生产过程中的固定噪声源（抽油机及各种机泵）均采取密闭隔声（置于安装有吸声材料的隔声间内）或构造隔声墙的措施，使对外界的噪声影响降至 35 dB 以下。

(5) 井场建设成为永久性设施。空闲地面都浇筑水泥，除井场集水系统外，四周也有积水边沟，且均做防渗处理。

(6) 井场内所有落地油、采油废水、生活污水、雨水以及其他地面水等，全都收集起来，经油水分离和过滤处理后，污油回收，废水全部通过注水井回注。注水井和采油井是同时设计、同时施工和同时使用的，由于做到了"三同时"，实现了废水"零排放"。

(7) 废钻井液做无害化处理。

(8) 利用丛式井和长距离水平井技术，尽可能少占地和避开高度环境敏感地带。

(9) 实行规范化管理。各种 HSE 标识醒目，安全设施齐全。垃圾分类保管和回收。对每个进入井场的外来人员都进行安全防火和逃生自救教育，并穿戴安全防护衣帽、眼镜和耳塞，领队人员随身携带可燃气体报警器。

采取上述措施后，污染物被严格管理和处理，环境景观和森林得到有效保护，整个 Wytch Farm 油田已经与周围环境融为一体。

在意大利，对石油生产加工过程中产生的废水、废气和固体废物，环保法等都有明确的规定和标准，政府执法部门也要定期和不定期进行抽查。位于西西里岛的杰拉炼油厂西部约 30 km 的自然保护区是非洲至北欧往来的候鸟主要栖息地。环保及自然保护区管理部门对炼油厂生产过程产生的废气影响非常关注。由于当地主要是南风、北风和西风向，炼油厂的烟气不会刮到保护区上空；否则，炼油厂的生存就是问题。该炼油厂位于地中海岸边，废水经处理后排到海里，环保部门经常对废水进行检查，经处理的污水达标排放。现场来看，海水非常洁净，水面看不到漂浮的油污或油花，空气中没有油气味，海鸥在岸边啄食和漫步。

六、污染防治效果

国际大型石油公司每年都向社会发布环境与社会(或 HSE)年度报告,主要报告有关环境保护(或 HSE)的业绩数据,以及在环境保护方面的做法,从中可了解国外的环境保护现状、水平和先进经验。下面重点介绍壳牌石油公司(SHELL)、BP 石油公司、道达尔(TOTAL)石油公司等几家跨国大石油公司的环保资料,通过具体数据的对比来了解国内各大石油公司的环境保护工作与国外石油企业的差别。

1. 国际大石油公司 2003 年主要污染物排放情况

BP,SHELL,TOTAL,STATOIL 和雪佛龙(CHEVRON)等五家石油公司 2003 年主要污染物排放情况见表 3-3-1。

表 3-3-1 2003 年国际大石油公司废水、废气、固体废弃物排放量

公司名称	BP	SHELL	TOTAL	STATOIL	CHEVRON
废 水					
废水排放/(10^4 m³)	5.71	—	189.20	91.63	
水中油/t	—			6.22	
溢油/(10^4 L)	3.84	240	16.2	25.10	4 193
废 气					
SO_2/(10^3 t)	150.90	292	154.70	1.51	10.50
NO_x/(10^3 t)	220.32	220	86.80	28.09	7.99
VOC/(10^3 t)		294	151.70	151.64	8.56
GHG/(10^6 t)(直接)	83.40	112	65.90		62.60
GHG/(10^6 t)(非直接)	10.40	—			2.10
CO_2/(10^6 t)		106		8.67	
CO/(10^3 t)	88.04				
CH_4/(10^3 t)	246.46	234		26.15	
非甲烷总烃/(10^3 t)	268.79				
颗粒物/(10^3 t)	13.27				
固体废弃物					
有害废物/(10^3 t)	238.62	554	289.90	114.31	—

注:GHG 为 greenhouse gas 的缩写,是将所有排放的温室气体折合为 CO_2 的量。

2. 主要石油公司 2003 年单位产量的污染物排放情况

BP,SHELL,TOTAL,STATOIL,康菲(CONOCO)和中国石油天然气集团公司(CNPC)等六家石油公司 2003 年单位产量主要污染物排放情况见表 3-3-2,它们的单位销售收入(亿美元)主要污染物排放情况见表 3-3-3。

表 3-3-2 2003 年生产(或加工)吨油污染排放量

公司名称	BP	SHELL	TOTAL	STATOIL	CONOCO	CNPC
废水排放/[m³·(t油)$^{-1}$]	—	—	4.65	—	—	4.36
水中油/[t·(10^6 t油)$^{-1}$]	10.70	6.68	171 (包括溢油)	50.20	—	33.60
溢油/[t·(10^6 t油)$^{-1}$]	51.50	41.30		5.02	12.50	未统计
SO_2/[t·(10^6 t油)$^{-1}$]	1 286	643	1 470	37.70	588	1 100
NO_x/[t·(10^6 t油)$^{-1}$]	1 324	492	660	602	465	475.80
VOC/[t·(10^6 t油)$^{-1}$]	2 010	863	1 275	3 968	945	未统计
GHG/[t·(10^6 t油)$^{-1}$]	440	239	698	—	—	未统计
CO_2/[t·(10^6 t油)$^{-1}$]	—	221	—	188	197	未统计
CH_4/[t·(10^6 t油)$^{-1}$]	—	729	—	—	698	未统计
有害废物生产量/[t·(10^6 t油)$^{-1}$]	848	327	—	713	327	1 936

表 3-3-3 单位销售收入(亿美元)主要污染物排放量

公司名称	BP	SHELL	TOTAL	STATOIL	CONOCO	CNPC
公司销售收入/(10^8 美元)	1 742.18	1 772.81	1 053.18	262.86	158.90	414.99
废水排放/[m³·(10^8 美元)$^{-1}$]	—	—	47.45	—	—	119.98
水中油/[t·(10^8 美元)$^{-1}$]	1.13	1.62	11.91 (含溢油)	—	—	9.26
溢油/[t·(10^8 美元)$^{-1}$]	5.40	10.04		0.94	5.75	未统计
SO_2/[t·(10^8 美元)$^{-1}$]	134.89	156.25	149.45	7.02	270.60	303.21
NO_x/[t·(10^8 美元)$^{-1}$]	138.91	119.58	67.32	112.23	213.97	131.06
VOC/[t·(10^8 美元)$^{-1}$]	211.23	209.8	129.89	739.83	434.24	未统计
GHG/[t·(10^4 美元)$^{-1}$]	4.61	5.81	7.12	—	—	未统计
CO_2/[t·(10^4 美元)$^{-1}$]	—	5.36	—	3.50	9.06	未统计
CH_4/[t·(10^4 美元)$^{-1}$]	—	17.70	—	—	32.09	未统计
有害废物生产量/[t·(10^8 美元)$^{-1}$]	88.97	79.53	—	133.50	150.41	533.27

七、环境保护和社会公益事业投资情况

近年来,各大石油公司均加大了在环保方面的投资,同时也都加大了在温室气体减排和清洁高效能源方面的研究和投入。例如,2004 年埃克森美孚(EXXON MOBIL)世界范围内的环保支出超过 29×10^8 美元,其中 11×10^8 美元用于基本建设,18×10^8 美元用于现场治理和设备更替等其他开销;2003—2008 年 BP 在温室气体减排和高效清洁能源利用技术方面投资 3.5×10^8 美元。此外,EXXON MOBIL 和 BP 每年还都储备一定量的环境修复和设施退役费用,用于将来已知或者未知的活动。2004 年,SHELL 世界范围内的环保支出为 68.01×10^8 美元。2004 年,CNPC 国内环保支出为 4.43×10^8 美元,其中 2.08×10^8 美元用

于基本建设，2.35×10^8 美元为环境成本。

1. 政府强化环保投资

环保投资的变化趋势受政府各种法规的影响显著。根据美国石油协会（API）统计，1992—2001年环保投资平均每年90×10^8美元，相当于美国前200位油气公司净收入总和的27%。

CNPC也加大了环境保护方面的投入，2001年比1999年环保投资增加了一倍以上。但2001年CNPC的环保投资仍然仅占其销售收入的0.58%，而SHELL，BP和CONOCO公司分别达到了2.30%，0.81%和1.69%。CNPC环保投资占销售收入的比例与SHELL，BP和CONOCO公司相比有较大的差距。

2. 建立基金

EXXON MOBIL成立了埃克森-美孚基金，它是该公司在美国的主要公益机构。BP在中国建立了自然和教育基金。Total公司在1992年建立了法人基金，主要提供科学研究、物种（特别是陆上物种）的保护和公众教育。

3. 公益事业

国外石油公司每年安排一定的资金用于资助政府及相关部门制定环保相关法规，资助环保公益项目，建设公益性工程，开展志愿者服务等社会活动，以展示自身的良好形象。SHELL公司在1999—2001年共投入2.68×10^8美元资助欧洲国家的环境教育、技能培训及非洲国家的医疗和福利等。

4. 支持大学科学研究

很多国际大石油公司都在一些大学设立奖学金。从几大石油公司近几年社会投资的比例分析，教育投资基本上是他们最稳定的投资比例和最大的社会投资。例如，BP公司多年以来资助普林斯顿等大学和世界能源研究所等研究机构进行温室效应和温室气体排放控制研究，积极参加生态和自然保护区的建设和管理，支持臭氧层保护、生物多样性保护、生态环境恢复和保护、野生动物的保护宣传等活动；与中国科学院和清华大学签订了10年计划，投资1×10^7美元开展面向未来的清洁能源的研究。

5. 石油污染事故及处罚

1999年9月，BP MAOCO阿拉斯加勘探公司（BPXA）雇用的钻井承包商因排放了超过规定数量的有毒化学品，且又延误了上报，被指控犯罪。BP MAOCO公司为此被罚款50×10^4美元，并处以五年重点审查单位的惩罚；承包商则被处以300×10^4美元的罚款，同时三个承包商雇员被指控有罪，其中一名被判处一年有期徒刑，为此，BPXA公司另支付650×10^4美元作为赔偿费。

八、欧美国际石油公司环境保护发展的新趋势

从20世纪80年代起，欧美一些跨国石油企业为了响应可持续发展的号召，减少污染，

提高公众形象以提高商品经营水平,开始建立并完善各自的环境管理措施;一些发达国家如日本及一些经合成员国在实践中采取多种方式将环境成本引入企业经营中。跨国石油化工企业在长期的经营中具备了较高的环境意识和社会责任感,在注重发展的基础上将可持续概念付诸实践并付出了很大的努力。他们的环境管理机制通常依赖于制度化的措施来推行公司环境保护工作的具体实施,已形成了一整套降低环境风险的管理机制,主要包括 ISO 14001 环境管理标准和 HSE 管理体制,这两者都坚持"预防为主,持续改进"的原则。

1. 高度关注可持续发展指标

1) BP 公司

(1) 实施温室气体减排计划。

BP 公司聘请了三个国际性环境审计事务所对公司温室气体排放进行审计,审计内容涉及财务和温室气体排放量两个方面。其目的是减少温室气体的排放,设立 2010 年温室气体排放目标,为在公司内部进行温室气体削减交易提供基础。通过温室气体审计,BP 公司取得了下列几点认识:

① 确定到 2010 年,公司温室效应气体排放量降至 1990 年排放量的 10%;

② 确定了温室气体排放量的计算方法、环境参数统计审计方法;

③ 开展废气排放削减交易方法研究和实施;

④ 对过去的环境参数进行重新审核,找出了存在的问题和不足。

(2) 关注生物多样性保护工作。

自 1989 年起,BP 公司与美国野生动物学会合作,资助学者进行生物多样性的监测、跟踪和报告工作,资助多家公司进行生物多样性的战略研究。1999 年,BP 在整个公司范围内进行了生物多样性的信息收集工作。

(3) 实施全球清洁燃料计划。

1999 年初,BP 公司发布了 BP 公司全球清洁燃料计划,其目的是减少机动车辆对环境的污染。在世界 40 个主要城市中推行使用无铅、低苯、低硫或无硫汽油,以及低柴油。

(4) 实施环境恢复和负债管理。

1999 年,BP 公司成立了环境恢复和负债管理公司,其职责是在 BP 公司范围内进行环境恢复和治理工作。主要工作内容是:环境治理、污染现场清理、废旧设备管理、社区同管理者关系维持、涉及财产评估的环境治理费用的资金核算、污染治理结果与法律法规符合性评价等。BP 公司的工作着重考虑土地的最佳使用方式,这有助于使 BP 公司占用的土地得到最大限度的利用。BP 公司通过负债管理的方式达到污染治理工作的高效率及高经济效益目的,负债管理可提高公司的声誉、减少污染治理费用、减少环境责任。

(5) 开展北极发展项目。

BP 公司北极发展项目正在 Beaufort 海域进行油气的勘探开发项目。该项目涉及的环保内容包括:

① 最大限度地降低废弃物向海洋的排放。废弃物包括钻井废物、含盐废水及采油废水,这些废弃物大部分通过回注或回灌地层的方法进行处理。

② 所有的管道和采油设备的安装全部在冬季进行,以保护鲸等野生动物。

③ 所有的废气排放系统都采用先进的低浓度 NO_x 排放技术、气体排放控制技术。

④ 为防止原油泄漏,所有的浅海输油管线均采用比普通管壁厚三倍的管线,而且没有阀门和其他装置,并装备有最先进的泄漏检测装置。

2) SHELL 公司

(1) 温室气体排放削减交易计划。

SHELL 公司发布了"废气排放量削减交易计划",要求下属企业从 2000 年 1 月开始实施,到 2002 年结束。其目的是保证在 2002 年之前,把世界各地 SHELL 公司温室气体排放量削减到 1990 年排放量的 10%。具体实施步骤如下:

第一步,论证低成本工业废气排放削减计划的可行性和优越性;

第二步,如果"废气排放交易体系"是在自愿参与的方式下建立的,则 SHELL 公司可获得有价值的、可操作的经验;

第三步,当自愿参与方式转化成强制执行方式时,筛选出成本最低的工业废气排放计划。

(2) 制定可持续发展行动计划。

SHELL 公司制定了"为可持续发展做出贡献——勘探生产(EP)的未来发展之路"行动计划,按照 18 个环境参数设立目标,要求各子公司及承包商在生产服务过程中进行控制。这 18 个参数分别是能量消耗、CO_2 排放量、挥发性气体和甲烷气体排放量、全球变暖系数、火炬燃放碳氢化合物量、二氧化硫排放量、氮氧化物排放量、二氧化氮排放量、氢氟烃、氟氯昂/哈龙、三氯乙烯、氢氯氟碳化物、外排水中的油含量、泄漏、固体废弃物排放、炼油能力指数、炼油厂化学需氧量物质排放。

(3) 开展清洁燃料的研究。

① 与汽车制造公司合作,研制出无铅汽油,并对炼油厂催化裂化装置进行改造以生产低硫燃料;

② 生产出低硫柴油和液化石油气,并生产出满足市场需求的不同品牌的燃料,如适用于爱尔兰和荷兰的 PURA™ 汽油、适用于澳大利亚的 OP-TIMAX™ 汽油。

3) EXXON MOBIL 公司

EXXON MOBIL 公司在公共政策的考虑上,对环境行为的管理方法主要依赖于科学研究和环境行为分析,用以研究可行的、经济上得到验证的、行之有效的建议,积极支持开展和促进有关环境评价方面工作的研究。

EXXON MOBIL 公司认识到:环境政策的提出影响能源供应问题,也影响其他重要的社会目标。他们相信,与社会分享公司在政策选择上的可行性、费用和利益的分析是很重要的。

今天,对石油工业最具挑战性的公众政策问题包括石油化石燃料的使用对气候、环境和人类健康的潜在影响。EXXON MOBIL 公司认为应该将注意力重新集中在减少温室气体排放、有效地监测和控制的自发行为,研究和填补关于临界气候学科的空白,同时努力建立国际共识。为此,公司需要做的工作内容包括以下几个方面:

(1) 资助开展基础科学研究,如云层物理学、海洋学和气溶胶的作用等项目,对知识体系中实际存在的空白部分作进一步的了解;

(2) 研究并选择可行、有效的方案,提高公司的能源利用效率;

(3) 在技术上有选择地研究和开发可以减少设备排放的方法，并了解客户对公司产品的使用情况；

(4) 对公司的政策进行经济效益分析，确定它们的有效性、费用和其他相关因素；

(5) 与员工、股东、客户、政策制定者和公众交流看法。

EXXON MOBIL 公司认为，坚持环境公众政策应该以环境的有效性、可行性和费用-效果评估为基础，公司对社会的可持续发展承担一定责任。

EXXON MOBIL 公司在环境研究上进行持续改进，为适用产品和工艺的开发以及将来的商业化提供保证，为有效、负责地参与公众政策讨论并提高股东长期利益打下坚实的基础。

2. 重视环境保护工作和环境保护长效机制的探索

目前，许多公司都在积极地进行 HSE 管理体系的强化和改进，并对有关的标准体系展开深入的开发工作。跨国石油公司不但在其企业范围内积极地推行实施，而且通过各种努力使其标准在更广泛的范围内被采用或升级为更高层次的标准，以便在国际上开拓更大的市场。同时，众多石油公司还把环境保护上升到集团公司长期的发展战略目标，重视经济效益和环境效益的双赢，试图通过环境保护长效机制的确立来提高企业的综合竞争能力，实现公司的可持续发展。同时，在监测网络和信息管理系统基础之上，许多石油公司逐步做到了环境绩效信息公开化、透明化，尝试通过季度或年度企业环境公报的形式向社会发布自身在环保方面的业绩。世界前 10 位石油公司中总部设在欧美的公司每年都向社会发布环境与社会、社会责任(或 HSE)年度报告，主要内容包括环境保护的业绩数据、社会责任、温室气体的减排以及在环境保护方面的做法。

BP 公司将"无损环境"作为企业的目标之一。BP 公司要求所有的业务单元进行企业内部环境风险及影响评价和管理，实行 ISO 14001 环境管理系统，并建立"计划—执行—考核—改进"这样一个循环往复的 HSE 管理体系。BP 公司也提供了大量的指南文件，并建立了 HSE 管理体系保障系统，使公司的 HSE 管理体系框架得以实施。针对污染事故的发生，建立了应急预案，第一时间做出反应，使环境影响降到最低；在事故发生后，总结事故发生原因，并对员工、系统和工作程序做出改进，防止其再次发生。

SHELL 公司在环境管理方面也一直走在前列。1987 年，SHELL 公司发布了环境管理指南；1991 年，发布了 HSE 管理体系的方针指南；1994 年，HSE 管理体系导则经 SHELL 公司管理委员会批准正式颁发和实施。SHELL 公司的 HSE 管理体系随后不断完善，形成了适合其多层次跨国经营的 HSE 管理体系模式。在环境管理方面，要求各行业单元贯彻 SHELL 总部的健康安全环境方针和政策，制定并实施积极的环境保护计划，在员工中开展环境保护宣传教育，提高员工的环境保护认识水平，落实各级领导健康安全环境负责制，定期发布年度环境审核报告。SHELL 公司在 HSE 标准领域的积极改进和完善，使其 HSE 标准体系成为 ISO/TC 67 委员会起草的石油工业管理体系标准的蓝本。

EXXON MOBIL 石油公司在 HSE 管理方面建立了业务一体化管理体系(OIMS)，提出了 11 个要素，包括管理、领导、承诺和责任，风险评价和管理，设施设计和建造，信息与文件，员工能力与培训，实施与运行，变更管理，第三方服务，事故调查与分析，群体意识与应急准备，运行评估与改进等。EXXON MOBIL 石油公司要求其每个业务单元都要建立管理体系以满足公司OIMS提出的11个要求,并且通过自我评价和外部评价对OIMS的实施进行检查。

3. 积极开展ISO 14001环境管理体系认证

由于石油天然气工业高风险性的行业特点,各大石油公司为了生存与发展的需要,都积极推行HSE管理体系,以降低企业成本,节约能源和资源,减少各类事故及各类污染的发生,树立良好的企业形象。各石油公司都建立起适合各自特点的HSE管理体系,如SHELL石油公司的HSE管理体系(HSEMS)、BP石油公司的环境管理框架结构、EXXON MOBIL石油公司的一体化管理系统。在环境管理方面,国外各大石油公司注重实施ISO 14001环境管理体系,并做出具体的规定,要求下属作业公司和承包商必须建立和实施ISO 14001环境管理体系,并要求提供第三方认证证明。表3-3-4列举了BP公司和SHELL公司通过ISO 14001环境管理体系认证的情况。国外石油公司把通过环境管理体系的认证作为环保业绩的一项考核指标列入年度HSE报告中,以鼓励各分公司加快通过认证的步伐。由表3-3-4可见,CNPC通过ISO 14001环境管理体系认证的单位比例远远小于国外石油大公司。

表3-3-14 CNPC和国外石油大公司通过ISO 14001环境管理体系认证的情况对比

项 目	BP	SHELL	CNPC
下属公司数量	116	300	355(二级单位)
至2001年底通过ISO 14001认证的数量	85	295	32(含股份)
至2001年底通过ISO 14001认证的比例/%	73	98	9.2

| 思考题 |

1. 我国石油工业经历了哪几个发展阶段?
2. 油气勘探开发的主要工艺环节有哪些?
3. 分析我国石油工业环境保护工作存在的不足。
4. 我国在环境保护投资方面与国外先进石油企业的主要差别在哪里?

参|考|文|献

[1] 陈鸿瑶.石油工业通论[M].北京:石油工业出版社,1993.
[2] 吴小华,张士权,龙凤乐,等.石油开采中总烃对大气环境的影响[J].油气田环境保护,1996,6(4):32-35.
[3] 张兴儒.油气田环境保护[M].北京:石油工业出版社,1995.
[4] 陈家庆.石油石化工业环保技术概论[M].北京:石油工业出版社,2005.
[5] 刘文霞,孟祥远,冯建灿,等.中原油田耕地污染分析[J].农业环境保护,2002,21(1):56-59.

[6] 穆从如.石油开发对黄土高原地区生态环境的影响研究[J].地理研究,1994,13(4):19-27.

[7] 吴新民,屈撑囤,吴新国.油气田环境保护及控制技术[J].环境污染与防治,1997,19(2):31-34.

[8] 赵晓宁,曾向东,王大卫.国外石油勘探开发工业的环境保护[J].石油化工环境保护,2001(2):54-58.

[9] 赵德贵.意大利石油天然气工业及环境保护[J].油气田环境保护,2005(4):12-15.

[10] 张峰.塔河油田区域可持续发展的生态适应性研究[D].长春:吉林大学,2004.

[11] 林积泉,王伯铎,马俊杰.石油开发对黄土区生态环境的影响与对策[J].西北大学学报,2005,35(1):105-108.

第二篇 油气田环境污染及保护技术

了解污染物的毒性及其测试方法是学习油气田环境污染及保护技术的基础。

在过去的几十年里,我国石油工业取得了举世瞩目的成就,形成了勘探、钻井、采油采气、集输、加工等完整的产业链。由于石油工业涉及的施工类型多、工艺复杂、工序差别大,其污染具有地域分布广阔性、点污染源分布高度分散性、面污染源分布区域性的特征,不同工艺环节污染物组成性质、产生量等差异大。为此,本篇以石油行业污染物的产生原因、特点及其危害为基点,系统地阐述石油工业主要工艺环节产生的污染物性质及治理技术。

第四章讨论毒性基本概念、类型、分级及影响因素,污染物毒性测试方法,油田污染物毒性。

第五章介绍油气勘探、钻井、固井、测井、录井中的污染物来源及其对环境的影响,以及对应的治理技术。

第六章分析采油采气工程、井下作业中的污染物,包括采油污水、落地原油及油泥砂、采油生产过程中的废气、采油噪声、作业废水、酸化返排到地面的废酸、废压裂液、固体废弃物,以及对应的处理技术。

第七章介绍海洋油气勘探开发中生产污水的来源、特点、危害,以及环境保护技术。

第八章阐述石油集输中产生的污染物,包括含油污水、固体废弃物、废气、噪声,以及针对性的环境保护技术。

第九章分析石油加工中产生的环境污染物(废气、固体废弃物、废水)的来源、特点、危害及相应的处理技术。

第十章介绍膜处理、预氧化、高级氧化、污水回用处理等油气田环境污染控制技术的原理及应用,以及生态环境修复、环境应急技术的研究与应用。

第四章 污染物的毒性

第一节 毒 性

一、基本概念

1. 毒物

在日常接触条件下,较微量的化学物质进入机体后即能干扰或破坏机体的正常生理功能,引起暂时或永久性的病理改变,甚至危及生命,该物质就称为毒物(toxicant)。由于毒物作用的结果,机体发生各种病变,称为中毒(toxication)。

2. 毒性

一种化学物质接触或进入机体内部的易感部位后能引起有害生物学作用的相对能力称为该物质的毒性(toxicity)。一种物质对机体造成的损害愈大,其毒性也愈大。但物质"有毒"与"无毒"是相对的,毒性的大小也是相对的,关键是剂量或浓度。

某种物质毒性的大小、强弱以该物质引起机体发生毒效应所需的剂量或浓度来表示。根据机体与毒物接触的时间、剂量及出现毒效应的快慢不同,毒性可分为急性毒性和慢性毒性。急性毒性是指机体接触某种毒物后较快出现不良反应,通常是由短时间内接触大剂量的毒物所引起的。观察急性毒性发生的效应比较容易,最易观察的毒性反应是动物死亡数。慢性毒性是指需较长时间才能出现毒效应,是低剂量和长时期作用的结果,症状发展比较缓慢,常常被一般疾病背景所掩盖,因此对慢性毒性的研究较为困难。但从环境污染的角度来说,几乎都是长时期和低剂量作用的结果,因而慢性毒性的研究显得更为重要。

3. 剂量

剂量(dosage)的概念较为广泛,可指机体接触的剂量(外环境中的含量)或摄入量、外来化学物质被机体吸收的剂量及其在靶器官中的剂量等。化学物质对机体的损害作用直接取决于其在靶器官中的剂量,但此剂量的测定十分复杂,一般而言接触或摄入的剂量愈大,靶器官中的剂量也愈大。因此,常以接触或摄入机体的剂量如单位体重(mg/kg)或环境中的质量浓度(mg/m^3 或 mg/L)来衡量。

4. 质量浓度

质量浓度(concentration)是指观察到明显的毒效应时物质在实验生物所处环境中的质量浓度,常以毫克每升(mg/L)来表示。石油工业中多采用浓度标准。

二、毒性指标

1. 剂量-反应关系

生物体接触一定剂量的化学物质与其所产生的反应之间存在一定的关系,称为剂量-反应关系。用机体出现的特殊反应百分数作为剂量的函数而绘制的关系图称为剂量-反应关系曲线。S 形曲线是常见的一种剂量-反应表现类型(图 4-1-1),曲线中间一段的剂量变动对反应率影响最明显,有较稳定的线性关系。例如用统计学方法计算能引起 50% 个体死亡率投影到曲线上的剂量称为半数致死剂量,即 LD_{50}。不同毒物的剂量-反应曲线斜率不同,其 LD_{50} 也不相同;不同动物的 LD_{50} 亦各不相同。因此,LD_{50} 可以反映不同毒物对不同动物的急性毒性。

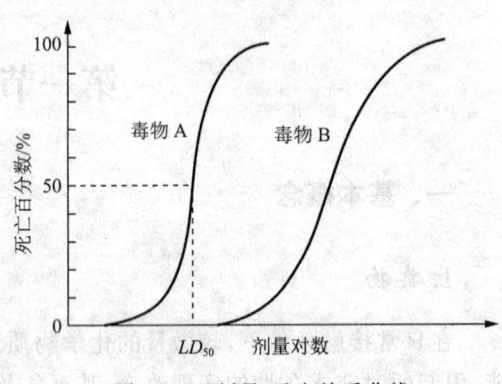

图 4-1-1 剂量-反应关系曲线

大多数生命机体对毒物的反应处于剂量-反应曲线的中间范围,称为正常反应。有的个体只接触很低剂量毒物时就有反应,这属于超敏感性体质;有的个体只有接触很高剂量毒物时才有反应,这属于低敏感性体质;还有一些个体一次或多次接触毒物后发生强烈的反应,这称为变态反应,是机体免疫系统的超强反应。

在毒理学研究中常将剂量-反应关系分为两类:

一类是指接触某一化学物质的剂量与个体呈现某种生物学反应的关系,其反应强度可被定量测定,用计量单位来表示。人们又将这一类剂量-反应关系称为剂量效应关系。例如,有机磷农药可抑制胆碱酯酶,四氯化碳可引起血液中谷丙转氨酶活性增高,其酶活性的高低以若干单位酶活力来表示。

另一类是指接触某一化学物质的剂量与群体中出现某种反应的个体在群体中所占比例的关系,其所占比例可用百分比或比值表示,如死亡率、肿瘤发生率等。其观察结果只能以"有"或"无"、"异常"或"正常"等计数资料来表示。

剂量-反应关系是从量的角度阐明毒物作用的规律性,而时间-剂量-反应关系是用时间生物学或时间毒理学的方法阐明毒物对机体的影响。在毒理学实验中,时间-反应关系和时间-剂量关系对于确定毒物的毒作用特点具有重要意义。一般来说,接触毒物后迅速中毒,说明其吸收、分布快,作用直接;反之,则说明吸收缓慢或在作用前需经代谢转化。中毒后迅速恢复,说明毒物能很快被排出或被解毒;反之,则说明解毒或排泄效率低,或已产生病理或生化方面的损害以致难以恢复。

在进行毒物的安全性或危险度评价时,时间-剂量关系是应当考虑的一个重要因素。这是因为持续暴露时,引起某种损害所需要的剂量远远小于间断暴露的剂量;另一方面,在剂量相同的条件下,持续暴露所引起的损害又远远大于间断暴露的损害。

为了对外源性物质的毒性做出较为正确的评价,并便于相互比较,必须采用统一的观察指标。

2. 致死剂量或浓度

半数致死剂量(half-lethal dose)或浓度(LD_{50} 或 LC_{50}):指给动物一次染毒引起试验组中50%受试个体死亡的统计剂量或浓度。

绝对致死剂量(absolute lethal dose)或浓度(LD_{100} 或 LC_{100}):指一次染毒引起试验组中动物全部死亡的最小剂量或浓度。

最小致死剂量(minimum dose)或浓度(MLD 或 MLC):指一次染毒引起试验组中个别动物死亡的剂量或浓度。

最大耐受剂量(maximum tolerated dose)或浓度(LD_0 或 LC_0):指一次染毒后试验组中动物全部存活的最高剂量或浓度。

3. 阈剂量或阈浓度

阈剂量(threshold dose)或阈浓度(threshold concentration)是指引起受试组动物中极少个体出现可观察到的轻微毒效应的剂量或浓度。一次染毒得出的阈剂量(浓度)称为急性阈剂量(浓度),长期、多次染毒得出的阈剂量(浓度)称为慢性阈剂量(浓度)。阈剂量(浓度)的大小取决于所用检查毒性的方法是否恰当或灵敏。

三、毒性作用类型

污染物的毒性作用可按不同方法进行分类,根据毒性作用的特点、发生的时间和部位,可将其分为以下几类:

1. 变态反应(allergic reaction)

变态反应是指机体对化学物质产生的一种有害免疫介导反应,又称过敏反应(hypersensitivity)。变态反应与一般毒性反应不同,首先需要接触过该化学物质,且它作为一种半抗原与内源性蛋白质结合形成抗原,然后才能激发抗体的形成。当再次接触该化学物质时,形成抗原-抗体反应,产生典型的过敏反应。另外,变态反应的剂量-反应关系不是一般的S形曲线,但对特定的个体来说变态反应与剂量有关,例如一个对花粉致敏的人,其过敏反应强度与空气中花粉的浓度有关。由于变态反应是一种不需要的有害反应,因此也是一种毒性反应,此种反应有时很轻,仅有皮肤症状,有时可引起严重的过敏性休克,甚至死亡。

2. 特异体质反应(idiosyncratic reaction)

特异体质反应是指遗传性特异体质对某种化学物质的异常反应。例如,有些病人接受一个标准治疗剂量的琥珀酰胆碱后呈现长时间的肌肉松弛和窒息。琥珀酰胆碱一般所引起的骨骼肌松弛时间是很短的,因其能迅速被血浆中的假胆碱酯酶代谢降解,而具有特异体质反应的病人缺乏此种酶,因而对血清中各种胆碱的增高无降解能力。同样,缺乏 NADH 高铁血红蛋白还原酶的人对亚硝酸盐和其他能引起高铁血红蛋白症的化学物质异常敏感。

3. 速发和迟发毒性作用

速发毒性作用(immediate toxic effect)是指某些化学物质经一次接触后在短时间内引起的即刻毒性作用，如一氧化碳、硫化氢、氰化物等的急性中毒。迟发毒性作用(delayed toxic effect)是指一次或多次接触某种化学物质后，需经一段时间才显现的毒性作用。例如，化学物质对人的致癌作用一般在接触后10～20年才产生肿瘤，一些有机磷农药具有迟发性神经毒性。

4. 可逆和不可逆毒作用

可逆毒作用(reversible toxic effect)是指停止接触化学物质后可逐渐消失的毒作用。一般而言，机体接触化学物质的浓度较低，时间较短，损伤较轻，则脱离接触后其作用即可消失。不可逆毒作用(irreversible toxic effect)是指停止接触化学物质后其作用继续存在，甚至损伤进一步发展。例如，化学物质的致突变、致癌作用一旦发生，便被认为是不可逆的。

化学物质的毒性作用是否可逆在很大程度上还取决于受损伤组织的再生能力。例如，肝脏具有较高的再生能力，因此大多数肝损伤是可逆的，而中枢神经系统的损伤多数是不可逆的。

5. 局部和全身毒作用

某些化学物质可引起机体直接接触部位的损伤，称为局部毒作用(local toxic effect)。例如，接触或摄入腐蚀性物质或吸入刺激性气体可损伤皮肤、胃肠道或呼吸道。污染物被机体吸收后，随血液循环分布至全身或到达远离吸收部位的器官而产生有害作用，称为全身毒作用(systemic toxic effect)。例如，一氧化碳可引起全身缺氧和窒息。化学物质进入机体后对体内各器官的毒作用并不一样，往往只对1～2个器官发挥主要毒作用，这些器官被称为该物质的靶器官。例如，脑是甲基汞的靶器官，肾脏是镉的靶器官。某物质对机体毒作用的强弱主要取决于其在靶器官中的浓度，但靶器官不一定是该物质浓度最高的场所。例如，铅浓集在骨骼中，毒作用却主要是造血系统、神经系统和胃肠道等。

四、影响污染物毒性作用的因素

毒性作用是污染物与机体相互作用的结果。但机体接触化学物质后是否表示出毒作用，以及毒作用的性质和强度受到很多因素的影响。因此，了解污染物毒作用的影响因素对于设计化学物质的毒性研究方案，全面评价毒理学资料具有重要意义。

从毒理学角度可将影响污染物毒性作用的因素概括为下列四个方面：

1. 毒物因素

污染物毒性的大小与其化学结构和理化特性有密切关系，物质的化学结构决定其理化特性与化学活性，而后者又可影响物质的生物活性。

1) 化学结构

毒物的化学结构是决定毒性的重要物质基础，研究环境毒物的化学结构与毒性作用的关系有利于预测同系物的生物活性、毒作用机理并估计其容许限量的范围。

(1) 同系物的碳原子数目。在脂族烃中随着碳原子的增加,其毒性增强。例如,醇类中丁醇、戊醇的毒性较乙醇、丙醇大;烷烃中甲、乙、丙、丁到庚烷,毒性依次增大,但该规律只适用于庚烷以下的烃类。此外,甲醇由于在体内转化成甲醛和甲酸,其毒性反而比乙醇高。

(2) 分子饱和度。分子中不饱和键增多,其毒性增大。例如对结膜的刺激作用,丙烯醛>丙醛,丁烯醛>丁醛。这是由于不饱和键的存在使化学物质的活性增加。

(3) 卤族取代。各种卤代化学物质中,其毒性随卤素原子数目的增加而增强。例如,氯化甲烷对肝脏的毒性依次为:$CCl_4 > CHCl_3 > CH_2Cl_2 > CH_3Cl > CH_4$。由于结构中增加卤素会使分子的极化程度增加,故更易与酶系统结合而使毒性增加。

(4) 基团的位置。一般认为化学同系物中三种异构体的毒性依次为:对位>邻位>间位,如硝基酚、氯酚等。但也有例外,如邻硝基苯醛的毒性大于其对位异构体。

(5) 其他。一些有机氯和有机磷杀虫剂的毒性也随化学结构而异。例如,DDT 结构中三氯甲基上的氯为氢原子取代,其毒性降低,故 DDD 的毒性小于 DDT。有机磷农药烷基中碳原子数增加,其毒性增加,故对硫磷的毒性大于甲基对硫磷的毒性。与硫键结合的氧被硫取代后毒性降低,如对硫磷的毒性小于对氧磷的毒性。

化学结构除可影响毒性大小外,还可影响毒作用的性质。例如,苯有抑制造血机能的作用,当苯环中的氢原子为氨基或硝基取代时就具有形成高铁血红蛋白的作用。例如,噻二唑类农药敌枯双因对动物具有强烈致畸作用(1 mg/kg 可引起大鼠严重畸形)而禁止生产使用,但在其第 51 位碳原子上增加两个巯基,形成巯基敌枯双(商品名为叶枯宁),则其致畸效应明显下降(100 mg/kg 对大鼠不致畸)。

近年来对化学物质结构与效应关系的研究日益深入,其特点是应用多参数法综合考虑各种理化常数,以回归分析方法找出化学物质结构和生物效应之间的定量关系,该方法称为定量构效关系法,即用数学模型来定量地描述化学物质的结构与活性的关系,其中使用最多的是 Hansch 分析法。该方法的理论根据是化学物质在体内的生物活性主要取决于其到达作用部位或受体表面的浓度及其在生物体内的转运情况,后者又与化学物质本身的理化性质有密切关系。

2) 理化性质

影响毒性作用大小的理化特性主要有溶解度、挥发度、分散度和纯度。

(1) 溶解度。毒物在水中特别是在体液中的溶解度愈大,其毒性就愈大。例如,As_2O_3 在水中的溶解度比 As_2S_3 大 3 万倍,因而其毒性远较后者大。某些有害气体由于其水溶性不同,其作用部位与速度不同。例如,Cl_2 和 SO_2 等易溶于水,能迅速引起黏膜及上呼吸道刺激,而 NO_2 的水溶性较低,常要经一定潜伏期才能引起深部呼吸道病变(肺水肿)。汞的盐类在肠道内的吸收与脂溶性有关,脂溶性愈大,在肠道内吸收的量就愈多,引起的毒性作用就愈大。氯化汞的吸收度为 2%,醋酸汞为 50%,苯基汞为 50%~80%,甲基汞为 90%。甲基汞的脂溶性很高,易渗入神经系统,故毒性很大。

(2) 挥发度。液态有毒物质的挥发度愈大,其在空气中的浓度愈高,愈易通过呼吸道或皮肤吸收进入机体。例如,溴甲烷、二硫化碳、四氯化碳、汽油等因具有挥发性而易通过空气对人体造成危害。

(3) 分散度。飘尘、烟雾等化学物质污染空气,其毒性与分散度有关。化学物质的分散度愈大,表示其颗粒愈小,生物活性也愈强,且易进入呼吸道深部。一般小于 10 μm 的颗粒物进入呼吸道引起的毒性较大。

(4) 纯度。在研究污染物的毒性时,一般应首先考虑用纯品,以避免杂质的干扰。当没有纯品或要确定工业品或商品的毒性时,必须了解其中杂质或污染物质的含量,因试样中的杂质不仅可影响毒性的大小,还可影响毒作用的性质。例如,有机氯农药 2,4,5-T 的致畸性主要是由难以去除的杂质四氯二苯二噁英(TCDD)所致,并非由农药本身所引起。

2. 接触(染毒)条件

1) 染毒容积与浓度

在动物实验中一次经口染毒的容积一般为体重的 1‰～2‰。对于静脉注射的上限,鼠类为 0.5 mL,较大动物为 2 mL。容积过大可影响毒性反应。在慢性实验中把毒物混入饲料染毒时,如果受试物毒性很低,要防止其容积过大而妨碍食欲,影响营养状况。

相同剂量的毒物,由于稀释度不同也会造成毒性差异。一般认为浓溶液较稀溶液吸收快,毒作用强。例如氰化钾等四种化学物质,随稀释度增大小鼠死亡数依次减少。

2) 溶剂

染毒前往往要将毒物以不同溶剂配成适当的剂型。常用的溶剂有水、生理盐水、植物油、二甲亚砜等,如果选择不当,则有可能因加速或减缓毒物的吸收、排泄而影响其毒性。例如,DDT 的油溶液对大鼠的 LD_{50} 为 150 mg/kg,DDT 水混悬液对大鼠的 LD_{50} 为 500 mg/kg,这是由于油能促进该毒物的吸收。但用油作溶剂也可因用量过大而导致腹泻,影响吸收,而且有时溶剂也可与受试物发生化学反应而影响毒性。如因有人在测试敌敌畏和二溴磷的毒性时用吐温-80 和丙二醇作溶剂,则所得结果有显著差异,后者毒性比前者高。这可能是由于丙二醇的烷氧基与这两种毒物的甲氧基发生置换,形成了新的毒性更高的产物。因此,在选择溶剂时不仅应注意其本身无毒,还应不与受试物起化学反应。

3) 染毒途径

染毒途径不同,毒物的吸收、分布及首先到达的靶器官和组织不同,即使染毒剂量相同,其毒性反应的性质和程度也不同。例如,各种染毒途径中以静脉注射吸收最快,其他途径的吸收速度一般依次为:呼吸道＞腹腔注射＞肌肉注射＞经口＞经皮。在实验研究中要根据毒物的性质、在环境中存在的形式、接触情况以及实验目的等选择适当的染毒途径。如要评价环境中硝酸盐的毒性,应选用经口染毒,硝酸盐可在胃肠道中还原为亚硝酸盐,引起高铁血红蛋白症;如用静脉注射,则无此毒效应。

3. 机体(宿主)因素

在相同环境条件下,同一毒物对不同种属的动物或同种动物的不同个体或不同发育阶段所产生的毒性有很大差异,这主要是由机体的感受性和耐受性不同所致,并因动物种属、年龄、性别、营养和健康状况等因素而异。

1) 种属和个体差异

不同种属的动物或不同个体对同一毒物存在感受性的差异,其原因很多,但主要由毒物在体内代谢(包括代谢酶)的差异所致。例如,氰化物对草食动物的毒性较其他动物低,这是因为草食动物体内的酶适应性强,故其解毒能力也较人、狗等杂食动物强;2-乙酰氨基芴(2-AAF)对很多种动物都有致癌性,但对猴则不致癌,这主要是由于代谢的不同,2-AAF 在大鼠体内经 N-羟化后形成致癌物 3-OH-2-AAF,而在猴体内经芳香族羟化后形成不致癌的 7-OH-2-AAF。

对化学物质致畸作用的种属差异可能还与胎盘屏障的转运情况不同有关。例如,反应停的剂量低至 0.5～1.0 mg/kg 即对人有致畸作用,而对大小鼠即使剂量高至 4 000 mg/kg 也几乎无致畸作用,仅在某种品系的兔、猴、狒狒中此药可引起畸胎。相反,农药敌枯双对大小鼠具有强烈的致畸作用,但对人是否致畸尚无可靠证据。因此在进行化学物质的毒性实验时,应多用几种动物,一般至少用两种以上,而且其中一种为非啮齿动物。

对毒物反应的个体差异也是生物体的基本特征之一。在急性毒物实验中,一组动物在给予相同剂量受试物后,有的存活,有的死亡,明显反映出个体差异。性别相同,年龄、体重、健康状况相近的纯种动物,差异较小。因此选用动物时,尽可能使条件基本一致,以减少个体差异。

2) 年龄与体重

人们早就认识到新生或幼年动物通常对毒物较成年动物敏感。对多数毒性,估计要敏感 1.5～10 倍。例如,新生大鼠一般对有机磷农药(马拉硫磷、对硫磷)比成年大鼠敏感。但也不尽然,新生动物因神经系统发育不全,故对中枢神经系统(CNS)的兴奋剂敏感性较差,而对抑制剂则较敏感。例如,DDT 对新生大鼠的 LD_{50} 为成年大鼠的 20 倍以上。这种对 DDT 毒性的不敏感性对于评价该农药的潜在危险性可能很有意义,因为婴幼儿可能会通过母乳或牛奶摄入较多的 DDT。年龄对其他 CNS 兴奋剂,包括其他有机氯杀虫剂(如狄氏剂)敏感性的影响似乎没有如此明显(表 4-1-1)。

表 4-1-1　年龄对三种农药大鼠急性毒性的影响(LD_{50})　　　　单位:mg·kg^{-1}

农药名称	新生大鼠	断乳前大鼠	成年大鼠
马拉硫磷	134.4	925.5	3 697.0
DDT	4 000.0	437.8	194.5
狄氏剂	167.8	24.9	37.0

新生动物中膜的通透性(包括血-脑屏障)较强,因此对甲基汞等脂溶性神经毒物毒性反应大。新生动物缺乏毒物代谢酶,老年动物酶活性也下降,所以凡需在体内转化后才显示毒性的化学物质对新生动物和老年动物的毒性比成年动物低。例如八甲磷,其甲基需经羟化后才具有毒性,新生鼠缺乏此酶,故毒性低,成年鼠则毒性反应大,死亡率高,而老年鼠死亡率又降低。

此外,幼年和成年动物对毒物吸收与排泄能力的差异也可影响毒性。例如,儿童对铅的吸收较成年人多 4～5 倍,对镉则多 20 倍;乌本苷(箭毒)对新生大鼠的毒性为成年大鼠的 20 倍,这是因为成年大鼠的肝脏能迅速将其从血浆中清除掉。

因此,在毒理学实验中,一般选用成年动物,染毒剂量常按体重进行推算,以减少动物体重间的差异。

3) 性别与激素

性别对毒性的影响主要见于成年动物。性别差异主要与体内激素和代谢功能的差别有关。一般来说，雌性动物对毒物的敏感性较强，已发现苯、二硝基酚、对硫磷、艾氏剂等对雌性动物毒性较大，但也有些化学物质，如铅、乙醇等对雄性大鼠毒性大。

孕激素能抑制肝微粒体酶的氧化过程和葡萄糖醛酸的结合作用。实验证明，怀孕可明显增加孕鼠对某些毒性如农药的敏感性。哺乳期也会增强对一些金属的毒性反应。

4) 营养和健康状况

营养对毒物的影响随毒物在体内生物转化过程的改变而不同。营养不良，尤其是蛋白质缺乏，则容易导致酶蛋白合成减少而引起各种酶活性降低，使毒物在体内的转化过程缓慢，机体对多数毒物的解毒能力降低，显示毒物的毒性增加。例如，喂低蛋白饲料的大鼠对各种农药的敏感性可提高 2~26 倍。另外少数经生物转化后毒性提高的化学物质如四氯化碳、二甲基亚硝胺等，低蛋白饲料可降低其对大鼠肝脏的毒性和致死作用。

缺乏维生素 A、C、E 等也可抑制微粒体混合功能氧化酶的活性，但缺乏维生素 B_1 则有相反的作用。维生素 A 缺乏还可提高呼吸道对致癌物的敏感性。

个体健康可影响毒性反应，如肝病时机体对毒物的解毒能力下降而毒性增加。慢性支气管炎和肺气肿患者易发生刺激性气体中毒，且其后果也较严重，如 1952 年英国伦敦烟雾事件死亡人数中 80% 是心、肺病患者。

4. 环境因素

影响毒物毒性的环境因素很多，诸如气温、湿度、气压、季节或昼夜节律，以及其他物理因素（如噪声）、化学因素（联合作用）等。这里仅就影响毒性的主要环境因素简介如下：

环境温度的改变会影响毒性。高温可使代谢亢进，促进毒物吸收，使毒性提高，温度下降可使毒性反应减轻。有人比较了 58 种化学物质在不同温度下对大鼠 LD_{50} 的影响，结果表明，55 种化学物质在 36 ℃ 高温环境中毒性最大，在 26 ℃ 时毒性最小。有些化学物质本身可影响体温的调节过程而改变机体对环境温度的反应性。因此，在研究温度与毒性的关系时，应注意化学物质对体温的影响。一些引起代谢增加的物质如五氯酚、2,4 二硝基酚等在 8 ℃ 时毒性最小，而引起体温下降的物质如氯丙嗪则在 8 ℃ 时毒性最大。

在高温环境中某些化学物质如 HCl、HF 和 H_2S 的刺激作用增大。某些毒物还可改变其形态，如 SO_2 在高湿条件下一部分可变为 SO_3 和 H_2SO_4，从而使毒性增加。此外，某些化学物质如大气中的氮氧化物和醛类，在强烈日光的照射下可转化成毒性更强的光化学烟雾等。

五、毒性分级

毒物急性毒性的大小可按 LD_{50} 值分级，但目前各国划分的等级尚未统一。我国按 1978 年工业企业设计卫生标准科研协作会议的建议，将工业毒物的急性毒性分成剧毒、高毒、中等毒、低毒和微毒五级（表 4-1-2）。美国环境保护局制定的急性毒性分为剧毒、高毒、中等毒和低毒四级。这里提到的毒性分级主要根据毒物的急性毒性作用强弱来划分，而对于毒物的慢性毒性作用及致突变、致癌和致畸作用均未加考虑。

表 4-1-2　我国工业毒物的急性毒性分级

毒性分级	经口染毒* $LD_{50}/(\text{mg} \cdot \text{kg}^{-1})$	吸入染毒* $LC_{50}/(\text{mg} \cdot \text{m}^{-3})$	经皮染毒** $LD_{50}/(\text{mg} \cdot \text{kg}^{-1})$
剧　毒	<10	<50	<10
高　毒	10～100	50～500	10～50
中等毒	100～1 000	500～5 000	50～500
低　毒	1 000～10 000	5 000～50 000	500～5 000
微　毒	>10 000	>50 000	>5 000

注：* 小鼠一次性染毒；** 兔一次性染毒。

六、致突变、致癌、致畸作用

外源物作用于生命机体，除直接损害器官组织而引起一般毒性反应外，还可与细胞内的遗传物质发生作用，显出其致突变、致癌及致畸性，即所谓"三致"毒性，或称为特殊毒性。

1. 致突变性

致突变性（mutagenicity）是指外源物引起机体细胞的遗传物质发生突然的根本性改变。能诱发突变的物质称为致突变物质。毒理学研究中可以直接观察到外源物的致突变作用。根据遗传改变的观察终点，可将其分为基因突变和染色体畸变。

2. 致癌

致癌作用（carcinogenesis）是外源物作用于机体后引起细胞失控的快速复制效应，是体细胞发生突变的后果之一。即当外源物引起 DNA 的损伤得以错误修复并出现突变时，就有可能使细胞癌变。其癌变过程可包括启动和促进两个阶段。启动阶段包括前致癌物变为近似致癌物或终致癌物（亲电子物），终致癌物引起 DNA 不可修复的损伤，成为致癌的启动因子。在促进阶段中，启动的细胞经促癌剂多次促进而变成癌细胞。能直接引起癌症的化学物质称为直接致癌物。直接致癌物的化学性质较为活泼，一般环境中不易存在。大多数致癌物为"前致癌物"，也就是致癌物的前身，化学性质相对较稳定。进入机体后需经代谢活化后成"终致癌物"才能发生致癌作用。目前仅有很少的化合物质被确定为人类致癌物质，需要根据观察接触已知某种物质的人群发生特定癌症来确定。例如，氯乙烯是公认能引起肝血管肉瘤的化学物质，这是在长期从事聚氯乙烯生产装置清釜工作的工人身上发现的。动物实验可用来推断化学物质对人的致癌性。

3. 致畸

化学物质作用于生命机体的胚胎发生期，影响器官分化和发育而导致永久性的结构功能异常，出现胎儿畸形，这种作用称为致畸作用（teratogenesis）。它通常是化学物质损害了胚胎细胞（精子或卵子）所致。某些化学物质在一定剂量时对母体未见明显毒作用，而仅对胚胎发生毒作用，这称为胚胎毒性。胚胎毒性与致畸作用密切相关，但并非具有胚胎毒性的化合物都是致畸物。

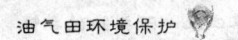

关于畸形发生的机理,目前一般认为是一种综合性作用。其中包括化学物质作用于生殖细胞引起基因突变或染色体畸变、核酸与蛋白质合成障碍、酶受到抑制、细胞死亡或抑制细胞增殖、胚胎细胞代谢障碍、胚胎膜通透性改变、生物合成基质缺乏以及能量供给不足等。很多致畸物的作用机理都不太清楚,而且影响致畸作用的因素还包括遗传因素、化学物质的理化性质及作用于生命机体的时间和剂量等。总之,对化学致畸的机理迄今尚无完善的解释。

第二节 毒性测试方法

一、废水/废液毒性评价方法

随着近代工业的发展,日益增多的工业废水给水生生态系统造成了很大的冲击,对其进行毒性检测已成为评价水环境质量的重要环节。发达国家早在20世纪80年代初期就制定了针对化学品生物毒性效应的一系列标准和工作指南,如美国环保署、世界经济与合作发展组织及德国标准研究所都颁布了一整套毒性测试的方法。目前欧美各国的主要注意力仍放在测定新化学品的毒性方面,在污水方面的工作尚在尝试阶段,且把重点放在污水中单一化学物质的毒性方面。但是在污水处理过程中,由于化学物质之间的相互作用会出现不同于单一化学物质的毒性,单一物质毒性并不能真实地反映污水对人类和其他生物的危害,因此必须选择合适的方法对污水的综合毒性进行评价。

目前,废水毒性的测定主要有理化方法和生物学方法。传统的化学物质理分析方法能定量分析污染物中主要成分的含量,但不能直接和全面地反映各种有毒物质对环境的综合影响。生物测试能够弥补理化检测方法的不足,因此在水污染研究中已成为监测和评价水体环境的重要手段之一。近年来,研究者们提出了多种生物毒性测试方法来监测水中毒性物质对水生生物的毒性,这些方法可归纳为利用细菌和利用水生动植物来监测废水毒性两大类。

1. 利用细菌监测废水毒性的方法

细菌用来做毒性评价有以下优点:生物机体小、种群数量大、生长繁殖快、保存简单方便、试验费用低、对环境变化的反应快、生长条件便利,并且同高等动物有类似的物理化学特性和酶作用过程等,因此细菌特别适合于做生物毒性实验。用细菌来评价废水毒性是基于毒性效应对细菌的某些可见特性的作用,如细胞生长、运动性、呼吸速率和生物发光、酶活性变化、微热量等的变化。单一细菌的测定有其自身的局限性,近年来发展起来的混合细菌监测毒性的方法可以较好地弥补这一缺陷。

1)细菌发光特性的应用

近年来生物发光细菌在毒性监测方面已有一定的应用,由于生物发光细菌评价毒性反应快(通常1 min左右),易于测试,是一种快速、简便、灵敏、廉价的方法,并与其他水生生物测定的毒性数据有一定的相关性,因此该方法对有毒废水的评价有重要意义,但是某些工业废水对之表现为明显的刺激发光作用,需要与其他毒性测试方法相互补充。最常用的生物发光系统是用于水体毒性实验的 Microtox 法评价。明亮发光杆菌(photobacterium phosphoreum)在正常生活状态下,体内荧光素在有氧参与时经荧光酶作用会产生荧光,当受到外界因素的影响如废水的毒性作用时,发光减弱,并呈线性相关。与其他方法相比,Microtox 法对很多毒物特别灵敏。于晓丽等通过发光菌发光强度与发光时间、发光菌发光强度与 pH 值的两个影响关系实验确定了发光菌稳定发光的时间和 pH 值范围,并通过 8 种单因子生物毒性实验确定了金属离子、非金属离子对发光菌的半致死浓度,在此基础上评价了某油田不达标采油污水的综合毒性以及有机化合物对生物的致毒机理。张秀君等运用发光细菌法对辽宁 26 个污染源废水样的毒性进行测定,指出从行业分布来看,化纤业、化工业、黑色金属冶炼业毒性最强,其次是煤炭开采、炼焦煤制品业,毒性最低的是医药、造纸、食品加工业。海水发光菌的缺点是所用的生物有机体为海生细菌,而且每次间歇式实验之前的准备工作都要重复,使得 Microtox 法不适用于连续的例行的毒性筛选。基于 Microtox 法毒性检测的相似的连续系统或者半连续系统已有相关报道,但是鲜有成果。

为了克服当前发光菌毒性测试中的缺点,Shijin 等在 Kuwahee 污水处理厂建立了一种基于 SHK1(一种寄居在活性污泥中并从活性污泥中分离培养的发光菌)的连续毒性检测系统。童中华等利用淡水发光菌对 14 种染料在电化学法处理模拟印染废水过程中毒性的变化进行监测,该菌能在蒸馏水中正常发光,可以弥补海水发光菌实验中由于大量 Cl^- 的存在而影响样品中一些污染物的生物可利用性和毒性顺序的缺点。

2) 细菌呼吸受抑制作用

呼吸抑制实验可用来评价废水对活性污泥的毒性作用。处理系统在遭受毒物冲击而导致污泥中毒时,污泥的氧呼吸速率突然下降通常是最为灵敏的早期警报。国外有用该法在线监测废水毒性的实例。微生物降解有机物的物质代谢过程中所消耗的氧包括两部分:① 氧化分解有机污染物,使其分解为 CO_2,H_2O,NH_3(存在含氮有机物时)等,为合成细胞提供能量;② 供微生物进行内源呼吸,使细胞物质氧化分解。微生物进行物质代谢过程的需氧速率可用下式表示:

$$总需氧速率=合成细胞的需氧速率+内源呼吸的需氧速率$$

如果污水的组分对微生物生长无毒害作用,微生物与污水混合后立即大量摄取有机物合成新细胞,同时消耗水中的溶解氧;如果污水中含有对微生物有抑制或毒害作用的物质,微生物降解利用有机物的速率会减慢或停止。因此,可通过实验测定活性污泥的呼吸速率,用氧吸收量累计值与时间的关系曲线来判断某种废水的综合毒性。

呼吸抑制速率可以是间歇式的(如 Ploytox 实验)或连续式的(Rodtox 实验)。呼吸速率法中有瓦氏呼吸仪测试法、相对耗氧速率曲线法和累计呼吸曲线法。关于生产成规模的废水毒性监测系统的进展已有报道,这些系统都是建立在与 Rodtox 实验方法相似的在线呼吸仪基础上的。蔡敬民等以活性污泥的呼吸代谢为检测指标,采用生物传感器的方法对废水毒性进行试验性的检测,建立了五种废水毒性检测方法,可用于间歇式和连续式监测。

在线呼吸仪的缺点是反应滞后,待其反应过来后废水已经进入曝气池,因此对处理系统的保护作用甚小。Change Won-kin 等在一家以石油化工废水为主的工业废水处理厂用最大耗氧速率来监测废水毒性,能很好地弥补这一缺点。

3) 酶的活性

磷酸(酯)酶、脲酶、脱氢酶等水解酶常用于水体毒性测试中。其中,脱氢酶活性法是酶毒性测试中最常用的方法。脱氢酶为结合酶,是由酶蛋白和辅助因子构成的,能使被氧化有机物的氢原子活化并传递给特定的受氢体。在微生物新陈代谢过程中,脱氢酶将有机质的氢脱下,使有机质氧化,并将氢转移给氧化型化合物,在无氧条件下亚甲基蓝(蓝色)接收氢转化成还原型亚甲基蓝(无色)。因此,在无氧反应系统中,亚甲基蓝的脱色速度可表征酶的活性大小,脱氢酶受毒物作用活性降低,且降低的程度与毒物毒性成正相关关系,所以可以用毒物对脱氢酶活性的影响确定其毒性大小。钟才高等用混合细菌作指示生物,发现混合细菌的总脱氢酶活性的抑制率随工业废水中重金属浓度的增加而增加,并建立了两者之间的回归方程,然后用这一方程评价了长沙市八家工厂工业废水的综合毒性和一家工厂废水处理装置对废水综合毒性的去除效果,建立了富含重金属工业废水综合毒性的评价方法。应用活性污泥中微生物脱氢酶的活性作为金属对活性污泥毒性的指标已被广泛采用。Ryssov-Neilsen 用 TTC-脱氢酶计算了活性污泥中酶的活性和细胞的米氏常数 K_m。李坤等以活性污泥脱氢酶活性作为毒性指标,研究了废水中金属离子对活性污泥活性的抑制影响。

4) 发光菌的生物毒性测试方法

(1) 发光菌(图 4-2-1)的发光机理。细菌生物发光反应是由分子氧作用,胞内荧光酶催化,将还原态的黄素单核苷酸($FMNH_2$)及长链脂肪醛氧化为荧光素及长链脂肪酸,同时释放出最大发光强度在波长为 450~490 nm 处的蓝绿光。

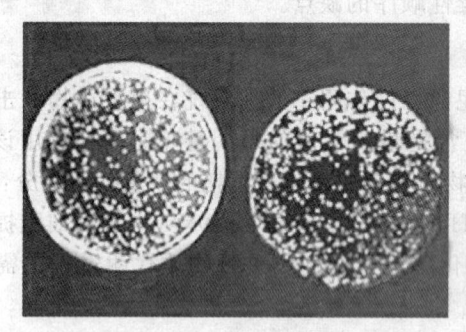

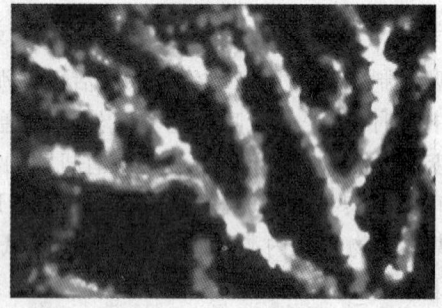

图 4-2-1 发光菌

(2) 实验原理。当发光菌接触有毒污染物时,细菌新陈代谢受到影响,发光强度减弱或熄灭。发光菌发光强度变化可用发光检测仪测定出来。在一定浓度范围内,有毒物浓度大小与发光菌发光强度变化成一定比例关系,因此可通过发光菌来监测环境中的有毒污染物。应用最多的发光菌是明亮发光杆菌,它可以监测各种水体。对气体中的可溶性有毒物质,可先将其吸收、溶解在溶液中,再观察其对发光菌的影响。

(3) 仪器。

DXY-3 型生物毒性测试仪是基于毒性物质对特殊的发光菌发光度的抑制作用而设计的,它通过测定发光菌发光度的变化,量度被测环境样品中由重金属和其他有机污染物所造成的急性生物毒性。它是对受污染环境的生物毒性检测进行初筛、监测较为理想的工具,也是其他领域开拓新的实验测试方法的新工具。

(4) 实验步骤。

① 预热仪器 15 min,调零。

② 排列试管,滴加 3%NaCl 及样液。

③ 细菌冻干菌剂复苏。取出含有 0.5 g 发光菌冻干粉的安培瓶和 NaCl 溶液,将安培瓶

置于含有冰块的保温瓶中,向其中注入 NaCl 溶液并混匀,2 min 后菌即复苏发光。

④ 用仪器检验复苏发光菌冻干粉质量。取 2 mL 测试管加 3% NaCl 溶液 2 mL,10 μL 复苏发光菌液,颠倒摇匀,倍率调至 ×2,测试发光量,若发光量高于 600 mV,则此冻干粉可用。

⑤ 给各测试液加复苏菌液。发光菌液复苏满 15 min,用 10 μL 微量注射器准确地吸取 10 μL 复苏菌液,逐一加入各管并摇匀(精确计时,记录到秒)。

⑥ 读数。拔出样品室的盖子(红色指示灯亮),将待测样品液比色管放入,盖好盖子,再抓住盖子顺时针旋转约 1~2 s(此时只绿色指示灯亮),读数,然后抓住盖子顺时针旋转至原处(只红色指示灯亮),向上拔出盖子,取出样品。

(5) 结果与数据处理。

① 相对发光度的平均值。按下式计算相对发光度:

$$相对发光度(\%) = HgCl_2 管或样品管发光量 / CK 管发光量 \quad (4-2-1)$$

再求相对发光度平均值。

② 建立并检验 $HgCl_2$ 浓度与其相对发光度均值的相关关系。先求出线性回归方程,再在一定的 P 值条件下查表进行 r 检测,验证相关方程成立,然后作出两者的关系曲线。按照同样的方法检测样品浓度与其相对发光度均值的相关性。

2. 利用水生动植物监测废水毒性的方法

水生动植物毒性实验是水毒理学的一个重要组成部分,用此方法直接测定废水的毒性是研究水体污染的一种重要手段,同时也可为确定废水的安全排放量和制定废水排放标准提供科学根据。该方法包括传统的鱼类、大型蚤和藻类急、慢性实验,也包括近年来发展起来的斑马鱼胚胎发育技术毒性检测方法。

1) 水生动植物急性毒性实验

(1) 鱼类毒性实验

鱼类毒性实验是监测工业废水污染物综合毒性的一种简便易行的方法。1946 年 Davis 用一种比较小的食蚊鱼做废水毒性的现场检验。1970 年 Wxeden 用鱼的咳嗽次数来反映造纸厂废水对鱼的影响,并据此确定废水安全浓度,把鱼类用于检测水源污染的监测系统中,同时将鱼类用于现场水质监测。目前国际通用的急性毒性实验标准用鱼是斑马鱼,国内常用于毒性测试的鱼还有青、草、鲢、鳙四大家鱼以及鳟鱼、金鱼、呆头鱼。赵庆华等用斑马鱼对 22 个厂家的 27 个废水样进行急性毒性实验,比较了各个工业废水的毒性大小,发现废水的毒性顺序为化学工业>化学纤维业>炼焦煤炭制品加工业>造纸纸制品加工业>饮料制造业。孙晓怡等运用斑马鱼急性毒性方法对抚顺市重点工业污染源 21 个排放口水样的毒性进行检测,用 K_2CrO_4 作参比毒物,使此法测得的急性毒性值定量化。李政一用白鲢鱼作为受试鱼对制浆造纸混合废水进行了急性毒性的测定研究,分别用概率单位法和直线内插法求出 96 h LC_{50},并对影响该测定方法的多种因素进行了分析。但是传统鱼类毒性测定方法的指标过于简单,因而其应用范围受到很大限制。朱琳等提出的斑马鱼胚胎发育技术具有材料方便易得、操作简单、可重复性及可靠性较高等优点,而且与传统的鱼类急性实验相比具有成本低、影响因素少、灵敏度更高等方面的优势,与成鱼实验相比有更广阔的发展空间。

(2) 水蚤类急性毒性实验。

水蚤类是淡水生物的重要类群,对许多毒物非常敏感,而且由于蚤类取材容易,实验方法简便,繁殖周期短,实验室易培养,产仔量多,是一类很好的实验生物,且实验项目使用的参数在个体间相对恒定,可以为实验结果统计学处理提供方便,因此常被选定为毒性测试生物。早在 100 多年前就有人用水蚤类来检测药物的毒性。大型蚤是水蚤属中个体最大的种类,是水蚤类毒性实验的标准生物,实验用水蚤一般为孤雌生殖新生蚤(<24 h)。程静等利用大型蚤 24 h 急性毒性实验对常州市城北污水处理厂的进水、出水进行了毒性实验,对其生态毒性原因进行了鉴别评价研究,从而鉴别出导致进出水生态毒性差别的关键污染物,并判断处理系统对关键毒物的去除效果。于红霞等用 24 h 大型水蚤急性毒性实验对漂白废水中的关键有毒物质进行了实例研究。曲克明等研究了化纤废水中主要污染物对大型水蚤的急性毒性及联合毒性作用。

(3) 藻类急性毒性实验。

藻类是一种原植体植物,是水体中的初级生产力。如果某种有害的化学物质进入水体,藻类的生命活动就会受到影响,生物量也会发生改变。通过测定藻类的生物量可评价有害物质对藻类生长的作用,反映对水体中初级生产营养级的影响以及对整个水生生态系统的可能的综合环境效应。确定藻类生长的指标较多,因而在设计藻类毒性实验时必须考虑所有相关的环境因素,根据实验目的和实验条件选择测试指标。常用的测试指标有光密度、细胞数、叶绿素含量及细胞干重,其中细胞数及光密度因应用简便、重复性好、不需昂贵仪器等优点,应用最为普遍,是藻类毒性实验中最主要的测试指标。目前研究重金属离子对藻的影响比较多,用藻类进行废水综合毒性的研究报道还很少。徐兆礼等用长江口疏浚泥浸出液和悬浮液对小球藻进行生长实验和急性毒性实验,得出了长江口疏浚泥浸出液和悬浮液对小球藻的毒性;Wageman 等分别研究了铜对藻类的毒性,并得出了各种藻类对铜的敏感度大小;李坤等研究了废水中重金属离子 Cu^{2+},Cd^{2+},Zn^{2+} 对几种单胞藻的毒害作用,得出了这几种重金属离子对这几种藻的生长抑制浓度和 LC_{50} 值。

2) 水生动植物慢性毒性实验

水生动植物的慢性毒性实验可以指示干扰水生动植物正常生长、发育和繁殖能力的化学物质浓度。为了把化学物质对水生动植物急性毒性和慢性毒性联系起来,人们提出了应用因子(AF)的概念。它表示一种化学物质的慢性实验浓度的阈值除以其急性毒性实验的 LC_{50} 值。在某些情况下,AF 可用来不通过慢性毒性实验进行慢性毒性估计,从而节约慢性实验所需的时间和费用。水生动植物慢性毒性实验动物可用无脊椎动物(淡水如大型蚤,海水如糠虾),也可用脊椎动物(淡水如鲤鱼、鲫鱼,海水如鳟鱼)。慢性毒性实验的实验浓度设置随实验动物种类而变化,一般应包括动物种群全部繁殖生命周期。实验室慢性毒性实验的结果直接外推到水环境存在一定的差异,因此在判断化学物质对水环境的危害剂量时应该了解化合物的浓度、生物利用率、分布以及化合物迁移的自然环境因素,最好进行野外慢性实验。

大型蚤 21 d 存活繁殖实验一直是评价和监测污染物对无脊椎动物慢性毒性的标准方法,但该实验周期长、费用高。20 世纪 80 年代初,人们开始研究缩短大型蚤慢性毒性实验周期的可能性。在如何缩短大型蚤慢性毒性实验周期方面有从小于 1 d 龄幼蚤开始暴露至产 3 胎幼蚤的亚慢性实验,也有用 4 d 龄蚤至产 3 胎幼蚤的实验。此外,尚有棘爪网纹蚤的 7 d

生活周期实验和另一种网纹蚤的幼蚤至产 3 胎幼蚤的毒性实验,以及 4 d 存活及繁殖实验。楼霄研究了不同日龄大型蚤对毒物的敏感性,对大型蚤 7 d 的体长指标与 21 d 的繁殖指标进行了比较。实验结果表明,毒物对大型蚤的毒性作用在实验后的 7 d 内已从其体长的变化显示出来,并与 21 d 的慢性毒性实验结果等效,从而表明传统的大型蚤慢性毒性实验周期可缩短为 7 d。

3)黑褐新糠虾的急性毒性测试方法及在钻井液毒性评价中的作用

国内外对钻井液体系及各组分的毒性评价一般都参照美国石油学会(American Petroleum Institute,API)推荐的钻井液悬浮相生物实验程序以及美国试验与材料学会(American Society for Testing and Materials,ASTM)推荐的生物试验标准方法进行,其中 API 的程序中建议用一种巴西拟糠虾作为标准的试验生物。由于我国没有这种糠虾的分布,推荐选用广泛分布于我国沿海的黑褐新糠虾(图 4-2-2)经实验室内长期驯化培养后,用作钻井液毒性评价的标准试验生物。

(1)标准毒物实验。

参照美国 ASTM 推荐的生物实验标准方法,选取标准毒物 $CdCl_2$、十二烷基硫酸钠(SDS)和 KCl 分别进行实验。实验分为六组,每组两个平行实验容器(1 000 mL 烧杯)。随机循环加入幼体糠虾,使每杯为 20 尾,并加入海水至 700 mL,按浓度设置加入一定量的标准毒物的母液,然后加入海水使每杯总体积为 800 mL。实验期间不断通气,并适当投喂卤虫。每 24 h 观察和记录糠虾存活情况,吸弃杯底污物及死虾,至第 4 d(96 h)结束实验。实验期间水温为 25 ℃,盐度 32,pH=7.9。

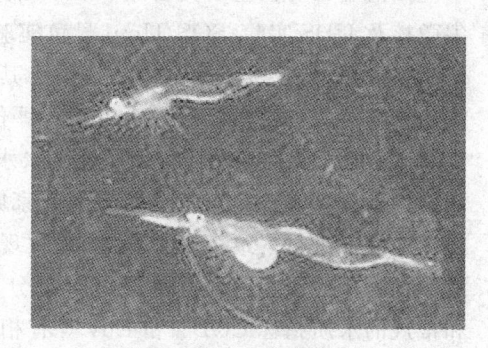

图 4-2-2 黑褐新糠虾

(2)钻井液测试。

参照美国 API 推荐的钻井液(悬浮相)生物实验程序以及 ASTM 推荐的生物实验标准方法评价钻井液毒性。

① 悬浮相制备。将钻井液晃匀后,以 1∶9(体积比)的比例将钻井液与中国科学院海洋研究所水族楼内海水(取自青岛太平角,无污染历史)混合,用电动搅拌器以大于 1 000 r/min 的速度搅拌 45 min,静置 1 h 后吸取液面下中层悬浮液,作为钻井液悬浮相供实验用。

② 实验过程。对钻井液的毒性范围做预备实验后,设定正式实验钻井液悬浮相质量分数。正式实验分为六组,每组两个 1 000 mL 烧杯,随机循环加入健康活泼的糠虾个体,使每杯为 20 尾,并分别按设定浓度加入悬浮相及海水,使每杯总体积为 800 mL。实验期间不断通气,并适当投饵。每 24 h 观察和记录糠虾存活情况,吸弃杯底污物及死虾,至第 4 d(96 h)结束试验。测量实验期间水温、盐度和 pH 值。

(3)结果评定。

将 96 h 糠虾存活率与标准毒物或悬浮相质量分数进行回归分析,求出 96 h LC_{50}。将糠虾的标准毒物结果与巴西拟糠虾的标准毒物测试结果进行比较。钻井液的毒性测试结果参照国际公认的毒性评定标准(表 4-2-1)和美国国家污染物排放削减系统(NPDES)总则中关于钻井液排放的毒性限制值(96 h LC_{50} 为 $3\times10^4\ \mu g/L$)进行毒性评价。

表 4-2-1　污染物毒性评定标准

96 h LC_{50}/(μg·L^{-1})	毒性分级
>10 000	无　毒
1 000~10 000	微　毒
100~1 000	中　毒
1~100	高　毒
<1	剧　毒

3. 遗传毒性测试法

国内外已有大量研究运用 Ames(鼠伤寒沙门氏菌/哺乳动物微粒体菌系)实验、蚕豆根尖微核及 UDS 实验、SOS/Umu 显色实验等手段对水中的有机污染物的遗传毒性进行系统研究，并探索研究水质安全性的途径。其中，Ames 致突变实验是短期筛选环境致突变物和致癌物的首选方法，再现性好，可用于评价水质，考核水处理工艺效率，可以弥补水质标准中目前未考虑的致突变性的不足，对供水水质有预警和屏障作用。J. U. Doerger 等用鼠伤寒沙门氏菌 TA98 菌株对辛辛那提的一家城市污水处理厂的进水和出水及四家进入该厂处理的工业废水进行了致突变实验，结果发现致突变物在常规的处理工艺中难于降解，有 2/3 的致突变物不能去除。岳舜琳通过对部分城市水厂的实验研究指出，Ames 实验中的 MR 值和常规的水质指标 COD_{Mn} 和 Euv 等有相关关系，并可用这些指标控制水处理工艺和保证供水水质致突变性的安全。

4. 其他检测手段

由于生物之间存在着复杂的竞争、捕食以及相互依存等关系，将单种毒性实验的结果外推到真实环境中是不科学的，还需要在不同环境条件下对不同种群的生物进行实验，因此群落级和系统级毒性实验越来越受到关注。在水生生态系统群落级毒性实验中，常以微型生物群落，包括细菌、真菌、藻类和原生动物为受试对象。这种生物群落对外界环境的变化相当敏感，因此可通过生物群落的结构和功能的变化来反应化学品的毒性，主要有人工培养和人工基质模拟生态系统两种取样方法。

同时，随着近年来微生物固定化技术的发展，全细胞微生物传感器应运而生，常见的作为分子识别元件的全细胞包括细菌、酵母菌、真菌，以及植物和动物细胞等，它们由于具有灵敏、检测速度快、范围宽等优点，已受到研究者的重视。微生物传感器主要由微生物膜(微生物与基质以某种方式固化形成)和信号转换器(如气敏电极或离子选择电极等)构成，用以分析污染物的生物毒性。崔健升等以地衣芽孢杆菌、假单胞菌和枯草芽孢杆菌为识别元件，采用夹层法固定化微生物膜与氧电极组成毒性微生物传感器，以三种不同菌株生物传感器对河豚毒素的响应能力进行实验，得出对河豚毒素最敏感的微生物菌株为地衣芽孢杆菌的结论。传感器是河豚毒素测定的适宜方法。王学江等采用基于大肠杆菌的 Cellsense 生物传感器对某垃圾填埋场渗滤液处理系统各单元的水质毒性进行跟踪分析，结果显示，由于毒性中间产物的影响,部分处理单元中的水质毒性升高,但与对应的 COD 和氨氮等指标含量无明显相关性,并认为制备的大肠杆菌型 CellSense 生物传感器能客观、真实地反映污水水质的综合毒性变化,具有良好的应用价值。

二、石油化工可燃气体和有毒气体检测及预警

石油化工可燃气体和有毒气体监测及预警执行国家标准《石油化工可燃气体和有毒气体检测报警设计规范》(GB 50493—2009)。

1. 术语

(1) 释放源(source of release):可释放能形成爆炸性气体混合物或有毒气体的位置或地点。

(2) 检(探)测器(detector):由传感器和转换器组成,将可燃气体和有毒气体浓度转换为电信号的电子单元。

(3) 指示报警设备(indication apparatus):接收检(探)测器的输出信号,发出指示、报警、控制信号的电子设备。

(4) 检测范围(sensible range):检(探)测器在实验条件下能够检测出被测气体浓度的范围。

(5) 报警设定值(alarm set point):报警器预先设定的报警浓度值。

(6) 响应时间(response time):在实验条件下从检(探)测器接触被测气体到达到稳定指示值的时间。通常,以达到稳定指示值 90% 的时间作为响应时间,以恢复到稳定指示值 10% 的时间作为恢复时间。

(7) 安装高度(vertical height):检(探)测器检测口到指定参照物的垂直距离。

(8) 爆炸下限(lower explosion limit,LEL):可燃气体爆炸下限体积分数。

(9) 爆炸上限(upper explosion limit,UEL):可燃气体爆炸上限体积分数。

(10) 最高容许浓度(maximum allowable concentration,MAC):工作地点在一个工作日内、任何时间均不应超过的有毒化学物质的体积分数。

(11) 短时间接触容许浓度(permissible concentration-short term exposure limit,PC-STEL):一个工作日内任何一次接触不得超过的 15 min 时间加权平均的容许接触浓度(体积分数)。

(12) 时间加权平均容许浓度(permissible concentration-time weighted average,PC-TWA):以时间为权数规定的 8 h 工作日的平均容许接触水平。

(13) 直接致害浓度(immediately dangerous to life or health concentration,IDLH):环境中空气污染物浓度达到某种危险水平,如可致命或永久损害健康,或使人立即丧失逃生能力。

2. 一般规范

(1) 在生产或使用可燃气体及有毒气体的工艺装置和储运设施的区域内,对可能发生可燃气体和有毒气体的泄漏进行检测时,应按下列规定设置可燃气体检(探)测器和有毒气体检(探)测器:

① 可燃气体或含有毒气体的可燃气体泄漏时,可燃气体体积分数可能达到25%爆炸下限,但有毒气体不能达到最高容许浓度时,应设置可燃气体检(探)测器;

② 有毒气体或含有可燃气体的有毒气体泄漏时,有毒气体浓度可能达到最高容许浓度,但可燃气体浓度不能达到25%爆炸下限时,应设置有毒气体检(探)测器;

③ 在可燃气体与有毒气体同时存在的场所,可燃气体浓度可能达到25%爆炸下限,有毒气体的浓度也可能达到最高容许浓度时,应分别设置可燃气体和有毒气体检(探)测器;

④ 同一种气体既属可燃气体又属有毒气体时,应只设置有毒气体检(探)测器。

(2) 可燃气体和有毒气体的检测系统应采用两级报警。同一检测区域内的有毒气体、可燃气体检(探)测器同时报警时,应遵循下列原则:

① 在同一级别的报警中,有毒气体的报警优先;

② 二级报警优先于一级报警。

(3) 对于工艺有特殊需要或在正常运行时人员不得进入的危险场所,宜对可燃气体和有毒气体释放源进行连续检测、指示、报警,并对报警进行记录或打印。

(4) 报警信号应发送至现场报警器和有人值守的控制室或现场操作室的指示报警设备,并且进行声光报警。

(5) 装置区域内现场报警器的布置应根据装置区的面积、设备及建构筑物的布置、释放源的理化性质和现场空气流动特点等综合确定。现场报警器可选用音响器或报警灯。

(6) 可燃气体检(探)测器应采用经国家指定机构或其授权检验单位的计量器具制造认证、防爆性能认证和消防认证的产品。

(7) 国家法规有要求的有毒气体检(探)测器应采用经国家指定机构或其授权检验单位的计量器具制造认证的产品。其中,防爆型有毒气体检(探)测器应采用经国家指定机构或其授权检验单位的防爆性能认证的产品。

(8) 可燃气体或有毒气体场所的检(探)测器应采用固定式。

(9) 可燃气体、有毒气体检测报警系统宜独立设置。

(10) 便携式可燃气体或有毒气体检测报警器的配备应根据生产装置的场地条件、工艺介质的易燃易爆特性及毒性和操作人员的数量等综合确定。

(11) 工艺装置和储运设施现场固定安装的可燃气体及有毒气体检测报警系统宜采用不间断电源(UPS)供电。对于加油站、加气站、分散或独立的有毒及易燃易爆品的经营设施,其可燃气体及有毒气体检测报警系统可采用普通电源供电。

三、固体废弃物毒性评价方法

毒性特性(toxicity characteristics)在固体废弃物的管理范畴中是指浸出毒性特性,在我国通常称为浸出毒性,它是有害废弃物的重要特性。毒性特性在对有害废弃物的鉴别和管理过程中,在对有害废弃物陆地处置限制法规(land disposal restrictions)的实施过程中是一项重要的法定指标。毒性特性的测试是对固体废弃物进行分析测定的重要内容之一。严格控制有害废弃物的毒性特性,对固体废弃物的管理和处置,对地下水资源的保护具有特别重要的意义。

1. 毒性实验浸出程序(EPT)

1) EPT 简介

EPT 是一种在实验室中完成的固体废弃物样品的前处理程序,用来测试固体废弃物中有害成分的浸出特性。EPT 是对天然过程的人工模拟,是模拟固体废弃物在不妥当的陆地处置时所含有毒成分的整个浸出过程,也是指在老的混合填坑中(工业废弃物与生活垃圾投置在一起),在厌氧条件下,生活垃圾分解出有机酸。有机酸的介入可增大工业废弃物中有毒成分的浸出速率。

有害废弃物在填坑中仅靠雨水的天然浸泡,其毒物溶出速率很慢,一般需要 5 年时间才能达到高峰值。显然,毒物整个浸出过程需用的时间还要更长。在这么长的时间内,浸出液的收集、测定,浸出毒物总量的累积、计算是极其复杂的。即使用这种天然的方式得到了毒性特性数据,至少也需 10 年以上。这样滞后的数据对有害废弃物的认定和管理是毫无意义的。EPT 只需 1 d 的时间便可以模拟出在天然条件下 10 年的变化过程。由于 EPT 快速、简便,又有一定的仿真性和可操作性,因此具有很高的实用价值。20 世纪 80 年代,它一直是美国测试固体废弃物浸出毒性的标准程序。

2) EPT 的操作要点

当固体废弃物样品中的固体(干基重)含量小于 0.5% 时,该样品无须进行浸取处理,直接进行过滤,弃掉固体部分,其滤液就是 EPT 浸取液。当固体废弃物样品中的固体(干基重)含量大于 0.5%,但其物理形态又是液体时,则需进行过滤,过滤后滤液部分保存,固体部分装入玻璃瓶或塑料瓶并加入蒸馏水(美国一般用去离子水),且固液比为 1:16(质量比),然后用 0.5 mol/L 的醋酸调 pH 值至 5.0±0.2;用搅拌式或往复振荡式或翻转式(美国一般用翻转式)提取装置于室温下连续提取 24 h,然后加去离子水至 1:20(固液质量比),用 0.45 μm 的滤膜过滤,所得浸取液与上述滤液合并,即得 EPT 浸取液。在整个浸取过程中,需人工调 pH 值,使其始终维持在 5.0±0.2。

当固体废弃物样品是泥状时(过滤不出液体),则直接取样,按上述浸出程序制备浸取液。当固体废弃物样品本身就是整块固体时,则首先将其粉碎到适当粒度,并过 9.5 mm 的筛子,然后称取样品,按上述浸取程序制备浸取液。

3) EPT 的测试项目及标准阈值

EPA 规定:EPT 测定项目为 14 个,其中金属 8 个,农药 6 个,见表 4-2-2。这 14 个项目是美国 20 世纪 80 年代对固体废弃物进行鉴别的法定标准和依据。有害化合物的浸出毒性是指其浸出速率(或浸出的潜在能力),通常以它们的浸取液中有害成分浓度的大小来表示。有害成分在水体中的浓度决定了它对生物,特别是对人类健康的影响和危害,因此它是水质质量的重要指标。化学物质对人体毒害的表现形式通常有急性毒性、亚急性毒性和慢性毒性。而 EPT 测试的这 14 个项目由于是通过浸出途径进入环境的,所以它们在水体中的浓度一般较低。由于这 14 种化合物在环境中非常稳定,很难分解、降解与转化,且它们大多有致癌性,因此它们对人类的危害主要以慢性毒性为主。EPT 规定的 14 个项目的阈值正是采用其慢性毒性水平(chronic toxicity level)这个毒性指标,它们是参照了饮用水水质标准,其标准阈值被指定为饮用水相应项目标准值的 100 倍。

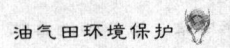

表 4-2-2　EPT 和 TCLP 测定项目及标准阈值

化合物	标准阈值	化合物	标准阈值
○★□※砷	5.0　5.0　5.0　5.0	★□※七氯	0.008　0.001　0.001
○★□※钡	100　100　100　100	★□※六氯苯	0.13　0.13　0.13
○★□※镉	1.0　1.0　1.0	★□※六氯丁二烯	0.5　0.72　0.72
○★□※铬	5.0　5.0　5.0　5.0	★□※六氯乙烷	3.0　4.3　4.3
○★□※铅	5.0　5.0　5.0　5.0	★□※甲基乙基酮	200　7.2　7.2
○★□※汞	0.2　0.2　0.2　0.2	★□※硝基苯	2.0　0.13　0.13
○★□※硒	1.0　1.0　1.0　1.0	★□※五氯酚	100　3.6　3.6
○★□※银	5.0　5.0　5.0　5.0	★□※吡啶	5.0　5.0　5.0
○★□※2,4-D	10　10　1.4　1.4	★□※四氯乙烯	0.7　0.1　0.1
○★□※2,4,5-TP	1.0　1.0　0.14　0.14	★□※三氯乙烯	0.5　0.07　0.07
○★□※异狄氏剂	0.02　0.02　0.003　0.003	★□※2,4,5-三氯酚	400　5.8　5.8
○★□※林丹	0.4　0.4　0.06　0.06	★□※2,4,6-三氯酚	2.0　0.3　0.3
○★□※甲氧滴滴涕	10.0　10.0　1.4　1.4	★□※氯乙烯	0.2　0.05　0.05
○★□※毒杀芬	0.5　0.5　0.07　0.07	□※二硫化碳	14.4　14.4
★□※苯	0.5　0.5　0.07	□※1,2-二氯苯	4.3　4.3
★□※四氯化碳	0.5　0.07　0.07	□※异丁醇	36　36
★□※氯丹	0.03　0.03　0.03	□※酚	14.4　14.4
★□※氯苯	100　1.4　1.4	□※2,3,4,6-四氯酚	1.5　1.5
★□※氯仿	6.0　0.07　0.07	□※甲苯	14.4
★□※邻甲酚	200　10.0　10.0	※丙烯氰	5.0
★□※对甲酚	200　10.0　10.0	※双(2-氯乙基)乙醚	0.05
★□※间甲酚	200　10.0　10.0	※二氯甲烷	8.6
★甲酚	200	※1,1,1,2-四氯乙烷	10.0
★□※1,4-二氯苯	7.5　4.3　10.8	※1,1,1,2-四甲乙烷	10.0
★□※1,2-二氯乙烷	0.5　0.4　0.4	※1,1,1-三氯乙烷	30.0
★□※1,1-二氯乙烯	0.7　0.1　0.1	※1,1,2-三氯乙烷	1.2
★□※2,4-硝基甲苯	0.13　0.13　0.13		

注：○为 EPT 测定的 14 个项目；★为 TCLP 测定的 40 个法定的毒性特性项目；□为 TCLP 测定的 45 个《陆地处置限制法》中规定的项目；※为 TCLP 测定的 52 个 1986 年 6 月 13 日推出的《陆地处置限制法》所规定的项目。

4）EPT 浸取液的分析

对 EPT 浸取液的分析测定就是对 EPT 规定的 14 种有毒化学物质进行测定。用 SW-846 标准方法中 7000 系列的有关方法对 8 种金属进行分析，用 8000 系列的有关方法对 6 种农药进行分析。一旦有一个或一个以上项目的测定数值达到或超过其相应的标准阈值,该固体废弃物就被认定为有害废弃物。

5) EPT 样品的物理形态及来源

EPT 样品的物理形态多种多样,有固体、泥状、多相混合物、工业废水等。它们的来源也很广,包括:新产生的工业废弃物和预处理后准备要处理的工业废弃物;废水处理厂产生的污泥、固体废弃物、存储罐底污泥、自来水厂废弃物及经预处理后的块状污泥;来自政府"超级基金法"项目的老固体废弃物堆(坑)的工业废渣、废油、废液、污泥、受污染的土壤,或它们被雨水及地表水浸泡、淋洗产生的浸出液;准备用浅水塘处理的废水,或多相混合物,或浅水塘底部污泥;经最佳示范技术(BDAT)处理过的工业有害废弃物。但有一点必须说明,细菌起重要作用的、被微生物降解了的固体废弃物不适用于 EPT 的测定。

6) EPT 的局限性

(1) EPT 有机物项目太少。20 世纪 70 年代末到 80 年代初,美国对废水和饮用水中的污染物控制已转向以挥发性卤代烃类、芳香族类及半挥发性酚类、多环芳香烃类、农药类等具有三致毒性化合物为主。在 EPT 的测试项目中,有机物只有 6 种农药。这与美国的《清洁水法》《安全饮用水法》等法规规定的控制项目相差太大。80 年代中期以后,随着《资源回收及保护法》增补法案——《陆地处置限制法规》——的颁布,EPT 有机物项目太少的缺陷愈加突出。EPT 的 14 个测试项目根本不能保证控制有害废弃物对地下水、环境及人体的威胁。

(2) EPT 的 14 个测试项目的标准阈值(最高允许浓度)是人为规定的,是以饮用水的标准为其标准阈值的基准,缺乏对人体健康造成危害的毒性实验和数据的支持。

(3) 在 EPT 程序中,有些步骤操作起来过于烦琐(如人工调 pH 值),又因过滤时所用滤膜孔径较小,时常遇到过滤非常困难的情况。

鉴于上述问题,1984 年美国 RCRA 补充法案中建议 EPA 制定一种新的毒性特性测试程序以修正 EPT 的不足,并彻底替代 EPT,以满足执行新法规的要求。

2. 毒性特性浸出程序(TCLP)

毒性特性浸出程序(toxicity characteristic leaking procedure)于 1986 年由 EPA 正式推出并开始试行,1990 年 6 月 29 日正式批准纳入联邦法规(40 CFR),同时宣布 EPT 终止使用。时至今日,TCLP 仍是美国 EPA 唯一法定的实验室测试程序。

TCLP 是美国《固体废弃物试验分析评价手册》中的标准方法之一(Method 1311,EPA SW-846),同时又是联邦法规 40 CFR 261 和 40 CFR 268 的附件之一。由此也能看出,TCLP 在实施《有害废弃物的鉴别与管理法规》和《陆地处置限制法规》过程中具有不可替代的技术支持作用。

TCLP 是在 EPT 的基础上发展起来的一种固体废弃物的实验室前处理程序。它是对挥发性有机物、半挥发性有机物、农药及金属在固体废弃物中的流动性进行测试的一种方法。它比 EPT 能更真实地模拟在老的混合填坑中及固体废弃物中毒物的浸出过程。

1) TCLP 的测定项目和法定阈值

最常见的 TCLP 的测定项目有 40 个(表 4-2-2),它保留了原 EPT 的 14 个项目(8 种金属,6种农药),同时又新增了26个有机物项目(其中除草剂2种,挥发性有机物10种,半挥发性有机物14种)。这些项目都是从有害废弃物的有害成分(hazardous constituents)名单中筛选出来的。

这40个测定项目的标准阈值也是建立在影响人体健康的慢性毒性限值的基准上的,即标准阈值=慢性毒性限值×稀释/衰减系数(在美国该系数规定为100)。TCLP规定的40个测定项目的慢性毒性限值为:原EPT的14个项目采用饮用水标准的相应限值;新增的26个有机物项目中,有的采用最大污染物限值(maximum contaminant level),有的采用毒物参考剂量限值(reference dose),有的采用风险特定剂量限值(risk specific dose)。

稀释/衰减系数是指含有毒成分的浸出液,在从脱离固体废弃物直至迁移到饮用水水井的整个过程中,其有毒成分浓度的稀释/衰减倍数。为了确定这个倍数,专家们从实际的填坑、地下水层、饮用水井的布局中抽象出一个典型的渗透、沥滤模型,即一个没有铺设衬垫的填坑恰恰建在地下水层的上方,饮用水井距离填坑斜侧面的水平距离为152.4 m。在综合考虑有毒物水解、土壤吸附、离子交换、地下水流速、pH值、土壤孔隙度和其他相关因素的基础上,估计有毒物从填坑迁移到地下水层,最后进入水井的过程中,其浓度稀释/衰减的倍数大约是100。

关于TCLP的测定项目和标准阈值,有时会引起许多人的困惑。因为有的检测机构规定TCLP的测定项目是40个,有的规定是45个,有的规定是52个,还有的规定了其他个数,而且即使对于同一个项目,由于执行的测定项目和标准阈值表格不同,其标准阈值也不尽相同,有时还差别很大。要确定以哪张表格为准,首先要搞清楚每一张表格(TCLP测定项目和标准阈值表格)是隶属于哪一个法规的,即进行TCLP测试的目的是什么,是鉴别有毒有害废弃物(执行40 CFR 261),还是判定固体废弃物是否可以陆地处置(执行40 CFR 268)。这是因为不同的法规对TCLP规定了的不同的测定项目和不同的标准阈值。40 CFR 261(《有害废弃物的鉴别与管理法规》)规定的TCLP测定项目(毒性特性项目)是40个,其标准阈值是各个项目慢性毒性限值的100倍。40 CFR 268(《陆地处置限制法规》)规定的TCLP测定项目有几种不同的情况。为执行《陆地处置限制法规》,20世纪80年代中期,基于CFS(化学固定化与稳定化)技术,EPA提出了TCLP的45个项目的表格和52个项目的表格。20世纪80年代后期,基于BDAT(最佳示范可操作)技术,EPA又提出了BDAT表格。20世纪90年代初,基于BDAT技术广泛应用并以法规的形式强制推行,EPA又提出了CCWE表格。20世纪90年代中期,EPA提出了TSHW(有害废弃物的处理标准)表格和UTS(通用处理标准)表格。上述表格的不同是由《陆地处置限制法规》的实施阶段不同,有害废弃物的种类不同,处理方法、处理技术的不同(处理技术一直在不断发展和改进,直到20世纪90年代初才以法规的形式固定下来,一律采用BDAT)等因素造成的。这些因素决定了上述这些表格规定的TCLP测定项目的不同,标准阈值也不相同。它们的标准阈值一般要比40 CFR 261所规定的TCLP的40个项目的相应阈值低得多。现在执行40 CFR 268(陆地处置法规)时,在表格的选用上应优先选择执行最新的表格,即TSHW,UTS。

2) TCLP的发展

TCLP是在EPT基础上发展起来的,其测定项目新增加了26个有机物项目(其中挥发性有机物10种)。同EPT相比,TCLP在提取设施、提取剂、操作程序等方面都做了重大改进。

(1) 为了从固体废弃物中浸取10种挥发性有机物(VOCs)，TCLP必须采用专用的提取器，其内部容积一般为500 mL。提取器在提取、过滤及分离全过程保持密封状态。提取半挥发性有机物(SVOCs)、农药和金属时用硼硅酸盐材料的大玻璃瓶或聚四氟乙烯(Teflon)材料的瓶子，美国常用2 L的大玻璃瓶。

(2) 由于新增加了10个挥发性有机物项目，因此对样品的保存提出了特殊要求，样品必须保存在4 ℃且必须盛在聚四氟乙烯衬垫的带螺纹盖的瓶子中，时间不得超过14 d。

(3) 样品在TCLP浸取过程中有两种提取剂可供选择，即1#和2#。其中，1#是醋酸的缓冲水溶液(pH=4.9)，它是最常用的提取剂；2#是0.1 mol/L的醋酸水溶液(pH=2.9)，专门用于提取碱性强的固体废弃物。提取剂的用量按固液比1:20确定，且整个过程中不需调pH值。

(4) TCLP必须用翻转式提取装置，转速为(30±2)周/min，温度为(22±3) ℃，时间为(18±2) h。

(5) 当样品提取完毕进行液固分离时，TCLP用的滤膜孔径较大(0.6~0.8 mm)，这样可使较大的颗粒物进入TCLP浸取液，从而提高TCLP测定项目的数值。同时，因滤膜孔径较大，可提高过滤(液固分离)的速度，甚至可提高TCLP滤液的收集量。

(6) TCLP有较高的提取效率，如As，Ba，Cd和Pb等金属的TCLP测定值一般高出EPT 40%~80%。

(7) TCLP的浸取液分别用EPA SW-846中的7000系列和8000系列的有关分析方法测定金属项目和有机物项目。对挥发性有机物的测定采用方法8260，对半挥发性有机物测定采用方法8270。这两种方法都是用毛细管柱气相色谱/质谱(GC/MS)进行分析测定。但对6种农药的测定，有时可用方法8081(GC/ECD)，因为用GC/ECD测定含氯农药时，其灵敏度可高出GC/MS方法1~3个数量级。从目前来看，TCLP分析测定仍以40个毒性特性项目为主。美国化学试剂公司如Accustandard INC提供的TCLP标准物质也和这40个项目配套，使用极其方便。

3) TCLP分析测定对固体废弃物的管理和处置的影响

由于TCLP测定项目比EPT增加了26个有机物，同时有些项目的测定数值要比EPT高，因此过去通过EPT检验确定为无浸出毒性的固体废弃物用TCLP方法测定时可能具有毒性特性。这样势必会对有害废弃物的鉴别和管理产生巨大的影响和冲击，使RCRA有害废弃物的种类和数量大幅度增加，使含毒物的成分也更加复杂化，这将给有害废弃物的生产者、运输、处理、处置者提出严峻的挑战，同时也给执行《陆地处置限制法规》增加了新的内容和难度，减少了本来能够直接进行陆地投掷处置的固体废弃物，增大了需进一步预处理的工作量，对预处理技术及设施提出了更高、更严格的要求。

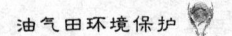

第三节 油田污染物的毒性

一、原油及油品污染对环境的影响

原油是由气态、液态和固态的链烷烃、环烷烃、芳香烃类及其他物质等构成的天然混合物,成分复杂。油品是原油分馏、重整、催化裂化、精制等的产物。原油和油品在生产过程中会部分进入水体和陆地,部分被排入大气,构成油气田的烃类污染物,对动植物、海生物及人体等产生重大影响。

1. 原油及油品对动植物及海生物的影响

用被油污的水灌溉农田会使土壤中的油类增加,油附着于水稻植株上或渗透到植物体内,直接影响水稻的生长;油类覆盖土壤会隔绝氧气供给,促进土壤的还原作用,使水温、地温升高,危害作物的生长发育。例如,黄瓜、西葫芦等蔬菜类受油危害后,叶片卷曲,植株萎缩,生长缓慢,严重时地上茎部表皮腐烂,随后植株枯黄而死去。

原油和油品进入水域以后,由于自然降解需耗用大量的氧气,常以 5 d 的生化需氧量(BOD_5)来表示。原油和油品的生化需氧量是相当高的,如氧化 1 mg 不同类型的烃类约需要 3～4 mg 氧。若以 3.3 mg 作为矿物油平均生化需氧量,则完全氧化 1 kg 矿物油约需要 3.3 kg 氧。若原油进入海水中的溶解氧为 8 mg/L(海水温度 15 ℃,盐度 3.5‰时海水中的饱和值),则完全氧化 1 kg 油需 $41×10^4$ L 海水中的氧,相当于 1 m^2、深为 410 m 水柱中的氧量。可见,被油污的水域会造成局部贫氧,使水生植物的光合作用遭到破坏,水生动物则因缺氧而死亡,给生态系统带来严重的危害。

原油中的硫醇进入水体后耗氧很强,将水中的溶解氧很快消耗掉,影响水体生物的自净能力。

鱼类在极微的含油量下会成为油臭鱼。有些国家的资料表明,当鱼类和贝类在含油量为 0.01 mg/L 的海水中生活 24 h 即沾上油味,因此将这一"临界浓度"作为对动物种类不同的影响指标。油臭鱼产生臭味的原因是海湾港内的漏油、炼油厂和石油化工厂等排出的废水以及往海里抛弃的废油等。例如,日本水岛工业地带由于炼油厂、石油化工厂的废水污染,50%以上的油臭鱼捕获点日益扩大,从 1963 年到 1966 年,捕获范围以每年 1～2 km 的速度在扩大。与石油联合企业闻名的三重县曾对油臭鱼进行过调查,结果发现,距离港口 2 km 以内全部捕获的鱼,2～4 km 所捕获的 50% 的鱼,更有 4～15 km 特定的鱼均带有臭味。对鱼本身,油臭是通过鳃部进入鱼体的,鱼臭程度取决于鱼种及鱼类性质。

原油的浓度越高,鱼、贝类发臭的时间越短,如果石油含量较"临界浓度"大 10 倍,则只要短暂的 2～3 h 即可使它们发臭。

同时,原油及油品属烃族化合物,均具有一定的毒性。烃族化合物的生物毒性按下列次序依次增加:

$$烷烃 < 烯烃 < 环烷烃 < 芳香烃 < 稠环芳香烃$$

烷烃中以甲烷为代表,它可形成光化学烟雾,对植物生长有影响。极低浓度的乙烯对植物即有危害作用,影响植物的生长,使植物顶端生长受抑制。芳香族化合物的生物毒性较大,一些芳香族化合物的生物毒性评价结果见表4-3-1。

表 4-3-1　一些芳香族化合物的生物毒性评价结果

化合物	生物	时间/h	$LC_{50}/(\text{mg} \cdot \text{L}^{-1})$	化合物	生物	时间/h	$LC_{50}/(\text{mg} \cdot \text{L}^{-1})$
苯	藻虾	96	27	乙苯	柄虾	96	0.5
	褐虾	96	20		纹脂	96	5
	纹脂	96	6		黄蟹	96	13
甲苯	藻虾	96	9.5	三乙苯	桡虫	24	3.5
	褐虾	96	4		黄蟹	96	2
	纹脂	96	7.5		柄虾	96	2.5
	黄蟹	96	28	萘	鲑	24	1
	鲑	24	5.5		柄虾	96	1
间二甲苯	柄虾	96	3.5	甲基萘	黄蟹	96	2
	纹脂	96	9		桡虫	96	1.5
	黄蟹	96	12			24	
邻二甲苯	褐虾	96	1	二甲基萘	柄虾	96	0.5
	纹脂	96	11		桡虫	24	0.5
对二甲苯	褐虾	96	2	芴	柄虾	96	0.25
	纹脂	96	2	菲	柄虾	24	0.25

有人将黑海的某些桡足类和技角类动物置于含油 0.1 mg/L 的海水中,实验当天浮游动物全部死亡;将石油含量降至 0.05 mg/L,小型拟哲螵蚤半数致死时间为 4 d,而胸刺螵蚤、乌头和长腹剑蚤的半数致死时间分别为 3 d,2 d 和 1 d。

原油和油品对生物的成体、幼体和它们的卵可能产生不同的影响,其半致死浓度存在差异,一般来讲,幼体和卵的半致死浓度更低,见表 4-3-2。

表 4-3-2　一种燃料油的生物毒性

生物体		96 h $LC_{50}/(\text{mg} \cdot \text{L}^{-1})$	生物体		96 h $LC_{50}/(\text{mg} \cdot \text{L}^{-1})$
巴西虾	虾苗	6.6	藻虾	虾苗	1.2
	小虾	3.8		小虾	2.3
	成虾	2.9		成虾	3.6
湖虾	虾苗	1.3	多节虫	18 节	5.8
	小虾	1.0		40 节(成年)	4.0

鱼类的早期发育阶段,特别是发育中的鱼卵易受石油污染的危害,$10^{-4} \sim 10^{-3}$ mg/L 的浓度也可危及鱼卵,甚至石油含量降至 10^{-5} mg/L 时也有一定影响。在受到油污染的水域中孵出的鱼苗多数成畸形,生命力很弱,极易死亡。石油对鱼卵的毒性作用以及由于油污染引起的海水亲和力的改变都会破坏发育中胚胎里的物质交换。有人将比目鱼卵置于含石油

或石油产品含量为 $10^{-2}\sim 10^{-1}$ mg/L 的海水中,经两个昼夜后它们停止发育;石油含量降至 $10^{-5}\sim 10^{-4}$ mg/L,虽有 50%~81% 的比目鱼卵是活的,但它们孵出的前仔鱼也是不齐全的,且孵化时间要延长。

实验室实验表明,在含油量为 0.1 mg/L 的海水中孵出的鱼苗全有缺陷,只能存活 122 d;当含油量降为 0.01 mg/L 时,孵出的鱼苗中畸形鱼仍高达 23%~40%;而在正常的情况下,畸形鱼不会超过 7%~10%。苏联的统计数据显示,里海由于遭到石油的严重污染,自 1962 年到 1969 年,海洋动物赖以为生的植物性和动物性浮游生物的产量明显下降,致使鲟鱼的总产量下降了 2/3,鲷鱼、鲤鱼和梭子鱼等几乎绝迹。

海洋的油污染也曾使英国和荷兰海岸每年约有 (10~30) 万只海鸟死亡。这一方面是由于海鸟的羽毛被石油黏结,降低了浮力,使海鸟最后溺水而亡;另一方面是由于海鸟在用嘴清理被油黏结的羽毛时,把石油和石油产品带入体内,从而引起一系列的病变,最后导致海鸟死亡。美国马萨诸塞州附近海面发生的一次溢油曾使 3 d 后在这一地区捕到的鱼 95% 是死的,其原因是油堵塞了鱼的鳃部,使其呼吸发生困难,最后窒息而死。

被油污染的水域可使沿岸一带污浊不堪,严重破坏水域周围的自然环境。

水面的大量油膜甚至可能引起火灾,影响水上交通。例如,苏联的伊谢特河和伏尔加河河面曾经由于漂流着大量的石油而引起两场意想不到的大火;美国的凯霍加河也曾因河面积聚很厚的油污和脏物而引起一场火苗高达五层楼之高的火灾,毁坏了河上两座铁路桥。

2. 原油及油品对人体的影响

原油是一种复杂的混合物,主要包括饱和脂肪烃、环烷烃、芳香烃及其他杂质等。原油的主要毒性在于它的挥发分和芳香烃。

挥发分如甲烷在高浓度时能引起头痛、头晕、乏力、注意力不集中、心率增大、呼吸困难、窒息及昏迷。

芳香烃大多会损害人的中枢神经,造成神经系统障碍。例如,苯被摄入人体后会危及血液及造血器官,严重时有出血症状或感染败血症。苯在生物体内能逐步氧化生成苯酚等,诱发肝功能异常,使骨髓停止生长,可发生再生障碍性贫血。苯蒸气浓度高时(空气中 2%)可引起致死性的急性中毒。

石油污染的致癌作用引起了人们的广泛重视。石油组分中含有多环芳香烃,尤以苯并 (α) 芘最为著名,还有人认为沸点在 300 ℃ 以上的多环芳香烃都可能是致癌的。苯并 (α) 芘等可在人体内扰乱核酸代谢,导致细胞恶性分裂而发生癌变,长期接触,可能引起皮肤癌、肺癌、鼻癌、消化道癌、膀胱癌、乳腺癌、子宫癌;它可在鱼类、水生生物、农作物体内积累,最终进入人体。

此外,原油中的硫醇能使人头痛、恶心,高浓度时可引起神经系统痉挛,导致瘫痪甚至死亡。

主要油品对人体的影响综述如下。

1) 汽油

长期接触或呼吸汽油会引起汽油中毒。汽油中毒往往出现在制造、搬运使用汽油的地方,特别是涂料、洗涤、制革、橡胶、印刷厂等。汽油中沸点特别低 (50~70 ℃) 的产品称为有油醚或挥发油,因其挥发性高,所以中毒机会多,但人体即使吸入 10 mg/L 的汽油 (15 min) 蒸气也没什么作用,呼气中不含有挥发油的臭味。实验表明,汽油对于中枢神经的作用与吸入同浓度的苯无差别,若一时吸入大量汽油的蒸气则会立即引起严重的中枢神经障碍,出现特殊震颤、皮肤变青、脉搏混乱等症状,严重时反射停止,膀胱和直肠麻痹,最后心脏衰竭而死。吸入的汽油蒸气主要靠肺进行排泄,因此呼气中带有特殊的汽油味。

人对汽油蒸气可产生习惯性,但造成慢性中毒后会有沉重感,头、手、足、四肢和关节刺激性疼痛,腹泻,继之神经炎、贫血、咳嗽等,也会出现严重的视觉障碍。

汽油蒸气的最高允许质量浓度为 500 mg/L。

汽车、飞机使用的汽油组成特别复杂,刺激皮肤黏膜,吸入后有引起肺水肿的危害。由于高辛烷值的要求,还需添加四乙基铅。抗震剂四甲基铅如果接触皮肤,可由皮肤吸入,因此这种蒸气是特别危险的。此外,还有其他有机金属化合物,如 Mn,Fe,Ni 络合物也有神经毒害作用,有引起肺水肿、肺癌之类的危险,并且在多数燃料中作为抗氧剂大多加有甲基苯胺及联苯胺、氨基酚的衍生物,这些衍生物能经皮肤吸入可生成正铁血红,带来血液毒害作用。汽油对人体的毒害作用见表 4-3-3。

表 4-3-3 汽油对人体的毒害作用

质量浓度/(mg·L^{-1})	作 用
10	能忍耐 6 h 而无障碍
10～20	能忍耐 0.5～1 h 而无急性症状和后遗作用
25～30	0.5～1 h 内有生命危险
30～40	0.5～1 h 立即死亡或以后死亡

2) 煤油、重油、柴油

在汽油馏分以上的高沸点石油产品中,煤油、重油、柴油占多数。一般来说,它们对皮肤、黏膜的刺激强烈,毒性近似于汽油。高沸点馏分由于环烷烃、芳香烃增加而毒性增强;加热矿物油或喷雾产生的烟雾的最高允许浓度为 5 mg/m³;煤油对家兔的致死量为 28 g/kg。

通过石油蒸馏获得的不纯的矿物油可使人体产生长期疼痛的皮肤炎,除患者对日光敏感,受光线刺激感觉剧烈疼痛外,有时会进一步发展为皮肤癌。

重质油中毒初期症状是兴奋、头痛、视听错觉等,不久便产生习惯性,有时抑郁、疲劳、耳鸣,并导致胃肠障碍、知觉丧失、记忆力减退、脉搏和呼吸延滞、胸膜炎、肺水肿等。慢性中毒易造成血液异常。

3) 石蜡、润滑油

石蜡、润滑油都是石油高沸点成分经过特别精炼的产品,毒性较小。

在石油高沸点产品中,毒害作用特别强的是润滑油,在组成上其烷烃含量极少,大多是环烷烃,但由于加入了各种添加剂如抗氧化剂、乳化剂、净化剂等,它们也能经过皮肤吸收,使其油类的毒性比原来的更大,作用更迅速。

二、无机盐及重金属污染的毒性

1. 无机盐

无机盐和重金属主要来源于钻井废水、洗井废水和产出水等,当它们残留于土壤或进入水体中时就会带来严重的环境伤害(表 4-3-4)。

表 4-3-4　无机盐对水蚤的毒性(48 h LC_{50})　　　　单位:mg·L^{-1}

盐	阴离子	阳离子	总离子
KCl	270	290	560
K$_2$SO$_4$	400	330	730
KHCO$_3$	300	200	500
NaCl	1 300	840	2 140
Na$_2$SO$_4$	2 500	1 260	3 760
NaHCO$_3$	740	260	1 000
CaCl$_2$	1 200	700	1 900
CaSO$_4$	1 430	600	2 030
MgCl$_2$	730	250	980
MgSO$_4$	1 400	360	1 760

进入土壤的盐类通过增加土壤水体的渗透压、干扰植物细胞液的生理平衡而影响植物的生长,如影响植物细胞发育、营养和水吸收等。如果生长植物的土壤中溶液的渗透压高于植物体内细胞溶液的渗透压,那么植物就不能从土壤中吸收水分。渗透压 OP(osmotic pressure)与土壤的电导率(EC)存在如下关系:

$$OP = 0.36 \times EC \tag{4-3-1}$$

式中,OP 的单位是 atm(1 atm=1.01 kPa),EC 的单位为 mS/cm。

一般而言,当土壤水体中的可溶盐含量(TDS)大于 1 500~2 500 mg/L 时,植物的生长就会受到影响;当可溶盐含量低于 1 000 mg/L 时,植物的正常生长也会受到破坏。

盐还会通过影响土壤的物理化学性质间接影响植物的生长,如盐能改变土壤的孔隙结构而使土壤板结,限制空气和水分达到植物的根部;土壤中过量的钠离子会使黏土分散,降低土壤的渗透力,影响植物对营养物质如铁、钙、镁等的吸收。

有很多方法可以用来测定土壤中总的可溶盐含量(TDS),其中一种简便的方法是测定土壤的电导率(EC),二者具有如下关系:

$$TDS = A \times EC \tag{4-3-2}$$

式中　A——经验常数,一般取 640 cm·mg/(mS·L)。

同样,盐也会对水生生物产生重大影响,甚至使一些水生生物死亡。

2. 重金属

油气田开发中重金属的排放浓度往往是很低的,因此对环境的和人类的影响是一个缓慢积累的过程。重金属通过与动物细胞中的酶发生相互作用而影响酶的活性,从而产生环境伤害。表 4-3-5 是空气中一些重金属的最小限量值(threshold limit value,TLV)。

表 4-3-5　空气中一些重金属的最小限量值　　　　　　　　　单位：mg/m³

重金属	TLV	重金属	TLV
铝	2.0	铬（三价）	0.5
砷	0.2	铬（六价）	0.05
钡（可溶）	0.5	汞	0.05
钡（硫酸钡）	10	镍（无机、可溶）	0.1
镉	0.05	钒（氧化物）	0.05
铅	0.15	锌（氧化物）	5

表 4-3-6 为痕量金属元素对动植物的作用。一些金属元素是基本的、必需的、有益的，或者是有毒的，其在土壤中的典型浓度也列于表中。可以看到，很多金属元素在低浓度时是有益的，但在高浓度时具有毒性。

表 4-3-6　痕量金属元素对动植物的作用

金属	是否植物必需	是否动物必需	对植物的毒性	对动物的毒性	一般浓度/(mg·kg⁻¹)
锑	否	否	—	有	1.5
砷	否	是	有	有	7
钡	否	—	低	低	500
铍	否	否	有	有	2
铋	否	否	有	有	0.2
硼	是	否	有	—	20
镉	否	否	有	有	0.35
铬	否	是	有	有（Cr^{6+}）	75
钴	是	是	低	低	9
铜	是	是	有	有	22
铅	否	否	有	有	25
镁	是	是	有	低	700
汞	否	否	否	有	0.07
钼	是	是	有	有	1.5
镍	—	是	有	有	30
硒	是	是	有	有	0.3
银	否	否	否	有	0.05
锡	否	是	—	有	4
钨	否	否	—	—	1.5
钒	是	是	有	有	75
锌	是	是	有	有	60

部分重金属对动植物和人体的危害如下：

1) 汞

鸟类食用含汞或受汞污染的食物时，能引起死亡。汞对水生脊椎动物有影响，在鱼类体内能蓄积高浓度的汞，最高可达 50 mg/kg 之多。汞蒸气和无机汞可通过呼吸道进入人体，经消化道及皮肤也能进入人体。汞的脂溶性强，能在人体内蓄积，主要作用于神经系统、心脏、肾、肝和胃肠道，发生急性和亚急性中毒，表现为头痛、头昏、乏力、发热、牙龈红肿酸痛、糜烂出血、积浓、牙齿松动、流涎带腥臭味、水样便或大便带血等。慢性中毒会引起精神、神经障碍，表现为头昏、乏力、健忘、失眠（或嗜睡）、多梦、噩梦、心烦、易激动、多汗，日久性格发生改变，腱反射活跃或亢进，手指、舌或手震颤，重度中毒患者发生"汞毒性脑病"。有的患者出现"肾病综合征"，可用二巯基丙磺酸钠或二巯基丁二酸钠进行驱汞治疗。

2) 铅

铅能在植物体内蓄积，抑制植物的光合作用，其对牲畜也有影响。铅及其他化合物粉尘烟雾从呼吸道进入人体，也可随食物及水进入消化道。铅主要作用于神经系统、造血系统、消化系统和肝、肾等器官。铅能抑制血红蛋白的合成代谢，还能直接作用于成熟红细胞。进入血液循环的铅能迅速分布到骨骼、肝、肾、脑等器官，体内大部分铅储存于骨骼中。中毒早期常感乏力，肢体轻度酸痛，口内有金属味、流涎多，继之表现：① 有神经衰弱症候群，周围神经炎，重症患者可出现精神障碍等中毒性脑炎；② 食欲不振、恶心、呕吐、便秘、腹绞痛，有的出现中毒性肝炎、肝坏死；③ 引起铅中毒性贫血；④ 重症例对肾脏有损害，可出现蛋白尿。可用依地酸二钠钙（$CaNa_2EDTA$）进行驱铅治疗。

3) 镉

土壤对镉的容纳量很小。土壤中的镉很容易转移到蔬菜、作物中，间接引起人畜中毒。灌溉水含镉超过 4 mg/L 即影响水稻等作物生长。水溶性镉化合物含量为 0.000 1 mg/L 时就能使鱼类及其他水生生物死亡。镉通过呼吸道和消化道进入人体后，与肌体中各种含硫基的醇化合物结合，从而抑制酶的活性和生理功能。镉在肾和肝中蓄积，生物学半衰期为 17～18 年，能引起肾脏损害、肾结石、肝损害、贫血等症状。长期饮用受镉污染的水和食物或吸入镉烟尘可导致骨痛病。镉进入骨质会引起骨质软化、骨骼变形，严重时形成自然骨折，甚至死亡。口服硫酸镉量达 30 mg 即可致死。大量吸入镉蒸气可引起气管炎、支气管炎、肺炎以及肺水肿。镉慢性中毒可引起神经衰弱症候群。

4) 铬

六价铬的毒性比三价铬要大 100 倍。铬能蓄积于鱼类组织内，三价或六价铬的化合物对水体中的动物区系和植物区系均有致死作用。水中铬含量为 20 mg/L 时可使鱼类死亡。含铬废水会影响小麦、玉米等作物的生长，而且影响作物对其他化学元素的吸收。在植物体内，铬主要蓄积于绿色组织中。铬对人的消化道和皮肤具有强烈刺激和腐蚀作用，可引起黏膜损害、接触性皮炎；对呼吸道能造成损害，有致癌作用；对中枢神经系统有毒害作用。铬能在肝、肾、肺中蓄积，慢性中毒时引起鼻中隔穿孔，呼吸道和胃肠道炎症及肺、肾、肝脏疾病，腐蚀内脏，可能有致癌作用。

5) 砷

砷蒸气（二氯化砷、砷化氢等）对动物有致死作用，对大多数鱼类及水生生物具有毒性，能在鱼体内蓄积；能对植物的叶绿素造成破坏，对水稻等的生长有抑制作用。砷可随食物和水从消化道进入人体内，能在骨质、肾、肝、脾、肌肉和角化组织中蓄积。三价砷的毒性约为五价砷的60倍。三价砷对细胞有强烈的毒性，能同蛋白质的巯基反应，使酶失去活性，导致代谢过程发生障碍，细胞坏死，并引起多发性神经炎、肾炎、肝炎、皮肤病变、毛发萎缩等。急性中毒可引起呕吐、腹泻，大便呈米汤样或混有血，可发生中毒性心肌炎。砷化物粉尘、烟雾和蒸气对眼睛和呼吸道有强烈的刺激性，附着在皮肤上能使皮肤发生功能障碍。含砷物有致癌（如皮肤癌、支气管癌、鼻腔癌）作用。砷化氢有溶血作用。二巯丙磺钠、二巯基丁二酸钠有驱砷作用。

6) 铜

铜对水生物、植物的毒性很大，危害渔业生产；对农作物也有危害作用，特别是有害于农作物根部生长；过量的铜对人体有毒性。铜存在于血清和红细胞中，与血清蛋白结合而送至组织中，损害肝、肾等器官功能。长期接触微量的铜尘和铜的盐类可引发结膜炎、鼻出血和鼻炎，偶有鼻中隔溃疡，有时还可引起胃肠道发炎等症状。急性中毒表现为金属烟雾热、发冷、发热、多汗、口渴、乏力、头晕、咽干、咳嗽、胸痛、呼吸困难、恶心、食欲不振。二巯丙磺钠及二巯基丁二酸钠有促排铜作用。

7) 锌

锌对微生物具有毒性；对鱼类及水生物产生不良影响；过量的锌会伤害植物的根系；锌的盐类能使蛋白质沉淀，对人体皮肤和黏膜有刺激和腐蚀作用。锌在水中的含量为10~20 mg/L时有致癌作用，可引起金属烟雾热及化学性肺炎。

1955—1972年，由于锌、铝冶炼厂排放含镉废水污染了日本富山县神通川流域的水体，两岸居民利用河水灌溉农田，使稻米含镉，居民食用含镉稻米和饮用含镉水而中毒，发生了震惊世界的环境污染事件——骨痛病事件。

1955年，神川河里鱼大量死亡，两岸稻田大面积死秧减产。1955年以后，附近居民出现怪病。患病初期腰、背、膝关节疼痛，随后遍及全身，身体各部分神经痛和全身骨痛，使人无法行动，以致呼吸都带来难以忍受的痛苦，最后骨骼软化萎缩，自然骨折，直到无法进食，在衰弱和疼痛中死去。从患者的尸体解剖发现，有的骨折达70多处，身长缩短30 cm，骨骼严重畸形。

1961年查明，骨痛病与炼锌厂污水有关，该厂工人因镉中毒患病者亦不少。

三、采油化学剂的毒性

采油过程中会用到很多化学剂，它们对环境的影响与化学剂的类型和浓度有关。表4-3-7概括了一些常用采油化学剂对不同淡水和海水生物的毒性，可以看出，不同采油化学剂的毒性变化很大。

表 4-3-7 采油化学剂的生物毒性

化学剂	常用质量浓度/(mg·L^{-1})	排放质量浓度/(mg·L^{-1})	LC_{50}/(mg·L^{-1})
防垢剂	3~10①	3~10	>1 200 (90%>3 000)
	5 000②	50~500	
杀菌剂	10~50①	10~50	>0.2 (90%>5)
	100~200②	100~200	
破乳剂	1~25①	0.5~12	0.2~15 000 (90%>5)
缓蚀剂	10~20④	5~15	0.2~5 (90%>1)
	10~20⑤	2~5	2~1 000 (90%>5)
	5 000②	25~100	
清蜡剂	50~300	0.5~3	1.5~44 (90%>3)
表面活性剂	—	—	0.5~429 (90%>5)

注：① 连续加药；② 间歇加药；③ 段塞最大浓度；④ 水溶性缓蚀剂；⑤ 油溶性缓蚀剂。

四、钻井液污染物的毒性

钻井液污染包括废弃钻井液和钻井废水污染。

钻井废水主要以大量钻井液处理剂作用下的膨润土颗粒所形成的稳定的胶体悬浮体系存在，并伴有很高的化学耗氧量（COD）和很深的色度，对于盐水钻井液钻井及水中矿化度较高的地区，废水中 Cl$^-$ 的含量也很高，如不经处理直接外排，将对环境及井场周围农田造成危害。由于钻井区域分布很广，有些地区地下水位较高，土壤渗透性强，农作物较敏感，井场与地表水体相距较近，钻井废水即使完全控制在井场之内，污染物的下渗和迁移也可能造成土壤、地下水及地表水体不同程度的污染。对单一井场来说是点源污染，但油气田上分布的多个井场则形成面源污染，其对环境的影响较大。

钻井液污染对环境的影响与钻井液本身的组成有很大关系。一般而言，钻井液所含污染物主要有石油类、盐类、可溶性金属元素及有机处理剂等，它们进入水体和土壤后，可影响地下水或地表水的 pH 值，造成土壤板结，对水中鱼类和其他水生物（表 4-3-8）、农作物生长以及人类健康都有一定的危害。

表 4-3-8 常用钻井液对硬蛤的毒性

钻井液类型	最大效应浓度/(mmol·L^{-1})
海水钻井液*	100
海水钻井液*	1
海水钻井液*	10

续表

钻井液类型	最大效应浓度/(mmol·L^{-1})
淡水钻井液	100
钙处理钻井液	10

注：* 配方不同。

五、产出水污染物的毒性

油田产出水的主要环境影响来源于产出水的高盐含量、重金属含量、溶解或悬浮的石油烃和化学耗氧量（COD）。

美国环保处研究表明，当某种油田产出水的体积占总海水体积的比例达到1.3%～9.3%时，即会对糠虾产生急性毒性（96 h LC_{50}），甚至在0.5%时于19 d内也会产生明显的影响。

鉴于油田产出水的环境影响，我国规定油田产出水进行统一处理后要尽量回注，对于普通油田要求处理后的污水回注率达到85%～90%，而新建油田要求达到90%～95%；对于气田和高含盐油田，污水回注率须分别达到60%～65%和75%～80%。污水的化学耗氧量不得高于200 mg/L。

六、大气排放物的毒性

大气排放物对环境产生的影响包括总烃（如甲烷、苯等）、有害气体（如一氧化碳、二氧化硫等）、悬浮物及其所携带的重金属（如砷、镉等）。其中，总烃和重金属的影响已经在前面有关章节中阐述。表4-3-9显示了一些常见有害气体的危害。

除上面所述内容之外，油气田开发对环境的影响还包括核辐射、噪声等。核辐射污染主要影响动植物的生长并可能导致遗传变异，缩短人的寿命。噪声则严重干扰人的正常生活。

表 4-3-9　有害气体的毒性

气体名称	对人体的危害	其他危害
一氧化碳（CO）	一氧化碳中毒：出现头痛、恶心、虚脱等症状，甚至死亡	
二氧化硫（SO_2）	对结膜和上呼吸道黏膜具有强烈的刺激性。吸入高浓度SO_2可引起喉水肿、支气管炎、肺炎、肺水肿，甚至死亡	对水稻、大麦、棉花等作物以及松柏类针叶树木的损害作用最为显著，作物能被熏死；SO_2能腐蚀金属器材及建筑物的表面，使其发生毁坏，并能使纤维织物、皮革制品发生变质
硫化氢（H_2S）	为强烈神经毒物。低浓度对呼吸道及眼的局部刺激作用明显，高浓度引起急性肺水肿及使呼吸与心脏骤停，严重中毒引起痉挛、昏迷，甚至死亡。慢性中毒可引起神经衰弱症候群，或伴发心动过速或过缓、食欲减退、恶心与呕吐等	
二氧化氮（NO_2）	严重刺激鼻及呼吸系统，进入肺泡后与水起作用形成硝酸，刺激及腐蚀肺组织，增加肺毛细血管的通透性，形成肺水肿。亚硝酸盐与血红蛋白结合，可引起组织缺氧，形成高铁血红蛋白，出现严重的呼吸困难，血压下降，意识丧失及中枢神经麻痹	长期处于0.2～0.5 mg/L质量浓度下，植物受到慢性损害。质量浓度在2.5 mg/L以上时，可引起植物急性受害，以至于枯死

续表

气体名称	对人体的危害	其他危害
氨 （NH$_3$）	刺激眼、呼吸道并有腐蚀作用。引起呼吸困难,支气管炎、肺充血、肺水肿等。浓度过高时还可使中枢神经系统兴奋性增强,引起痉挛	

思考题

1. 简述毒物、毒性、剂量、浓度的概念。
2. 简述剂量-反应关系及其分类。
3. 简述半数致死剂量、绝对致死剂量、最小致死剂量、最大耐受剂量、阈剂量或阈浓度的概念。
4. 简述根据毒性作用的特点、发生的时间和部位的分类。
5. 影响污染物毒性作用的因素有哪些?
6. 毒性如何分级?
7. 简述致突变、致癌、致畸作用的概念。
8. 阐述废水/废液毒性评价方法的种类及其原理。
9. 石油化工可燃气体和有毒气体检测及预警的一般规范是什么?
10. 阐述固体废弃物毒性评价方法及其原理。
11. 原油及油品对动植物及海生物有何影响?
12. 阐述无机盐及重金属污染的毒性。
13. 分析采油化学剂的毒性。
14. 简述钻井液污染物的毒性。
15. 分析产出水污染物的毒性。
16. 列举大气排放物的毒性。

参考文献

[1] 黄满红,李咏梅,顾国维.污水毒性的生物测试方法[J].工业水处理,2003,23(11):14-18.
[2] 沈燕飞,张咏,厉以强.水质生物毒性检测方法的研究进展[J].环境科技,2009(s2):68-72.
[3] 高小辉,杨峰峰,何圣兵,等.水质的生物毒性检测方法[J].净水技术,2012,31(4):49-54.
[4] 周名江,颜天,李钧.黑褐新糠虾的急性毒性测试方法及在钻井液毒性评价中的作用[J].海洋环境科学,2001,20(3):1-4.
[5] GB 50493—2009 石油化工可燃气体和有毒气体检测报警设计规范[S].
[6] 易绍金,向兴金,肖穗炭.油田化学剂生物毒性的测定及其分级标准[J].油气田环境保护,1996,6(3):45-49.
[7] 王炳华,赵明.固体废弃物浸出毒性特性及美国EPA的实验室测定(待续)[J].干旱环境监测,2001,15(4):224-231.
[8] GB/T 18420.2—2009 海洋石油勘探开发污染物生物毒性 第2部分:检验方法[S].

第五章 油气钻探中的环境污染与保护技术

第一节 油气勘探中的环境污染与保护技术

一、油气勘探中的环境污染

油气勘探是石油开发的初期阶段,是为石油工业的进一步发展打基础的阶段,这一阶段产生的污染相对较少但对生态环境的影响较大。

1. 对生态环境的影响

开辟测线时,会破坏地面植被、表土、植物的根系和种子(由于勘探初期形成的地震线网为 500 m×500 m,有的为 1 000 m×1 000 m 的经纬线,同时每条测线宽 8 m 左右,在经纬线上的一切植被均要被清除);施工车辆会对地表(壤)、植被带来破坏,对野生动物造成影响(由于勘探初期无公路,汽车、拖拉机在勘探区域内任意行驶);使用有毒性的炸药会对周围环境如空气和水体造成污染;作业施工可能会对古遗迹造成破坏。

例如,克拉玛依地处戈壁滩,戈壁滩上有厚厚一层小石头,是细沙被风吹走后逐渐裸露出来的散落的小石头逐年堆积起来的,但在勘探过程中都要将之掀起,从而使下面被固定的细沙易随风迁移,形成扬尘及沙尘暴。在三维勘探过程中,测线线距为 50 m 或 25 m 甚至密度高到在地图上难以画出。由图 5-1-1 可以看出克拉玛依的生态环境非常脆弱。

又如罗布泊,其地面上有一层硬度较高的盐,这是千万年来雨水不断蒸发而将盐残留下来的结果。由于这层盐盖层较硬,因此地下的沙不易起来,也就是说基本被固定下来,即使有大风,细沙也不易被扬起。但在勘探过程中,勘探车、生活车、拖拉机、推土机等大型作业车辆使该盐盖层遭到极大破坏,从而使下面不易流动的沙变成流沙,在大风时易形成大的扬尘。

近年来,沙尘暴发作的次数越来越频繁。虽然国家投入了很大的人力和物力建立了观测站和沙尘暴预警体系,并建立了相应的预防体系(如防护林等),但未从根源上找出治理勘探引起环境破坏的办法。

再如,塔河油田区域植被总的特点是:种类贫乏,结构简单,覆盖度极低,大部分地区是光秃不毛之地,自然植被多具有耐干旱、耐盐碱、耐贫瘠、耐风沙特性;天然植被以温性荒漠

(a) 风蚀地貌　　　　　　　　　　(b) 油区周围成规模的胡杨林

(c) 沙中井　　　　　　　　　　　(d) 戈壁滩

图 5-1-1　克拉玛依脆弱的生态环境

植被为主，植物区系十分贫乏，仅有野生种子植物 200 种。对应于白山麓向盆地中心由单一卵砾质戈壁带逐步过渡为多层结构的细土平原带，再过渡为流动沙漠的地貌特点和土壤分布特点，塔里木盆地中植被呈环带状的分布格局。

风沙土的生草层土厚 0.20 m，在重型机械的碾压下极易被破坏，去掉生草层就是风积流沙，在风的作用下易发生沙化，植被恢复很慢。钻井井场的植被恢复规律如图 5-1-2 所示。

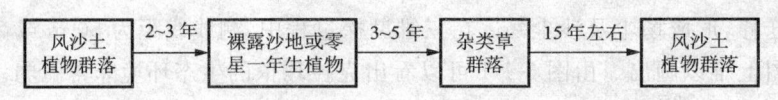

风沙土植物群落 —2~3 年→ 裸露沙地或零星一年生植物 —3~5 年→ 杂类草群落 —15 年左右→ 风沙土植物群落

图 5-1-2　塔河风沙土上钻井井场植被恢复规律

盐土地表有一层盐结皮，多为光板地或长有稀疏的碱蓬、鹿角草等耐盐植物（图 5-1-3）。钻井后 5~20 年的钻井井场植被恢复规律如图 5-1-4 所示。

油田开发区的碱土分布较广，植被是以羊草、骆驼刺为主的植物群落，当羊草群落的草皮被刮去后，因表土的蒸发作用加强，地下水中的盐分随毛细管作用向上集中，在地面形成一层盐皮，变为光板地，俗称"盐疤痢"。盐生植物如碱蓬、鹿角草、骆驼刺等很快就会出现，植被能够自我恢复，但这种恢复过程的时间比较长，一般至少为 15 年；当大面积的碱斑出现时，这种自我恢复的时间更加漫长，甚至无法实现。

(a) 盐地碱蓬　　　　　　　　　(b) 鹿角草

(c) 羊草　　　　　　　　　　　(d) 骆驼刺

图 5-1-3　几种耐盐植被

盐生植物群落 —当年严重破坏→ 无植物群落 —2~3年→ 稀疏的盐生植物群落 —5~20年→ 盐生植物群落

图 5-1-4　盐土上的钻井井场植被恢复规律

2. 产生的污染物

(1) 废渣：主要为生活过程中产生的废弃物，如生活垃圾、炸药包装外壳、废记录纸、废弃的机械零部件、测量使用的木桩和小旗等标志、未回收的炮线等；钻浅井时产生的岩屑、废弃钻井液，钻井污水处理后产生的污泥。

(2) 废气：主要包括汽车排放的废气，炸药爆炸产生的废气（如 NO_x 和 CO_2），大功率柴油机排放的废气和烟尘。

(3) 粉尘：主要由车辆行驶、爆炸作业（特别是地面炮）、可控震源作业、用风钻钻井及在沙漠地区开辟测线等产生。

(4) 废液：主要有生活污水，洗车、钻浅井时产生的废水，洗井水和柴油机冷却水，车辆及车辆修理所产生的废油、燃料油，设备清洗污水，炸药爆炸后产生的污水。

(5) 噪声：爆炸产生的噪声和震动会影响野生动物的正常生活习性，有时会改变动物的迁徙路线，特别是在夜间对野生动物的影响更为严重。

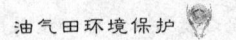

二、油气勘探中的环境保护技术

针对物探过程中的污染源以及产生的污染物,通常采取以下措施进行防治:

(1) 地震队在作业过程中应制定严格的生活管理制度,养成节约的生活习惯,减少固体垃圾的产生,尽量少用外包装不易分解的食品或其他物品,及时回收生活垃圾并进行处理。

(2) 对物探作业过程中产生的炸药包装箱、废记录纸、废旧机械零部件等固体废弃物要回收利用,没有利用价值的应及时处理,哑炮要进行引爆处理,在测线上形成的固体废物应回收并集中处理。

(3) 营地应建在植被较少的地方,尽可能减少营地的数量和占地面积,特别是减少停车场的占地面积;对营地植被要认真保护,特别是尽量不践踏植被。

(4) 合理安排施工,减少车辆、人员穿越河流、沟渠、湖泊等的次数;设计合理的施工方法,减少固体废物的产生量;尽量采用小药量施工,使用毒性较小的炸药;在野外,固体废物堆放点应选择远离营地、河流、湖泊的地方,且应在营地水源的下游,最好在下风方向,地势高于附近水源的最高水位;埋置测线时要尽量避免破坏植被,不得砍伐受特殊保护和直径超过 0.20 m 的树木,遇到大面积树林或植被,测线应偏移或改变施工方法;在丛林区慎用烟火,灌木丛中推土机的铲子应离地面 0.10 m 以上,保留测线上的表土、根系和种子,以利于再生;避开野生动物区,以免影响其入窝冬眠、筑巢、产卵、迁徙和摄食;限制车辆、人员在测线上活动的范围、频率,避免夜间施工,减少对野生动物的惊扰。

(5) 施工结束后,回收所有小旗、标志和废品,及时回填炮眼,避免继续污染环境;恢复工区所有的自然排水道;拆除所有的建筑设施,清除建筑材料;废弃开辟的道路;迅速增加植被并尽快使其恢复原貌,采用化学固沙剂进行固沙。

第二节 钻井、固井中的环境污染与保护技术

一、钻井、固井中的污染物来源

钻井过程会产生大量固体废物、废水、废气及噪声,对环境造成一定的污染,对周围的生态环境造成一定的危害。

1. 固体废物污染

钻井过程中产生的固体废物主要包括钻井岩屑和生活垃圾。

钻井岩屑主要是指钻井过程中被钻头破碎、通过钻井液循环带回地面的地层岩屑,其对环境造成污染的主要物质是与岩屑相混杂的钻井液和石油类物质。

钻井队一般在野外分散作业,往往要在井场建立临时生活基地,在整个钻井作业周期内施工人员吃住都在井场,因此产生的生活垃圾对环境也有一定影响。

2. 废水污染

钻井施工过程中水的使用量较大,配制钻井液、清洗井场等要消耗大量的水,不可避免地

产生大量废水,对环境造成污染。钻井过程中的废水按其来源可以分为废弃钻井液和钻井废水。

1) 废弃钻井液

钻井液在石油和天然气工业中必不可少,为达到安全、快速钻井的目的,常使用各类的钻井液添加剂。随着钻井深度的增加和难度的加大,钻井液中加入的化学添加剂的种类和数量越来越多,使其废弃物的成分变得越来越复杂,危害也越来越大。

(1) 废弃钻井液的组成。

废弃钻井液主要是由黏土、钻屑、加重材料、化学添加剂、无机盐和油等组成的多相稳定悬浮液,其 pH 值较高。废弃钻井液导致环境污染的有害成分为油类、盐类、杀菌剂、化学添加剂、重金属(如汞、铜、铬、镉、锌及铅等),以及高分子有机化合物经生物降解后产生的低分子有机化合物和碱性物质。

(2) 废弃钻井液的来源。

① 被更换的不适合钻井工程和地质要求的钻井液;

② 在钻井过程中因部分性能不合格而被排放的钻井液;

③ 钻井液循环系统跑、冒、滴、漏而排出的钻井液;

④ 钻屑与钻井液分离时钻屑表面黏附的钻井液。

(3) 废弃钻井液的性质。

废弃钻井液的性质主要受钻井液的组分及所用化学添加剂种类的影响,其对周围环境的影响主要由钻井液的组分决定。

对于不同的油气田、钻探区、井深,钻井过程中产生的废水性质也不尽相同,见表 5-2-1。

表 5-2-1　不同钻井液体系中的主要环境污染物

钻井液	主要污染物
浅层清水钻井液	油
PAM 钻井液	悬浮物、酚、铬、油
普通钻井液	油和少量悬浮物、酚、铬
深井钻井液	油、酚、铬、悬浮物

由表 5-2-1 可以看出,废弃钻井液中主要污染物为悬浮物、酚、铬和油。另外,由于钻井废水的性质受钻井液类型和组分的制约,其悬浮微粒(黏土)多带负电荷,由于双电层的作用,污水形成稳定的胶体体系并且具有很高的 COD_{Cr} 值和很深的色度;对于盐水钻井液及水的矿化度较高的地区,污水中 Cl^- 的含量也很高,如不经处理直接外排,将对井场周围环境造成危害。由于钻井区域分布很广,有些地区地下水位较高,土壤渗透性强,农作物较敏感,井场与地表水体相距较近,钻井废水即使完全控制在井场之内,污染物的下渗和迁移也可能造成土壤、地下水及地表水体不同程度的污染。表 5-2-2 列出了几个油田五种废弃钻井液的主要处理剂及部分性质。

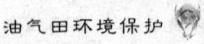

表 5-2-2 五种废弃钻井液样品的性质

来 源	胜利油田 72-334	大港枣园 某井 3 900 m	大港枣园 王官屯	江苏油田 45100 北 2A	江苏油田 32643Es 段
主要处理剂	PAM,CMC, SMP,PCLS, 油,磺化沥青	PACl41,NaOH, PCLS,Na-PAN, 油,磺化沥青	CMC,SP,PCLS, 磺化沥青,腐钾	HPAM,HPAN, ABS,NaOH, 机油	HPAM,HPAN, CMC,NaOH, Na_2CO_3
密度/(10^3 kg·m^{-3})	1.488	1.352	1.235	1.157	1.130
含油(体积分数)/%	2.5	3.0	1.5	6.5	1.5
含水(体积分数)/%	75.5	80.0	81.0	78.5	92.0
固含量(体积分数)/%	22.0	17.0	17.5	15.0	6.5
固含量(质量分数)/%	16.0	36.6	27.9	25.1	16.1
颜色	黑色	黑色	黑色	黄色	黄色
气味	木质素味	木质素味	木质素味	油味	一般
液相黏度	较黏稠	较黏稠	较黏稠	较黏稠	较黏稠
COD_{Cr} 数值/(10^4 mg·L^{-1})	3.55	2.20	3.85	1.35	1.25
COD_{Cr} 超标情况/倍	177.5	110	192.5	67.5	62.5
pH 数值	9.80	9.62	9.41	12.10	9.25
pH 超标情况	+2.80	+2.62	+2.41	+5.10	+2.25

(4) 废弃钻井液的特点。

① pH 值偏高。废水 pH 值多在 8.5～9.0 之间。

② 悬浮物含量高。在相当长时间内,废弃钻井液稳定性高,黏土高度分散。废水中的悬浮物含量多为 2 000～2 500 mg/L,其中包括钻井液中的胶态粒子(主要是膨润土及有机高分子处理剂)、黏土、加重剂、分散的岩屑及其他废水流经地面时所携带的泥沙、表层土等。

③ 含有一定量的油。

④ 含有一部分重金属离子。

通常钻井井场都备有废钻井液池,用于储存废弃钻井液,其容积的大小与所钻井的深度有关。因此在一般情况下,完井后都留有一定数量的废弃钻井液。据资料统计,目前进行废弃钻井液回收的油气田达 67%,回收率为 38%～60%。

(5) 废弃钻井液对环境的影响。

① 改变土壤性质,造成地表植被破坏,导致土壤板结(高 pH 易产生沉淀,SO_4^{2-} 与 Ca^{2+} 形成沉淀使土壤板结),甚至植物无法生长,致使土壤无法返耕,造成土地的浪费。

② 重金属离子对地下水造成污染,并滞留在土壤中,影响植物的生长和微生物的繁殖,同时因植物的吸收富集作用而危及人畜的健康。

③ 化学添加剂和生物降解后的某些产物对水生生物和飞禽产生不良影响。

2) 钻井废水

(1) 来源。

① 机械废水,包括钻井泵拉杆冲洗水、柴油机冷却水、液压制动系统排出的刹车水等;
② 冲洗废水,包括振动筛冲洗用水、钻井平台和钻具冲洗用水、其他设备清洗用水等;
③ 废钻井液上层清液;
④ 其他废水,包括固井等大型作业产生的废水以及生活污水。

(2) 性质。

① pH 值较高,一般在 8.5 以上;
② 悬浮物含量较高,但相对废钻井液较低;
③ 所含污染物与废钻井液类似。

3. 废气污染

1) 来源

(1) 动力设备运转过程中燃烧油料所产生的烟气、烟尘。

(2) 钻井事故排放的废气,其中主要污染成分为 SO_2,NO_x,CO 和烟尘等。由于钻井施工中使用动力设备比较多,这类污染不容忽视。

2) 对环境的影响

SO_2 对植物生长有很大危害,对农业生产及自然植被影响较大;SO_2 对人体健康也有较大影响,其危害主要表现在影响呼吸系统,导致咳嗽、胸闷、支气管炎、肺气肿等。CO 能危及人体中枢神经系统。NO_x 对人体呼吸器官有强烈的刺激作用,能引起哮喘、肺气肿甚至肺癌。

4. 噪声污染

噪声对人体影响较大,可对人体产生生理损伤,引起各种心理反应及语言干扰等。油田上的噪声源主要有机械噪声和气流噪声两种。

1) 机械噪声

机械噪声按声源不同可分为两种:

(1) 稳定振动噪声,由机械部件稳定振动的辐射产生,主要指柴油机(100~120 dB)、发电机(100~120 dB)、钻机(90~100 dB)、钻井泵及其他机械设备运转过程中所发出的噪声。

(2) 撞击性噪声,包括起下钻具、下套管、跳钻时吊环与水龙头等撞击所发出的噪声。

2) 气流噪声

气流噪声主要包括气控钻机及快速放气阀工作时产生的气流噪声和发生井喷事故放出的高速油柱推动空气产生的噪声。

井喷是指在钻头钻穿地下高压油气层时,钻井液密度低,钻井液液柱压力小于地层压力;或上部井段发生漏失,钻井液液柱液面下降,致使钻井液液柱压力小于地层压力;或起出钻具时发生抽汲等,使地下高压石油、天然气喷出井口的事故。此时若井控操作程序不当,便可发生无法控制的井喷。喷柱有时高达数十米,短时间内井场周围就会布满原油或天然气,一遇明火或井口高速气流带出的砂石撞击到井架上发出火花就会引起天然气爆燃,不仅会烧毁井架等设备,还会造成人员伤亡。

二、钻井、固井中的污染物控制与处理技术

1. 固体废物的控制与处理技术

钻井岩屑对环境的危害程度较低,主要通过挖坑填埋的方式进行治理。

生活垃圾的处理方式是集中堆放和卫生填埋。

2. 废水的控制与处理技术

1) 废弃钻井液污染的治理技术与发展趋势

(1) 治理技术。

在钻井过程中使用的钻井液,完井后除部分优质钻井液回收并转井利用、部分回填井场和井场道路外,其余大部分均弃之于井场。

对废弃钻井液的处理是长期困扰油气田环境保护的难题。目前国内外对废弃钻井液的处理方法主要有以下几种:

① 直接排放。

直接排放适用于一般淡水基钻井液和合成基钻井液,这类钻井液污染程度较低,并易得到环境自然净化。油基废弃钻井液不能直接采用此法,可以在进行沉降、机械脱水(离心或压滤处理)之后回收基液,并适当进行化学处理,达到规定指标后直接排放到邻近农田或森林地区。

氯离子浓度的高低往往是废弃钻井液能否直接排放的主要考虑因素。如果废弃钻井液中氯离子浓度较高,则应进一步进行处理,或运至专门处理场进行处理;若含盐量过高,也应运到专门处理场进行处理。该法具有成本低、工艺简单等特点。

② 分散处理。

废弃钻井液部分可以采用分散法进行处理。废弃钻井液一般呈碱性,集中堆放容易导致土壤碱化,采用分散处理方法有利于降低碱度。此法适用于将废弃钻井液分散到酸性土壤中,由于钻井液中和了土壤的酸性,可以起到改良土壤的作用,该方法对少量的油基钻井液也适用。在满足环境保护要求的前提下才能采用该方法。该法具有成本较低、处理工艺简单的特点。

③ 直接填埋。

回填储存坑是一种花费较少并且普遍采用的方法。在回填作业开始之前,首先将储存坑内的废物进行沉降分离,使上层水澄清(必要时可加入一些絮凝剂),在达到规定质量后就地排放;剩下的污泥待其干燥到一定程度后即可在储存坑内就地填埋,一般顶部要保持 1.5 m 厚的表土层,并注意使储存坑周围地表保持均匀并恢复到该地区原来的地貌。该方法主要用于淡水基废弃钻井液的处理。据对所填埋的淡水基钻井废液固体浸出性对环境影响的调查结果,由于淡水基钻井液中盐和有机成分的含量很低,对储存坑地下水污染的可能性很小,其含量在可接受的水平,未超过健康水质标准。此方法适用于污染物含量比较低,重金属含量、BOD、盐分含量较低的废弃钻井液(如淡水基钻井液)的处理。处理时要求当地土壤

土质要致密。该法具有成本较低、处理工艺简单的特点。

④ 坑内密封(安全填埋法)。

坑内密封实质上是一种特殊回填处理。其做法：先在储存坑的底部和四周铺垫一层有机土(通常用量为 21~28 kg/m²)，上面铺一层厚度为 0.5 mm 的塑料膜衬层，再盖一层有机土，以防塑料膜破裂。经上述处理后的储存坑成为废弃钻井液充填池，待废弃钻井液中的水分基本蒸发完后，再盖上有机土顶层，回填并恢复地貌。

储存坑的衬垫材料有：① 软膜材料，如聚氯乙烯、聚乙烯和氯化聚乙烯，其掺和材料有沥青、混凝土和土壤沥青；② 天然土壤类，如压实的土壤，其掺和材料有聚合物与膨润土、土壤的掺和物。后者防水隔离层的效果最好，能有效地控制水向土壤内运移。高活性膨润土和遇水膨胀的有机聚合物具有自行封闭能力强、不易降解、易施工、成本低等特点，且对水、盐水及碳氢化合物液体都有很强的封闭能力，是一种有效的封闭材料。

此法适用于井队较远、钻井液体系污染物含量高的废弃钻井液，常被推荐用于处理毒性较大的废弃钻井液(如盐水或油基钻井废液)，其环保效果仅次于完全燃烧，但在回填工作完成之后填埋处应设有专门的标志。

⑤ 土地耕作法。

这种方法是由加拿大等国家提出的，它有可能成为处理废弃钻井液的首选方法。因为该方法可使废物中的有毒成分获得最大限度的稀释，而且其成本低。

在对储存坑中的废物进行土地耕作之前，首先需要除去上部水层，然后把坑中的废渣(污泥和钻屑)直接撒放到土壤表面，其厚度约为 100~127 mm(撒放的厚度根据毒性程度可以改变)，再用基础土壤耕作机把它们混入土壤中，耕作面积的大小取决于钻井废渣的多少及废渣中污染物的含量，尤其是氯离子浓度，并且要符合环境保护的要求。加拿大阿尔塔达能源保护委员会规定，盐水钻井液废渣撒放定额是 0.45 kg 氯化物/m²，即 100 m² 土地上可以排放氯离子浓度为 1 000 mg/L 的钻井液 3.9 m³。根据现场情况和钻井液的体积及浓度，上述数值可以增减。据报道，每撒 1 m³ 废弃钻井液，把 8.6 kg 石膏混到钻井液废渣和土壤中可基本上消除有害的可溶性盐的影响。

为了防止废弃钻井液对土壤、地表水、地下水及生态系统的影响，在选定废弃钻井液土地耕作法进行处理之前，必须对选定的地方进行全面的特征研究，包括：土壤化学，如 pH，电导率，钠、钾及钙的含量，黏土含量；气候条件，如年降雨量；储存坑中所放物质的化学及物理特征；附近的地表水及表面地形；耕作区原来的用途或计划用途；可用地下水的位置及深度。

如果该地区以上各特征都适合于对储存坑内废物作耕作处理，而且地面水源相距较近，则排流梯度应稍小一些，这样可以防止水土流失和水源污染。

此法用于淡水基钻井液的处理。对于氯离子含量很高的废弃钻井液，土壤耕作法的使用受到限制，因为氯化钠、氯化钙、氯化钾等盐类对农作物是有害的。对处理对象及待耕作区域有以下要求：

a. 含盐量低，重金属离子含量低；

b. 周边土地面积大、平坦，适合机械操作并能防止径流和腐蚀土地；

c. 土地致密，水土保持好；

d. 不适合地下水较浅或生态环境相对脆弱的地方。

⑥ 完井后废弃钻井液的回收利用。

由于勘探和开发的需要,定向井、丛式井占钻井施工井的比例不断增加,对钻井液性能的要求越来越高,钻井液材料成本占钻井总成本的比例也在大幅度上升。回收和利用完井后的钻井液对降低钻井成本、提高经济效益有十分重要的意义。

a. 用蒸发法将废弃钻井液转化为干粉再利用。

油田使用的完井钻井液回收处理装置用于深井高密度钻井液(钻井液密度大于 $1.7×10^3$ kg/m³)的处理。该装置由一套钻井液加热系统、一套加速钻井液水蒸气蒸发的干燥系统和一套钻井液回收固化系统组成。全套装置安装在能整体移动的机架上。该固化回收处理装置用煤作燃料,用蒸汽作热源,烘干温度低于 130 ℃,烘干时间在 5~6 min 之内。废弃钻井液经固化回收处理之后可获得钻井液干粉制剂。

回收处理获得的钻井液干粉制剂仍保留钻井液的有效成分和原有特点,其密度为 $(3.47~3.58)×10^3$ kg/m³,含水小于 2%,总盐度为 5.66%,主要成分为加重剂,其次为少量的钻屑及膨润土。室内大量分析对比实验和现场应用表明,固化回收装置回收的钻井液干粉水化后虽然不能完全恢复原有的性能,但可作为加重剂使用。在降低两个密度段(每段为 0.3)的情况下,加强维护处理,仍可获得较为稳定的钻井液性能,满足钻井工艺对钻井液性能的要求。实践表明:固化回收使用是可行的,也是成功的,有一定的经济效益和环境效益;不足之处是燃料煤耗量大(80 kg/h),处理费用偏高,有待于进一步改进。

b. 利用脱水装置脱水并回收。

这种处理装置以化学处理作为强化手段,依靠离心机械分离除去钻井液中的悬浮固相,回收含聚合物的液相并重复使用。其工艺简单有效,适用于低固相聚合物钻井液处理。

由于低固相聚合物钻井液体系中原有的溶解聚合物仍留在回收液中,因此在新井中用这种水配浆可减少某些聚合物的用量,从而降低钻井液成本。

c. 焚烧法处理并回收废弃钻井液中的有用成分。

焚烧法是高温分解和深度氧化的综合过程。通过焚烧可以使可燃性固体废物氧化分解,达到减少容积、去除毒性、回收能量及副产品的目的。该法因费用高(220~230 美元/m³)而很少采用。

Edwin G. B. Terry 等提出一种改进的焚烧法处理含油废弃钻井液。该法的主要特点是油田废料中的碳氢化合物通常可作为燃烧废物的辅助燃料。采用该法可以从废弃钻井液中分离回收重晶石和膨润土等有用组分供再循环使用,从而降低处理费用。

该方法的处理设备主要由旋转窑、燃烧炉、换热器、洗涤器等几部分组成。其理想工作温度在 871~1 315 ℃,以柴油作为燃料,二级燃烧炉的工作温度在 982~1 426 ℃。

改进焚烧法的处理过程:将废弃钻井液加入向下旋转窑的顶端,并把燃料和压缩空气加入连接在窑顶端的燃烧炉中。该炉提供的火焰将点燃并烧掉旋转窑中钻井液所含烃类化合物,直到燃完为止。燃烧产物从旋转窑的下端出口流出,燃烧产物中较重的干废料依靠重力从较轻的燃烧产物中分离出来。较重的干废料在环境中是稳定的,可用于填土或用作路基填充材料;较轻的燃烧产物通过旋转窑的出口送到旋风分离器中,在此将重晶石和黏土从燃烧产物中分离出来,以供再用。气体离开旋风分离器之后进入第二级燃烧单元,以保证气流中热分解的碳质燃料能完全燃烧。气体在热交换器中冷却后被送到洗涤器中,以除去剩余的细粒物质和二氧化硫。最后用引风机把废气送到排气烟道。

d. 喷雾干燥法回收废弃钻井液的有效成分。

在井与井之间相距较远、废弃钻井液量较大的情况下,钻井液的转运有一定的困难。为了能重复利用废弃钻井液中的有用成分,苏联研究出一种橇装式喷雾干燥法处理并回收加重了的废弃钻井液有效成分的装置。该装置回收处理温度为120~140 ℃,其热源可采用天然气、重油和石油。喷雾干燥装置处理能力对含固相10%的钻井液为0.914 m³/h;对含固相32%的废弃钻井液为1.06 m³/h。从再生1 m³ 废弃钻井液的成本来看,用石油作燃料最便宜。干燥法可获得干的钻井液制剂。据报道,用这种回收物重新配制的钻井液的参数与回收前没有实质的差别,说明这种废弃钻井液回收方法可用于钻井液首次处理。

e. 老井钻井液用于新井钻井。

我国部分油田,如四川油田、江苏油田、胜利油田等先后采用了此种处理方法。例如,江苏油田在F81井(井深3 499 m)用聚合物水基油型钻井液钻井,完井后地面上池内储存约300 m 废弃钻井液,采用一台罐车配合一台水泥车将此废弃钻井液运至相距仅1 500 m的F83井(两井井身结构大致相同,钻井液类型均为聚合物水基油型),加入一些处理调节剂使钻井液性能达到要求之后,顺利地用于F83井。由于回用了钻井液,减少了处理剂的用量,使F83井钻井液实际消耗材料总成本比设计值降低了46%,同时减轻了环境污染,方便了土地的复耕。

该法简单易行,回收成本较低,无须进行中转处理,回收过程中所需设备和人员较少,是一条降低钻井液材料成本、防止环境污染的有效途径,适合近距离、具备陆路运输条件的井与井之间的回收利用。

f. 老井钻井液用于新井压井。

我国有些油田将老井钻井液用于新井压井,即用转运罐车将高密度完井液转运到储备站,根据需要转到现场再利用。

这种方法解决了井队由于废弃钻井液问题而难搬迁的局面,也为在钻井中突发性事件急需钻井液提供了及时的解决办法,在转运距离不太远的条件下是可行的。

g. 脱稳干化处理。

废弃钻井液是胶体体系,加入絮凝剂可加快其干化速度,所用时间比自然干化大约少一半,从污水处理角度称之为再絮凝过程。

h. 注入安全地层、冻土层或井的环形空间。

此法是将废弃钻井液通过深井注入地层。为了防止废弃钻井液对地下水和油层的污染,必须选择合适的安全地层(废弃钻井液不会上下窜层)。有时为了方便起见,也可将废弃钻井液注入井的环形空间、不渗透地层间的盐水区或冻土层。

由于这种方法有可能给地下水或油层带来污染,美国限制其使用(冻土层可以用)。加拿大在使用本法时对地层条件有严格要求,并要求处理层深度必须大于600 m。

此法适合于处理油基和水基废弃钻井液,要求滤液与水的性质相似,且层内有足够高的渗透率(上下层是致密层,纳污能力仅有数十立方米)。

i. 微生物处理。

微生物的特点是代谢途径存在多样性和变异性,即同一种微生物通过诱导或驯化,其代谢途径发生变化,能够分解不同的有机污染物。另外,微生物还具有种类多、分布广、个体小、繁殖快、比表面积大、对环境的适应能力强等特点。微生物处理技术的这些优势使其成为环境保护科学领域的一个研究和应用的热点。现在的生物处理技术往往是指微生物处理技术。当重金属离子含量高时，要求微生物降解后应固化、封存。

j.固化处理。

此法系向淡水基钻井液或钻井液沉积物中加入固化剂，使之转化成像土壤一样的固体（假性土壤）填埋在原处或用作建筑材料。这种方法是取代简单回填的一种更加为环境所接受的方法，近年来受到了重视。表5-2-3为常用固化剂分类及优缺点的对比。

表5-2-3 固化剂分类及优缺点对比表

类型	主要物质	优点	缺点
有机系列	脲醛树脂、聚酯、环氧乙烷、丙烯酰胺凝胶体、聚丁二烯等	应用范围广，可用于多种类型的废物处理，且对固化有机废物（如烃类）的效果好等	①处理费用高，尽管脲醛树脂和沥青费用较低，但与无机系列固化剂相比，处理费用仍偏高；②废物中的某些成分可能使有机固化剂降解；③有机固化剂多为疏水型，使用时需配用乳化剂
无机系列	波特兰水泥、波特兰水泥混合物，如波特兰水泥-飞灰、石灰-飞灰（或其他火山灰），以及近年来选用的磷石膏等	①原料价廉、易得；②使用方便，处理费用低；③固结、解毒效果好，稳定周期长（10年以上）；④原料无毒，抗生物降解；⑤低水溶性及较低的水渗透性；⑥固结物机械结构强度高；⑦对高固含量的废物处理效果好	①使用范围窄，常常被规定用于特定条件下的废物处理；②固化剂用量大，使废物体积大大增加，这样影响废物最终处理费用

在固化处理方案设计中，应根据废物的毒性、物性（固含量、密度、颗粒尺寸及颗粒分布、流变特征）、化学性质、处理工作中可能产生的危害（臭气、毒性、着火点等）、固化处理需用的时间、处理费用等因素正确选用固化剂及固化处理设备，并进行模拟实验和滤沥性试验，测定固化物机械结构强度。通常要求固化物结构强度大于0.096 MPa，滤液中有害物成分的质量浓度小于500 mg/L。此法能较大限度地减少废弃钻井液中的金属离子和有机物对土壤的侵蚀和沥滤，从而减少废弃钻井液对环境的影响与危害，同时又可保证废弃钻井液的储存坑在钻井过程一结束即能还耕，不必长时间等待废弃钻井液组分凝固；需要的设备简单，利用井场现有设备即可进行操作，并经3~19 d后即可实现明显的固化。该法特别适用于处理毒性较大、含过渡金属和重金属的废弃钻井液，因为此法能将这些重金属转变为惰性物质，处理费用较低。目前中原油田、长庆油田、延长油田等单位已全面推广应用此法。

k.其他方法。

除上述方法外，还有破乳法、溶剂萃取（用轻质溶剂油、柴油、煤油等混合，蒸馏）、运到指定场地集中处理等方法，但这些方法要么处理费用高，要么使用受到条件的限制，一般只在特殊情况下采用。

(2) 发展趋势。

① 开发新的环保型钻井液和钻井液添加剂。

目前国内外都在开发各种新型环保钻井液和环保型钻井液添加剂以代替毒性较大的钻井液及其添加剂,以便从根本上解决废弃钻井液对环境的污染问题,确保环境不受伤害。

② 加强固控,减少废弃物的排放。

固控可以改善钻井液的性能,从根本上减少废弃物的排放量。固体含量大小对钻井液性能(如流变性、黏度、动切力、密度等)有很大的影响。通过固控,改善钻井液的性能,使钻井液性能向要求的方向转变:一方面可以加快钻井速度,减少钻井液的用量;另一方面可以减少废弃物的排放量。这主要还是应加强四级固控的管理,对固控设备进行合理搭配、合理利用。

③ 开发综合利用新技术。

钻井废弃物的综合利用还具有一定的潜力。应该利用现有的科学技术在废弃钻井液处理时向综合利用进发,这样既可保护环境又能开发资源。例如,焚烧钻井废弃物后留下的灰烬,根据其特点经过适当的加工可变成可利用的建筑材料(当然,这种技术只能适用于钻井废弃物集中处理的场所)。在比较分散的地方,钻井废弃物的处理应尽量向优化土壤的方向转化,如将钻井废弃物经过一定的技术处理转化成为可供植物利用的肥料等。

④ 降低成本,优化环境。

废弃钻井液处理成本高一直是困扰石油工业发展的一个重要因素。如何降低成本,优化环境,提高效益,仍然是一个有待解决的问题。值得注意的是,要综合考虑其成本和效益,不能从单方面来考虑。

⑤ 加强井场废弃物的管理。

国外对井场废弃物的管理要求非常严格,制定了一系列的方针、政策和措施,并且按要求执行,同时加强了对环境和作业的监控、监督和评估,确保环境稳定。我国在这方面也做了大量的工作,取得了很好的效果。

2)钻井废水的处理

钻井废水的特性及污染程度和钻井液体系密切相关,不同的油气田、不同的钻探区、不同的井深,钻井过程中产生的污水性质也不尽相同,处理工艺亦不同。目前,我国油气田主要采用以下方法处理钻井废水。

(1)封闭式井场处理法。

钻井井场实行全封闭,在井场征用地四周除留一条道路出口外,全部用土围子与农田、河塘及其他地面区域隔离开来。井场钻屑池、钻井液池等均采用防渗防漏形式。完井后钻井污水在污水池内自然风干,然后填埋。这种方法在全国油气田得到普遍采用,并有一套严格的管理程序。

(2)化学混凝法。

这种方法是国内外处理钻井污水的主要方法,也是最基本的处理方法。此法的工作原理:将混凝剂配制成一定浓度的混凝剂水溶液,这时水溶液中便会解离出高价正离子,当这种水溶液与钻井废水混合后,由于压缩双电层作用和电中和作用,使悬浮微粒失去稳定性,而后胶粒相互凝聚使颗粒逐渐增大,形成絮凝体(俗称矾花),最后在重力作用下沉淀下来,从而去除钻井废水中的各种悬浮物和部分可溶性物质。

在化学混凝法废水处理过程(图 5-2-1)中,絮凝剂的选择、投加量、pH 值的控制、搅拌时间等对混凝效果都有明显的影响,必须通过实验找出最合适的条件。实验表明:硫酸铝处理钻井废水效果好,与聚丙烯酰胺混合使用效果最佳。当硫酸铝用量为 50~200 mg/L、聚丙烯酰胺的用量为 3~6 mg/L 时,混凝效果最好,废水处理前 pH 值应控制在 7.3~8 之间。

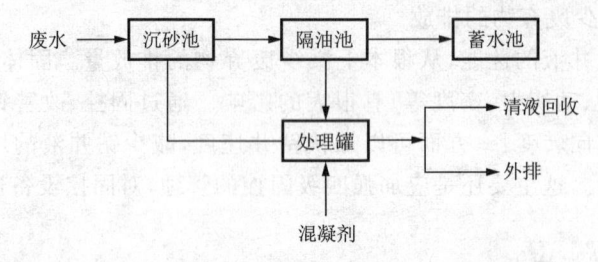

```
废水 → 沉砂池 → 隔油池 → 蓄水池
                          ↓
                        处理罐 → 清液回收
                          ↑    → 外排
                        混凝剂
```

图 5-2-1　间歇式化学混凝沉降工艺流程图

（3）其他方法。

生物处理、吸附与化学絮凝联合处理、高级氧化和生物联合处理钻井废水也有报道。在国外,采用光催化氧化技术处理污染物已取得较好效果。美国国家环保局(EPA)曾公布,有 9 大类、129 种基本污染物采用多相光解技术处理后,其大分子有机物被氧化成低级烃、H_2O、CO_2 等,苯类化合物中苯环破坏后,其毒性大大降低。

3. 废气污染的控制与处理技术

钻井过程中的废气污染源分散对环境影响不大,目前可采取的环保措施主要是改进设备性能、提高燃料质量、保证充分燃烧、配置尾气净化装置、控制废气排放量等。

4. 噪声污染的控制与处理技术

对噪声进行治理就是要在保证正常操作的前提下,用最经济有效的办法把环境中的噪声降低到符合允许标准的程度。为了降低钻井噪声,可通过提高钻井设备精度、加强设备保养维护、熟练操作、提高操作精度、认真作业、杜绝野蛮操作、对各种管材轻提轻放等来减少撞击性噪声;密切注意地层压力,及时采取措施压井、安装防喷盒等防止井喷,减少气流噪声,以期达到控制噪声、降低噪声的目的。

第三节　测井、录井中的环境污染与保护技术

一、测井、录井中的污染物来源

测井是将各种专门仪器放入井内,沿井身测量岩层剖面的各种物理参数随井深的变化曲线,并根据测量结果进行综合解释,从而判断岩层,评价地层储集能力,确定油气层及其他矿藏,检测油气藏开采情况的一种间接手段。

1. 测井过程中的放射性物质及其污染途径

由于测井具有效率高、成本低、准确性高等特点,故成为获得油气储集层地质资料的极重要手段之一,被广泛应用于石油地质勘探和开发过程中。

随着测井技术的发展,放射性物质被广泛用于生产过程中,放射性测井成为重要的测井

类型,由此带来的放射性污染成为油气田勘探开发过程中放射性污染的主要来源,如果控制不好,其对环境的危害非常大。

在放射性测井中使用的放射源有伽马源、中子源和放射性同位素,主要放射性物质有镅-铍(^{241}Am-Be)、铯(^{137}Cs)、镭(^{226}Ra)、钡(^{131}Ba)、碘(^{131}I)、锡(^{113}Sn)、铟(^{113}In)、钴(^{60}Co)等。从管理和使用角度来看,伽马源和中子源属密封型放射源,放射性同位素为开放型放射源。

中子源主要用于中子-超热中子测井、中子-热中子测井、中子-伽马测井、中子活化测井以及非弹性散射伽马能谱测井和中子寿命测井;伽马源主要用于密度测井和岩性密度测井。其具体工作过程是将密闭型放射源装在仪器上,通过电缆将仪器下到井内,进行测井作业。

在这一过程中可能产生污染的主要途径:

(1) 由于在地面做准备时操作人员过于紧张而装源不紧或根本没装上等原因,致使放射源掉入井底,造成特大放射性事故。若无法打捞,将导致地下水体的放射性污染,井队也将因井底放射源而无法工作。处理办法只能是封井报废,给周围环境造成极其恶劣的影响。

(2) 由于种种原因,放射源连同放射仪器一同掉入井底,在施工打捞过程中对井口工作人员会产生一些影响。

(3) 由于保管不善,将放射源丢失在井场或其他地方,或由于工作人员大意,在测井完毕后未将放射源从仪器中卸下,使得放射源随仪器四处移动,辐射影响所经之地。

(4) 放射源或储源罐泄漏。

(5) 在中子寿命测井过程中,仪器下井后通电,产生强度很高的放射线。测井完毕,应首先断电让其充分衰变,然后将仪器缓慢上提,提至井口附近时再停留至少 0.5 h,然后才能将其提出井口。如果工作人员过于慌张或为了赶时效,未等到中子源能量衰竭就将仪器提出井口,就会造成放射性污染。虽然持续时间不长,但对人体影响非常大。

2. 开放型放射性测井过程中造成放射性污染的主要途径

放射性同位素测井是利用放射性同位素作为示踪剂,向井内注入放射性同位素活化溶液或固体悬浮物质的溶液,将其压入管外通道或在射孔道附近地层表面进行测井,以确定窜槽位置,检查封堵效果、压裂效果并测定吸水剖面等,因其属于开放型放射性测井,所以更容易产生事故污染,主要有以下几个方面:

(1) 由于操作不慎,配制的活化液溅入外环境;

(2) 在开瓶分装稀释搅拌过程中有^{131}I气溶胶溢出,造成空气污染;

(3) 在向注水井注入^{131}I活化液时,由于操作不当,造成井场周围的地表污染;

(4) 测井过程中活化溶液污染井筒和井下工具、绞车操作台、工作服、手套等;

(5) 同位素油井找窜后进行循环洗井,反洗出的同位素液体外排,导致环境污染。

另外还有一点容易被忽视,即放射性刻度源对人体的影响。由于刻度源剂量小,未引起足够的重视,刻度完成后,刻度源随意放置,而工作人员就在附近,更有甚者直接坐在刻度源上,尽管其剂量很小,但长时间辐射对人体危害也很大,对此应引起高度重视。因此在作业过程中,应加强管理,杜绝违章作业,消除可能由此给环境和人体带来的危害。

3. 测井过程中的其他环境污染

除了放射源污染之外,测井过程中还可能造成一系列其他污染。测井之前,在井场给马龙头加硅脂时很容易造成硅脂外溢;测井完毕后,在井台冲洗仪器并将附着在仪器外壁的钻井液冲到井口附近地面,造成地表污染;由于许多测井仪器内部灌有各类液压油,在现场仪器维修过程中有可能造成油类外漏。此外,测井施工车往往都配有大功率发电机,在工作过程中会产生一定的噪声污染。

二、测井、录井中的环境保护技术

1. 放射性污染的控制技术

由于放射性物质的放射性不能采用普通的方法来改变,只有通过放射性自身衰变的特点而减少,因此对放射性"三废"的处理主要是改变放射性物质存在的状态,通常采用稀释扩散或浓缩储存两种方式。具体来说,对中低放射性"三废"通常采用静止衰减或净化处理到允许排放标准再稀释扩散到环境中的方法进行处理,对高放射性"三废"采用浓缩储存的方法进行处理。

我国放射性废水的分类暂沿用"高、中、低"这一习惯用语,即按放射性废水的放射性强弱进行分类。高放射性废水的比放射性(单位体积的放射性)为 10^{-2} Ci/L 以上(Ci 为单位居里的符号),中放射性废水为 $10^{-2} \sim 10^{-5}$ Ci/L,低放射性废水为 10^{-5} Ci/L(露天水源限制浓度的 1/10)。下面分别介绍放射性"三废"的处理方法。

1) 固体放射性废物的处理

凡含有天然放射性核素的废物比放射性(单位质量的放射性)大于 1×10^{-7} Ci/kg 者,含有人工放射性核素的废物比放射性(Ci/kg)大于露天水源限制浓度(Ci/L)100 倍(半衰期小于 60 d)或 10 倍(半衰期大于 60 d)者,应按放射性废物处理。

(1) 固体放射性废物的收集与运输。

① 收集。

在工作中要将放射性废物与非放射性废物严格分开放置。放射性固体废物要收集在设有明显标志且顶上最好有密封盖的放射性废物桶中,事先应在桶内放一个尺寸与桶相仿的牛皮纸袋,待装满后将其取出,再装在一个塑料袋内扎好,如有玻璃等可在外面再套一层塑料袋。

各种密闭箱内的废物可直接投入套在箱内废物孔上的塑料袋内,待装满后将其取出,再换上一新塑料袋扎好,以待处理。废物处理完毕后一定要检查工作人员的手、工作服、地面污染等情况。

② 运输。

符合包装要求的放射性废物可在铺有塑料布的车上运输。运输中要特别防止废物散落而造成沿途污染。对于辐射性较强的放射性废物,可在车上安装屏蔽物,运输时应沿专用运行路线慢速行驶。

(2) 固体放射性废物的处理方法。

① 放置衰变。

对于含有人工放射性核素(半衰期为 60 d)的放射性废物,可用放置衰变的方法处理,待其比放射性(Ci/kg)衰减到小于露天水源限制浓度(Ci/L)的 100 倍时,可按普通废物处理。放置 5 个半衰期时间,其放射性活度可减小到原来的 3%;放置 10 个半衰期的时间,其放射性活度减少到原来的 0.1%。废物收集和放置期间要注意射线的防护。当废物桶表面剂量率大于 2.5 m rem/h 时(rem 是单位雷姆的符号),应采取屏蔽措施。

② 储存。

对于半衰期较长(大于 60 d)、放射性活度较强的不可燃烧的放射性废物,应建立永久废物储存库。存放时应尽量压缩存放体积。设计废物储存库时,屏蔽墙的厚度应有 2 倍的安全系数,有排风及过滤装置并确保水源不被污染。废物储存库的位置必须远离城市,避开居民集中区,防护监测区不得小于 300 m。

临时废物储存库要按设计要求建造。储存的废物中要特别注意不允许夹杂有易燃、易爆和易腐蚀的废物,以防止储存库发生燃烧或爆炸事故。

③ 焚烧。

焚烧和压缩都是为了减小体积。焚烧可使废物体积缩小到原来的 2%。

焚烧放射性废物的焚烧炉应专门设计,对焚烧时产生的放射性气体或气溶胶要冷却过滤,残渣要按放射性固体废物收集包装,并送至储存库储存。

2) 液体放射性废物的处理

(1) 低放射性废水的处理。

① 低放射性废水向城市下水道和江河排放条件。

我国《放射性同位素与射线装置安全和防护管理办法》(CTBJ 8—2011)中规定:

a. 对于低放射性废水向城市下水道的排放,不具备专用下水道和处理放射性废水设备的单位排入本单位下水道的放射性废水浓度不得超过露天水源中限制浓度的 100 倍,并必须保证在本单位总排放口的放射性物质含量低于露天水源中的限制浓度;设有放射性废水专用下水道和处理放射性废水设备的单位,在本单位总排放口的放射性物质含量应低于露天水源中的限制浓度。

b. 对于低放射性废水向江河的排放,应避开经济鱼类产卵区和水生生物养殖场,根据江河的有效稀释能力,控制放射性废水的排放量和排放浓度,在设计时必须保证在最不利的条件(江河在最近 30 年内的最枯流量,废水最大流量)下,距排放口下游最近取水区(取水区是指城镇、工业企业集中式给水取水区,或农村生活饮水取水区;成群停泊船只的码头)水中的放射性物质含量低于露天水源中的限制浓度。在设计和控制排放量时,应取 10 倍的安全系数。具体执行时,必须遵循在切实可行的情况下往环境排放越少越好的原则,否则也应做到排出的放射性废水浓度不得超过露天水源限制浓度的 100 倍。向江河排放的废水要做到有监测、可控制,对排放口上下游地区的环境及动植物样品及对下游最近取水区的用水,要定期进行监测,以确保周围环境的安全。

② 放置衰变法

对于半衰期小于 60 d 左右的中、短寿命的放射性核素,一般可采用静置衰变法进行处理。可放置 5~10 个半衰期左右让其衰变,待其浓度达到上述排放标准后方可向城市水道和江河排放。

③ 混凝沉淀法。

混凝沉淀法的基本原理:在快速搅拌下向调至一定 pH 值的放射性废水中加入凝聚剂,如 $FeSO_4$、$Al_2(SO_4)_3$、$FeCl_3$、$CaCl_2$ 及 Na_3PO_4 等,经过化学反应形成细小分散状态的胶体颗粒[如 $Fe(OH)_3$ 及 $Ca_3(PO_4)_2$ 等],随后在缓慢搅拌下各细小的胶体颗粒逐渐凝聚成大的絮团。这些絮团在沉降过程中,通过物理或化学吸附或者生成同晶或混晶共沉淀,把废水中处于颗粒状态或离子状态的放射性核素携带下来。对上面澄清液取样分析,达到排放标准便可排放,将沉淀残渣做固化处理储存。

为了改善胶体颗粒的凝聚条件,减少污泥体积,提高净化系数(原始废水的放射性浓度与处理后废水的放射性浓度的比值),经常加入一些助凝剂如活性二氧化硅、高分子电解质、黏土等。

此法的优点是成本低、设备简单、方法较为成熟,可处理放射量大、组成复杂的废水,对大多数核素有较好的去污效率,净化系数一般为10左右,特殊处理可达100以上。

此法的缺点是形成的污泥呈絮状胶体,过滤困难,影响废水进一步的处理及净化系数的提高。为了改善过滤特性,除加入助凝剂外,较为有效的方法是把污泥进行"冻融"处理,即把污泥进行冷冻以破坏生成的胶体。

常用的混凝沉淀法有石灰石-苏打法、氢氧化钠-磷酸盐沉淀法及一些特殊沉淀方法等。

在实际的废水处理中,混凝沉淀法是在加速澄清槽中进行的,典型的加速澄清槽的工作原理如图 5-3-1 所示。

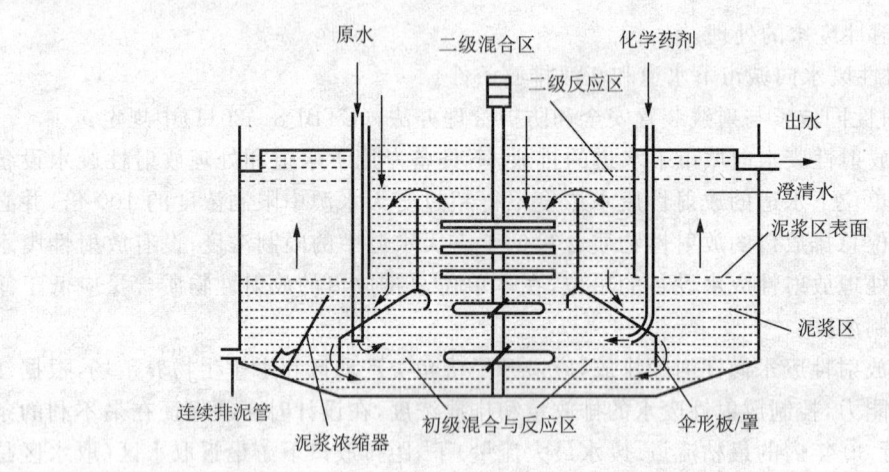

图 5-3-1 典型的加速澄清槽的工作原理

④ 蒸发法。

蒸发法的基本原理:送入专用蒸发器的废水通过工作蒸汽或电热器加热至沸腾,使其中的水分逐渐蒸发成水蒸气,经冷却凝结成水,而废水中的放射性核素特别是不挥发性核素便遗留在残渣中,使冷凝液中的放射性物质浓度大大降低,从而达到废液净化的目的。当冷凝液中的放射性浓度达到排放标准时便可排放,残渣可以储存或做固化处理。

此法适合于在蒸发温度下放射性核素不挥发废水的处理。该方法较简单,净化系数可达 10^4 甚至更高,但设备费用较高,净化系数与放射性核素的性质、pH 值、浓缩程度有关,同时在废水中不可含有油类和其他有机物质,以免爆炸或影响处理效果。

⑤ 离子交换法。

离子交换法的基本原理:离子交换树脂分为阳离子交换树脂和阴离子交换树脂两种,它们可分别与水中的阳离子和阴离子进行交换。当离子交换树脂与废水接触时,废水中的放射性离子(阳离子或阴离子)与离子交换树脂上的可交换离子进行交换而转换到离子交换树脂上。流出的废液中放射性浓度大大降低,达到排放标准便可排放。

此法的净化系数可达 10^2 左右,但不能对浓度高的废水或含盐分高的废水直接处理,一般多与其他处理废水方法结合,用于处理工艺的尾段,以去掉大部分杂质和竞争离子的干扰。

⑥ 其他方法。

除此之外,还有电渗析法和反渗透法等,它们具有除盐率高、设备简单、操作方便、成本低的优点,目前已应用于放射性废水的处理。

(2) 中强放射性废水的处理

① 一般方法。

中强放射性废水可采用蒸发法和离子交换法进行处理,也可装在不锈钢大罐内储存或固化后储存。

② 中强放射性废水的固化处理。

由于废液长期储存在罐中会造成泄漏等安全隐患,所以此法正逐渐被固化法取代。固化法就是把强放射性废液变成某种固体的形式进行储存。固化处理要求产品的导热性好、在水中的放射性浸出率低、化学稳定性好、减容比大、对容器无腐蚀作用、操作安全、设备投资和运行费用低等。固化处理方法主要有以下几种:

a. 水泥固化。将水泥与放射性废水在容器中混合,搅拌均匀并放置一段时间,待水分自然蒸发至干即可。此法优点是工艺简单,处理费用低;缺点是遇水渗出率高,废物的体积增加。

b. 沥青固化。将放射性废水加热后与液态沥青按一定比例混合,在混合搅拌槽中搅拌均匀,然后冷却成固体。此法具有体积小、在水中浸出率低、减容比大等优点,可用于各类废物的处理;缺点是抗辐照性能差,在较强辐照下产生热量,易使产品软化。

c. 玻璃固化和煅烧固化。玻璃固化法是将放射性废液和玻璃剂的混合物注入用不锈钢制成的玻璃固化罐内,同时在罐外加热(如用 10 000 Hz 的中波感应加热),使废水一边注入一边蒸发。当罐内装满煅烧物时,升温至 1 100~1 150 ℃,使其中的煅烧物变成玻璃融体,然后转入专用的容器中,逐渐冷却为玻璃。由于玻璃是一种难溶物质,且具有结构稳定、耐辐射性强等特点,所以目前玻璃固化法(特别是磷酸盐玻璃固化法)被认为是处理放射性废液较理想的处理方法。

煅烧固化法是将废液低温蒸发,将干燥所得的盐类经高温焙烧成稳定的氧化物,冷却后连同容器一同送去储存。

强放射性废液的固化大都应在专门的加热室中进行。在固化过程中产生的废气和冷凝水中夹带着大量的放射性物质,因此应附加废气、冷凝废水的处理设备。

3) 气体放射性废物的处理

在操作开放型放射性物质过程中,会通过通风柜、手套箱和工作箱等不断向周围环境排出放射性物质。为了防止环境污染,一切放射性气体或气溶胶在排入大气前都应采取净化过滤、放置衰变和烟囱排放等措施,使排出的气体及气溶胶经大气扩散稀释,在不同人员所在地区空气中的浓度不超过其相应地区生产中的限制浓度(每周平均浓度)。

(1) 放置衰变。

对于半衰期很短的放射性物质,可以采取放置衰变的方法以减少向环境排出放射性物质的数量。借助在排气系统中增设的大体积排风室、延迟气体排出排风口的时间来实现废气的放置衰变。

（2）烟囱排放。

烟囱排放是将经过过滤的放射性气载物利用稀释作用处理气体废物的一种方式。

烟囱的高度对废气扩散具有重要作用。对于排放量较多的单位，其烟囱高度必须经专门的设计部门，根据本单位排出废气中核素的性质、排放方式（连续排放或间断排放）、排放量（日排放量和年排放总量）、地形和气象条件（平均风速、风频等）以及容许排放浓度等因素进行计算确定。

当有较大量的气体、气溶胶需集中排放时，可选择在最有利于气体扩散的气象条件（如晴天的傍晚）下进行，这样可使气体扩散得很快，从而达到稀释扩散的目的。但排放总量不得超过《电离辐射防护与辐射源安全基本标准》（GB 18871—2002）所规定的控制量。

（3）净化处理。

① 过滤法。

净化过滤是减少放射性物质向大气排放的重要方法。稀释排放虽然可以使局部地区的人员受到的剂量不超过规定的标准，但是受影响的范围会大大扩展，造成社会成员的总剂量不会减少，所以对大多数的废气要净化过滤后再采取稀释排放，从根本上减少放射性废气的排放量。

由于放射性气溶胶粒度大部分在几微米到零点几微米之间，放射性气溶胶的浓度一般很低，而要求的净化效率又很高（一般要在 99.9% 以上，气溶胶浓度高时还要求有两级净化，使净化系数达到 10^4 数量级），所以通常要采用特殊的净化措施。目前使用最多的净化措施为过滤法。

过滤放射性气溶胶的过滤器的滤料主要是纤维材料。表 5-3-1 给出了几种纤维材料的应用范围。要使滤料保持一定的过滤效率，必须控制通过滤料的气流不超过一定速度（过滤速度），一般在 0.1～0.3 m/s 范围内。

表 5-3-1　几种纤维材料的应用范围

过滤材料	滤料直径 /μm	适宜粉尘质量浓度 /(g·L^{-1})	净化效率 /%	使用条件
玻璃纤维	20～30	0.5～10	70～98	温度不宜大于 400 ℃
	1～2	10	90～99	温度不宜大于 300 ℃
超细合成纤维	1.5	0.5	99～99.99	温度不宜大于 60 ℃	均不允许在空气中有溶剂雾
	2.5	—	—	温度不宜大于 110 ℃

② 吸收或吸附法。

上述滤料对放射性气体（如氩、氪、氙）和易挥发的放射性物质等无效，应采用吸收或吸附等方法对其进行处理。

放射性碘用途广，其危害不可忽视。除碘的方法主要有液体吸收法和固体吸附法。前者是用液体吸收剂淋洗废气，使碘与吸收剂发生化学反应而转入液相。目前广泛采用的碘液体吸收剂主要有氢氧化钠溶液（5% 氢氧化钠溶液吸收碘的效率为 99% 左右）和硝酸银溶液(硝酸银吸收碘是在硝酸银浸泡过的装有陶瓷填料的填料塔中进行的,除碘效率可达99.99%,主要用于后处理工艺过程中)。后者是用固体吸附材料对废气中的碘进行吸附,使碘由气相转为固相并吸附在材料表面上。常用的固体吸附材料主要有活性炭,其价廉易得,其中椰子壳活性炭吸附元素碘及无机碘的效果好,过滤效率可达95%以上,但对有机碘的过滤效率较低。

应当着重指出的是,实际应用中常用净化过滤与高烟囱排放相结合的方法处理放射性废气。

2. 测井过程中污染的防治措施

(1) 严格按要求管理放射源,按操作规范办事,遵守相应的管理办法,专人负责,定期检查,杜绝放射性污染。

(2) 为杜绝事故性污染,应严格执行国家有关标准,制定严格的操作规程和放射性物质出入库制度;源车、源库、同位素实验室要符合安全标准;管理人员和操作人员要持证上岗;对同位素外排污水要加强治理,经衰变池处理、检验达标后方可外排;还要加强个人防护用品管理,工作完成之后防护用品要装入专门配备的手提箱包内经过10个半衰期后,经有关部门检测低于或等于本底值时方可焚烧处理。

(3) 对于测井过程中的非放射性污染,可以通过规范化操作、加强事先检查等方法加以控制。同时,在工作完毕后还要注意现场清理,尽量减少对环境的污染和影响。

| 思考题 |

1. 通过本章的学习并结合相关资料,谈谈你对油气勘探过程中环境污染的认识。
2. 勘探过程对生态的影响较大,谈谈你对勘探过程环境保护工作的看法。
3. 废弃钻井液的来源主要有哪些?
4. 废弃钻井液的性质如何?其对环境的主要危害是什么?
5. 简述钻井工程中废弃钻井液的处理技术,分析预测哪些技术在油田会被广泛应用,并说明原因。
6. 钻井污水有什么特性?根据本章参考文献,查阅1~2种处理技术并说明处理效果。
7. 试述测井过程中的放射性物质及其污染途径。
8. 简述测井过程中液体放射性废物的常用处理方法及特点。
9. 简述测井过程中固体放射性废物的常用处理方法及原理。

参|考|文|献

[1] 王兵,徐辉. 钻井废水的可生化性研究[J]. 西南石油学院学报,2006,28(3):96-98.
[2] 赵雅虎,王凤春. 废弃钻井液处理研究进展[J]. 钻井液与完井液,2004,21(6):43-48.
[3] 吴波,马希河,杨中喜,等. 油田污泥固化研究进展[J]. 国外建材科技,2003(4):66-67.
[4] 徐同台,王奎才,门廉魁. 我国石油钻井泥浆处理技术发展状况与趋势[J]. 油田化学,1995,12(1):74-83.

[5] 潘红磊.大庆油田地面工程设施的噪声污染与防治[J].油田地面工程,1994,13(1):43-45.

[6] 范青玉,何焕杰,王永红,等.钻井废水和酸化压裂作业废水处理技术研究进展[J].油田化学,2002,19(4):387-390.

[7] 吴新民,吴新国,屈撑囤.废钻井液处理技术及其发展动向[J].化工环保,1997,17(2):79-83.

[8] 王太平,王树安,王爱芳,等.钻井环境噪声防治技术初探[J].石油钻探技术,2002,30(1):67-69.

[9] 詹鲲,薛万东.油田企业环境保护[M].北京:石油工业出版社,2004.

[10] SY 5131—1998 石油放射性测井辐射防护安全规程[S].

[11] 潘国强.放射性废物管理[M].北京:原子能出版社,1989.

[12] 魏震球,桂立明,符传复.放射性在石油测井中的应用与防护[M].北京:石油工业出版社,1985.

[13] 屈撑囤,马云,谢娟.油气田环境保护概论[M].北京:石油工业出版社,2009.

[14] 王春江.陆上油气田环境保护知识问答[M].北京:石油工业出版社,2000.

第六章 采油采气工程中的环境污染与保护技术

第一节 采油工程中产生的污染物与保护技术

一、采油工程中产生的污染物

1. 采油污水

1) 来源

一般而言,采油工程是用水量和废水(主要是采油污水)排放量都很大的作业过程。油井产出液一般都含有一定量的水,油井产出液经沉降和电化学脱水等油水分离工艺而分离出来的水称为产出水,又称采油污水。采油污水多数含有盐类,会加速设备、容器和管线的腐蚀;在石油炼制过程中,水和原油一起被加热时,水会急速汽化膨胀,使压力上升,影响炼厂正常操作和产品质量,甚至会发生爆炸。因此,原油外输前须进行脱水,使含水量不超过0.5%。

2) 采油污水污染、回注及处理现状

采油废水污染基本上属有机物污染,以 COD_{Cr}、BOD_5、石油类、挥发酚和硫化物等指标的污染最严重。

我国各主力油田已进入开发中后期,采出液平均含水达到80%。我国大部分油气田处于水资源短缺地区,而石油企业又是用水及排污大户。目前,各油田的采油污水基本上进行联合调度,先回注地层,只有在不能回注时才进行外排处理。

老油田开发后期已经形成了客观实际的三个转变:

(1) 采出水量远远高于原油产量,以油气处理为中心的工作过程转变为以采出水处理为中心的工作过程;

(2) 采出水处理难度大于原油处理难度,原油处理研究转变为采出水处理、资源利用的研究;

(3) 处理采出水的操作成本大于处理原油的操作成本,降低油气生产成本的重心向采出水处理方向转移。

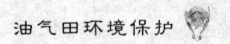

3）采油污水特性

采油污水来源于地层深处，成分非常复杂。各油田水质不同，甚至同一地区不同区块的水质也有很大差异，因此采油污水的种类亦不同。表 6-1-1 列举了某油田含油废水的监测结果。

表 6-1-1　某油田采油废水几个排放口水质检测结果

序号	监测项目	1号外排口	2号外排口	3号外排口	4号外排口	5号外排口	排放标准
1	水温/℃	45.0～55.0	55.0～60.0	55.0～62.0	35.0～42.0	30.0～45.0	无
2	pH	7.2～7.8	6.9～7.2	7.5～8.0	7.6～8.0	7.5～8.0	6～9
3	DO/(mg·L^{-1})	2.0～4.0	1.0～2.0	1.0～3.0	0.1～0.3	0	无
4	悬浮物/(mg·L^{-1})	<100	<100	<100	<100	<50	150
5	COD$_{Cr}$/(mg·L^{-1})	500～700	250～500	160～250	300～350	120～200	150
6	石油类/(mg·L^{-1})	20～40	10～30	20～40	30～40	<15.0	10
7	硫化物/(mg·L^{-1})	<0.1	<0.1	<0.1	<0.1	2.0～4.0	1.0
8	挥发酚/(mg·L^{-1})	1.5～2.5	1.0～1.5	<0.5	0.1～0.2	1.0～2.0	0.5
9	氯化物/(mg·L^{-1})	17 000～20 000	14 000～16 000	3 000～3 200	4 500～5 000	6 000～7 000	无
10	BOD$_5$/(mg·L^{-1})	200～300	70～80	30～40	20～40	30～50	30
11	TKN/(mg·L^{-1})	40～50	30～40	2.0～4.0	6.0～8.0	10～12	无
12	氨氮/(mg·L^{-1})	35～45	28～35	1.5～3.5	4.0～6.0	8～10	25
13	TDS/(mg·L^{-1})	29 000～32 000	23 000～25 000	5 000～6 000	7 000～7 600	9 000～11 000	无
14	NO$_3$-N/(mg·L^{-1})	0.8～1.3	0.4～0.7	<1.0	0.1～0.4	0.3～0.8	无
15	总 P/(mg·L^{-1})	0.2～0.5	0.1～0.4	0.2～0.5	0.2～0.5	0.1～0.2	1.0
16	总碱度/(mg·L^{-1})	400～500	200～250	400～500	500～660	550～600	无
17	大肠杆菌/(个·L^{-1})	<20	20～40	<20	<20	<50	无
18	细菌总数/(个·L^{-1})	100～600	250～500	600～1 000	30 000～50 000	8 000～10 000	无
19	氰化物/(mg·L^{-1})	<0.004	<0.004	<0.004	<0.004	<0.004	0.5
20	Na$^+$/(mg·L^{-1})	10 000～10 000	7 000～7 500	2 200～2 400	3 000～3 300	3 000～4 000	无
21	总 As/(mg·L^{-1})	<0.02	<0.02	<0.03	<0.02	<0.04	0.5
22	总 Cd/(μg·L^{-1})	1.0～1.2	<0.6	<0.1	<0.2	<0.8	0.1
23	总 Cr/(mg·L^{-1})	0.5～1.0	<0.5	<0.1	<0.2	<0.05	1.5
24	总 Pb/(μg·L^{-1})	6.0～7.0	<5.0	<3.0	<4	<4	1.0
25	总 Fe/(mg·L^{-1})	6.0～8.0	1.0～2.0	0.3～1.0	<1.0	0.3～0.5	无
26	总 Hg/(μg·L^{-1})	<0.6	<0.4	<0.05	<0.5	<0.4	0.05
27	TOC/(mg·L^{-1})	100～120	35～50	40～50	60～70	30～40	30

注：执行《污水综合排放标准》(GB 8978—1996)二级标准。

采油污水具有以下特点：

(1) 外排水量大。各油田经过多年的开发，其石油开采已处于"三高"阶段。随着油田进入开发后期，采出液含水率逐年上升，导致污水量增加，注水难度增大，再加上低渗透区块和特殊开采工艺(注蒸汽开采)无法实施污水回注，且利用清水配注聚合物的三次采油影响了污水回注，采油污水及其污染物排放量总体上呈逐年增加的趋势。

(2) 水温高。采油污水来源于地层深处，水温高，通常为 40~70 ℃。由于水量大，在地面停留时间短，经污水站处理后水温仍然在 35~65 ℃。

(3) 矿化度高。某些油田采出水总矿化度可高达 $8×10^4$~$14×10^4$ mg/L，最高可达 $30×10^4$ mg/L。

(4) 油水密度差小。有些油田稠油密度非常大($0.9884×10^3$ kg/m³)，与污水的密度相差很小，导致水中的油难以上浮，油水分离困难。

(5) 有机物含量高、种类多。油田采出水中本身含有多种有机物，如挥发酚、有机硫化物、石油类等。此外，为保证油水分离，防止腐蚀、结垢，采出水中添加了大量化学药剂，导致采出水成分复杂。

(6) 细菌含量高。在适宜条件下，大多数细菌在污水系统中都可以生长繁殖，其中危害性最大的是硫酸盐还原菌(SRB)、腐生菌(TGB)以及铁细菌(FB)。

4) 原水中的主要污染物

未经任何处理的含油污水称为含油污水原水，简称原水(Produced Water, PW)，其中所含污染物的组成、性质与原油油质、油层性质、作业措施等密切相关，属含固体杂质、液体杂质、溶解气体和溶解盐类的较为复杂的多相体系。原水中的杂质可分为以下四类：

(1) 悬浮固体。

悬浮固体(颗粒直径范围为 1~100 μm)的主要组成如图 6-1-1 所示，水中污染物尺寸与存在状态间的关系见表 6-1-2。

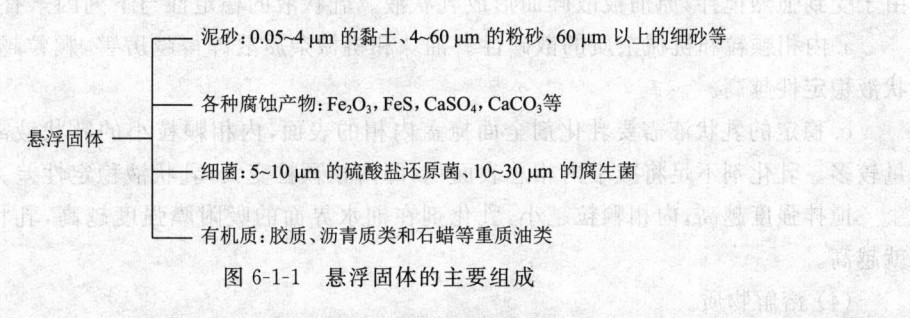

悬浮固体
├─ 泥砂：0.05~4 μm 的黏土、4~60 μm 的粉砂、60 μm 以上的细砂等
├─ 各种腐蚀产物：Fe_2O_3，FeS，$CaSO_4$，$CaCO_3$ 等
├─ 细菌：5~10 μm 的硫酸盐还原菌、10~30 μm 的腐生菌
└─ 有机质：胶质、沥青质类和石蜡等重质油类

图 6-1-1 悬浮固体的主要组成

表 6-1-2 水中污染物尺寸与存在状态间的关系

分散颗粒	溶解物(低分子、离子)	胶体颗粒		悬浮物			
颗粒大小	0.1 nm	1 nm	10 nm	100 nm	1 μm	10 μm	100 μm	1 mm
外　观	透　明	光照下混浊		混　浊		肉眼可见	

这些颗粒大部分构成水的浊度，少部分形成水的色度和臭味。

(2) 胶体。

当直径在 0.001~1.0 μm 之间时，颗粒在水中呈胶体状态分布，属于胶体的物质有腐殖质、金属氢氧化物、硅酸(0.01~0.1 μm)、蛋白质(10~30 μm)、黏土颗粒(0.1 μm)等,这些物质主要构成水的色度。

(3)原水中的原油。

① 原水中油的分散状态。

污水净化站来水含油量一般为500~1 000 mg/L,有时每升高达数千毫克。决定油、水分离快慢的主要因素是原油在水中分散的粒径大小和油水密度差。根据油在水中的粒径大小,将油的分散状态分为四种,如图6-1-2所示。

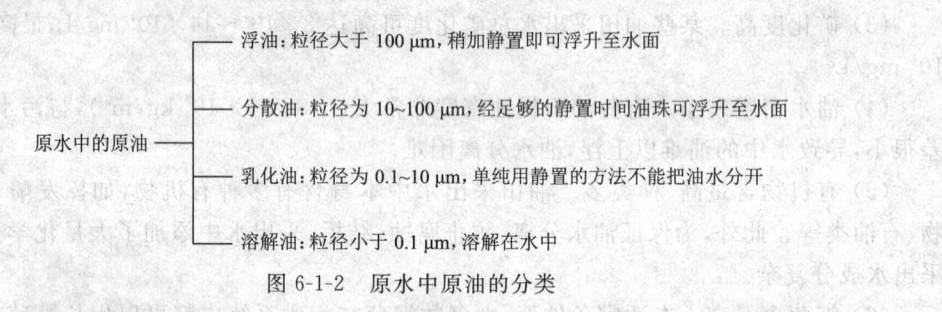

原水中的原油
- 浮油:粒径大于100 μm,稍加静置即可浮升至水面
- 分散油:粒径为10~100 μm,经足够的静置时间油珠可浮升至水面
- 乳化油:粒径为0.1~10 μm,单纯用静置的方法不能把油水分开
- 溶解油:粒径小于0.1 μm,溶解在水中

图6-1-2 原水中原油的分类

有的原水中乳化油占的比重较大,有的分散油占的比重大些。浮油的分散颗粒大,易上浮到水面,大部分在一次除油罐中因油水密度差可以分出。

② 乳状液的稳定性。

乳状液是互不相溶的两种液体(油和水)的混合物,一种液体(内相或分散相)以微滴形式分散在另一种液体(外相或连续相)之中,并为乳化剂所稳定。乳化剂是表面活性物质,具有亲油、亲水双重性质,可以吸附在油水界面上并降低油水界面张力。亲油能力强于亲水能力的乳化剂易形成油包水型乳状液,而亲水能力大于亲油能力的乳化剂易形成水包油型乳状液。原油中含有天然乳化剂,如胶质、环烷酸、泥土、沙子等。油水混合物经过油嘴、泵时,由于受到强烈搅拌,原油被散碎而形成乳状液。乳状液的稳定性与下列因素有关:

a.内相颗粒和机械杂质的散碎性。油珠和机械杂质散碎得越厉害,颗粒越小,形成的乳状液稳定性越高。

b.稳定的乳状液需要乳化剂全面掩盖内相的表面,内相颗粒小的乳状液需要乳化剂的量较多。乳化剂不足将减小内相总表面积,即内相颗粒变大,乳状液稳定性差。

搅拌强度越高,内相颗粒越小,乳化剂在油水界面的吸附膜强度越高,乳状液的稳定性就越高。

(4)溶解物质。

在采油污水中处于溶解状态的低分子及离子物质主要包括以下两大类:

① 溶解盐类,如 Ca^{2+}, Mg^{2+}, HCO_3^-, CO_3^{2-}, Fe^{2+}, Cl^-, Na^+, K^+ 等;

② 溶解气体,如溶解氧、CO_2、H_2S 及烃类气体等。

5)采油污水的危害

(1)较高的油层伤害性。

油层伤害是指油层渗透能力因某种原因出现了人们不期望的下降。油层伤害可分为机械颗粒伤害,黏土膨胀伤害,油水乳化伤害,石蜡、胶质、沥青、树脂沉积伤害,化学结垢沉淀伤害,岩石润湿性反转伤害,生物细菌堵塞伤害等。由于采油污水中含有悬浮物、油、细菌和溶解盐等,未经处理回注油层会造成油层伤害。

(2) 较强的腐蚀性。

矿化度高的水电导率高,可加速电化学反应,使腐蚀速率加快。另外,这些采油废水中还溶解了 O_2,H_2S,CO_2 等气体,其中 O_2 是氧化剂,容易造成电化学腐蚀,H_2S 和 CO_2 等酸性气体与 O_2 共同作用会使腐蚀速率成倍增长;油田采出水中含有丰富的有机物、适宜的水温,是硫酸盐还原菌(SRB)、腐生菌(TGB)繁殖的场所,大部分采出水中细菌含量为 $10^2\sim10^4$ 个/mL,有的高达 10^8 个/mL,细菌大量繁殖会腐蚀管线。从图 6-1-3 和图 6-1-4 可知管线腐蚀的严重性。

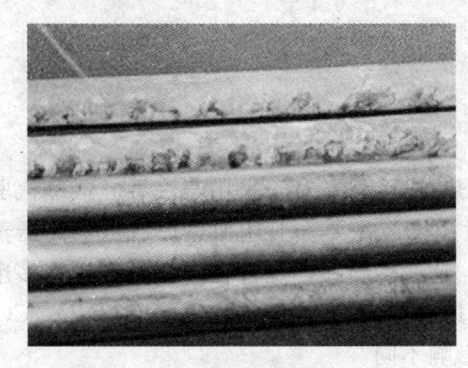

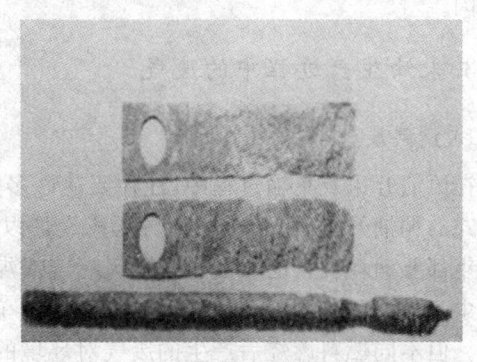

图 6-1-3　腐蚀穿孔的注水管　　图 6-1-4　注水系统中的腐蚀性测试挂片(棒)

(3) 一定的结垢性。

高矿化度废水中还含有大量的 HCO_3^-,Ca^{2+},Mg^{2+},Ba^{2+} 等,当水温、水压或 pH 值发生变化时极易产生碳酸盐沉淀;当 Ba^{2+} 与 SO_4^{2-} 相结合时,会产生 $BaSO_4$ 沉淀,从而影响生产。

2. 落地原油及油泥砂

落地原油及油泥砂是采油作业过程中的主要污染物。

1) 落地原油

落地原油是采油生产过程中未进入集输管线而散落在地面的原油,其形成原因主要有以下两种:

(1) 生产过程中管线、阀门发生故障而跑、冒、滴、漏的原油;

(2) 生产事故(如发生井喷、管线穿孔或断裂等)造成的落地原油。

2) 油泥砂来源及危害

油泥砂是沉淀于储油罐、沉降罐等底部的含油污泥,其产生量与采出液含砂率密切相关,其组成成分是油泥和水,其中给环境带来危害的是油。

落地原油和油泥砂属于石油污染物,其主要危害:

(1) 暴露在空气中时,其中的溶解气、轻烃会挥发进入大气,造成大气污染;

(2) 渗入土壤后会造成土壤污染,影响农业生产;

(3) 当土油池失修或由于雨水和地表径流的作用使原油进入水域时,会造成水体污染。

油泥砂的组成成分极其复杂,一般由水包油、油包水型乳状液以及悬浮固体杂质组成,是一种极其稳定的悬浮乳状液体系。颗粒的带电性造成了稳定的分散状态,形成了颗粒相互结合的阻碍,同时污泥颗粒一般都带负电,故油泥砂中大多数颗粒是相互排斥而非相互吸引的。

油泥砂中的水一般可分为四种,即游离水、絮体水、毛细水、粒子水。存在于污泥絮体空隙之间的游离水借助于污泥固体的重力沉降可部分分离出来;絮体水藏于絮体网络内部,只有依靠外力改变絮状结构才能部分分离;毛细水黏附于单个粒子之间,必须施加更大的外力使毛细孔发生变形才能部分去除;粒子水是化学结合水,需要通过化学作用或高温处理,改变污泥固体的化学结构和水分子状态才能将其去除。

油泥砂中的油一般分为浮油、乳化油、溶解油等,这是油泥砂黏度大、难于脱水处理的主要原因。

3. 采油生产过程中的废气

1) 燃料废气

在原油开采及集输过程中,往往要建许多加热炉及锅炉;对于采用蒸汽吞吐或蒸汽驱开发方式的稠油开采,还必须建立高压蒸汽炉以适应生产需要。上述加热炉、锅炉、高压蒸汽炉每年都要消耗大量的原油、渣油、天然气或煤。这些燃料在燃烧过程中势必产生许多废气及烟尘,对大气构成污染,这就是燃料废气。就其成分而言,主要有 CO_2、SO_2、NO_x、CO 和烟尘。但不同燃料燃烧后产生的废气对环境的影响不同。

(1) 天然气燃烧后的烟气。

油田用作燃料的天然气有干气和湿气之分。气井生产的天然气是干气,其主要成分是甲烷和极少量的乙烷、丙烷;油井生产的伴生气基本是湿气,其成分主要是碳链为 C_1~C_5 的烃类。一般天然气中还含有少量的 H_2S、硫醇、N_2、He 和 CO_2 等。

一般而言,天然气是相对清洁的优质燃料,对环境污染不大,但如果操作不当(如混合不好、空气不足),也会产生一定量的烟尘、CO 及烃类。另外,含硫天然气还会产生硫氧化合物,对环境有一定的污染。

(2) 燃料油燃烧后的烟气。

油田燃油锅炉大部分以原油和渣油为燃料,燃料油采用雾化方式燃烧,一般都能实现充分燃烧,不会产生大量的黑烟,但在操作不当或在开炉、燃料油倒罐、炉温过低等情况下也会在短时间内产生大量烟尘而污染环境。

2) 工艺废气

工艺废气主要源自采油井场、联合站和油气集输系统中轻烃的挥发,其主要产生原因:产能建设不配套、油气分离不彻底、工艺流程密封性差等,如储油温度偏高造成烃类蒸发损失;对于油田伴生气,有的油田有完善的集气系统,虽然部分伴生气可以利用,但仍有部分损耗;还有些探井采用单井拉油的办法,油气不能进入流程,烃类损耗量也较高。另外,开式流程油罐呼吸气的排放也是工艺废气的重要来源之一。

这些排放挥发出来的轻烃的主要成分为甲烷烃和非甲烷烃,其中毒性较大的非甲烷烃所占比例较大,是油田大气有机污染的主要原因,对大气环境的影响很大。

4. 采油生产过程中的噪声

采油生产过程中的噪声主要是机械噪声,由于采油生产中要使用很多大型机械设备,会不可避免地产生较大的噪声,如大型注水泵组、通井机、压裂车、压风机等,其近处噪声强度多为 90~110 dB,给长期工作生活在其附近的人带来一定的危害。

二、采油工程中的污染物控制与处理技术

1. 落地原油及油泥砂的治理及综合利用

1) 落地原油的治理

为了减少落地原油的产生量,各油田都采取了一系列措施,如胜利油田胜利采油厂在各项管理措施和配套技术得到落实的基础上,已全面取消了土油池;临盘采油厂则采用管道泵实现污泥套管回灌。对于落地原油的处理,通常所用的方法参考第五章第二节。

2) 油泥砂的治理及综合利用

根据石油企业固体废弃物的特点,油泥砂既是生产中的废物,又是宝贵的二次资源,如果对这些油泥砂进行有组织的收集,并开发研究出适当的方法将其回收利用(如回收其中的原油、利用其中的热能等),不仅能回收大量的能源,减轻污染,而且将产生很大的经济效益,因此近年来已在国内外引起足够的重视。目前在国际上主要采用加碱、注热水(或蒸汽)、离心分离的方法将油、砂分离。国内外各油田正在开发研究不同的工艺、方法对油泥砂进行处理,筛选最佳的处理工艺,重点采用以下几种方法。

(1) 浓缩干化法。

该方法是一种传统的处理方法,主要是通过自然沉降去除污泥颗粒间隙中的水,这部分水一般占污泥含水的 90%~95%,通过浓缩处理可以使含水降到 75% 左右,然后将浓缩后的污泥自然风干、填埋。

该工艺的优点是基建投资和运转费用少、操作简单,因此目前国内大多数油田的污泥处理都采用该工艺。其主要缺点:占地面积大;由于受到气候的影响,工作环境不稳定;干化场地卫生条件差;当污泥的颗粒细小、黏度大、沉降和过滤性能较差时,很难使其干化。

(2) 固化处理法。

固化处理是通过物理化学方法将油泥砂固化或包容在惰性固化基材中,以便运输、利用或处置,这是一种无害处理过程。固化中所用的化学固化剂分为有机和无机两大类,有机系列包括脲醛树脂、聚酯、环氧乙烷、丙烯酰胺凝胶体等,无机系列有波特兰水泥及近年开发的磷石膏等。

固化方法是一种较为理想的有害物质无害化、减量化处理方法。环境专家认为,安全土地填埋场最好接受处置经固化处理的含油污泥。目前,国内对于含油污泥处理一般可优先考虑固化处理法,该方法特别适合于采油污泥及含有 NaCl 及 $CaCl_2$ 等盐类较高的含油污泥。

(3) 生物降解法。

生物降解法是采用生物处理技术,依靠微生物对石油类等有机物进行分解,达到油泥无害化处理的目的。该方法受油泥的含油量、原油的特性、石油菌的生长和繁殖条件(如温度、湿度)等多种因素的影响和制约,同时还需较大的生化降解场地。该方法技术和管理难度大、占地面积大、处理费用高、处理周期长,目前难以推广应用。

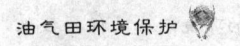

(4) 焚烧法。

焚烧法是一种简单而实用的处理方法，其燃烧热能还可回收利用，具有一定的经济价值和实用性。但焚烧法需对油泥进行脱水干化预处理，自然干化难度大（受油泥的性状、干化场地、气候等影响），当含油量低于燃烧值时，不但没有余热回收利用价值，还需添加燃料，同时还要对排放烟尘进行除尘治理，因此该方法不是理想的处理方法。

(5) 溶剂萃取法。

溶剂萃取法是用有机溶剂对油泥进行清洗，萃取出原油，液相进集输系统，或对液相中的溶剂和油进行分离，有机溶剂回收循环使用。该方法技术可行，但受到萃取溶剂的需用量大、处理费用高、萃取剂回收循环利用技术要求高、安全管理难度大等制约，其推广应用受到限制。

(6) 离心分离法。

离心分离法是在离心力的作用下利用密度差实现两种或多种物流分离的一种物理方法。该方法能回收部分原油，进而可以产生一定的效益，降低运行成本。目前该方法的主要工艺流程：

① 罐内油砂自动清出→加温→加药→离心分离，从而实现油、泥砂分离的目的。

② 旋流分离→洗涤槽冲洗→重力分离→砂提升排出。该方法工艺简单、便于管理、能连续处理，特别适用于泥砂粒径较大的油砂分离，其处理效果、运行成本同样受油泥性状等因素的影响。

以上方法中已工业化的处理工艺主要是离心分离法。此工艺的优点在于可对油泥、油砂彻底清洗，效果理想，回收原油创效可实现盈亏平衡。其缺点是：一次性投资较大，需单独建站管理运行；污泥砂的采集回收投入人力、物力较大，预处理繁杂；冬季运行受气温影响较大。

2. 采油生产过程中废气的治理

1) 燃料燃烧废气

燃料燃烧废气是油田工业废气的主要来源，而采油生产过程往往又是油田燃料燃烧废气的主要来源。因此，加强这部分废气污染源的管理与控制，对油田大气污染的管理与控制有举足轻重的作用。首先，应加强监测工作，定期检查各类锅炉烟尘和烟气的排放情况；其次，要实行规范操作，提高各种燃料的燃烧效率，做到既节约能源，又减少废气外排；第三，要对现有锅炉等燃烧器进行改造，选用节能火嘴或新型燃烧器（如真空炉、热媒炉、超导炉等，可节燃料油 1/3~1/2，且热效率高，环保效果好），提高燃烧效率，同时选用天然气等清洁能源代替污染严重的煤等燃料。

2) 工艺废气

对于这类污染的控制措施，各油田主要采取密闭集输工艺、原油稳定工艺和天然气回收工艺。对于现有的原油稳定装置和密闭流程，要加强管理，确保正常运转；对新开发油田，要建造原油稳定装置，尽量减少轻烃外排；对于现有的部分开放式流程，油罐要安装抽气装置，使呼吸气经压缩机压入集气管线，实现废物利用、变废为宝。

3. 采油噪声的防治

对于采油噪声的防治，主要通过以下几种途径来实现：

(1) 选用变频设备，如变频节能泵、变频节能柜等，从源头控制噪声的产生；

（2）通过对现场进行科学规划、合理布局来降低噪声,减轻其对人体的危害;

（3）对泵站等噪声源所在地采取安装吸音、隔声设施或对设备安装消声器的措施来减少噪声危害。

第二节 井下作业中的环境污染与保护技术

一、井下作业中产生的污染物

由于井下作业工艺复杂、施工类型多、工序差别大、设备配置不同及环境状况存在差异,容易对环境造成污染,而且污染物种类多、成分复杂。因此,加强井下作业过程的环境污染防治是油气田环境保护的重要内容。

1. 井下作业环境污染的特点

1）污染源分散,排放不规则

油气资源分布的广阔性决定了油田开发区内油、水、气井分布的分散性,进行井下作业必然会形成高度分散的点源污染。污染物的排放在时间上不连续,且无一定的排污量,无固定的排污口,造成随机性、临时性、突发性排污。

2）污染种类多,成分复杂

试油、修井作业、压裂、酸化都可能造成污染,钻井液、压裂液等污染物成分复杂,危害性较大。表 6-2-1 列出了美国 TEXAS 等三州井下作业工程中污染物构成比例。

表 6-2-1 美国 TEXAS 等三州井下作业工程中污染物构成比例

污染物	作业环节	污染物所占比例（体积分数）/%
修井废弃物（钻井液、完井液、油、化学物质、酸、水泥、砂）	修井	34
油井生产产生的砂、油泥	油、气生产	21
其他生产废液	油、气生产	14
油泥、油污土壤	所有过程	12
发动机冷却水等废水	所有过程	8
不能处理的乳状液	油、气生产	4
使用过的溶剂和清洁剂	修井	1
其他生产固体废弃物	油、气生产	1
润滑剂和液压油	所有过程	1

3）污染范围大,涉及面广

由于污染源分散,排污范围大,不可避免地会有部分污染源处在农田、浅海滩涂、养殖区等环境敏感地区,如果发生大面积污染,造成的损害一般较为严重,而且涉及的单位多、面积

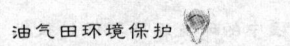

广,容易引发工农纠纷等。

4) 污染环节多,流动性大

井下作业工艺复杂、施工类型多、工序差别大,在作业过程中多道工序流水作业,不同作业工艺都有各自的排污特点,可能造成污染的环节多。由于实行小分队流动式施工,作业的流动性大,给环境保护管理工作增加了很大的难度,如果不能及时治理污染,会给开发区域留下污染隐患。

2. 井下作业主要污染物产生的原因及性质

1) 作业废水

(1) 洗井废水。

洗井废水主要来源于压井废水、洗井废水(每口井 20～80 m³)、冲砂作业(对土质疏松的地方是非常重要的)等。各油田的洗井废水水质因地区、地层及原油性质的不同差别较大。表 6-2-2、表 6-2-3 给出了大庆油田和辽河油田洗井废水的水质特性,表 6-2-4 给出了江苏油田作业废水的水质特性。

表 6-2-2 大庆油田洗井废水主要理化成分

	项　　目	测定值
金属元素	Cu/(mg·L^{-1})	0.064
	Pb/(mg·L^{-1})	0.060
	Cd/(mg·L^{-1})	0.000 5
	Cr/(mg·L^{-1})	0.049
	Ni/(mg·L^{-1})	0.001
	Hg/(mg·L^{-1})	0.021
	As/(mg·L^{-1})	0.132
有机物	总烃/(mg·L^{-1})	0.028
	芳香烃/(mg·L^{-1})	0.080
	酚/(mg·L^{-1})	0.183
一般理化性质	pH	7.860
	总盐量/(mg·L^{-1})	490.0
	总碱度/(mg·L^{-1})	425.4
	硫化物/(mg·L^{-1})	1.3

表 6-2-3 辽河油田井下洗井废水的性质

序号	污染物名称	稀油洗井废水	稠油洗井废水
1	pH	6.5～8.2	6.5～7.2
2	色泽	浊、黄褐色	清、淡棕色
3	石油类/(mg·L^{-1})	323～902	115～1 046

续表

序　号	污染物名称	稀油洗井废水	稠油洗井废水
4	COD_{Cr}/(mg·L^{-1})	2 034～2 767	506～904
5	BOD_5/(mg·L^{-1})	446～580	78～1 046
6	悬浮物/(mg·L^{-1})	41～872	28～400
7	挥发酚/(mg·L^{-1})	0.60～0.99	0.9～1.0
8	硫化物/(mg·L^{-1})	0.2～9.7	0.08～0.30
9	氨氮/(mg·L^{-1})	11～215	6～47
10	氰化物/(mg·L^{-1})	≤0.004	≤0.004

表 6-2-4　江苏油田作业废水的特点

序　号	污染物名称	测定值
1	pH	6.11～7.50
2	石油类/(mg·L^{-1})	25～2 000
3	COD_{Cr}/(mg·L^{-1})	50～7 900
4	悬浮物/(mg·L^{-1})	50～1 058
5	挥发酚/(mg·L^{-1})	0.1～0.5
6	硫化物/(mg·L^{-1})	0.01～5

　　从上述表格可以看出,虽然洗井废水的特性有一定的差别,但具有以下共同特点:① 悬浮颗粒含量较高,颗粒粒径小;② 色度高(一般为黄褐色到黑褐色);③ 石油类含量高;④ COD值高(溶解有机物如沥青类、胶质类、石蜡、挥发酚、硫化物、环烷酸含量高);⑤ 含盐高(在水中处于溶解状态的离子主要包括 Ca^{2+}、Mg^{2+}、K^+、Na^+、Cl^-、Fe^{3+} 等);⑥ pH 值低。

　　由上述特点可知,洗井废水的主要危害为:① COD 值高可导致水中缺氧;② 对水中生物的毒性较大;③ 组成比较复杂,处理难度大;④ 组成变化大,处理难度大。

　　(2) 酸化返排到地面的残酸液。

　　酸化所用的酸液是强酸液(盐酸、氢氟酸),其性质如下:① pH 值低;② 色度高(配有咪唑啉类等缓蚀剂,褐色或灰色);③ 离子含量高(解堵时使得矿物质被溶解);④ 酸液与硫化物积垢作用可产生有毒气体 H_2S。

　　残酸液的主要危害:① 土壤酸化;② 土壤盐化;③ 毒性大;④ 用于配制醋酸的醋酸酐可产生刺激性很强的蒸气,直接接触会造成严重烧伤。

　　(3) 落地原油。

　　井下作业过程中造成原油落地的原因很多,原油落地后往往与水、砂、泥土形成混合物,其中量大而又经常发生的原因有以下几个方面:

　　① 油井投产前由于地面集输管线尚未建成,射孔后原油进入井场内土油池(图 6-2-1);

　　② 试油、试采作业所产生的原油部分进入井场内土油池;

　　③ 修井作业中的跑、冒以及在起下钻杆、油管、抽油杆过程中带出的原油;

　　④ 钻杆、油管、抽油杆在井场放置、清洗而散落在井场内的原油。

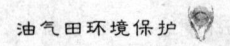

⑤ 发生井喷、集输管线刺漏等生产事故造成的落地原油。

落地原油产生的主要危害：① 渗入土壤会造成土壤污染；② 露天暴露时，其中的轻烃类会挥发进入大气，造成大气污染；③ 特别是有时由于土油池泄漏或大雨造成溢油，使原油流入水域而造成大面积的水体污染。

图 6-2-1 某油田的土油池

（4）废压裂液。

压裂作为油藏的主要增产措施已得到迅速发展和广泛应用。压裂液是压裂技术的重要组成部分，其性能应满足以下施工作业要求：有效地悬浮和输送支撑剂，滤失少，摩阻低，残渣低，易返排，热稳定性和抗剪切性能好，与地层岩石和地下液体的配伍性好。为满足这些性能要求，压裂液体系往往需要十几种添加剂，如杀菌剂、黏土稳定剂、聚合物、缓蚀剂、表面活性剂、苛性碱、延迟添加剂、高温稳定剂、铁离子稳定剂、交联剂、破胶剂等。

作业排出的残余压裂液中含有胍胶、甲醛、石油类及其他各种添加剂，如果返排至地面的压裂液不经过处理而外排，将会对周围环境尤其是农作物及地表水造成污染。众多添加剂的加入使压裂液具有 COD_{Cr} 高、稳定性高、黏度高等特点，而且由于添加剂种类多，COD 的降低难度较大，特别是一些不易降解的亲水性有机添加剂难以从废水中除去。

废弃压裂液主要是压裂施工后剩余压裂液及从井口返排出的废液，成分复杂，含有原油、地层水等有害物质。表 6-2-5 为辽河油田废弃压裂液性质。

表 6-2-5 辽河油田废弃压裂液性质

序 号	污染物名称	压裂液返排液	压裂液残液
1	pH	6.0～6.5	7.0～7.5
2	色 泽	浊、浅黄的	黏、米汤色
3	石油类/(mg·L^{-1})	323～902	115～1 046
4	COD$_{Cr}$/(mg·L^{-1})	4 748～5 578	8 565～9 084
5	BOD$_5$/(mg·L^{-1})	2 151～3 873	3 920
6	悬浮物/(mg·L^{-1})	43～877	788
7	挥发酚/(mg·L^{-1})	0.03～1.81	1.26
8	硫化物/(mg·L^{-1})	0.3～0.8	4.2
9	氨氮/(mg·L^{-1})	21～1 135	1 102
10	氰化物/(mg·L^{-1})	≤0.004	≤0.004

由表 6-2-5 可以看出,废弃压裂液具有以下性质:
① 高含有机物体系(多种有毒性的难以生物降解的高分子水溶性聚合物),废水中所含的固体物多以悬浮颗粒为主;
② 含硫、高含盐;
③ 排放污水呈间歇性,排量为 12～160 m³/井。

废弃压裂液的主要危害为:① 对外界水体影响很大;② 土壤污染;③ 毒性大(含硫);④ 间歇排放,处理难度大、成本高。

2)固体废弃物

(1)钻井液。

井下作业中产生的钻井液是压井和新井替浆时产生的。近年来,由于部分油田地层能量的下降和出于油层保护的需要,加上无固相压井液的使用,井下作业中钻井液的使用量逐步减少。但钻井液的成分比较复杂,含有的对环境有害的物质是盐类、可溶性重金属以及有机硫化物、有机磷化物等。

在作业过程中产生钻井液的性质:① pH 值高;② 矿化度高;③ 高含石油类;④ 含有害的重金属离子,如 Cr^{6+},Hg^{2+},Cd^{2+},Pb^{2+} 等。

作业过程中产生钻井液的主要危害表现为:① 影响土壤结构,使井场附近土壤板结、土地盐碱化,植被被大量破坏并危害植物生长;② 有害的重金属离子和不易被生物降解的有机物、高分子聚合物进入食物链,在环境和动植物体内蓄积,危害人体健康和生命安全;③ 有机处理剂使水体的 COD 和 BOD 增高,影响水生动植物的生长。

(2)砂。

作业过程中产生的砂主要来自于冲砂、洗井,因其含油高,又称油砂。油砂对环境产生的主要危害为:① 露天暴露时,其中的轻烃类会挥发进入大气,造成大气污染;② 土壤盐化;③ 放射性物质随砂进入地面后比在密闭空间的危害大。

(3)其他。

与砂结合或未与砂结合、经热洗方式产生的蜡和盐等。

3)大气污染物和噪声

大气污染物的来源:① 烃类气体;② 施工过程中烃类挥发;③ 通井机、修井机、压裂车、酸化车等车辆产生的尾气;④ 酸化与管线清洗产生的油;⑤ 气井作业时逸出的 H_2S;⑥ 制造压裂砂、粉碎矿石所产生的粉尘等。

噪声主要由通井机、修井机、压裂车、酸化车等施工车辆产生以及起、下钻施工产生。

二、井下作业中的环境保护技术

1.井下作业废水处理

井下作业生产中产生的作业废水主要是洗井废水,其特点为量大,性质与采油污水接近,但具有一定的间歇性,成分复杂且多变,主要采用集中处理和分散处理两种方式。目前集中处理一般采用双管循环洗井流程和罐车拉运的方式回收,运至联合站后集中处理。由于其性质与采油污水接近,故集中处理一般采用采油废水处理措施。

1) 洗井废水

(1) 处理目标。

洗井废水的处理目标主要有三个:用作注水水源的一部分,回灌,外排。

(2) 处理工艺。

① 除油→过滤工艺(除油为主要目标)。

流程:来水→除油→过滤→回灌或来水→除油→过滤→缓冲→回注。

② 除油→气浮选→过滤(以除油/有机杂质为主要目标)。

流程:来水→除油→浮选→过滤→回灌。其缺点为浮选使溶解(DO)增大、腐蚀性增强。

③ 除油→旋流→过滤(以除油/有机杂质为主要目标)。

流程:来水→除油→水力旋流→过滤→回灌或回用。此流程适用于水量小、不宜集中处理的场合及含油量低、有机杂质含量低或海上平台等。其优点为效率高、水质适中;缺点是旋流器价格高,维修难度大。

④ 生化处理(以外排为主)。

流程:来水→除油→浮选或絮凝→过滤→生化处理→外排。其优点是处理后水可外排;缺点是处理流程长。

⑤ 可移动的作业废水处理方法。

洗井车废水处理流程如图 6-2-2 所示。

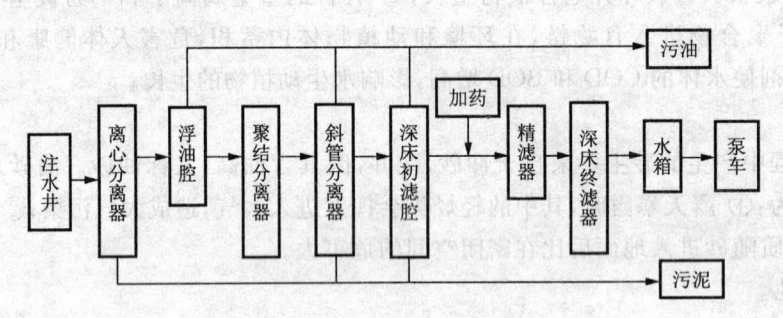

图 6-2-2 洗井车废水处理流程图

该洗井车以井口出水的压力为动力,洗井废水进入洗井车内净化处理,处理后的清水进入水箱,再用泵车注入井内,如此循环洗井直至合格,分离出的污油和污泥随时排放到污物车内。

(3) 处理设施效果评价。

洗井水处理设施的处理效果见表 6-2-6。

表 6-2-6 处理设施效果评价

项 目	去除效果	备 注
石油类	80%以上,基本能满足高渗透油田回注水的要求	部分联合站(如玉门油田、新疆红浅油田等)出水中石油类含量小于 10 mg/L,能满足低渗透油田和注聚合物油田回注水的水质要求
COD	较差,测定的 40 套设备中,只有 9 套设备处理后达标(二级标准 150 mg/L)	对于油水分离容易的油田,通过沉降、多级过滤处理工艺,并加强管理可达标;在现有的设备后加生化处理流程也可使出水达标排放

2) 残酸液的处理技术

目前残酸液的处理方法大多是直接将残酸排放到土池、井场或送至联合站用大量石灰中和后再排放至污水池。此外,也有部分油田采取一定的处理方法将其回收再利用,具体方法如下:

(1) 作为调剖注水剂。

在对废酸进行详细剖析的基础上,将残酸作为调剖注水剂,能使注水压力和启动压力升高,日注水量稳定,吸水剖面得到改善。

(2) 回收酸液。

将质量分数大于10%的废酸液进行回收利用处理,方法有自然结晶法、真空浓缩-冷冻结晶法、自然结晶-扩散渗透法、离子交换法等。

(3) 中和法。

低浓度酸性废水用中和法进行处理,包括废水中和、药剂中和、石灰石滤池过滤中和等。

(4) 回注。

将作业废酸运输至注水站经分析后回注地层。

(5) 残酸液制盐酸法。

用浓硫酸处理转化成稀盐酸,用它代替清水与新盐酸复配后用于酸化作业,这是处理残酸较经济、理想的方法。其处理流程如图6-2-3所示。

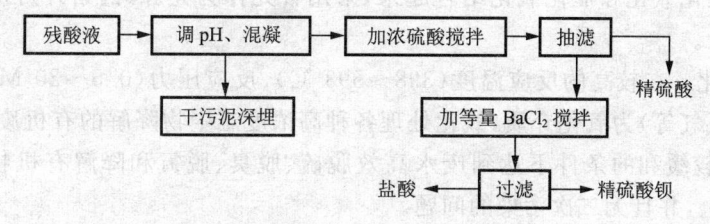

图 6-2-3 残酸液制盐酸法工艺流程图

(6) 化学沉淀法处理含氟酸性废水。

通常用 CaO 或 $CaCl_2$ 与含氟酸性废水反应生成 CaF_2 沉淀,使废水中氟化物的含量降低到 $10\sim20$ mg/L。接触时间大于 24 h 时,氟化物含量可降至 8 mg/L。为使氟化物含量降至 3 mg/L 以下,可采用石灰-硫酸铝沉淀法,即先用石灰使废水中氟化物的含量降低到 10 mg/L 以下,然后调 pH 值至 $5.9\sim7$,再加入硫酸铝进行混凝沉淀,使氟化物含量降至 3 mg/L 以下。如果同时投入六偏磷酸钠,效果可进一步提高。

还有一些其他方法,如废酸中和、混凝、氧化和过滤工艺用于废酸液的处理。

3) 废压裂液的处理

(1) 挖坑填埋。

对环境要求不高的地方可直接挖坑填埋,坑最好深些并辅以防渗处理。

(2) 做水驱油调整剂。

对于变质压裂液,经过固液分离处理后,调整黏度做水驱油调整剂使用。

(3) 做注水水源。

废压裂液量大时,处理后做注水水源。处理流程如下:

预处理→降黏(化学方法)→按一定比例掺入采油污水中→处理→回注。

如果废压裂添加过量,会造成絮体上浮而进入沉降罐,造成整个处理系统稳定性发生波动。

(4) 达标排放。

当废压裂液处理的目的为达标排放时,处理方法可采用氧化法。下面介绍几种在油田应用比较广泛的氧化方法。

① $NaClO_4$ 强氧化剂氧化法。当采用 $NaClO_4$ 强氧化剂氧化处理压裂废水时,处理条件为:$NaClO_4$ 含量不小于 200 mg/L;温度 90 ℃;时间 2~4 h,COD 降低率 90% 以上。采用生物降解进一步处理,可达标外排。

② O_3 氧化法。采用 O_3 氧化法处理压裂废水时,处理条件为:O_3 1~3 mg/L;时间 30 min,COD 降低率 90% 以上。其机理主要是氧化降黏(降解)及提高可生化性,但对 BOD 降低没有太大作用。

③ 光催化氧化。以二氧化钛为催化剂,在光的辐射下产生氧化能力较强的·OH 而进行有机物的氧化降解,其影响因素如下:

a. 反应时间为 1~4 h 时,COD 降低率大幅度上升;大于 4 h 时,速度缓慢。

b. pH 值降低有利于反应,但 pH 值过低处理后水需中和。

c. 紫外灯功率升高,可产生更多的·OH。

d. 污水 COD 高,则紫外光穿透率差。一般适宜的 COD 值为 400~600 mg/L。

如果将光催化氧化和催化氧化结合起来,采用日光作为光源(因紫外灯电耗较大)会有较好的应用前景。

④ 湿式氧化。在较高的反应温度(398~593 ℃)、反应压力(0.5~20 MPa)下,以空气(或富氧空气、氧气等)为氧化介质,氧化处理各种高浓度难生物降解的有机废水、含硫废水、含氮废水等,在较缓和的条件下达到废水高效脱硫、脱臭、脱氮和降解有机物的效果,COD 降低率 99% 以上,并且无二次污染的问题。

⑤ 生物-超声波法。超声波处理高浓度有机废水的机理是利用冲击作用将有机物长链变为短链。处理过程包括下述步骤:

a. 将高浓度有机废水输入装置的曝气区施加超声波对废水进行曝气;

b. 曝气后的废水进入装置的主反应区进行超声降解,同时通过超声-原子态铁耦合形成 Fenton 系统进行 Fenton 氧化降解;

c. 经主反应区降解后的废水进入装置的混凝沉淀区,新生态铁离子对废水进行混凝处理,混凝处理后的水从混凝沉淀区侧面的出水管排出,沉淀物从底部的排泥管排出。

d. 利用柔性超声波、曝气、原子态铁耦合,形成微曝气超声-铁-Fenton 系统,可以快速、有效、稳定地降低高浓度有机废水的毒性,提高其可生化性。

⑥ 膜分离法。以废压裂液再利用为主要目的的膜分离技术所应用的膜材料为纤维材料(中空纤维或聚砜纤维)或陶瓷材料(运转成本低),其机理在第十章中介绍。

⑦ 电絮凝法。电絮凝法的原理:电极周围产生小气泡(类似于污水处理中的气浮);用 Al 和 Fe 做阴极形成氢氧化物絮体,与小气泡结合上浮。

4) 落地油的处理技术

(1) 含油低的落地油。

目前含油低的落地油的主要处理技术为生化法,该方法存在菌种筛选过程长和菌种适应性问题。

(2) 含油高的落地油。

含油高的落地油,如土油池池底泥等,由于长时间积累,清除难度加大。在清除罐时,需戴面具,而且在砂中存在烃组分,铁锹在铲时容易产生火花。

① 回收利用。原油落到地面后应立即采取措施加以回收,通常使用的专门机械设备有拖拉机、推土机、挖掘机、自卸卡车、抽油泵和储油罐等。为防止落地原油四处漫流,可在事故现场和修井井场挖掘防渗集油坑和排油沟,将原油集中在一起,以便于油泵将其抽汲到油罐中。天然和人工合成吸附材料(泥煤、沙土、锯末和其他各种吸油材料)可作为收集落地原油的辅助手段使用,将其运往特定地点回收原油后吸附材料可重复利用。

② 土壤空气抽取法。土壤空气抽取法的原理是利用机械泵使空气通过土壤孔隙去除落地油等挥发性有机化合物(VOCs)。当空气气流通过土壤时,有机化合物转移到气流中,含有 VOCs 的气流按有机污染物的种类不同被收集,然后进行气相处理。此法应用于粗质土壤如砂砾土、砂土等时比较有效。土壤空气抽取法可用于污染现场或地表处理池,还可用于处理建筑物下面的土壤和具有一定深度的土壤(0.80 m),处理过程中土壤仍留在原地。

③ 堆肥处理法。在多数情况下,微生物处理是通过生物转换使原油等有害化合物转变为无毒物质,理想情况下最终可以转变为 CO_2 和 H_2O。此法可在现场应用,也可在地表处理池中应用。现场生物处理需要管路和通风系统供应营养和氧气。生物处理堆肥法是否有效与温度、湿度、有机物的浓度及种类、无机养分(N,P)及生物处理堆的含氧量等因素有关。

④ 洗涤法。洗涤法是利用表面活性剂水溶液清洗含油污泥,溶液形成乳状液(水包油型,加反相破乳剂)后与油砂分离,并将含油污泥的含油量降到 0.5% 以下,其余堆放被微生物慢慢分解,半年后可被除净。此法处理量低,工艺复杂,但洗脱下来的原油可回收。

⑤ 浓缩干化法。浓缩干化法是将污泥清出、堆放,使水分自然挥发(一般含水 90%),当含水降到 75% 时即可外运。此法处理工艺简单,成本低,但容易造成二次污染。

⑥ 降黏压力法。降黏压力法是将含油污泥升温,使油的黏度降低,在压力作用下将部分油回收(油的回收率为 30%~50%)。为了加快速度,通常加入化学剂使滤布与滤饼分离并加速油水分离。

⑦ 萃取分离法。萃取分离法是利用低沸点溶剂油(汽油等)作为萃取剂,实现油、砂分离。此法处理效率高,回收泥砂中的原油量最多,液相不需再处理即可直接打回罐中,但安全风险大,溶剂油用量大,而且不经济。

⑧ 离心分离法。离心分离法利用离心力使油、砂分离。此法是一个连续操作过程,处理效率比较高。用此处理方法处理含油泥砂,装置占地小,但耗能大,处理量小。

⑨ 污泥蒸馏法。污泥蒸馏法是在污泥中加适量水(提高流动性)进行蒸馏,原油回收率可达 95% 以上。

⑩ 焚烧法。焚烧法是利用助燃剂将落地油等有害物质进行深度氧化。此法在落地油含量较高时可有热量回收,但会产生二次污染。

⑪ 固化法。固化法根据固化物的用途主要分为以下几种:

a. 制备建筑材料。材料的强度与污泥的含量密切相关。污泥含量很低,材料强度高,如砖的抗压不低于 19 MPa,当含泥量为 5% 时抗压不低于 14 MPa,可做二级建材(如围墙等)。

b. 水泥固化。水泥固化主要研究内容:污泥含量对抗压强度的影响;污泥含量对抗折强度的影响;吸水性能;浸出性能;浸出物中硫化物的含量;浸出物中重金属(Cu,Pb,Cr,Cd,Hg,As,Ni)的含量;浸出物的放射性。

⑫ 焦化技术。焦化技术是利用落地油中胶质、沥青质含量过高的特点,通过化学反应将其转化为石油焦。

⑬ 热脱附法。热脱附法是靠升高温度使有机物从土壤上脱附下来。此法能耗高,运行费用高,不能脱除油品中的重组分。

⑭ 污泥回灌法。

该方法主要是针对联合站进行水质改性处理后产生的污泥处理而进行的。该工艺的主要流程:污泥→沉降脱水→提升泵→污泥悬浮罐→过滤器→泥浆泵→注入地层。

加药流程则是在药剂罐里按一定的浓度配制的药剂,由药剂泵升压输送至污泥悬浮罐。该工艺采用污泥高效分散剂克服污泥微细颗粒间的互凝作用,保证污泥颗粒具有良好的分散稳定性,能够在回注过程中保持悬浮而不沉降。

2.井下作业钻井液的处理技术

井下作业钻井液的处理技术包括:
(1) 回收后重复利用;
(2) 不能重复利用的钻井液要做固化、无害化处理。

三、井下作业废气污染的治理

(1) 作业施工前或作业放喷时,放压产生的气体要经流程管线进计量站;
(2) 试油、试气施工中产生的气体能进计量站的要进站处理,不能进站的直接燃烧;
(3) 酸化施工的基本要求:配液在配酸站进行,整个过程机械化操作,酸液配好后用密闭罐车运送到施工井场进行施工,整个过程密闭作业,既能防止酸挥发污染环境,又能保证施工质量和安全。

| 思考题 |

1. 油田井下作业过程中产生的主要污染物有哪些?其主要特点是什么?
2. 油田中废压裂液与废酸液的主要处理技术有哪些?简述其优缺点。
3. 简述井下作业中落地原油的主要处理技术及其原理。
4. 酸化含氟废水处理利用的主要方法是什么?
5. 原水中的原油分为哪几种(按粒径分)?各采取何种方式可将其除去?
6. 含油污水处理后的出路有哪些?举例说明不同出路采用的典型工艺流程的优缺点。
7. 储层伤害的基本类型有哪些?
8. 生物技术处理含油污水有哪些优点?
9. 稠油污水与常规采油污水相比有哪些特点?这些特点对于其处理又有哪些难点?
10. 含油含醇气田水的处理主要流程有哪些?各工艺环节主要针对哪些主要问题?
11. 列表简述四种常用含油污水处理化学药剂的种类及原理。
12. 采油污水处理站的平面布置原则是什么?

参 考 文 献

[1] 万里平,李治平,赵立志,等.探井残余压裂液固化处理实验研究[J].钻采工艺,2003,26(1):91-94.

[2] 王松,曹明伟,丁连民,等.纳米TiO_2处理河南油田压裂废水技术研究[J].钻井液与完井液,2006,23(4):65-68.

[3] 陈可坚,李经伟,谷玉洪,等.移动式作业废水处理装置的研究[J].石油机械,2002,30(9):23-27.

[4] 张宏.残余压裂液无害化处理技术的试验研究[J].化学与生物工程,2004(4):38-39.

[5] 万里平,赵立志,孟英峰.Fe/C微电解法处理压裂废水的研究[J].西南石油学院学报,2003,25(6):53-54.

[6] 李卫成,刘军,赵立志,等.压裂返排废液达标排放的实验研究[J].油气田环境保护,2002,12(3):26-28.

[7] 万里平,孟英峰,赵立志.油田作业废水光催化氧化降解研究[J].石油与天然气化工,2004,33(4):290-293.

[8] SANZ J,LOMBRANA J I,DE LUIS A M,et al. Microwave and Fenton's reagent oxidation of wastewater[J]. Environ Chem Lett,2003(1):45-50.

[9] 杨衍东,胡永全,赵金洲.压裂液的环保问题初探[J].西部探矿工程,2006(6):88-89.

[10] 王新纯.油田井下作业环境保护技术[M].北京:石油工业出版社,2002.

[11] 王美礼.运用生物技术治理落地原油[J].山东环境,1999(3):24-25.

[12] 顾传辉,陈桂珠.石油污染土壤生物修复[J].重庆环境科学,2001,23(2):42-45.

[13] 冯吉利,屈撑囤,麻妙锋.水泥基材固化含油污泥的析出性能[J].能源环境保护,2005,19(1):40-42.

[14] 屈撑囤,王新强,陈杰塔.含油污泥固化处理技术研究[J].石油炼制与化工,2006,37(2):67-69.

[15] 冯吉利,屈撑囤,王新强,等.含油污泥的固化实验研究[J].西安石油大学学报(自然科学版),2005,20(2):43-45.

[16] 吴新国,王新强,明云峰.陕北低渗透油田采油污水处理与综合利用[J].工业水处理,2007,27(7):74-77.

[17] 侯翠岭,屈撑囤,王小泉.姬塬采油区污清混合注入水处理室内研究[J].油田化学,2008,25(1):30-33.

[18] 秦芳玲,曹丽娟,燕永利,等.几株机油降解菌及其处理含油废水的效果[J].油田化学,2007,24(3):269-271.

[19] 李占辉,朱丹,王国丽.油田采出水处理设备选用手册[M].北京:石油工业出版社,2004.

[20] 孙绳昆,宋英男.稠油废水处理回用于热采锅炉用水[J].中国给水排水,2000,16(10):52-54.

[21] 雷乐成,陈琳,何锋.油田稠油废水处理新工艺[J].中国给水排水,2002,18(11):69-70.

[22] 党伟,陈李斌.稠联污水生化处理技术研究[J].石油化工环境保护,2003,26(3):30-32.
[23] 王明信.含聚污水给普通含油污水处理带来的影响[J].油气田地面工程,2001,20(5):35-59.
[24] 曹建喜,陈金霞,余晖.油田采出水处理现状及发展方向[J].环境保护科学,2001,27(12):11-12,22.
[25] 詹亚力,杜娜,郭绍辉.我国聚合物驱采出水处理方法研究进展[J].油气田环境保护,2003(1):19-22.
[26] 李化民.油田含油污水处理[M].北京:石油工业出版社,1992.
[27] 薛瑞,姚光源,腾厚开.油田杀菌剂研究现状与展望[J].工业水处理,2007,127(10):1-4.
[28] 侯宝利.硫酸盐还原菌腐蚀研究进展[J].材料保护,2001,34(3):7-10.
[29] 祁鲁梁,李永存,杨小莉.水处理药剂及材料实用手册[M].北京:中国石化出版社,2000.
[30] 严瑞平.水处理应用手册[M].北京:化学工业出版社,2003.
[31] 刘瑾,姚占力,牛自得.我国油田注水杀菌剂的应用现状及发展趋势[J].油气地面工程,1999,18(3):1-4.
[32] SECKIN T,ONAL Y,YESILADA O,et al. Preparation and characterization of a clay-polyvinylpyridinium matrix for the removal of bacterial cells from water[J]. Materials Science,1997(32):5 993-5 999.
[33] 刘东升.油田环境保护技术综述[M].北京:石油工业出版社,2004.
[34] 叶燕,高立新.对四川气田水处理的几点看法[J].石油与天然气化工,2001,30(5):263-265.
[35] 李勇.长庆气田含甲醇污水处理工艺技术[J].天然气工业,2003,23(4):112-115.

第七章　海洋油气勘探开发中的环境污染与保护技术

海洋是生命的摇篮,是人类赖以生存的宝库,它因极其丰富的资源、广阔的空间以及对地球环境和气候的调节作用,成为全球生命支持系统的一个重要部分,是人类社会持续发展的宝贵财富。随着我国陆地浅地层地质资源勘探的基本完成和一些大油田油气资源的濒临枯竭,海洋油气勘探开发作为人们通过现代科技向海洋索取能源的重要途径已被广泛采用。然而,人们在开发利用海洋资源的同时却有意无意地污染了海洋。目前我国沿海海域已受到不同程度的污染,尤其是海域有机物污染正在加剧,海洋生态环境也趋于恶化,海洋生物资源丰度锐减,沿海地区曾不同程度地发生过"黄潮""赤潮"灾害。这些迹象向人们发出警告:保护和治理海洋环境已刻不容缓。

第一节　海洋油气勘探开发中产生的污染物

一、海洋石油开发环境污染与治理现状

海洋环境是一个整体,海洋环境的退化起因于各种各样的活动。在海洋油气勘探开发过程中,如果环保措施不得当,就可能损害海洋环境。一次大的油污染事故对海洋环境的损害是难以估算的。近年来,我国海洋油气勘探开发活动日趋频繁,作业队伍主要分布在渤海、东海和南海的广大海域。随着海洋油气田的发展,产生了大量的含油污水、生活污水和生活垃圾。大量的含油污水年复一年地排入海洋,对海洋环境和海洋资源产生了巨大的影响。

海上油气的开采方式与陆上基本相同,但由于生产作业在生产平台或其他海上生产设施(如 FPSO)上进行,因而有其自身的特点。生产平台亦称中心平台,它集原油生产处理系统、工艺辅助系统、公用系统、动力系统及生活系统于一体。生产平台汇集了各井口平台的来液后,经三相分离器将来液的油、气、水进行分离。三相分离器分离出的原油在原油处理系统中经脱水达到成品油要求后输送到储油平台或其他储油设施上;天然气经气液分离、压缩等一系列处理后供发电机、气举和加热炉等使用,多余的天然气进火炬系统烧掉;含油废水进入含油废水处理系统进行处理,合格的含油废水排海或回注地层。

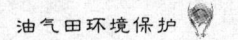

二、海洋油气勘探开发中的污染源及对环境的影响

1. 海洋油气勘探开发中的污染源

海洋油气勘探开发活动中可能损害海洋环境的污染源主要有以下几个方面：
(1) 石油平台碰撞、搁浅、倾覆、爆炸、火灾等引起的油泄漏；
(2) 石油开采平台采出水的排放；
(3) 石油钻井平台钻井水、钻井液的超标排放以及钻屑的处理；
(4) 石油钻井平台在生产过程中发生井喷；
(5) 石油平台压载舱水、机舱污水、生活污水排放及各类生产、生活垃圾的不当处理；
(6) 石油平台作业生产过程中所需的各类油料在运输、转船、储存、使用中的溢漏；
(7) 石油平台在试油作业中造成的污染；
(8) 石油平台使用各类化学处理剂引起的不良效果；
(9) 各类输油管线破裂而发生的泄漏；
(10) 由于设备故障、压缩机停机、处理装置超载等作业故障引起的非故意排放。

2. 水体中石油的变化过程

进入水体的石油可通过物理、化学和生物过程从水体环境中除去：相对分子质量低的烃类($C_1 \sim C_{10}$)通过蒸发进入大气，然后通过光氧化作用进行分解；相对分子质量较大的烃类通过水体中悬浮粒子的吸附、沉降等过程进入沉积物中；水体中的石油烃和沉积物中的石油烃可通过微生物降解除去。微生物降解石油烃的速度以正构烷烃最快，支链烷烃次之，而环烷烃和芳香烃最慢。

进入海洋环境中的石油归宿比较复杂，如图7-1-1所示，主要变化过程有溶解、蒸发、光氧化、颗粒物的吸附、表层水体混合乳化、微生物降解。这些过程受到环境温度、矿化度、溶解氧含量、风、波浪、悬浮物含量、地理位置、油的化学组成、光照、微生物种群及氧化还原环境等的影响。溢油在海面受到各种自然因素的影响，发生蒸发、溶解、光氧化和微生物降解等变化并改变其固有特征性质的现象称为溢油的风化。

3. 水体中石油的存在形式与分布

石油进入水体环境后以四种形式存在：① 漂浮在水面的油膜；② 溶解状态；③ 乳化状态；④ 凝聚态残余物。油膜是石油进入海洋的初始状态，然后一边蒸发一边扩散和溶解，溶解状态和乳化状态的油分散在水体中，剩下的凝聚态残余油根据其密度大小可以漂浮于水体中或沉于水底沉积物中。水体中油类物质的数量、化学组成、物理性质及化学性质都随着时间不断地发生变化。水体环境中的风、浪、流、光照、气温、水温和生物活动等因素均对海上溢油的物化性质产生影响。水体中石油的分布与归宿取决于油类的挥发、扩散、分解、溶解、光氧化、乳化、吸附、沉降及微生物降解等复杂的物理、化学、生物等过程。

4. 海洋油气开发污水的特点

海洋油气开发污水是海洋油气勘探、开发过程中排放的污水，主要包括钻井污水、采

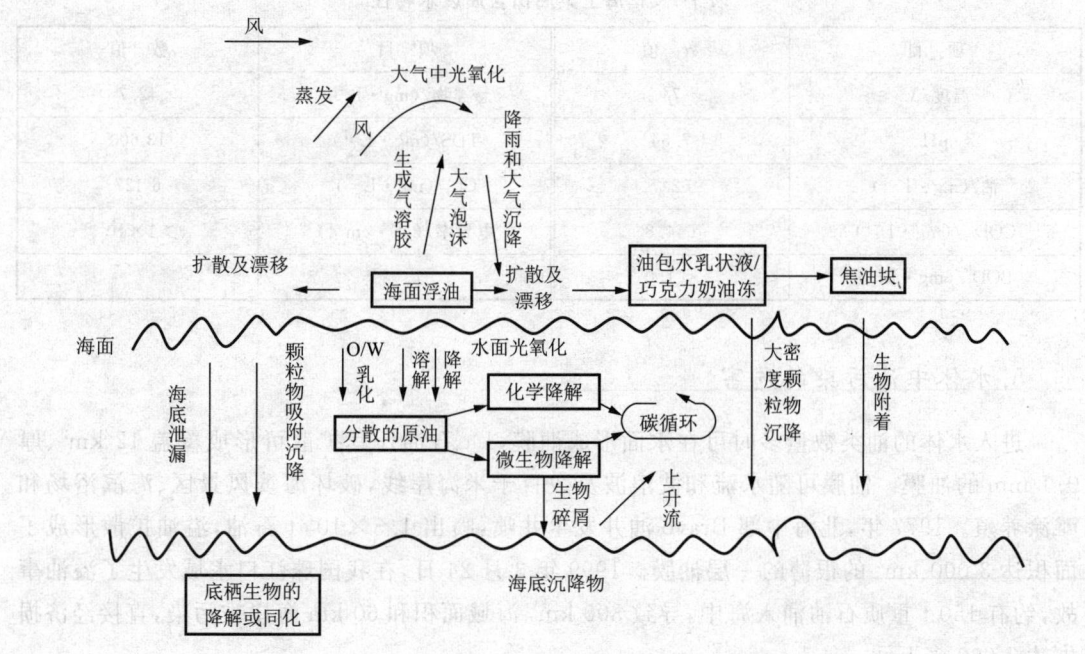

图 7-1-1 进入海洋环境中的石油归宿示意图

油污水、洗井污水和采气污水,其中量最大的是三相分离器分离出来的采出水,其特点如下:

1) 脱水困难

海上石油具有高密度、高含蜡和高倾点的特点(表 7-1-1),致使原油脱水困难。由于各地原油的性质不同,故污水的乳化程度不一,一般呈碱性。

表 7-1-1 几个海上油田原油的主要特征

油田名称	位　置	密度(15 ℃)/(kg·m^{-3})	含蜡量(质量分数)/%	倾 点/℃	黏度(50 ℃)/(mPa·s)
惠州 21-J	珠江口	800	15.6	25～30	2.7～4.2
涠 10-3	北部湾	858	27～29	35～38	4.7
埕　北	渤海	955	5.74	7.7	750
渤中 28-1	渤海	830	15～20	33	3.7
渤中 34-2	渤海	854	15.42	15～30	9.1
渤中 24-3	珠江口	858	45	40	8.3

2) 污染物含量较高

海洋石油开发污水中的主要污染物是油类、悬浮物、铬、微量 COD 和酚,尤以石油组分中芳香烃类有机物的毒性最为严重,每升水含油在几百到几千毫克范围内。海上某油田含油废水的主要物性见表 7-1-2。

表 7-1-2 海上某油田含油废水物性

项目	数值	项目	数值
温度/℃	74	悬浮物/(mg·L^{-1})	42.7
pH	7.54	TDS/(mg·L^{-1})	13 600
油/(mg·L^{-1})	62.7	Cl$^-$/(mg·L^{-1})	6 427
COD$_{Cr}$/(mg·L^{-1})	644.8	电导率/(μS·cm^{-1})	>1×10^7
BOD$_5$/(mg·L^{-1})	<150		

5. 水体中油污染的危害

进入水体的油类数量多时可在水面形成油膜，1 t 石油任其扩散可形成覆盖 12 km^2、厚 0.1 mm 的油膜。油膜可随水流和波浪波及数百千米海岸线，破坏海滨风景区、海滨浴场和滩涂养殖。1977 年，北海中部 Bravo 油井发生井喷，喷出 1.3×10^4 t 石油，溢油扩散形成了面积达 3 000 km^2 的很薄的一层油膜。1999 年 3 月 24 日，在我国珠江口水域发生了溢油事故，约有 150 t 重质石油涌入海中，导致 300 km^2 海域面积和 60 km 海岸被污染，直接经济损失达 7 000 多万元。

除了溢油直接的危害以外，在清除溢油时使用大量的药剂同样会造成巨大的危害。例如，为了清除"托利坎扬"号油轮溢到岸边的油，共用了 1×10^4 t 分散剂与清洗剂，这些药剂的危害比油更甚，用这些药剂清洗过的海滩上的动物全部被毒死。清除海面上 1 t 油的费用在 100~500 美元之间，清除滩涂上的溢油费用更高、难度更大。

1) 石油对海洋生物的毒性及危害

石油对海洋生物的毒性可分为两类：一类是大量石油造成的急性中毒；另一类是长期低质量浓度石油的毒性效应。

海洋动物对油的敏感性不同。一般来说，对成熟阶段的海洋动物，石油中的可溶部分对它们的致死质量浓度范围为 1~1 000 mg/L，而幼体则为 0.1~1 mg/L。例如，石油对幼体梭鱼 96 h 的致死质量浓度为 0.62 mg/L，最大忍限为 0.12 mg/L。

石油对鱼类的影响一方面是通过鳃等器官直接摄入或黏附石油而影响呼吸及分泌功能；另一方面是影响鱼卵、幼鱼及鱼类生存的生态系统。

海洋哺乳类动物体表粘上溢油后，经过一定时间可以自己清除，但若摄入体内则可损害内脏功能。某些石油组分能使捕食性动物（蟹）和游离菌类对化学刺激的知觉失调，并阻碍水体生物间的化学信息传递。

鸟类体表粘上溢油后，其飞行功能丧失，摄入体内可使肝、肺、肾等器官发生损害并减少白细胞数目，造成鸟类死亡。

底栖和潮间带的无脊椎动物虽然非常容易受到石油的损害，但比海洋生物对油的耐受力强。

浮游动物对在水中分散和溶解的石油烃很敏感，但对漂浮油则不太敏感。浮游动物种群和群落生活在长期排放小量石油的开阔水域中者恢复较快，而在封闭水域中者则相反。不同生活阶段的浮游动物对油的耐受力不同。例如，极地海区的端足类甲壳动物对较低浓度的原油有高的敏感性,而在同一沉积物中的等足类甲壳动物则全无影响。

生长在潮间带的大型植物最易受到油的损害,而潮下带的植物受到油污染时影响不太严重。油类附着在植物根茎部会影响其对养分的吸收,使其减产或死亡。

石油对浮游植物光合作用的速度有明显影响,一般会妨碍藻类的成长,但也可看到某些藻类在遭受油污染后反而繁殖旺盛的现象。

对微生物来说,长期低质量浓度溢油对微生物群落和种群生活活动的改变较少,而突然发生的大溢油事故对其改变则很大。在正常生态系统中,能利用烃类的微生物一般占微生物种群的 0.1% 以下,每升海水中只含约 100 个这样的细菌,而在油污染的生态系统中则可达 100%。

2) 石油对人体健康的影响

暴露在海洋环境中的石油的低沸点组分很快挥发进入大气而污染空气。人类直接摄取各种石油蒸馏物可发生各种中毒症状,受到影响的器官有肺、胃肠、肾、中枢神经系统和造血系统。中枢神经系统的中毒症状有:衰弱、嗜睡、眩晕、痉挛、昏迷。

人类食用被油污染的鱼、海产品、水产品(包括动物及植物产品)后,有毒物质进入人体,使肠、胃、肝、肾等组织发生病变,危害人体健康,甚至导致死亡。

3) 恶化水体,危害水产资源

含油污水排入海洋后,油在水体中以浮油、溶解油、乳化油等形式存在。浮油漂浮于水面,易扩散形成油膜,当油膜的厚度大于 1 μm 时,可隔绝空气与水体间的气体交换,导致水体溶解氧下降,恶化水质;溶解油和乳化油则直接污染水体,从而危害水产资源。

4) 污染大气

含油废水中含有挥发性有机物,且以浮油形式存在的油形成的油膜表面积较大,在各种自然因素作用下一部分组分和分解产物可挥发进入大气,污染和毒化上空和周围的大气环境。同时,因扩散和风力的作用,污染范围可扩大。

5) 影响自然景观

油类可以相互聚成油湿团块,或黏附在水体中的固体悬浮物上形成油疙瘩,聚集在沿岸、码头、风景区形成大片黑褐色的固体块,破坏自然景观。例如,溢油污染红树林区,能够存在 10 年以上,使其自然生态长期受到危害。受油污染的盐碱滩中,对于中—粗沙滩、砾石滩,溢油能渗入很深的深度,很难清除干净,产生长期有害的影响,溢油的毒性作用可持续多年,阻碍生物的重新集群。

综上所述,水体油污染物对水圈、生物圈、大气圈、自然景观造成污染和破坏,危害人体健康和生存环境,所以水体油污染治理是当今急需解决的问题。

实质上,在海洋油气勘探开发过程中要注意的环境问题主要为油污染问题,其中以溢油与废水对环境的影响最大。对石油工业来说,解决此问题集中在含油废水的妥善处理与溢油事故的处理上。

第二节　海洋油气勘探开发中的环境保护技术

一、海洋石油污染的控制与治理方法

为了控制（防止）海洋的油污染，减轻或消除油污染的后果，目前国外采取了一系列相应的措施。

1．降低废水的含油量

国外对含油废水的处理方法大致有以下几种：

1）密度差分离法（油水分离法）

利用油、水的密度差将浮油从水中分离出来是处理含油废水最基本的方法。该方法在炼油厂和石油化工厂被广泛采用。若做成密封式油水分离器，可在船舶用于处理含油压舱水、洗舱水以及其他含油污水。此法适于除去重油等不溶于水的组分，但不能除去可溶性油类及乳化油。

2）凝聚沉淀法

用硫酸铝和铁盐等凝聚剂与水中的碱性成分反应，生成胶体状氢氧化合物，吸附或凝聚废水中的石油和悬浮物并沉淀下来。该方法常用钙盐和活性硅酸加速凝聚和沉淀。此法适于处理含油量较小但悬浮物多的废水或含乳化油的废水，但往往需要使用大量的凝聚剂，还要有大型沉淀池，并会产生大量的淤渣，成本较高。

3）加压浮上法（气浮法）

把空气压入含油废水使之过饱和，然后在常压下释放，产生大量气泡，石油和悬浮物附着在气泡上或进入气泡并随之上浮。若再加入硫酸铝、铁盐等凝聚剂或各种表面活性剂，则称为凝聚加压浮上法。此法对处理油船洗舱水最适宜。

4）过滤法

含油废水通过过滤器，过滤器中的砂层和无烟煤层吸附油分使废水脱油。这是一种初级处理方法，可用来处理含油较少的废水，但过滤材料的清洗很困难。

5）吸附法

吸附法如活性炭吸附法，适于高级处理，但吸附剂的再生技术复杂，成本昂贵。

6）微生物处理法

利用微生物对石油的分解作用除去废水中的油分，主要有活性污泥法、扩散滤床法、氧化塘法等。欧美各国常将上述几种方法联合使用，而在日本，考虑到占地面积，多采用效率较高的活性污泥法。活性污泥法可使含油废水高度净化，并能除去使鱼、贝类发出油味的油臭成分，尽管目前其费用较高，但仍是最好的处理方法之一。

7）禁止船舶非法排油

一些国家规定，除了在允许的情况下，禁止船舶向海里排放废油或含油废水；要求船上

设置专门的防漏油装备,并对本国领海水域实行监视。例如,日本海上保安厅在油污染频繁发生的东京湾、伊势湾和濑户内海等地有专门的巡逻艇和飞机监视船舶非法排油。苏联也规定,禁止油船在离岸50 n mile(1 n mile=1 852 m)内排泄含油超过50 mg/L的压舱水。

2. 减轻或消除油污染

迄今为止,海面油污染的处理方法不外乎物理处理、化学处理和生物处理三种方法。

1) 物理处理法

目前来看,利用物理方法加机械装置清除海面和海岸油污染是最有效的办法,但对清除乳化油一般不适用。

(1) 油垣。

油垣是一种常用乙烯柏油防水布制作的带状物,在港湾、河口、养殖场和近海区用以阻止石油向海岸或其他需要保护的地区扩散是非常有效的。在紧急情况下,油垣也可由泡沫塑料、稻草捆、大木料、席子、金属管等物构成。国外市场上出售的油垣在构造上基本可分为浮体、"帷幕"和重物三部分。浮体的一部分浮在海面上以防止浮油越过;"帷幕"则在浮体下面形成一堵水下墙壁,防止石油从下面流走;重物垂在"帷幕"下面,使油垣保持垂直稳定。

油垣必须在油污染发生后及时展开,使用时要考虑海区的潮流、风浪等因素。油垣的设置不能和海流的方向垂直。为了防止油垣本身移动,需要抛锚固定。如有可能,最好平行设置两层油垣,以免浮油溢出。但在浪大流急的情况下,油垣使用起来比较困难,效果也不理想。当然,可以先用油垣把海面浮油阻隔起来,然后加以回收或吸附。

(2) 水泵抽吸。

用围油栏将浮油阻隔后,用水泵把海面的浮油和海水一起吸入船舱内,再用油水分离器把油分离出来,也可以把浮油直接抽入特制的聚氨酯桶或橡胶气球内。

(3) 麦秆吸附。

将干麦秆(或切碎以增加麦秆的吸附面积)撒在海面上吸附石油,然后捞起运走。在圣巴巴拉油污染事件中,沿岸居民利用这种方法取得了很好的效果。最近也有在海面撒聚氨酯发泡体、火山岩石加工品等细片吸附油的报道,但因吸附石油后的细片很难处理,所以该方法不适于处理大规模的油污染。

(4) 油扫帚。

美国石油公司研制成一种名叫"油扫帚"的浮油收集艇。艇前部有一个海绵圆鼓,在海面不停旋转吸取浮油,再在艇内将油压出来。一艘这样的艇每小时能扫6 t石油供再加工之用,不仅可以使海面清洁,而且可减少石油的损失。

(5) 油回收船。

油回收船通常是双体船,两个船体间装有一个氨基甲酸乙酯制的滚筒,滚筒可在海面旋转吸取浮油。1970年建造的"Kyo3uini"号回收船每小时能回收10 t含水25%的油水混合物。

(6) 旋涡式海面清洁器。

法国别尔廷公司发明了一种旋涡式海面清洁器,利用螺旋桨旋转时形成的旋涡把海面浮油集中卷入旋涡内,再从旋涡中将石油抽到船上。螺旋桨旋转越快,旋涡越深,石油越往一处集中。该清洁器每小时能清除209 m² 海面的石油,而且能够把20 m远处的浮油吸过来。

(7) 特殊磁铁"液体"。

美国一家公司研究出一种清除海面油污染的新方法,它的特点是利用一种溶于石油而不溶于水的特殊磁铁"液体",该"液体"由粒径为人发直径千分之一的磁铁微粒构成。当"液体"在水表面雾化后,漂浮的石油就会被磁铁"抓住"。

(8) 人工清除海岸油污染。

如果石油漂上海岸或海滩,目前最好的方法是把被油污染的砂子、砾石和碎片全部铲除并运往别处,而粘涂在岩石和防波堤以及小船上的石油可利用人工清除或用蒸汽清洁器除去。

(9) 燃烧处理。

英国政府在处理"托雷·卡尼翁"号油船溢油事件中曾出动飞机轰炸沉船,把一部分石油烧掉。此外,也可以在油面上洒汽油、酒精等作助燃剂加速燃烧。但考虑到对附近船舶和海岸设施可能造成损失,而且燃烧时产生的浓烟也会污染空气,因此只是在离岸相当远的海上才使用燃烧处理方法。

2) 化学处理方法

喷洒各种化学药剂,如分散剂、去垢剂、洗涤剂和其他表面活性剂等,把海面的浮油分散成极微小的颗粒,使其在海水中乳化、分散、溶解或沉降到海底。

目前,各国使用的药剂品种繁多,下面简单介绍三种。

(1) 聚复体 A-11(Polycomplex A-11)蓝色液体。

用小船或飞机喷洒聚复体 A-11,它与浮油混合,可把浮油分裂成小粒,然后被风、浪和海流驱散,再由水中的细菌分解。

(2) Corexit7664 琥珀色水溶液。

Corexit7664 能将浮油膜分裂成小珠状,再由水中的细菌分解。实践证明,该药剂很有效,但必须使药剂与浮油充分混合。实验表明,即使该药剂使用量很大,对生物也无害。

(3) 白垩粉。

法国在处理海面油污染时使用天然白垩粉,同时用硬脂酸作添加剂,使白垩粉亲油疏水,这样可使大部分浮油下沉或散开。

然而,在处理海洋油污染时使用化学药剂不论其有无毒性都是不适宜的。这是因为:一方面,分散开或沉降的石油不仅依然留在海洋环境中,而且变得更易于被生物吸收或同化;另一方面,许多化学药剂对生物的毒性甚至比石油还强。因此,一些国家对使用化学药剂处理海洋油污染作了一定的限制和规定。在日本,考虑到沉降到海底的石油对底栖动物危害很大,几乎不允许使用沉降剂。瑞典的生物学家们认为,即使使用低毒性乳化剂,对海洋生物也会造成危害,所以瑞典在处理油污染时一般不使用乳化剂。英国曾使用乳化剂处理油污染,造成海鸟大量死亡。例如,1969 年被油污染的长尾鸭达 10 000 只以上,其中有 2 000 只死亡;1970 年处理的 20 起事件中,被油沾污的 1 600 多只长尾鸭中有 360 多只死亡。

3) 生物处理方法

某些天然存在于海洋或土壤中的微生物有较强的氧化和分解石油的能力,可以利用微生物的这一特性清除流入海中的石油。

(1) 用微生物分解石油。

美国有学者研究用微生物分解石油。为了加速微生物的分解速度,可在油面上撒营养物质以促进微生物的繁殖。由于营养物质在水中易于被稀释,目前正在寻找这些营养物质的胶结剂。

(2) 用能氧化碳氢化合物的细菌清除油膜。

研究发现,可以利用石油烃的氧化菌处理舱底污水、污泥和海面油膜。有人从美国加利福尼亚州沿岸许多地区收集到多种这类氧化菌,其中一些菌种能乳化和分解约72%的原油,分解作用可持续两昼夜。但原油中的高沸点组分(除石蜡外)不能被分解。

(3) 用酵母清除油污染。

1971年,美国佐治亚州立亚特兰大大学进行了"用酵母清除油污染"的研究。研究发现,某些酵母菌株天然存在于被石油污染的水中,其数量随油污染范围的扩大而增多。这表明它们是靠"吃"石油而繁殖的。研究表明,用酵母清除海洋油污染与细菌等其他微生物相比有许多优点。由于细菌受环境因素的影响较大,阳光能杀死细菌,海水的渗透压能破坏细菌的细胞壁,因此细菌分解石油的效能受到限制。而酵母对阳光的杀菌效应和对海水的渗透压都具有较强的抵抗力,而且酵母菌株种类较多,能很快"吃掉"石油,或者钻到油滴中并在其中繁殖。这样,在海洋环境中酵母就不会受到原生动物的伤害。目前已从被油污染的海滩、河口和河流中找到700多种酵母菌株。

实践证明,用生物方法处理海洋油污染如果能同其他方法联合使用效果将更好。但目前对于生物分解过程中石油有毒成分的转化机制尚不清楚。

总的来说,处理海洋油污染应该是先用油垣把浮油阻隔起来,防止其扩散和漂流,然后用各种物理方法把围起来的石油尽量多地进行回收,对剩下的无法回收的石油再用化学方法和生物方法进行处理。

二、海上油田废水处理工艺流程

我国海洋石油工业从1964年起在渤海海域进行勘探,第一座海上综合性采油平台——渤海4号采油平台——于1975年投产,当时的废水治理设施与油田生产设施同时建成。虽然当时我国还未公布海洋开发石油工业含油废水排放标准,但仍然采用"隔油—浮选—过滤"三个设施组建了含油废水治理系统,外排水含油在$10\sim20$ mg/L之间。后来相继建成的各种海上生产平台都建设了相应的废水治理系统,同时根据原油物性不同,不断改进废水治理装置。相对而言,海洋作业废水排放标准比陆地要低。

1. 海上油田废水处理设备选择的基本原则

海上油田废水处理设备选择的基本原则为:
(1) 满足油田最高峰废水处理量;
(2) 设备效率高,体积小,占地面积小;
(3) 结构简单,易操作;
(4) 价格便宜,经济效益好;
(5) 维修简便,免修期长等。

2. 典型的海上油田废水处理流程

海上油田废水早期的治理工艺大体分为两类,即两段和三段治理工艺。前者分为混凝除油和过滤除油两部分;后者分为重力式除油罐去除浮油、混凝除油进一步去除浮油和部分乳化油、压力过滤三部分。近几年又发展了粗粒化除油和气浮法除油代替混凝除油的工艺。

1) 隔油—气浮—压滤技术

渤海 4 号采油平台上有 8 口油井,年产原油 3 万余吨,含油废水主要来自地层产出水,含油约 1 000 mg/L,其处理工艺流程如图 7-2-1 所示。隔油池(24 m³)用斜板分为三间串联。每间分别安装一组 45°倾角的斜板,斜板间距分别为 50 mm,40 mm 和 30 mm。进水含油 1 000 mg/L,出口含油小于 100 mg/L,污油通过集油管流入收油罐,然后用压缩空气压入沉降罐,再循环脱水。隔油池的废水通过提升泵送至浮选池(24 m³)以去除水中的乳化油,在泵的进口加入混凝剂 $AlCl_3$(质量分数 0.5%,加药量可根据废水中含油量而定);气浮池出水口设计含油低于 50 mg/L,加药浮选后的废水经提升泵加压进入压力过滤罐(2 座)进行过滤,其中所装滤料分上、中、下三层(下层为厚 200 mm、粒径 14 mm 的石英砂,中间层为厚 300 mm、粒径为 0.4~0.9 mm 的石英砂,上层为厚 5 mm、粒度 8~30 目的活性炭)。

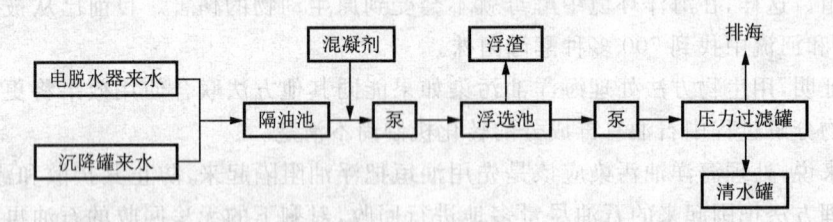

图 7-2-1 隔油—气浮—压滤技术处理含油废水工艺流程图

压力过滤罐出水设计参数为含油量低于 30 mg/L,除了部分回用作反冲洗水外,其余排海。治理后出水的实际含油量约为 70 mg/L,由于工艺落后,出水实际上达不到规定的含油排放标准。

2) 隔油—粗粒化技术

渤海 8 号采油平台的含油废水处理工艺流程如图 7-2-2 所示,隔油池容积约 20 m³,采用不饱和聚酯玻璃钢制成的波纹斜板成 45°倾角安装而成。一级粗粒化塔内的填充料为聚丙烯球,二级粗粒化塔内的填充料为聚丙烯布。两种填充料均为亲油疏水材料,能将污油吸附在表面上,逐步使小油滴变大,最后上浮至水面而去除,从而使含油废水得到净化。

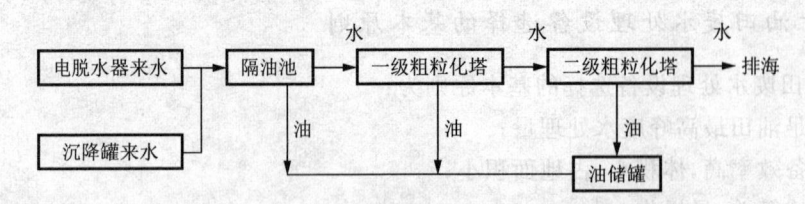

图 7-2-2 隔油—粗粒化技术处理含油废水工艺流程图

隔油池进水含油不大于 1 000 mg/L,出水含油设计参数为 50~100 mg/L;一级粗粒化塔出水含油 30~50 mg/L,二级粗粒化塔出水含油低于 30 mg/L。该工艺结构紧凑、占地面积小,适用于黏度不高的原油废水处理。渤海 8 号采油平台含油废水处理系统自 1979 年投产以来,运转正常稳定,年回收原油约 380 m³,经济效益显著。

3) 重力沉降—隔油—气浮技术

绥中 36-1 油田含油废水处理系统采用分散收集、集中处理的方案,设置在浮式储油轮上。含油污水处理流程如图 7-2-3 所示。该系统由储油水舱、波纹板隔油器、浮选器及废水泵等组成。来自原油处理系统的含油废水首先汇集到储油水舱(储油水舱由四个舱组成,单舱容积 600 m³,在四个储油舱室中的 C 舱设有一个 16 m³ 的撇油柜),在储油水舱内进行重力沉降,较大油滴上浮并收集到撇油柜中,然后排放到污油舱中。若来水含油小于 3 000 mg/L,经沉降后的废水含油量可降至 300 mg/L 以下。来自储油水舱中的废水由废水泵提升并送入波纹板隔油器中(波纹板隔油器内装有三组波纹板组,与水流方向成 45°角),通过波纹板组后废水中的细小油滴可以聚结增大并上浮,由上部设置的撇油器撇出。经隔油器处理后的含油废水进入浮选器进行加气浮选,处理结束后排海。绥中 36-1 油田废水处理系统自投产以来进行了大量的系统优化,包括化学药剂的选择、流程调整等,最终排海废水含油量可低于 23 mg/L。

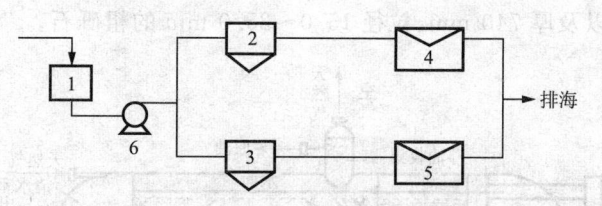

图 7-2-3　绥中 36-1 油田含油废水处理系统示意图
1—储油水舱;2,3—波纹板隔油器;4,5—浮选器;6—废水泵

渤中 34-2/4E 油田含油废水处理流程与绥中 36-1 油田的基本类似,但相对更为简单,如图 7-2-4 所示。多年的实践结果表明,该废水处理系统运行情况正常,年回收原油 2 715 t,经济效益明显,设备一次性投资在当年收回并有盈余。

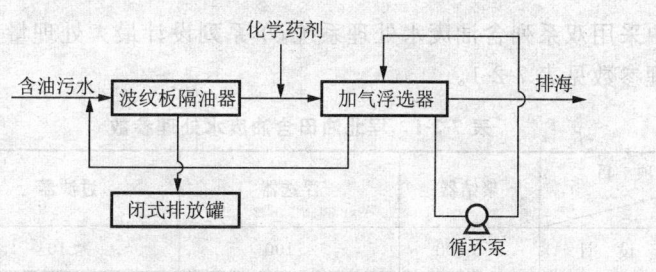

图 7-2-4　渤中 34-2/4E 油田含油废水处理工艺流程图

4) 聚结—气浮—砂滤法

为了治理埕北油田的稠油废水,中海油渤海石油公司从国外引进了聚结—气浮—砂滤装置,其工艺流程如图 7-2-5 所示。

埕北油田所引进聚结器的结构如图 7-2-6 所示,内有波纹板装置,可将流过的含油废水分离,油上升到板顶部撇出。分散气浮选器用马达带动立管内转子转动,转子转动时气体被吸入立管并在管下部与液体混合,然后在管口由于离心力的作用,水与气体一起通过扩散器

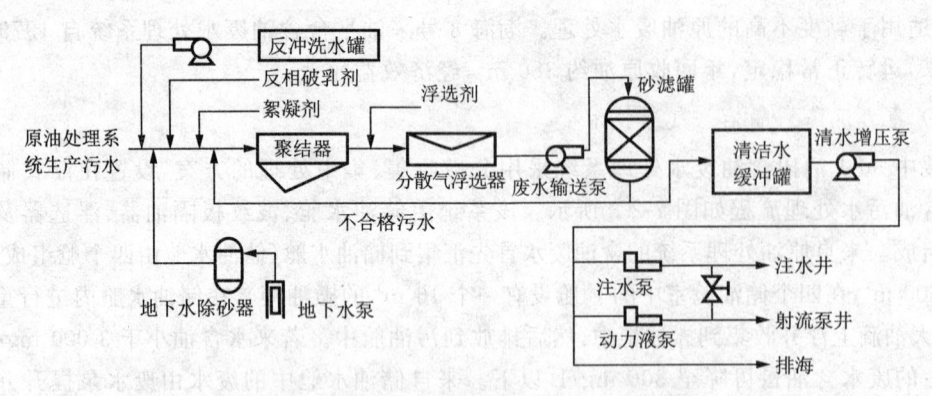

图 7-2-5 埕北油田的稠油废水处理工艺流程图

开孔排出;气体变为微小气泡分散在浮选槽中并与浮选剂(如聚合氯化铝)接触;分散油和固体颗粒黏附到小气泡上并上浮到水面成为浮渣,最后被撇出槽外。砂滤罐自上而下分别填充厚 100 mm、粒径 1.2 mm 的极硬无烟煤粒,厚 40 mm、粒径 0.8 mm 的细砂,厚 100 mm、粒径 2.0～5.0 mm 的粗砂,厚 100 mm、粒径 5.0～15.0 mm 的细砾石,厚 200 mm、粒径 10.0～15.0 mm 的粗砾石以及厚 740 mm、粒径 15.0～25.0 mm 的粗砾石。

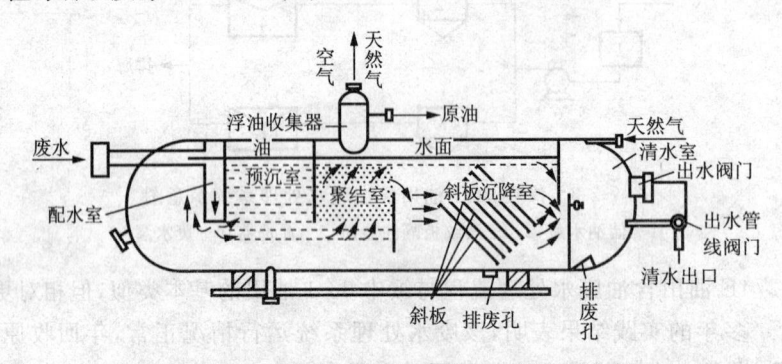

图 7-2-6 埕北油田所引进聚结器的结构示意图

实际运行中采用双系列含油废水处理系统,单系列设计最大处理量为 1 800 m³/d,三个主要环节的处理参数见表 7-2-1。

表 7-2-1 埕北油田含油废水处理参数

装置 项目		聚结器	浮选器	过滤器	备注
入口含油量 /(mg·L^{-1})	设 计	<3 000	<100	<10	实际含油量选用处理量 3 600 m³/d 的状况
	实 际	<3 000	100～300	30～50	
出口含油量 /(mg·L^{-1})	设 计	<100	<10	<5	
	实 际	100～300	30～50	30～50	

对于来自原油处理系统的含油废水,首先在聚结器入口前加入絮凝剂,使含油废水在聚结器中通过絮凝和重力分离,较大颗粒原油及悬浮固体上浮并被撇入导油槽,处理后的废水靠液位差进入分散气浮选器;在浮选器底部加入少量天然气作为附着小油滴的载体并与油珠一起上浮到顶部;上部撇油装置将油撇出,处理后的废水由下部出口流出;来自浮选器的

废水由泵加压输送到砂滤罐,由上至下通过过滤层,处理后的废水进入缓冲罐,此时的废水应是处理后的合格水,可用作注入水或动力液,剩余部分排海。

5）重力除油—气浮法

该流程于1987年首先用于涠洲油田含油废水处理,设计能力为日处理油井产液3 700 t、含油废水1 300 t。含油废水先进入污油水舱,经过静置、沉淀后分离为油相和水相;油相作为回收油从废水舱中泵回二级分离器,有时也用泵送到储油舱;水相部分则被泵送到平行板分离器(PPI)以进一步分离为油相和含油废水,此处的油通过重力作用流回污油舱,而含油废水则由重力作用流向浮选装置以便进行最后的油水分离。从浮选装置出来的水的含油量低于30 mg/L,可排放入海,而油仍由重力作用流回污油舱。

两个污油舱以串联方式工作,含油废水通过重力作用以自流方式从第一个污油舱流到第二个舱,这样含油废水仅从第二个污油舱被泵送到平行板分离器(PPI)。当污油舱的油相积累到一定厚度时被泵回二级分离器或被泵到储油舱。该处理系统自使用以来运行稳定,自动检测记录和人工取样分析表明排水的含油量均在25 mg/L以下。

6）旋流分离法

该流程最初用于中国海油与AMOCO石油公司合作勘测开发的流花11-1油田延长钻杆测试生产系统的含油废水处理。该生产系统由一个单点系泊装置和一艘70 000 t级的生产处理储油轮构成。流花10-1-6井日排水99 t,废水处理系统的进水含油量为1 000 mg/L,经两级旋流分离处理后,出水含油量为40 mg/L。该工艺流程如图7-2-7所示,含油废水经过废水预处理装置初步分离后用加压泵加压到约0.98 MPa,然后进入串联的两台水力旋流器进行两级旋流分离处理。处理后水的含油量小于50 mg/L并排入海中,还有近10%的水含油量较高,返回到含油水储舱,剩余部分返回预处理装置。

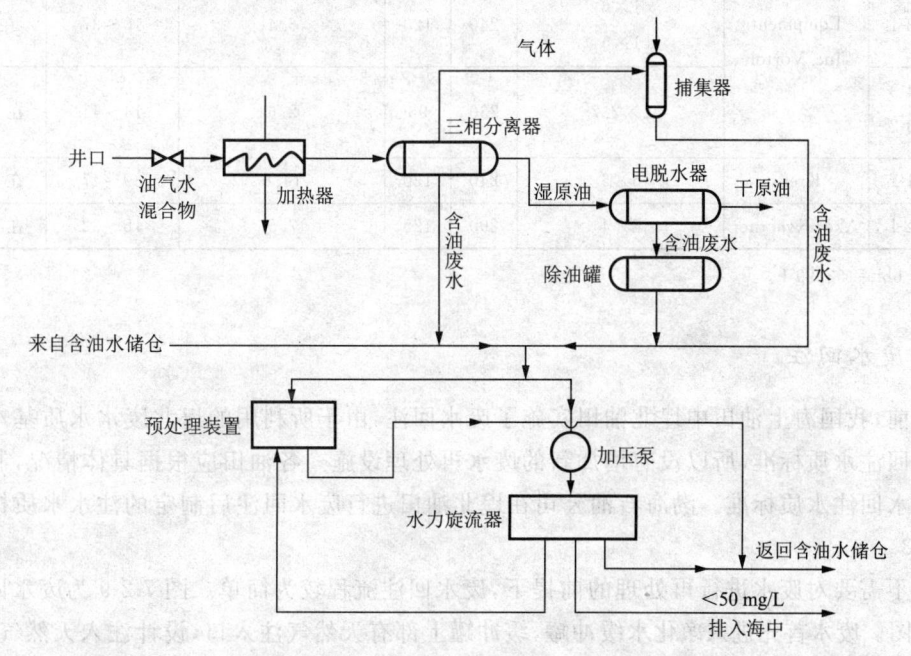

图7-2-7 流花11-1油田含油废水处理工艺流程图

此外,西江油田的含油废水处理过程也主要集中在水力旋流器上,如图7-2-8所示。整个南海东部油田使用水力旋流器进行含油废水处理的统计见表7-2-2。

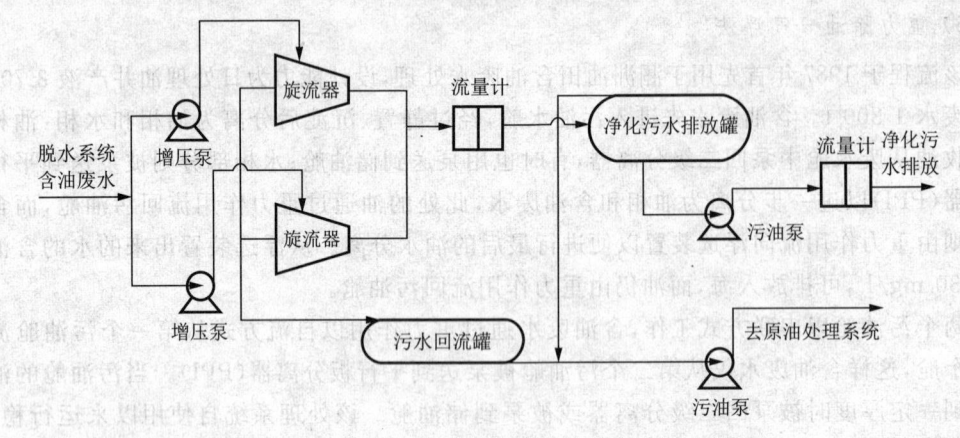

图 7-2-8　西江油田旋流器处理含油废水流程示意图

表 7-2-2　南海东部油田水力旋流器废水处理情况统计表

油田	制造厂家	设计参数 台数×每台处理量 /(10⁴ bbl·d⁻¹)	压力 /Pa	温度 /℃	实际操作参数 台数×每台处理量 /(10⁴ bbl·d⁻¹)	处理效果 水中含油量 /(mg·L⁻¹)	备 注
惠州 26-1		2×7	—	—	9.2	20~34	在平台
惠州 32-3	Modular Production Equipment Inc. Vortoi	1×6 1×4.2	240	120	6.8	10~27	在平台
陆丰 13-1		1×6 1×5	240	120	6.4	10~37	在平台
西江 24-3 西江 30-2		2×2.7	230	93	2.6	14~41	在FPSO
流花 11-1	Krebs	6×5	240	120	14.6	39~47	在FPSO
陆丰 22-1	Aker Kvaerner	3×4	290	125	7.5	18~32	在FPSO

注:1 bbl=158.99 L。

3. 废水回注

目前,我国海上油田中埕北油田实施了废水回注,由于所利用的埕北废水水质基本达到了废水回注水质标准,所以没有增加新的废水再处理设施。各油田应根据具体情况,制定相应的废水回注水质标准。渤海石油公司在埕北油田进行废水回注后制定的注水水质标准见表7-2-3。

在不需要对废水进行再处理的前提下,废水回注流程较为简单。图7-2-9为废水回注流程示意图。废水首先进入净化水缓冲罐,缓冲罐上部有天然气注入口,设计注入天然气(压力为100 mm H₂O),以防止氧气进入;顶部设有呼吸阀;增压泵将废水增压供给注水、动力液用水系统及排海,注水用废水经注水泵增压至10 MPa并通过注水管汇分至各注水井。

表 7-2-3　埕北油田废水回注水质标准

项目	指标	项目	指标
悬浮固体/(mg·L^{-1})	≤5	滤膜系数	>10
油/(mg·L^{-1})	≤30	颗粒分布	D_{90}≤5 μm
溶解氧/(mg·L^{-1})	≤0.5	SRB/(个·mL^{-1})	≤10^4
总铁/(mg·L^{-1})	≤0.5	TGB/(个·mL^{-1})	≤10^3
硫化物/(mg·L^{-1})	≤10		

注：D_{90}≤5 μm 表示直径 D≤5 μm 的颗粒累积体积占颗粒总体积的百分比为 90%。

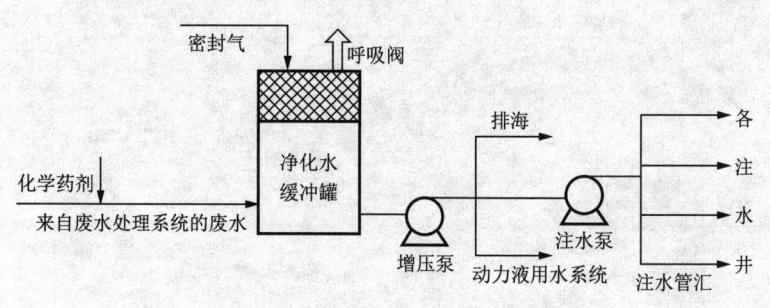

图 7-2-9　废水回注流程示意图

废水回注应注意以下事项：

(1) 由于废水流程密闭运行，其含氧量应合格，但在生产过程中应防止破坏密闭状态，如处理流程的开盖等；

(2) 废水处理的质量取决于原油、废水两大处理系统的稳定性，任何一个流程不稳定都会影响到最终的废水处理效果，所以在管理过程中要全面，注意最终结果的同时要注意中间环节；

(3) 废水含有一定量的 Ca^{2+} 及 CO_3^{2-}，温度高时易结垢，应加强相应的防垢措施。

| 思考题 |

1. 海洋油气勘探开发中的环境污染源主要有哪些？
2. 为什么溢油污染对海洋环境有严重影响？
3. 清除海面浮油的主要方法有哪些？
4. 海上油田废水处理设备选择的基本原则是什么？
5. 典型的海上油田废水处理流程有哪几种？

参 考 文 献

[1] 李璐.海洋石油工业的发展[J].科技创新导报,2007(33):153.
[2] 陈国华.水体油污染治理[M].北京:化学工业出版社,2002.
[3] 戴静君,毛炳生,张联盟.海上油、气、水处理工艺及设备[M].武汉:武汉理工大学出版社,2002.

[4] 屈撑囤,马云,谢娟.油气田环境保护概论[M].北京:石油工业出版社,2009.
[5] 谭敏,许丽娜.海洋石油污染防治技术[J].科学中国人,1996(10):24-27.
[6] 侯广永.海洋石油工业的污染与防治[J].山东环境,2000(s1):179-180.
[7] 李建明.海洋石油污染的危害与净化[J].生物学教学,2002,27(7):35.
[8] 董国永.石油环保技术进展[M].北京:石油工业出版社,2006.
[9] 张家仁.石油石化环境保护技术[M].北京:中国石化出版社,2006.
[10] 张一刚.固体废物处理处置技术问答[M].北京:化学工业出版社,2006.

第八章　石油集输中的环境污染与保护技术

油田的集输技术和工程建设是根据不同油田的地质特点和原油性质、不同的地理气候环境以及油田开发进程的变化而变化的。例如，原油黏度大小、凝固点高低的不同以及高寒与炎热地区的差别对原油的集输技术就有很大的影响；有些原油和天然气因含硫化氢而需脱硫后才能储存和输送，这就需要应用相应的脱硫技术和工程建设；当油田开发进入中后期时，油井中既有油和气，又有大量的水，不仅要把油、气分离开来，还要把水分离出来，而且要把油、气处理成合格的产品，把水也要处理干净，以免污染环境。这些问题所涉及的技术与工程建设都是油田集输工程的主要内容。

第一节　石油集输中产生的污染物

石油从地下开采出来之后，经集输系统进入各级油库，等待外运、外销及加工，为此需建立许多原油库，以保证适时适量地向客户及炼化设备供料，调节市场需求，平衡原油供应。炼油厂通过对原油进行加工，生产出各种成品油，满足社会的各种需求，为储存这些油品也需建立成品油库。油库一般由多座油罐（或储罐）组成，储存过程中的环境污染主要是这些油罐产生的。

石油储罐排放的污染物主要是含烃废气。原油、汽油、轻质燃料油进入储罐后，由于温度、压力等的变化会出现一定程度的轻烃挥发，产生一定量的含烃废气，废气逸散到空气中造成大气污染，危害罐区周围的环境。除含烃废气外，储存系统还会产生一些废水及固体废物，污染罐区附近环境，对此也应加强控制和治理。

一、含油污水

1. 来源

(1) 原油脱水脱出的大量含油污水；
(2) 油气分离器、分离罐排出的含油、含砂污水；
(3) 原油稳定流程中的油气水三相分离器、真空罐、冷凝液储罐排出的含油污水；
(4) 联合站、脱水站、油水泵区、油罐区以及装卸油站台的管线、设备、地面冲洗排出的含油、溶剂等杂质的污水,其中原油脱出的污水量最大。

2. 原油脱水

所有油田都要经历含水开发期,特别是采油速度大和通过注水强化开发的油田,无水采油期一般都较短,油井见水早,原油含水率增长快。原油含水较多会给储运造成浪费,设备增加,能耗加大;原油中的水大多含有盐类,会加速设备、容器和管线的腐蚀;在石油炼制过程中,水和原油一起被加热时水会急速汽化膨胀,使压力上升,影响炼厂正常操作和产品质量,甚至会发生爆炸。因此,外输原油前需对其进行脱水,使含水量不超过0.5%。原油脱水是油田开发过程中一个不可缺少的环节,一直受到人们的重视。

3. 原油乳状液的形成

原油形成乳状液的原因如下:
(1) 二次采油中加入大量的油田助剂(大部分是表面活性剂);
(2) 地层中存在一些脂肪酸盐等表面活性物质;
(3) 原油本身含有天然表面活性物质,如胶质、沥青质、树脂、石蜡及水湿性颗粒。

这种含水原油经过喷油嘴、集输管道逐渐形成比较稳定的油包水(W/O)型乳状液,一般水珠直径为 $0.1 \sim 10 \mu m$。这种乳状液所具有的稳定性严重地影响着原油与水的自然分离。因此,多年来人们关于原油脱水方法与原理的研究一直是针对破坏W/O型乳状液而进行的。

当采用一定的方法将原油与水构成的乳化状态破坏后,水滴可以在相互接触中并聚,粒径变大,并依靠与原油的密度差自然地从原油中沉降分离出来。这种破乳、并聚的过程通常称为"聚结"。聚结与沉降分离构成了原油的脱水过程。

4. 原油脱水的方法

目前常用的原油脱水方法有如下几种:

1) 沉降分离

该方法是利用水重油轻的原理,将原油通过一个特定的装置使水发生沉降,从而使油、水得以分离。这也是所有原油脱水的基本原理。沉降包括自然沉降、热沉降、离心沉降和斜板、斜管沉降等。

2) 化学破乳

该方法是向含水原油中添加破乳剂,经搅拌混合后使其吸附到原油乳状液的油-水界面上,降低油-水界面张力,破坏乳化状态,破乳后的水珠相互聚结并沉降分离。化学破乳是原油脱水中普遍采用的一种破乳手段,其过程如图8-1-1所示。

(1) 破乳剂的作用。

① 具有较强的表面活性,可以降低水的表面张力。

原油脱水过程中所用的化学破乳剂多属表面活性物质,有较强的表面活性,将其加入W/O型原油乳状液中可以在油-水界面形成薄且易流动的膜,降低乳状液的稳定性,有利于破乳脱水。实践证明,在油田开采出的含水原油中添加破乳剂,经搅拌后不仅可以破坏已经形成的乳状液,而且可以防止未乳化的原油和水进一步乳化。因此,人们普遍认为破乳剂较

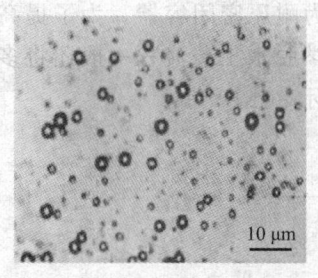

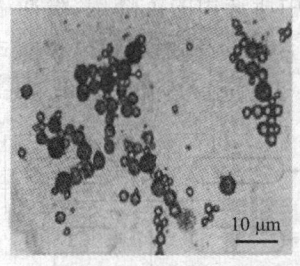

(a) 未加破乳剂(静置 0 min)　　　(b) 未加破乳剂(静置 120 min)　　　(c) 加破乳剂

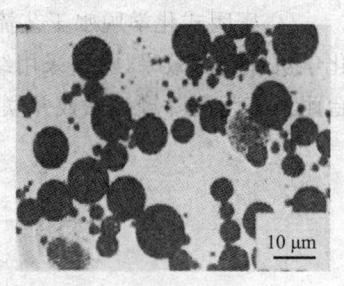

图 8-1-1　化学破乳过程电镜图片

强的表面活性对破乳是有利的。但不存在表面活性越高,破乳能力就越强的规律。这是因为影响破乳剂破乳能力的因素很多,不只是表面活性高低所能衡量的。

② 具有良好的润湿与渗透能力,可以代替天然乳化剂的作用。

破乳剂依靠其良好的润湿与渗透能力,可以迅速吸附在乳状液的油-水界面上,替换或部分替换吸附在油-水界面的天然乳化剂分子,使油-水界面膜破裂或变薄,乳状液稳定性大幅度降低,有利于破乳脱水。

(2) 破乳剂的分类。

根据破乳剂分子的化学结构,破乳剂可分为:① 醚类,如聚氧丙烯聚氧乙烯醚、聚氧乙烯烷基醚、聚氧乙烯烷基酚醚;② 酰胺型,如脂肪酸二乙醇酰胺;③ 胺型,如 N-聚氧乙烯烷基胺;④ 酯型,如烷基聚氧乙烯酯。

高效破乳剂所具有的分子结构特点为:① 高和超高相对分子质量的破乳剂适应性强,破乳效果好;② 疏水基中含有硅氧烷链的破乳剂的效果比含烃链的效果好;③ 支链型破乳剂比直链型的破乳效果好。

(3) 化学脱水工艺流程。

化学脱水的工艺流程为:先向原油乳状液中添加经过筛选的破乳剂,然后利用机泵增压或管道中的流动搅拌使破乳剂与原油乳状液充分混合,并让破乳剂依靠自身的分散性能到达油-水界面膜上,降低界面膜的强度,破坏乳化状态,然后靠水珠间的接触达到合并,最后靠油、水的密度差使油、水分离,水自底层分出。

小规模的化学脱水工艺流程有敞开式和密闭式两种。

① 敞开式化学脱水工艺流程如图 8-1-2 所示。该流程的最大优点是设备少,设备结构简单,基本建设投资少,操作管理方便;最大的缺点是流程不密闭,油气挥发损耗大。

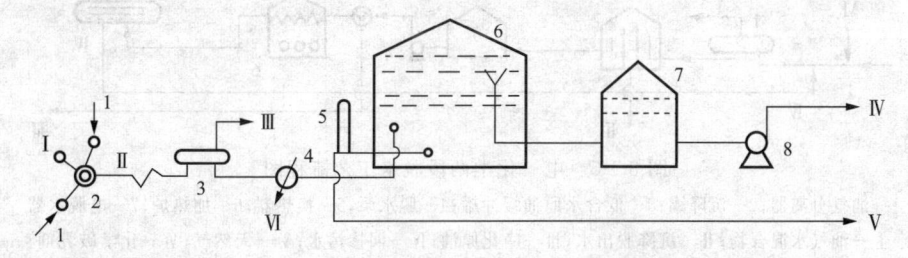

图 8-1-2　敞开式化学脱水工艺流程

1—油井;2—计量站;3—油气分离器;4—加热器;5—水封式界面调节器;6—沉降器;7—净化油缓冲罐;8—外输油泵;Ⅰ—化学破乳剂;Ⅱ—油气水混合物;Ⅲ—天然气;Ⅳ—净化油;Ⅴ—脱出水;Ⅵ—热媒

② 密闭式化学脱水工艺流程中所选用的沉降罐、缓冲罐均为耐压密闭容器。为了提高化学沉降脱水效果，除了采用结构合理的高效设备外，密闭式化学脱水工艺流程一般还将多台耐压密闭沉降罐串联或并联在一起使用，其流程如图 8-1-3 所示。

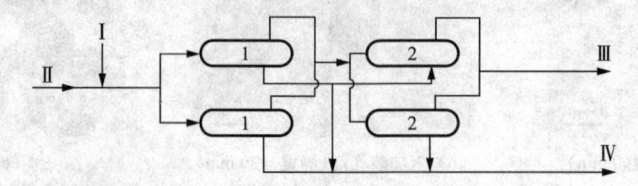

图 8-1-3　密闭式化学脱水工艺流程
1——一级沉降罐；2——二级沉降罐；Ⅰ—化学破乳剂；Ⅱ—已加热的含水原油；Ⅲ—净化水；Ⅳ—脱出水

3）电破乳

电破乳是通过交流电、直流电、交-直流电、脉冲供电、高频供电等，利用电场力破坏原油乳状液的稳定性，使水珠相互聚结并从原油中分离出，其原理如图 8-1-4 所示。该方法的缺点是需要高电场强度，在含水量低时难以形成水链。

高含水原油电—化学两段脱水工艺流程是以如下理论与事实为依据的：① 只有低电导率的介质才能经济地维持高压电场；② 高含水原油经化学沉降变为低含水原油很容易，沉降为净化油较困难；③ 两段脱水可以避免对高含水原油加热升温。

高含水原油电—化学两段脱水工艺流程如图 8-1-5 所示。在脱水站沉降罐之前 70～100 m 处的管道中，向来自油井的油气水混合物中掺入电脱水器脱出的水，经 70～100 m 管道中的流动混合进入油气分离器，分离出天然气之后再进入沉降罐的油水界面之下，高含水原油经水层冲洗除掉其中所含的砂粒及大颗粒水滴，然后上浮到油层，经沉降进一步脱掉一部分水后自上部溢流入低含水原油缓冲罐，再用脱水泵抽汲，经换热器及加热炉升温后进入电脱水器，净化原油自电脱水器顶部溢出，经稳定塔分出其中易挥发组分后从外输泵进入换热器降温外输，或直接经换热器（不进行稳定）降温后进入外输储罐。

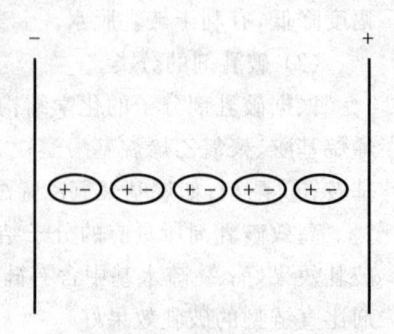

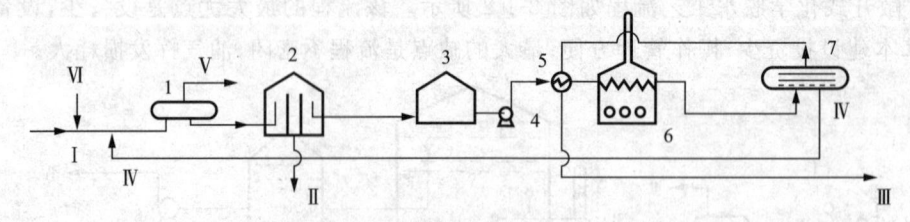

图 8-1-4　电破乳原理示意图

图 8-1-5　电—化学两段脱水工艺流程图
1—油气分离器；2—沉降罐；3—低含水原油缓冲罐；4—脱水泵；5—换热器；6—加热炉；7—电脱水器
Ⅰ—油气水混合物；Ⅱ—沉降脱出水；Ⅲ—净化原油；Ⅳ—回掺污水；Ⅴ—天然气；Ⅵ—化学破乳剂

电脱水器脱出水回掺到来自油井的油水混合物中，放热后与沉降罐的排出水一起去含油污水处理装置进行净化。图 8-1-6 为卧式电脱水器结构图。

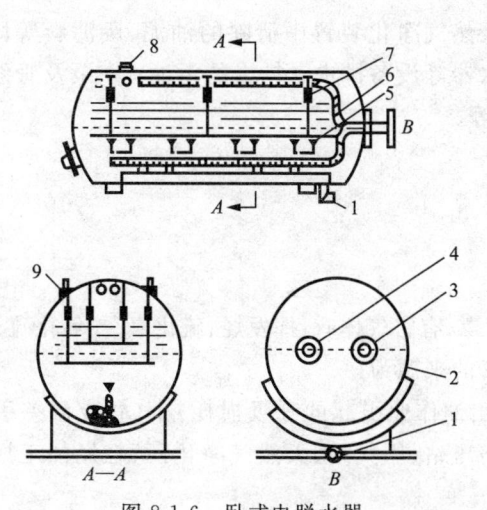

图 8-1-6　卧式电脱水器

1—放水、抽空口；2—脱水器壳体；3—净化油出口；4—原料油进口；5—进料分配头；
6—电极；7—悬挂绝缘子；8—进线绝缘子安装孔；9—人口

4）润湿聚结

润湿聚结是利用高比表面材料对油和水亲和力的悬殊差异,使原油中的水珠或油在其表面聚结,并沉降（油上浮）分离。

一般原油脱水的工业生产装置是上述几个方法的综合使用,以便形成较完善的工艺过程,使原油脱水生产过程效率高、净化油质量好、生产成本低、经济效益高。

原油脱水能耗较高,为了充分利用能源,原油脱水装置与原油稳定装置一般放在一起。为了节约能源,降低油气挥发损耗,通过原油稳定回收轻质烃类,油田原油脱水工艺流程已趋向于"无罐密闭化"。无罐流程的显著特点就是密闭程度高,油气挥发损耗低。据测定,若采用不密闭流程,脱水环节的油气损耗约占总损耗的50%。

原油脱水设备在原油脱水过程中占有重要地位。脱水设备结构合理与否直接关系到脱水的效果、效率、原油的质量以及生产运行成本,进而影响原油脱水生产的总经济效益。因此,人们结合油气集输与处理工艺流程逐渐走向"无罐化",即不再使用储罐式沉降分离设备,而较普遍地采用耐压沉降分离设备,并研制出先进的大型脱水耐压容器。电脱水器是至今效率最高、处理能力最强、依靠电场的作用对原油进行脱水的先进设备。电脱水器的形式有多种,如管道式、储罐式、立式圆筒形、球形等。随着石油工业的发展,经过不断的实践与总结,趋向于大批采用卧式圆筒形电脱水器,它的处理规模与生产质量均已达到较高水平,每台设备每小时的处理能力可达到设备容积的几倍,净化油含水率可降到0.03%以下。为了加快油田建设速度,提高脱水设备的施工预制化程度,将卧式电脱水器、油气分离器、火筒加热炉、沉降脱水器四种设备有机地组合为一体,这种四合一设备不仅结构紧凑,而且可节约大量的管线、阀门、动力设备,特别是在油田规模多变的情况下,可以根据生产规模的需要增加或减少设置台数,具有较大的机动灵活性。

二、固体废弃物

油气集输过程中的固体废弃物主要为:① 从三相分离器、脱水沉降罐、油罐、油罐车、管

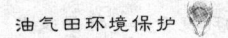

线、含油污水处理设施、天然气净化装置中清除的油泥、废滤料等固体泥状废物;② 三相分离器、脱水沉降罐、电脱水器等设备排水时排出的污油;③ 泵及管线跑、冒、滴、漏出的污油;④ 管线穿孔刺漏的原油等。

三、废气

1. 来源

油气集输中常见的有毒、有害气体有:挥发烃、硫化氢、二氧化硫、一氧化碳、氮氧化物等。油气集输过程中废气的来源为:

(1) 储罐大(油罐进出油作业引起的呼吸损耗)小(昼夜温差引起的呼吸损耗)呼吸,油罐车装卸,以及集气站、增压站、压气站、天然气净化厂、轻烃加工厂开停工和发生事故时排放的气体;

(2) 加热炉、放空火炬所排出的尾气等。

2. 原油稳定

原油稳定就是把油田上密闭集输的原油经过密闭处理,把轻质烃类,如甲烷、乙烷、丙烷、丁烷等从原油中分离出来并加以回收利用。这样就可以相对减少原油轻组分的挥发,也可降低蒸发造成的损耗,使原油稳定。原油稳定是减少蒸发损耗的治本办法,但经过稳定的原油在储运中还需采取必要的措施,如密闭输送、浮顶罐储存等。原油稳定具有较高的经济效益,可以回收大量轻烃作为化工原料,同时可使原油安全储运,并减少对环境的污染。

原油稳定的方法很多,目前国内外采用的方法大致有以下四种:

(1) 负压分离稳定法。原油经油气分离和脱水之后进入原油稳定塔,在负压条件下进行一次闪蒸,脱除挥发性轻烃,从而使原油达到稳定。负压分离稳定法主要用于含轻烃较少的原油。

(2) 加热闪蒸稳定法。这种方法是先把油气分离和脱水后的原油加热,然后在微正压下闪蒸分离,使之达到闪蒸稳定。

(3) 分馏稳定法。经过油气分离、脱水后的原油通过分馏塔,以不同的温度多次汽化、冷凝,使轻、重组分分离。这种方法稳定的原油质量比其他几种方法都好,主要适用于含轻烃较多的原油(每吨原油脱气量达 10 m^3 或更高时使用此法更好)。

(4) 多级分离稳定法。此法适用于高压下开采的油田。一般采用3~4级分离,最多可达6~7级。分离的级数越多,投资就越大。

稳定方法的选择应根据具体条件综合考虑,必要时可将两种方法结合在一起使用。

四、噪声

油气集输过程中的噪声主要来自泵、电机、加热炉、螺杆式压缩机、空压机、注水泵、锅炉引风机等。

五、石油运输网产生的污染

石油运输网主要由各种储存器、公路槽车、铁路罐车、油轮及管道构成,各种输送方式都有其自身的排污特点。

1. 公路槽车和铁路罐车污染

含烃气体外排及油品泄漏是公路槽车和铁路罐车在运输石油的过程中造成的主要环境污染。轻烃外排的发生过程是：在槽车装油运输过程中，当温度升高或途遇颠簸时，部分轻烃从原油或成品油中分离出来并储集在槽车顶部；卸油后，该部分气体仍滞留在油罐中；下次装油时，顶部的轻烃气体通过顶部加油孔逸散至大气中。油品泄漏主要在槽车或罐车发生运输事故时发生。

2. 油轮污染

1) 轻烃废气

油轮装油后，油品中的轻烃会发生挥发，而船体的摇晃会加剧分离挥发。在装卸油和洗舱过程中，这些烃类气体挥发到空气中，造成大气污染。此外，油舱气层中的含烃气体与空气混合充分存在爆炸的危险，对海洋环境构成潜在的巨大危害。

2) 溢油

油轮在航行中一旦发生碰撞、触礁、搁浅、沉没等灾难性事故，将有大量油品溢出，严重污染海洋环境。

3) 废水

油轮运输中产生的废水主要是压舱水、洗舱水。油轮卸油后，通常向油舱内输入压舱水，以保证油轮航行的稳定，而重新装油时必须将压舱水排出，势必会造成海洋污染。

3. 管道输送过程中的污染

管道运输是石油运输的重要方式，并且所占比例越来越大。无论是地面管道、陆地埋地管道还是海底管道，都存在管道泄漏的风险。管道泄漏是管道运输过程中的主要潜在环境污染源。

4. 石油储存过程中的污染

石油主要储存于油罐中，一座座油罐组成油库。石油自地下开采出来之后，一般先经集输系统进入各级油库暂时或较长时间地储存，以保证适时适量地外运、外销及供应炼化加工。炼油厂加工原油、生产各种成品油以满足市场需求，也建有油库以储存所生产的成品油。

石油储存过程中的主要环境污染来自油罐排放的含烃废气。原油及各种成品油进入储罐后，部分轻烃挥发产生一定量的含烃废气逸散到大气中，造成大气污染。另外，储存过程中还会产生一定量的废水和固体废弃物，造成罐区附近的环境污染。

第二节　石油集输中的环境保护技术

石油集输中产生的污染物种类与石油生产类似，油气集输产生的污水、污泥、噪声等控制与治理方法在第五章~第七章已经介绍。下面重点讨论运输及储存过程中的污染防治和控制技术。

一、公路槽车和铁路槽车污染防治

对于公路槽车和铁路槽车在运输过程中产生的废气,通常的处理方式主要有以下几种:活性炭吸附、热力氧化、冷冻、压缩—冷冻—吸附、压缩—冷冻—冷凝等,回收效率一般为95%~99%。

1. 活性炭吸附

活性炭油气回收系统是用活性炭床去除空气和油气混合物中的气相组分,通常设置两个垂直活性炭床和一个活性炭再生系统。在汽车槽车或铁路槽车装油时,一个炭床进行吸附,另一个炭床处于再生阶段。从装油台来的空气-油气混合物在床中上升时,油气被炭床吸附。炭床中的吸附剂工作一段时间后,在切换到脱附之前,将吸附有油气的活性炭用真空、蒸汽或加热方法进行再生。

2. 热力氧化(点火焚烧)

热力氧化采用启动火焰烧掉油气,不产生污染。在这一系统中,没有油气回收。从装油台来的油气用管道输送至油气柜或者直接送至氧化装置。若采用油气柜,当油气柜达到预先设定的气量时,自动启动氧化装置;当油气柜排空时,氧化装置自动关闭。如果系统中未设油气柜,则氧化装置随着管道中油气压力而自动启动(表明槽车正在装油),或者在装油台进行人工启动。有时要向油气系统注入丙烷,以保持系统的油气水准高于爆炸范围。

当在装油台进行汽油装油操作时,启动燃烧空气风扇,将燃烧室中剩余的所有油气清除出去,然后引入燃料(通常为丙烷),用火点燃,风扇启动1 min后,油气可通入氧化室。

热力氧化装置的优点是投资低、设计简单、处理效率高,缺点是不能将油气作为资源加以回收。

3. 冷冻

冷冻型回收装置是在大气压下直接冷却空气-油气混合物。从槽车排出的油气进入冷凝换热器盘管(冷凝液的温度为-82~-62 ℃)进行冷却。有些装置设置预冷段,油气进入冷却器前先经过1个乙二醇和水混合物(在1.1 ℃下循环)的预冷段,以除去油气中的大部分水分。

4. 压缩—冷冻—吸附

在压缩—冷冻—吸附系统中,从装油台来的油气先通过饱和器,在饱和器中喷入一定量的汽油,确保油气质量浓度高于爆炸质量浓度。饱和气混合物储存在油气柜中,直至达到预定的油气质量浓度,再泄放到控制单元。油气柜通常为一个特殊的储罐,罐内有可变体积的常压气囊。汽油储罐有一个浮顶,同样可改变其容积。第一个步骤为压缩冷冻周期,水和重油气被压缩、冷却和冷凝,未冷凝的油气流至装有填料的吸附塔。第二个步骤为吸附期,当油气与油品罐抽出的冷汽油(4 ℃)接触时,油气被吸附;新鲜汽油首先用于饱和器,然后通过换热器。富吸附剂在抽回储罐前也被抽送通过该换热器。这一系统的操作为间歇式,当油气柜充满时启动,油气柜排空时停止,吸附塔的净化气排至大气中。

5. 压缩—冷冻—冷凝

压缩—冷冻—冷凝油气回收系统用油气柜储存空气-油气混合物,当饱和器中的油气达到预先设定的质量浓度时,装置即启动。

空气-油气混合物先经过带有中间冷却器的两级压缩处理,在第二级压缩前,冷凝液从中间冷却器中抽出,压缩后的油气经冷冻—冷凝与中间冷却器的冷凝液一起回到汽油储罐,净化后的尾气从冷凝器的顶部排至大气。

二、石油储存过程中的污染控制

储罐废气排放量与油品挥发性及罐区气温气压变化、日照、辐射、油罐的机械状况及进出油操作等因素有关,因此,控制储罐废气排放可采取以下几项措施:

1. 选择合适的储罐

在石油工业中广泛使用的储罐主要有五种:内浮顶罐、外浮顶罐、固定顶罐、可变空间罐和压力罐。选择哪一种储罐在很大程度上取决于所储油品的挥发性。为了减少油罐的蒸发损失,应将固定顶罐改为浮顶罐;因太阳辐射热会加剧储罐中油品的挥发,所以在储罐外表涂上相应颜色的油漆以减少太阳的辐射效应,这也是控制石油储存过程中废气外排的有效方法之一。

2. 加强罐区管理

储罐的机械状况对废气外排影响很大,为此应加强储罐管理,定期进行维护检修,确保罐体无腐蚀、渗漏,阀门控制灵敏,罐顶密封良好。

操作的搅动程度和气温高低对储罐废气也有较大影响,因此,应实行规范化操作,在气温低时向储罐内泵入储液,气温高时向罐外泵出储液,并尽量缩短储液泵入和泵出的时间,以减少罐内废气的产生。

3. 加强废气回收

储罐含烃废气的回收一般多采用密闭的联合油气回收系统,通过管道将储罐与油气收集系统相连接,采用压缩、冷冻、吸收和吸附等方法,将轻烃液化后返回油品系统。除此之外,还可对固定顶罐呼吸阀排出的轻烃直接进行洗涤或冷凝,然后采用不同方式进行回收利用。

4. 采用合理的流程

在整个集输过程中,原油采用常压罐储存,原油与大气接触,这种集输流程称为非密闭集输流程。当采用密闭集输流程(从井口—计量站—中转站—脱水站—油库都不开口,原油不与大气接触)时,可以减少轻烃挥发,降低油气损耗,保护环境,节约资源。全密闭流程包括四部分:密闭集输、密闭处理、轻油回收、密闭储存。

| 思考题 |

1. 原油外输前为什么要脱水?
2. 通过对本章的学习,谈谈你对石油集输过程中环境污染的认识。
3. 原油稳定的方法有哪些?其对大气污染的治理有什么意义?
4. 防止和降低油品蒸发损耗的主要措施有哪些?

参 考 文 献

[1] 宋绍富,屈撑囤,张宁生.哈得4油田清污混注的结垢机理研究[J].油田化学,2006,23(4):310-313.
[2] 屈撑囤,马云,谢娟.油气田环境保护概论[M].北京:石油工业出版社,2009.
[3] 刘明福.拱顶储罐内浮顶的发展[J].石油化工设备,2004,33(1):41-45.
[4] 赵广明,赵广耀.储运系统油气回收问题的探讨[J].炼油设计,2001,31(8):53-56.
[5] 董国永.石油环保技术进展[M].北京:石油工业出版社,2006.
[6] 吴芳云,周爱国.环境保护和石油工业[M].北京:石油工业出版社,1999.
[7] 王春江.陆上油气田环境保护知识问答[M].北京:石油工业出版社,2000.
[8] 张一刚.固体废物处理处置技术问答[M].北京:化学工业出版社,2006.
[9] 陈家庆.环保设备原理与设计[M].北京:中国石化出版社,2008.
[10] 胡洪营,张旭,黄霞,等.环境工程原理[M].北京:高等教育出版社,2013.

第九章　石油加工中的环境污染与控制技术

第一节　石油加工中产生的污染物

近几十年来,炼油技术经历了飞速的发展。毫无疑问,污染控制在炼油过程中变得越来越重要。本节主要介绍石油加工过程中产生的污染物。

一、废气

1. 来源

石油加工中废气的来源有以下几个方面:
(1) 炼油厂和石油化工厂的加热炉和锅炉排出的燃烧气体;
(2) 炼油厂和石油化工厂生产装置产生的不凝气、反应的副产气体等;
(3) 加工过程中产生的酸性气体和尾气处理中产生的废气,轻质油品及挥发性化学药剂和溶剂在储运过程中的逸散、泄漏,废水及废弃物在处理和运输过程中散发的恶臭和有害气体;
(4) 工厂加工物料往返输送产生的跑、冒、滴、漏。

2. 特点

石油加工中产生的废气的特点有:
(1) 装置废气排放量大;
(2) 成分复杂,治理难度大;
(3) 污染物具有一定的毒性。

3. 废气对环境的污染

1) 工艺废气对环境的污染

石油化工企业的生产装置相对而言规模较大,特别是石油炼制装置加工能力一般为百万吨级以上,因此工艺废气排量较大,排放的污染物质一般在距生产装置 200 m 处就可检出。例如,催化裂化再生器排出的再生烟气含粉尘、CO、NO_x 和 SO_2,由于排放高度一般在

100 m左右,故污染物扩散范围较大。曾对某炼油厂催化裂化装置下风向500 m处进行过测试,几种污染物质的质量浓度分别为:SO_2,0.15 μg/m³;NO_x,0.079 mg/m³;CO,0.211 mg/m³。

2) 燃烧废气对环境的污染

石油化工装置的加热炉及锅炉在燃料燃烧过程中也会产生大量的废气。加热炉一般以减压渣油为燃料,渣油含硫量在0.1%~12%范围内,经燃烧后多以SO_2的形式排入大气环境,同时排出NO_x和粉尘。这部分废气的组成相对单一,燃烧废气总排放量占废气排放总量的60%以上,排放的污染物绝对量大。目前燃烧废气经过除尘后一般采用高空排放排入大气,SO_2及NO_x等污染物尚未治理,对周围环境会产生负面影响。

3) 火炬气对环境的污染

火炬是石油化工生产中必备的安全环保设施,石油化工生产装置在开停工及非正常操作的情况下将可燃气体排泄到火炬,通过火炬燃烧后排放。当火炬燃烧时,燃烧火焰释放大量辐射热并伴有黑烟、噪声、异味。由于是非正常操作时的装置排气进行燃烧,污染物的排放量又不稳定,很难加以控制,因而火炬污染物排放量比加热炉要大,对环境的影响也较大。火炬排放的污染物主要有H_2S、SO_2、烟尘、NO_x及烃类气体等。

4) 尾气对环境的污染

石油化工企业生产过程中的工艺废气含有大量的污染物质,经过工业装置回收及处理后成为尾气,排入环境中。随着人们对环保要求的提高,尾气对环境的影响也日益受到重视。硫磺回收装置增加尾气回收装置后回收率已达99%,但大型化工企业硫磺尾气排放的SO_2仍达到70 kg/h,并含有少量H_2S。

5) 无组织排放气体对环境的污染

石油化工企业的无组织排放气体一般包括两大部分:一是生产过程中由于管线、机泵、设备等的泄漏及地沟中轻组分的挥发而排入环境中的有害气体;二是轻质石油化工产品在储运过程中由于正常的储罐呼吸而损失的石油产品蒸气。与前四类废气相比,无组织排放的有害气体对附近环境的危害要大得多,因为只要有生产装置,就可能存在跑、冒、滴、漏等现象。就数量而言,无组织排放气体往往比有组织排放的气量大,而且治理难度大,因此无组织排放对附近环境的影响较为严重。例如,某炼油厂污水处理场露天操作时,H_2S的排量为1.33 kg/h,对周围生活区的测试结果表明H_2S的质量浓度为0.066 μg/m³,超过了国家规定的生活区环境空气质量标准。

二、固体废弃物

石油加工中产生的固体废弃物种类较多,成分复杂,主要固体废物的来源和性质见表9-1-1。

表9-1-1 石油加工工业主要固体废物的来源和性质

废物种类	废物来源	废物性质
废酸液	电化学精制,酸洗,润滑油精制,酯化反应,磺化反应,烷基化反应的废催化剂,聚合反应的催化剂	大部分废酸液为黑色黏稠的半固体,除含废酸液以外,还有磺化物、酯类、胶质、沥青质、硫化物和氮化物等

续表

废物种类		废物来源	废物性质
废碱液		电化学精制,碱洗工艺,烃化法生产的异辛烷碱洗,分子筛制造等	多为棕色和乳白色或灰黑色有恶臭的稀黏液
废白土		润滑油精制,石蜡脱色,重整生成精制白土,对二甲苯歧化的废白土吸附剂	为黑褐色的半固体废渣,含油、蜡或其他有机物
污水处理废渣	罐底泥	各类油品储罐的沉积物,生产装置各类容器清洗时的油泥和杂质	大部分为带油、杂质的黑色黏稠液
	三泥	隔油池池底沉积的油泥,浮选时投加絮凝剂产生的浮渣,生物处理时产生的剩余活性污泥	油泥密度$(1.03\sim1.10)\times10^3$ kg/m³,含水 99.0%～99.8%；浮渣密度$(0.97\sim0.99)\times10^3$ kg/m³,含水 99.1%～99.9%；剩余活性污泥为呈絮状的棕黄色污泥,含水 99.0%～99.5%
废催化剂		铂及铂-铼双重金属重整催化剂及加氢催化剂,分子筛催化剂	大部分催化剂和分子筛为硅、铝氧化物固体

三、废水

1. 炼油污水

炼油污水是一种难处理的工业废水,污染物种类多、质量浓度高,且由于我国石油中重质油和含硫原油相对密度大,增加了炼油工艺的难度。

1) 来源

炼油污水由电脱盐、常减压、催化裂化等工段产生的污水汇集而成。

2) 特点

炼油污水具有以下特点:

(1) 污水排放量大。

国外炼油厂每加工 1 t 油产生 0.5～1.0 t 含油污水,我国炼油厂每加工 1 t 原油产生 0.7～3.5 t 含油污水。我国炼油工业的污水一般采用"隔油—浮选—生化"的处理工艺,绝大多数炼油企业的外排水虽可以达标,但炼油污水的排放量逐年增加,必然会导致各种污染物在水体、土壤或生物体中的富集,经历复杂的迁移转化过程后仍会造成一定程度的污染。近年来,随着三次采油技术的不断深入,进厂原油的含水量和其他用于驱油改性的化学物质的种类及含量大幅度增加,炼油厂电脱盐及后续生产工艺的污水排放量明显增加。随着经济的快速发展,人们对石油产品的需求量与日俱增,按照我国目前的石油加工工艺和污水处理现状,炼油企业发展壮大与水资源严重短缺矛盾日益尖锐。

(2) 污水组成复杂。

炼油污水的性质与原油的组成(特别是非烃类)、水中杂质和加工工艺等密切相关,是一种集悬浮油、乳化油、溶解有机物及盐于一体的多相体系,其一般组成与性质见表 9-1-2。其中,悬浮物及盐出自电脱盐工艺,油及溶解于污水中的硫化物、酚、氰化物等与原油加工工艺有关。

表 9-1-2　炼油污水主要污染物及排放标准

污染物	石油类	COD	BOD	硫化物	挥发酚	悬浮物	氨　氮
含　量 /(mg·L^{-1})	20~200	10~1 200	50~100	20~60	0.1~0.5	2~400	4~30
二级排放标准 /(mg·L^{-1})	10	120	30	1.0	0.5	150	50

注:参照《污水综合排放标准》(GB 8978—1996)二级排放标准。

2. 含硫废水

含硫废水主要来源于炼油厂二次加工装置分离罐的排水、富气洗涤水等,由于这部分废水含有较多的硫化物、氨,同时含有酚、氰化物和油类等污染物,具有强烈的恶臭,因此不能直接排入污水处理厂,必须进行预处理,并回收有用物质。

含硫废水中各污染物的含量随着原油中硫、氮含量的增加和加工深度的提高而增加。

3. 含酚废水

含酚废水的来源很广,除了炼油厂、页岩干馏厂、石油化工厂之外,还有焦化厂等。含酚废水排放量及特性因生产工艺、原料性质、设备运转情况、操作条件、管理水平等因素的不同而各有差异。炼油厂的生产装置,如常减压、催化裂化、延迟焦化、电化学精制、再蒸馏、叠合装置等都会排出含酚废水。其中,大多数装置排出废水的含酚量较低,但水量大,含油量高;只有少部分装置排出高质量浓度含酚废水,如催化、焦化装置。酚是多种酚类的混合物,有一元酚(通常称为挥发酚)、苯酚、甲酚、二甲酚及其他烷基酚等。酚在水体中的存在对生物危害较大,水中酚的质量浓度为 0.1~0.2 mg/L 时,鱼肉即含有酚味;质量浓度高于 10 mg/L 时,可引起鱼类大量死亡,海带、贝类也不能生存。灌溉水含酚高于 10 mg/L,可使农作物和蔬菜减产甚至枯死。因此,外排废水中含酚量必须严格控制。

第二节　石油加工中的污染控制技术

一、石油加工中的大气污染控制技术

1. 含硫废气的治理

石油化工企业含硫废气主要来源于石油炼制装置。目前大型炼油厂都建有硫磺回收装置,以克劳斯(Claus)回收工艺为主的硫磺回收技术在设备、仪表及催化剂等方面正在不断改进和发展,硫的回收率也在不断提高。但目前除部分厂家从国外引进硫磺回收装置外,大部分厂家的硫磺回收装置设备陈旧。硫磺回收的主要工艺流程为部分燃烧法、回收分流法、

直接氧化法、含氨酸性气的两段燃烧法。使用三级克劳斯反应器转化率可达95%~97%，部分厂家使用二级克劳斯反应器，采用辅助燃烧器流程，转化率也可达到96%以上。

由于硫磺回收率受反应温度下化学反应平衡的限制，即使在设备及操作条件良好的情况下，最高的硫磺回收率也只有97%左右。尾气中仍有相当于装置处理量3%~4%的硫以H_2S，COS，CS，SO_2的形式排入大气，污染环境。

1) H_2S的治理

用克劳斯法从天然气中回收硫磺，其原料气应是浓缩的H_2S气体。天然气中H_2S的含量较低，不能直接用作克劳斯法的原料气，因此必须对H_2S进行富集。从天然气中富集H_2S的常用方法是乙醇胺法，即用乙醇胺溶液吸收天然气中的H_2S，然后通过加热吸收了H_2S的乙醇胺富液，就可释放出高质量浓度的H_2S气体。这种方法得到的H_2S气体可作为克劳斯法的原料气，同时乙醇胺溶液得到再生，可循环使用。

将富集了的H_2S气体在900~1 200 ℃的高温下，在没有催化剂的条件下进行氧化，得到SO_2，然后在有催化剂（铝矾土）的条件下，于270~300 ℃使所得到的SO_2和H_2S反应生成单质硫，这就是克劳斯法制取硫磺的基本原理。世界上大部分的硫是用此法生产的。其化学反应如下：

$$H_2S+\frac{3}{2}O_2 \longrightarrow H_2O+SO_2 \tag{9-2-1}$$

$$2H_2S+SO_2 \longrightarrow 2H_2O+3S \tag{9-2-2}$$

在高温下，有少量单质硫被氧化为SO_2，反应式为：

$$S+O_2 \longrightarrow SO_2 \tag{9-2-3}$$

克劳斯法的工艺流程如图9-2-1所示。将H_2S气体的1/3在SO_2发生器中加以燃烧，生成SO_2和少量硫，生成的少量硫在旋风分离器中除掉，然后生成的SO_2和剩余的2/3的H_2S气体混合$[n(H_2S):n(SO_2)=2:1]$进入装有催化剂（一般为铝矾土）的反应器，生成硫和水。硫蒸气和水蒸气进入冷凝器被冷凝成固体，未冷凝的硫蒸气在延伸器中被继续冷凝，除掉硫的尾气由延伸器顶部放空。

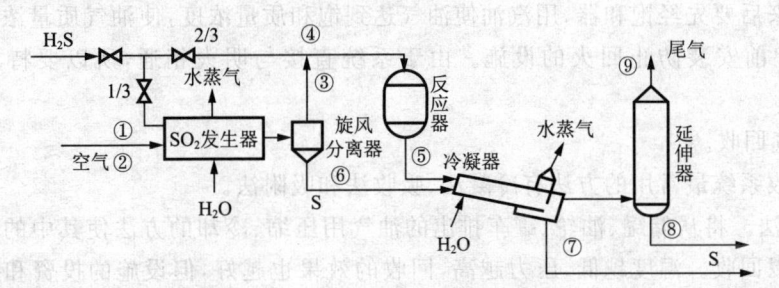

图9-2-1 克劳斯法的工艺流程图

（流程顺序为①→②→③→④→⑤→⑥→⑦→⑧→⑨）

2) SO_2的治理

为了控制人为排入大气中的SO_2，早在19世纪人们就开始进行研究，但大规模开展脱硫技术的研究和应用是从20世纪60年代开始的。经过多年的研究，目前已开发出200多种SO_2控制技术，按照脱硫工艺与燃烧的结合方式可分为：燃烧前脱硫，如洗煤、微生物脱

硫;燃烧中脱硫,如工业型煤固硫、炉内喷钙;燃烧后脱硫,即烟气脱硫。目前,SO_2的主要治理方法有以下几种:

(1) 将SO_2转化为H_2S,再从气体中除去H_2S;

(2) 将SO_2转化为硫,再将硫脱除;

(3) 将SO_2转化为SO_3,再得到硫酸,使气体得以净化;

(4) 用固体吸附剂直接吸附SO_2;

(5) 用液体吸收剂直接吸收SO_2;

(6) 利用高烟囱排放,将含SO_2的废气排放到高空中,由空气充分稀释,不致在地面空间形成过高的SO_2质量浓度;

(7) 改进燃料,采用低硫燃料,或将燃料先行脱硫,以减少燃料在燃烧过程中产生SO_2的量。

2. 含烃废气的治理技术

控制油品储运系统的蒸发损耗一般通过两条途径来实现:一是减少或防止油气的排放;二是把排放的油气收集起来,再加以处理或回收。

1) 减少油气的排放

减少油气排放通常包括两方面的内容:一是减少油气排放量;二是降低排放油气中烃蒸气的含量。

2) 油气的处理或回收

油气处理或回收装置可以控制油品储运系统的烃排放,尽管目前在多数场合下经济上并不合算,但从环保要求和社会效益来看,它又是控制烃排放不可缺少的设备。

(1) 油气处理。

油气处理通常是把排放的油气集中起来,然后送到附近的加热炉或焚烧系统(有时先送到专用的焚烧炉)烧掉。该方法对烃排放的控制相当彻底(大于99%),但不回收产品。一般油气集中起来后要先经饱和器,用汽油使油气达到饱和质量浓度,使油气质量浓度超出爆炸范围,并在炉前安装防止回火的设施。由于系统直接与明火相通,所以要特别注意安全问题。

(2) 油气回收。

油气回收系统最常用的方法有冷凝法、吸收法和吸附法。

① 冷凝法。将从储罐、油轮、罐车排出的油气用压缩、冷却的方法使其中的部分烃蒸气冷凝下来加以回收。温度越低,压力越高,回收的效果也越好,但设施的投资和操作费用也越高。为了提高冷却效果,通常用冷却剂直接冷却油气,冷却剂在冷却油气前要用冷冻系统冷却至$-10℃$以下。

② 吸收法。将排出的油气集中后引入吸收塔,利用吸收剂吸收油气中的烃蒸气。吸收剂在常温和常压下可用煤油或柴油,在加压和低温情况下可用汽油。

③ 吸附法。将油气通过充填吸附剂的吸附器以除去油气中的烃类。吸附剂一般采用活性炭,其吸附和再生均在常压下进行。再生方法可以采用热气体或减压再生法,再生出的油气用汽油进行吸收。

3. 颗粒物的脱除

在现代炼油厂中,催化剂颗粒物会产生一些不利影响,特别是对于流化床裂化器和流化床炼焦器,这个问题通过采用若干级旋风除尘器即可解决。

随着重油和石油焦越来越普遍地用作锅炉燃料,罐底油提纯装置和炼焦装置中将会出现类似的催化剂颗粒物问题。此外,处理稠污泥焚烧炉的烟道气时可能也需要处理颗粒物。

现有的颗粒物处理技术通常可以分为四种主要类型,即机械除尘器、湿式除尘器、布袋过滤器、静电除尘器。在某些情况下,可以同时使用其中的两种技术。

二、石油加工中的固体废弃物治理技术

石油加工业固体废物种类繁多,成分复杂,治理的方法和综合利用工艺多种多样。十几年来,国内外在这方面做了大量的研究工作,开发出一批技术成熟、经济效益高的处理和综合利用技术。

1. 处理方法

目前主要采取的技术措施有化学反应、物理分离、填埋、焚烧等。

1) 化学反应法

该方法主要利用废物的某些化学特性,使用相应的化学药剂进行废物性质的改善或回收某些有用成分。例如,可以用 H_2SO_4 或 CO_2 中和法处理石油炼制业中的废碱液,并从中回收环烷酸及其盐类或粗酚、Na_2CO_3 等;用中和法处理化纤工业废液中的对苯二甲酸;用 $NaOH$ 或 Na_2CO_3 中和废酸液;用 NH_4 吸收法处理废酸液并生产硫酸铵;利用硝酸溶解法从废催化剂中回收贵重金属等。

2) 物理分离法

该方法主要是利用废物中某些成分之间物理特性的差异达到分离目的的。例如,用活性炭吸附法治理甲乙酮生产废酸;用热分解法从废酸液中回收硫酸;用蒸馏法从有机合成厂的有机氯化物废液中回收有机氯;从杂醇废液中回收甲醇等。

3) 填埋法

土地填埋是处理固体废物的一种较为经济的方法,其实质是将固体废物铺成一定厚度的薄层,加以压实并覆盖土壤。填埋仍是一种石油化工企业不可缺少的废弃物处理方法。

4) 焚烧法

石油化工固体废物大部分含有有机物,因此焚烧可使废物的质量和体积减小80%以上,同时可使各种有害成分转化为无害物质,还可回收热能。目前我国石油化工企业已建立了数十个固体废物焚烧炉。例如,长岭炼油厂选用顺流式回转焚烧炉处理"三泥",总投资90万元,总费用42.6万元/年(处理250 kg 滤饼/h);燕山石化公司炼油厂用流化床焚烧炉处理"三泥",处理量为 20.5×10^4 t/年,总投资约1 000万元,处理成本53.67元/m^3,占地面积4 200 m^2;荆门炼油厂用回转窑式焚烧炉处理污水厂"三泥",处理量为700 kg/h,每焚烧1 t 滤饼的运行成本为16.4元,烟气出口温度达700 ℃,正在考虑余热利用。

2. 废碱液的处理

1) 硫酸中和法回收环烷酸、粗酚

常压直馏汽油、煤油、柴油产生的废碱液中环烷酸含量高,可以直接采用硫酸酸化的方法回收环烷酸和粗酚。其过程是:先将废碱液在脱油罐中加热,静置脱油,然后在罐内加98%的H_2SO_4,控制pH值为3.4,此时发生中和反应,生成Na_2SO_4和环烷酸;反应产物经过沉降分离,含硫酸钠的废水被分离出去,上层产物经多次水洗以除去Na_2SO_4及中性油,即得到环烷酸产品。若用此种方法处理二次加工的催化汽油、柴油废碱液,可得到粗酚产品。此法对设备腐蚀严重。图9-2-2为柴油废碱液硫酸中和法处理回收环烷酸的工艺流程图。

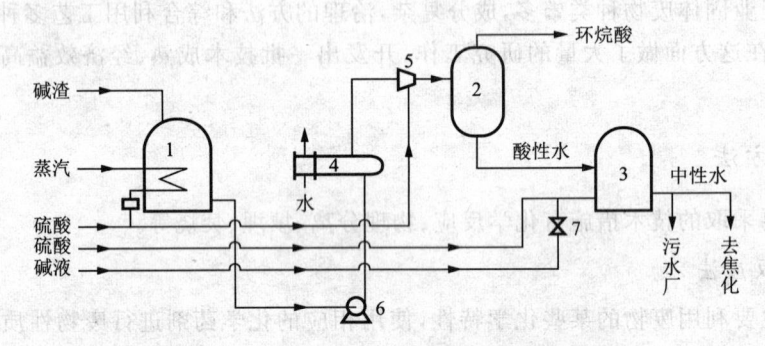

图9-2-2 柴油废碱液硫酸中和法处理工艺流程
1—酸碱中和罐;2—环烷酸半成品罐;3—碱中和罐;4—脱油罐;5,6—泵;7—阀门

2) CO_2中和法回收环烷酸、Na_2CO_3

为减轻设备腐蚀和降低硫酸消耗量,可采用CO_2中和法回收环烷酸。此种方法一般是利用CO_2体积分数为7%~11%的烟道气碳化常压油品碱渣,回收环烷酸和Na_2CO_3。其工艺流程为:将废碱液先加热脱油,脱油后的碱液进入碳化塔,在碳化塔内通入含CO_2的烟气进行碳化。碳化液经沉淀分离,上层即为回收产品——环烷酸,下层为Na_2CO_3水溶液,将其进行喷雾干燥即得到固体Na_2CO_3,其纯度可达90%~95%。图9-2-3为某炼油厂采用CO_2处理废碱液装置的工艺流程图。该流程回收Na_2CO_3纯度较高,可达到综合利用、保护环境的目的,同时对设备的腐蚀较轻。

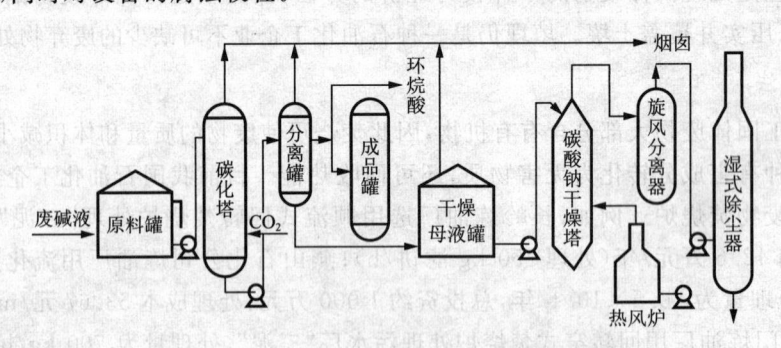

图9-2-3 CO_2处理废碱液装置的工艺流程图

3) 其他方法

(1) 常压柴油废碱液作铁矿浮选剂。

采用化学精制处理常压柴油,产生的废碱液可用加热闪蒸法生产贫赤铁矿浮选捕集剂。这种贫赤铁矿浮选捕集剂可以代替一部分妥尔油和石油皂,使原来的加药量减少48%。

(2) 液态烃碱洗废碱液用于造纸。

液态烃碱洗废碱液的主要成分是Na_2S(2.7%),$NaOH$(5%)和Na_2CO_3(6%),还含有一些酚等有机物。造纸工业用的蒸煮液是Na_2S和$NaOH$的水溶液,使用废碱液造纸时可根据碱液成分适当补充部分Na_2S和$NaOH$。

3. 废酸液的处理

1) 热解法回收H_2SO_4

将废酸液送往硫酸厂,并将其喷入燃料热解炉中,废酸液和燃料一起在燃烧室中热解,分解成SO_2和H_2O,其中的油和酸酯分解成CO_2;燃烧裂解后的气体在文丘里洗涤器中经除尘后冷却至90℃左右,再通过冷却器和静电酸雾沉降器除去水分和酸雾,并经干燥塔除去残余水分,以防止设备腐蚀和转化器中的催化剂活性失效;在V_2O_5的作用下,SO_2转化成SO_3,用稀酸吸收,制成浓H_2SO_4。

2) 废酸液浓缩

废酸液浓缩的方法很多,目前使用较广泛、工艺较成熟的方法为塔式。此法可将70%~80%的废酸液浓缩到95%以上。这种装置工艺成熟,在国内运行已有40多年,目前仍然是稀酸浓缩的重要方法,其缺点是生产能力小,设备腐蚀严重,检修周期短,费用高,处理1 t废酸消耗燃料油50 kg。

4. 废催化剂的处理

1) 代替白土用于油品精制

在催化裂化装置所使用的催化剂的再生过程中,有部分细粉催化剂(小于40 μm)由再生器出口排入大气,严重污染周围环境。采用高效三级旋风分离器可将细粉催化剂回收,回收的催化剂可代替白土用于油品精制,既可以降低精制温度,又无须严格控制其含水量。

2) 贵重金属的回收

石油加工过程中的化学反应多数采用稀有金属作催化剂。不同的化学过程将排出数量不等、种类各异的催化剂,如镍、银、钴、锰、铂、铼等。这些金属往往附于载体之上,使废催化剂成为一种有用的资源,故应充分重视贵重金属的回收问题。

国内某厂摸索出一套从催化剂中回收银、镍、钼、铋、钴等稀有金属的生产工艺流程,其中钼、铋、钴的回收流程如图9-2-4所示。

5. "三泥"处理

1) 脱水处理工艺

"三泥"含水率较高,必须先经过脱水处理工艺,其流程如下:

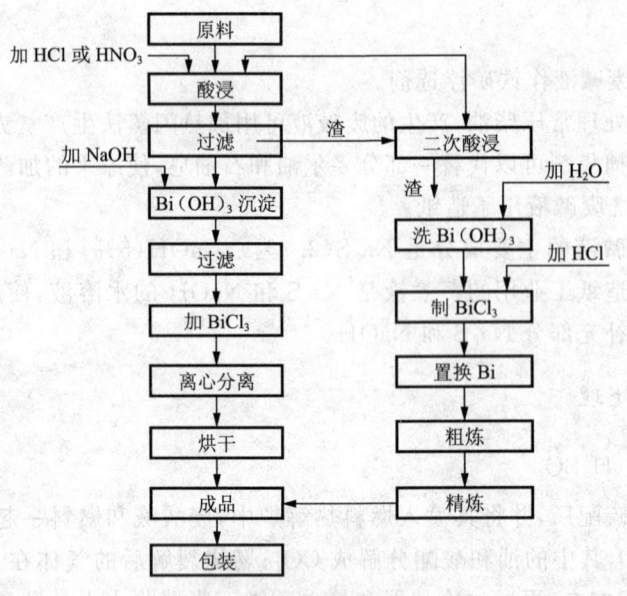

图 9-2-4　钼、铋、钴的回收流程图

(1) 油泥、浮渣→集水井→提升泵→浓缩池→过滤堆放；
(2) 活性污泥→集泥井→提升泵→浓缩池→过滤脱水→堆放。

2)"三泥"的最终处理

(1) 制砖或用作烧砖燃料。池底泥、浮渣的热值很高，并含氢氧化铝等物质，将其按不同比例掺入黏土中制成砖坯进行焙烧，其砖的抗压强度符合国家要求。油泥含油 6%～8%，与木屑或煤拌和还可作为烧砖燃料。

(2) 浮渣用作浮选剂。一般浮渣由氢氧化铝和附着在它上面的油及少量其他固体废物组成。在浮渣中加入适量的硫酸可生成硫酸铝的水溶液，可作为污水浮选处理的浮选剂。

(3) 焚烧。绝大多数炼油厂对污水处理厂污泥的处理方法是浓缩、脱水、焚烧。焚烧是将污泥进行热分解，经氧化使污泥变成体积小、毒性小的炉渣。目前采用较多的炉型有固定床焚烧炉、多段炉、回转炉及流化床焚烧炉(图 9-2-5)。

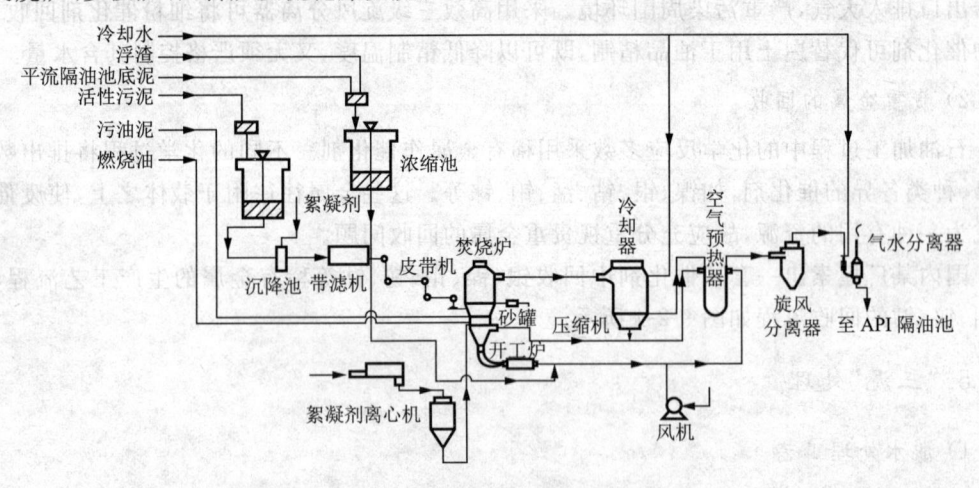

图 9-2-5　流化床焚烧流程示意图

第三节　石油加工中的废水处理技术

炼油厂除含油废水处理系统外,还有其他废水处理单元,例如,未被油污染的雨水通过雨水沟渠排放,含油雨水经隔油后排放。

(1) 循环水排污系统:此部分废水可以不经生物处理,只需经隔油、气浮和砂滤或混凝沉淀处理即可排放。如果循环水排污与其他含盐污水合并组成含盐废水系统,处理流程和含油废水相似,只是处理后的废水只能排放,不能回用。

(2) 局部处理系统:如含硫废水汽提、酸碱废水中和等,该系统主要针对某种污染物进行处理,然后排入其他系统。除上述废水处理系统外,炼油废水处理流程还包括污泥处理和处置及污油回收。

含油废水处理的步骤、方法和功能见表9-3-1。

表9-3-1　含油废水处理的步骤、方法和功能

序号	步骤	方法	去除主要污染物	预处理(功能)
1	隔油	平流隔油池(API) 斜板隔油池(CPI) 油水分离罐	浮油及粗分散油	格栅(去除粗大杂质沉砂,去除泥沙)
2	气浮 (或聚结)	溶气气浮 喷射气浮 转子气浮	细分散油和部分乳化油	① 均衡(均匀水质,调节pH值); ② 破稳絮凝(破乳使小颗粒)
3	生物处理	完全混合式合建式曝气池 推流式分建式曝气池 深层曝气池 塔式生物滤池	酚、氰、BOD、COD等	① 隔油(去除油气浮,进一步去除油); ② 均质(均匀水质); ③ 预曝气(充氧预过滤,进一步去除悬浮油)
4	后处理	过滤 絮凝沉淀 活性炭过滤 活性炭吸附 臭氧氧化	油、悬浮物、难以生物降解的物质	生物处理(去除能被生物降解的有机物)

在生物处理中,为了提高COD及氨氮的去除率,有的炼油厂采用厌氧-好氧相结合的流程,即A-O流程,有的炼油厂采用SBR或BSBR序批式活性污泥法。

一、炼油污水的治理

1. 炼油污水治理典型工艺流程

炼油污水治理典型工艺流程为老三段式,如图9-3-1所示。

炼油污水 → 隔油处理 → 溶气气浮 → 生化处理 → 排放

图 9-3-1 炼油污水治理典型工艺流程

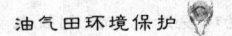

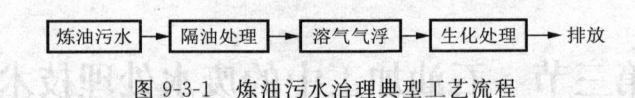

2. 治理现状

炼油污水处理技术按治理程度分为一级处理、二级处理和三级处理。一级处理所用的方法包括格栅、沉砂、调整 pH 值、破乳、隔油、气浮、粗粒化等;二级处理方法主要是生物处理,如活性污泥法、生物膜法、氧化塘法等;三级处理方法有吸附法、好氧法、膜分离法等。炼油污水一般经二级处理可达标排放,国内部分炼油厂采用的处理工艺及相关情况见表 9-3-2。国内采用三级处理的炼油厂极少,而国外炼油厂一般都有三级或深度处理工艺。

表 9-3-2 部分炼油厂污水处理工艺

处理站	处理工艺	工艺参数	处理结果
抚顺石化公司石油三厂	隔油—粗粒化—沉淀—沙滤	$Q=580$ t/h,进水含油 30~100 mg/L,含硫化物 5~20 mg/L	含油 4.69 mg/L,含硫化物 1.0 mg/L
乌鲁木齐石化总厂	隔油—射流浮选—生物处理	$Q=110\sim120$ m³/h,进水含油 60~80 mg/L	含油低于 20 mg/L
茂名石油公司炼油厂	隔油—生物滤塔—浮选—加速曝气池	$Q=300\sim600$ m³/h,进水含油约 20 mg/L	含油低于 10 mg/L
利华集团利津炼油厂	隔油—气浮—A-O 膜法处理	$Q=80$ t/h,进水含油 880 mg/L	含油 3.2 mg/L

3. 石油化工企业污水治理系统设计实例

某公司化工污水处理厂始建于 1973 年。随着公司生产规模的不断扩大,承担着四个厂的乙烯裂解及乙二醇、高压聚乙烯、苯、对二甲苯、苯乙烯、聚苯乙烯、聚丙烯、间甲酚、苯酚、丙酮、润滑油、聚酯氧化、聚酯缩聚等 14 套主要装置排放的经预处理的工艺废水与工业废水和配套水、电、气、动力等辅助单元及生活设施的污水处理。原设计能力为 900 t/h,采用常规生化曝气处理流程已不能满足发展的需要。1984 年,利用美国 ES 公司、日本 OGE 公司的技术,在原污水处理厂的基础上进行了改造和扩建。在工艺上增加了中和、均质系统,生活污水与工业废水的混合配水系统,微孔曝气系统,二次沉淀与过滤系统,活性炭投加系统,剩余活性污泥处理系统,油渣脱水和焚烧系统,脱臭系统等,与原构筑物相配套。废水主要采用隔油、浮选和活性污泥法进行处理;剩余活性污泥脱水后送填埋场填埋;油渣经脱水后与装置区的臭气送入焚烧炉焚烧。该污水处理厂的处理能力为 1 825 m³/h(其中生产废水 1 000 m³/h,生活污水 825 m³/h),占地面积 6.8×10^4 m²,累计投资 7 130 多万元,设计定员 169 人。

整个污水处理厂的工艺流程如图 9-3-2 所示,处理水质指标见表 9-3-3,主要构筑物见表 9-3-4。

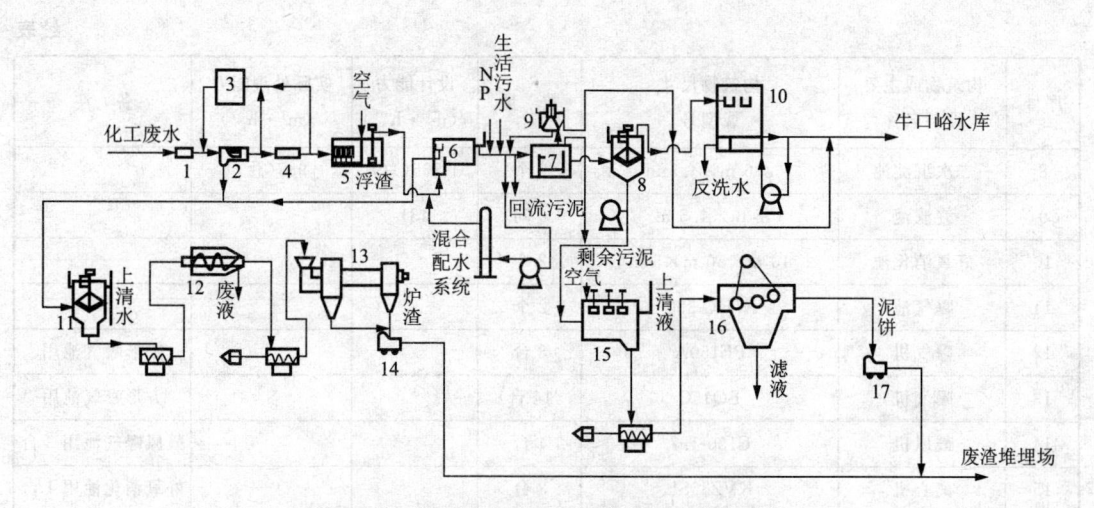

图 9-3-2　化工污水处理厂污水处理工艺流程图

1—格栅;2—隔油池;3—调节池;4—中和池;5—均质池;6—浮选池;7—鼓风曝气池;8—二次沉淀池;9—表面曝气池;
10—滤池;11—油渣浓缩池;12—离心机;13—焚烧炉;14,17—装灰车;15—好氧消化池;16—带式压滤机

表 9-3-3　化工污水处理厂进、出水指标

项　目	进　水	出　水	合格率/%
COD(工业废水)/(mg·L^{-1})	600	123	83.31
SS(工业废水)/(mg·L^{-1})	200	50	25.00
油/(mg·L^{-1})	200	4	95.75
苯/(mg·L^{-1})	125	5.98	95.22
酚/(mg·L^{-1})	50	0.2	94.21
pH	6~9	6~8.5	99
COD(生活污水)/(mg·L^{-1})	325	—	83.31
SS(生活污水)/(mg·L^{-1})	150	—	100
备　注	设计值	设计值	运行值

表 9-3-4　化工污水处理厂的主要构筑物列表

序号	构筑物或主要设备名称	构筑物尺寸或型号	数　量	设计能力/(m³·h^{-1})	实际处理能力/(m³·h^{-1})	备　注
1	调节池	41.76 m×41.76 m×6 m		1 000	971	
2	均质池	41.76 m×41.76 m×6 m		1 000	971	
3	隔油池	23.6 m×5 m×2 m	6 个	167	162	
4	浮选池	19.4 m×4.5 m×2.5 m	6 个	167	162	
5	圆形曝气池	φ16.8 m×8 m	10 座	36	35	
6	方形曝气池	16.8 m×8 m×5 m	14 个	31	30	
7	鼓风曝气池	16.8 m×8 m×5 m	3 个	1 355(总)	987(总)	

续表

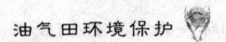

序号	构筑物或主要设备名称	构筑物尺寸或型号	数量	设计能力/(m³·h⁻¹)	实际处理能力/(m³·h⁻¹)	备注
8	二次沉淀池	φ36 m×4.5 m	2个	1 355(总)	987(总)	
9	终滤池	8 m×4.5 m	6间	431		
10	好氧消化池	10 m×50 m×5 m	2个			
11	曝气池	WHC-300	2个			
12	曝气机	PE150A	8台			圆形曝气池用
13	曝气机	BQ15C	14台			方形曝气池用
14	鼓风机	C150-1.7	4台			鼓风曝气池用3台
15	离心机	KVZ35SL	3台			好氧消化池用1台
16	带式压滤机	DBP-200	2台			
17	焚烧炉	旋转炉	1套	1 042 kg/h	800~1 000 kg/h	
18	风机	C40-1.5	4台			均质池用

4. 炼油污水处理面临的问题

我国石油中重质油和含硫原油相对较多,加大了化学加工工艺的难度,使加工过程中产生的废水成分复杂、排污量大,废水处理难度大。2010年原油加工量达 $3.5×10^8$ t,仅炼油厂污水就达 $(2.45~12.25)×10^8$ t。全国有大型炼油厂80多家,中小型炼油厂不计其数,据国家环保总局统计,真正达到规定排放标准的不足50%。水资源的严重短缺和环境因素制约着我国炼油企业的进一步发展壮大。为了解决这些问题,研究适宜的污水深度处理工艺使炼油污水回用是十分必要的。

5. 炼油污水回用的研究

污水的回用一般要经过深度处理(即三级处理)以除去二级处理所不能除去的污染物(有机物及胶状固体,可溶的无机矿物质,氮磷等)和COD、BOD、颜色、气味等。

1) 回用的途径

炼油污水回用主要有三种途径:一是作循环冷却水补充水源,二是作工业用水水源,三是作锅炉用水产生蒸汽。部分企业结合炼厂循环冷却水水质和锅炉给水处理水质的要求,在参照《地表水环境质量标准》(GB 3838—2002)中Ⅳ类水质标准的基础上制定了污水回用水质参考指标,见表9-3-5。

表9-3-5 部分企业回用水水质参考指标

项目	pH	浊度	石油类/(mg·L⁻¹)	硫化物/(mg·L⁻¹)	挥发酚/(mg·L⁻¹)	总氰化物/(mg·L⁻¹)	COD/(mg·L⁻¹)	BOD/(mg·L⁻¹)	悬浮物/(mg·L⁻¹)
标准	5.5~8.5	≤5	≤0.5	≤0.01	≤0.01	≤0.2	≤20	≤6	≤5

2) 污水回用的潜力与可行性分析

石油化工企业是工业用水大户,在消耗大量新鲜水的同时排出大量污水。因此,开展污水资源化工作不仅可以节约大量的新鲜水,还可减少污染排放,其经济效益和社会效益都非常显著。国外大型石油公司都非常重视污水资源化工作,并取得了显著的成绩。我国石油化工企业开展这方面的工作较晚,但已充分认识到其重要性,并且有一些企业已经开始了用水优化及污水回用工作。

(1) 回用水的水质要求。

污水经深度处理后,主要回用途径有循环冷却水补充水、清洁用水、绿化用水、建筑用水等。从石化行业用水分布状况来看,循环冷却水占生产总用水量的80%～90%,循环冷却系统的补充水占企业新鲜水用量的30%～70%。由此可见,石化行业节水减排的着眼点应放在循环冷却水系统上。

削减循环冷却水系统补充水量的主要途径:一是以空冷替代水冷;二是提高循环冷却水浓缩倍数;三是开辟循环冷却水系统补充水的"新水源"。其中,提高循环冷却水的浓缩倍数最为直接和有效,但当浓缩倍数达到3～5后,如要继续降低企业的新鲜水耗量,最佳途径是开辟"新水源",特别是对污水处理厂排放的达标水,经深度或适度处理后成为水质接近于新鲜水的回用水,部分或全部替代新鲜水作循环冷却水系统的补充水,最终达到节水和减排的双重目的。

在石化企业敞开式循环冷却水系统日常运行中,常会出现结垢、腐蚀及微生物黏泥、藻类滋生等问题,用新鲜水作循环水的补充水尚且如此,若用污水作补充水,其细菌含量、电导率均高于新鲜水,则更会产生生物黏泥和腐蚀,因此废水进入循环水系统之前应有针对性地进行处理,处理的重点是杀菌灭藻、缓蚀、降低电导率。表9-3-6列出了国内部分污水回用设计规范及推荐标准。

表 9-3-6 污水回用循环冷却水补充水质标准

项 目	工业循环冷却水处理设计规范(GB 50050—2007)	城市污水回用设计规范(CECS 61:94)	大连市污水设计规范工程标准	天津大学推荐指标	牛口峪水库污水排放标准	抚顺石化污水回用水质标准	大庆石化回用于循环冷却水补充水水质标准
浊度/度	—	5	3	5(10)	—	≤3	<5
悬浮物/(mg·L^{-1})	≤10	10	6	10	50		10
BOD$_5$/(mg·L^{-1})		10	5	5		≤5	24
COD$_{Cr}$/(mg·L^{-1})	—	75	60	40(循环冷却) 60(直流冷却)	60	≤20	24
氨氮/(mg·L^{-1})	夏季<10 冬季<10	1	1	(3)	15	≤1	<3
SS/(mg·L^{-1})		1 000	906	800		≤1	<3
总碱度/(mg·L^{-1})	60～500	350	260	150(350)	—	≤250	125
pH	7.0～9.2	6.5～9.0	7.0～8.0	6.0～9.0	6.0～8.5	6.5～7.5	7.0～8.5

续表

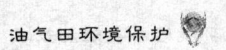

项 目	工业循环冷却水处理设计规范（GB 50050—2007）	城市污水回用设计规范（CECS 61:94）	大连市污水设计规范工程标准	天津大学推荐指标	牛口峪水库污水排放标准	抚顺石化污水回用水质标准	大庆石化回用于循环冷却水补充水水质标准
色度/度	—	—	36~46	—	—	—	<5
游离氧/(mg·L^{-1})	0.5~1.0	0.1~0.2	0.4~0.8	—	—	—	0.5~0.8
外观及臭味	—	无不快感	无不快感	无不快感	—	—	—
总硬度/(mg·L^{-1})	—	450	280	200(350)	—	≤300	125
电导率/(μS·cm^{-1})	3 000	0.3(铁)	0.1(铁) 0.9(总磷)	300 (1 000)	—	—	250
锰/(mg·L^{-1})	—	0.2	0.1	0.1	—	—	0.1
Ca^{2+}/(mg·L^{-1})	200~300	—	—	—	—	—	50
Mg^{2+}/(mg·L^{-1})	—	—	—	—	—	—	35
Cl$^-$/(mg·L^{-1})	1 000(碳钢) 300(不锈钢)	300	220	300(碳钢) 100(不锈钢)	—	—	<25
石油类/(mg·L^{-1})	<5	—	—	—	4	0	<1
异养菌数/(个·mL^{-1})	<5×10^5	10×10^5	5×10^5	5×10^5(冬) 5×10^5(夏)	—	≤100	100
黏泥量/(mL·m^{-3})	<4	—	—	—	—	—	1

(2) 污水回用的可行性。

为了研究污水回用的可行性，中国石油大学环境中心对某炼油化工厂的外排水水质与同一工厂的循环冷却水水质、新鲜水水质进行了对比分析，其结果见表9-3-7。

表9-3-7 某厂三种水的水质分析列表

项 目	新鲜水	循环冷却水	外排水
pH	6.85	7.65	7.22
电导率/(μS·cm^{-1})	275	1 734	1 010
Ca^{2+}/(mg·L^{-1})	101.35	171.03	64.98
Mg^{2+}/(mg·L^{-1})	13.67	48.45	11.96
总硬度/(mg·L^{-1})	310.34	629.53	212.06
总碱度/(mg·L^{-1})	402.11	722.94	308.96
悬浮物/(mg·L^{-1})	16.30	29.2	38.50
COD/(mg·L^{-1})	10.29	31.61	87.69
Cl$^-$/(mg·L^{-1})	60.82	123.79	55.16
总溶固/(mg·L^{-1})	180	1 680	704
细菌/(个·mL^{-1})	<100	4.2×10^3	3.6×10^5

从表 9-3-7 可见，外排废水中 Ca^{2+}、Mg^{2+}、总硬度、总碱度等指标均小于新鲜水，Ca^{2+} 和 Mg^{2+} 浓度也符合《工业循环冷却水处理设计规范》(GB 50050—2007)中的要求（规范要求 Ca^{2+} 的允许值为 30～200 mg/L）；从结垢可能性分析，外排废水回用作循环冷却水的补充水是可能的；但外排废水中细菌总数、电导率、悬浮物、COD、总溶固均大于新鲜水，这些指标均是造成腐蚀的主要原因，因此外排废水必须进行深度处理，特别是杀菌、缓蚀处理，方可回用作为循环冷却水的补充水。

此外，有的炼油化工装置的排出水与新鲜水相比，水质较好，可以重复使用。表 9-3-8 列出了燕山石化炼油厂一些部位排水水质分析结果，表中还给出了密云水库水作为参考对比。从表中可见，这些排水水质并不太差，有的甚至与密云水库水质相近，有的只是含油和盐较高，如采用简单的重力分离除去油及 SS，则浊度及 COD 亦可随之下降，仍有可能在某些用水部位代替新鲜水使用。

表 9-3-8　燕山石化炼油厂一些部位排水水质

项　目	二催化新区明沟水	新常减压初馏塔塔顶排水	新常减压常压塔塔顶排水	密云水库水
pH	7.19～7.22	6.33～8.22	5.28～5.87	8.0～8.1
总硬度/(mg·L^{-1})	2.5～5.2	0.82～1.72	0.36～0.76	2.5～3.0
总碱度/(mg·L^{-1})	2.96～4.56	0.12～0.56	0.04～0.72	2.5～3.5
电导率/(μS·cm^{-1})	306～360	84～198	24～53	300～400
Ca^{2+}/(mg·L^{-1})	37.2～44.0	1.60～13.60	2.40～16.0	30～40
Cl^-/(mg·L^{-1})	14～47	2～7	11～22	20～30
SO_4^{2-}/(mg·L^{-1})	16～62	0～6	0	10～20
S^{2-}/(mg·L^{-1})	0.001～0.004	0～1.84	8.82～14.4	—
酚/(mg·L^{-1})	0～0.014	0.65～1.03	0.95～1.29	—
COD/(mg·L^{-1})	0～16.6	207～446	194～488	—
SS/(mg·L^{-1})	2～82	0～12	0～22	1～2
TDS/(mg·L^{-1})	184～244	20～76	0～20	—
TS/(mg·L^{-1})	186～318	22～76	20～28	—
石油类/(mg·L^{-1})	0～0.1	16～64	24～57	—

随着高效缓蚀剂、高效杀菌剂和黏泥控制等循环冷却水水质稳定技术的发展，近年来循环冷却水补充水的水质要求有所放宽。同时，污水生物处理技术的发展使外排污水的净化深度和稳定度有了较大的提高。通过对国内外污水回用实例的调查发现，对于回用污水用作循环冷却水系统的补充水，影响最大的污染物分别为悬浮物、COD 和氨氮。而在循环冷却水系统的补充水水质要求放宽后，一般认为达标排放的污水仅需通过低成本的适度处理，使污水中的 COD 质量浓度小于 50 mg/L，氨氮质量浓度小于 8 mg/L，悬浮物质量浓度小于 10 mg/L，石油类质量浓度小于 2 mg/L，再经水质稳定处理后就可以回用。

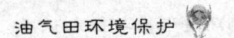

3) 回用水深度处理方法

深度处理技术按照处理技术原理的不同可分为物理处理法、化学处理法和生物处理法。单一的深度处理技术一般只能去除某一类污染物,因此必须将几种技术有机结合起来处理回用污水才能达到回用水质的要求。

(1) 物理处理法。

物理处理法主要包括沉淀、过滤、吸附、膜分离等。

沉淀:主要用于固液分离,澄清水质,去除大颗粒的絮体或悬浮物。

过滤:主要是澄清水质,可以去除粒径大于 3 μm 的悬浮物、病原菌等。常用的过滤介质有石英砂、褐煤、核桃壳、活性炭等。

吸附:利用活性炭或某些黏土类材料的巨大比表面积,吸附大分子有机物,去除色度,降低 COD 并去除某些无机离子。

膜分离:膜分离技术用于污水深度处理的历史很短,但用途却十分广泛。根据膜材料孔径的不同,可将其分为微滤、超滤、纳滤和反渗透等。

(2) 化学处理法。

化学处理法主要有絮凝、化学氧化、消毒、离子交换、石灰处理、电化学和光化学处理等。

絮凝:投加无机或有机化学药剂使胶体脱稳,凝聚悬浮物并形成絮体等,再去除悬浮物和胶体。此法常与沉淀、过滤等结合使用。

化学氧化:去除 COD、BOD、色度等还原性有机物或无机物,如臭氧氧化、$H_2O_2/FeSO_4$ 氧化等。此法常与其他方法结合使用。

消毒:利用 Cl_2,ClO_2 或 O_3 等杀菌剂并结合 UV(紫外线)和电化学方法杀灭细菌、藻类、病毒或虫卵。

离子交换:去除水中的阴、阳离子,用于咸水或半咸水脱盐。

石灰处理:沉淀钙、镁离子,降低水的硬度,防止结垢。

电化学和光化学处理:去除水中的难降解物质,如 UV 光催化氧化或辐照处理、电水锤技术、脉冲电晕技术等。此法常与化学氧化结合应用。

(3) 生物处理法。

生物处理法在污水回用深度处理中应用非常广泛,能够降解多种污染物,处理成本低,运行稳定可靠,抗冲击能力很强。常用的生物处理法见表 9-3-9。

表 9-3-9 深度生物处理法分类

种 类	特点和功能
生物过滤法	利用过滤材料上培养的微生物聚合体-生物膜来氧化分解污染物,净化水质,如生物滤池
生物接触氧化法	结合了生物膜法和活性污泥法的优点,既有良好的除污染效果,又能够用于不同的处理规模。填料是微生物附着生长的基质,因此填料的好坏是影响其处理效果的关键因素
氧化塘	利用生态系统的净化作用去除污染,如 COD、TN、SS、重金属等,可单独处理污水或用于污水的深度处理
地层生物修复	利用微生物分解和地层的过滤作用去除污染物,可单独使用或用于污水深度处理

6. 炼油污水深度处理与回用的研究进展

1) 国内炼油污水深度处理与回用的研究进展

国内炼油污水处理及回用的试验与应用已有40多年的历史。20世纪七八十年代以来，东方红炼油厂、长岭炼油厂、大连红星化工厂等先后将经过处理的外排污水直接回用于循环冷却水系统，由于回用水的腐蚀性、微生物、氨氮、COD、BOD过高等原因，长期应用的效果并不理想。20世纪90年代以来，世界范围的缺水危机以及巨大的回用水处理市场促进了污水回用研究和应用的快速发展，对炼油污水深度处理及回用的研究不断深入，使长期存在的问题基本得到解决。

(1) 腐蚀控制。

① 与新鲜水混合，再加入适量缓蚀剂 SX-102A；

② 投加适量 RP-93 配方，补充碱度至 50 mg/L；

③ 投加适量水稳剂 QS-09，控制钙硬 500 mg/L、碱度 450 mg/L。

(2) 微生物去除。

① 投加强氯精或通入氯气至适宜浓度；

② 非氧化型杀菌剂 WS-11 和氧化型杀菌剂氯气 24 h 杀菌。

(3) 氨氮处理。

① 悬浮载体生物接触氧化与臭氧生物活性炭相结合的深度处理技术；

② 生物接触氧化塔与化学絮凝相结合的深度处理技术；

③ 膜法 A-O 生物脱氮深度处理技术。

(4) COD、BOD 的降低采用化学絮凝法。

(5) 综合处理工艺。

① 悬浮载体生物接触氧化—臭氧生物活性炭处理工艺；

② 生物接触氧化塔—化学絮凝处理工艺；

③ 砂滤—臭氧氧化—生物活性炭深度处理工艺；

④ 粗滤—精滤—炭滤—除氮—反渗透处理工艺。

上述处理方法和工艺均为近十多年来国内处理效果较好的炼油厂污水回用的深度处理技术与工艺，部分综合处理工艺所处理的污水主要指标已达地面水Ⅳ级标准，完全可以循环回用，但由于大多数炼油厂原油来源不稳定，生产方案受市场影响大，导致污水水量和水质波动大，处理工艺难以适应不同工况，处理装置的抗冲击能力弱，外排水仅能达标排放，炼油污水投入生产性回用的实例很少；部分投入生产的回用水深度处理装置存在污染物去除不彻底、回用于循环冷却水的药剂用量大且依赖性高等缺陷，使得科研水平与应用水平不匹配，导致我国在炼油污水回用技术的运用上滞后于国外发达石油工业国家。针对上述现象，国内有关专家、科研工作者与企业积极开展攻关工作，2000年3月至2003年2月，中国石油大港石化公司与同济大学合作，研发了简单高效、合理可行的回用深度处理技术，设计规模为 7 200 m^3/d 的炼油污水回用处理工程已全部建成并已投入运行。随着水资源的严重短缺和石油加工量的持续上升，由于其可观的环境、经济和社会效益，炼油污水回用技术可以得到进一步的发展并较快地应用于实际生产运行中。

2) 国外炼油污水深度处理与回用的研究进展

国外炼油污水的处理和回用研究始于 20 世纪四五十年代。最初,炼油污水的处理多采用"隔油→浮选→生化处理(活性污泥法)→沉淀"的工艺流程,甚至仅有隔油、过滤等物理化学处理流程,该工艺对 COD、油有一定的去除效果,处理后的水一般外排,和回用的水质要求差距较远。70 年代,一些先进而成熟的水处理技术或工艺应用于炼油污水处理领域,使处理后出水水质越来越好,A-A-O 工艺、厌氧-好氧生物处理工艺、氧化沟、序批式生物反应器、生物滤池、生物流化床等先后出现在炼油污水的处理系统中。新型曝气方式和新的填料在处理装置中的应用使污水的外排不仅可以达到标准,而且部分水质指标与回用要求相近。90 年代以后,臭氧氧化、生物活性炭法(BAC)、膜分离、膜生物反应器(MBR)、光化学及电化学处理等污水深度处理技术成为国内外炼油污水回用研究的热点,处理后出水水质甚至可以达到饮用水标准,完全能回用于工业生产和生活中。总之,国外的炼油污水处理运用了多种水处理技术,污水回用率高,但处理费用也高。

二、含硫废水的处理

含硫废水的处理方法主要有空气氧化法和水蒸气汽提法。这两种处理方法在国内都有工业化装置,而且运转稳定,处理效果好。

1. 空气氧化法

空气氧化法是用空气中的氧在一定条件下将含硫废水中的硫化物氧化为硫代硫酸盐。一般约 90% 的硫化物被氧化为硫代硫酸盐,10% 的硫化物进一步氧化为硫酸盐,其反应式如下:

$$2HS^- + 2O_2 \longrightarrow S_2O_3^{2-} + H_2O \tag{9-3-1}$$

$$2S^{2-} + 2O_2 + H_2O \longrightarrow S_2O_3^{2-} + 2OH^- \tag{9-3-2}$$

$$S_2O_3^{2-} + 2OH^- + 2O_2 \longrightarrow 2SO_4^{2-} + H_2O \tag{9-3-3}$$

空气氧化法的流程如图 9-3-3 所示。除油的含硫废水换热后和压缩空气、水蒸气混合加热到 90 ℃左右进入氧化脱硫塔。塔内的气液混合分配器使废水中的硫化物与空气充分接触,硫化物被氧化成硫代硫酸盐和硫酸盐。塔顶净化水经换热和分离出氧化尾气后进行生物处理。尾气中含有少量的 H_2S,焚烧后排入大气。部分企业采用空气氧化法进行含硫废水处理的操作条件与处理效果见表 9-3-10。

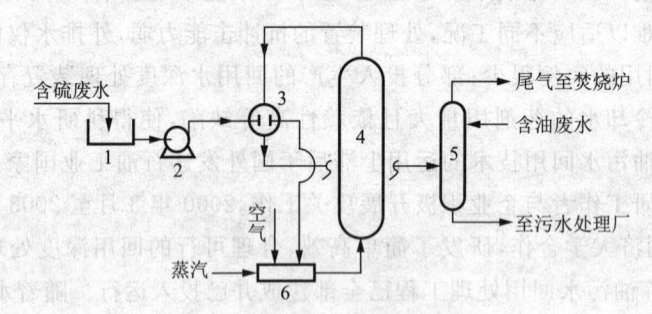

图 9-3-3 空气氧化法流程图

1—含硫废水池;2—原料水泵;3—换热器;4—氧化脱硫塔;5—尾气喷淋塔;6—喷射混合器

表 9-3-10　空气氧化法操作条件与处理效果

项　目	石油七厂	天津第一炼油厂	独山子炼油厂
处理量/(t·h^{-1})	20	5.6	14
反应温度/℃	80~90	70±2	90
氧化脱硫塔顶压力/MPa	常压	—	—
气水比/(m^3·m^{-3})	10		15
反应时间/min	120	70	>90
进水含硫量/(mg·L^{-1})	199	490	1 664
出水含硫量/(mg·L^{-1})	54	91	57.6
硫去除效率/%	72.9	81.4	96.6

该方法设备简单,操作容易,费用低,但不能脱除氨和氰化物,适用于低质量浓度含硫废水(硫化物质量浓度小于 2 000 mg/L)的处理,氧化尾气宜送加热炉焚烧或用碱性水吸收,以防污染大气。影响脱硫率的主要因素是反应温度、气水比和反应时间。

2. 水蒸气汽提法

目前石油化工厂多采用水蒸气汽提法处理含硫废水。

1) 原理

含硫废水可以看成是由硫化氢、氨和二氧化碳等组成的多元水溶液,它们在水中以 NH_4SH,$(NH_4)_2CO_3$,NH_4HCO_3 等铵盐形式存在,这些弱酸、弱碱的盐在水中水解后分别产生游离态硫化氢、氨和二氧化碳,它们又分别与其中气相中的分子平衡。因此,控制化学、电离和相平衡的适宜条件是处理好含硫废水和选择适宜操作条件的关键。影响上述三个平衡的主要因素是温度和物质的量之比。由于水解是吸热反应,因而加热可促进水解作用,使游离的硫化氢、氨和二氧化碳分子增加,但这些游离分子是否都能从液相转入气相,与它们在液相中的含量、溶解度、挥发度以及与溶液中其他分子或离子能否发生反应有关,如二氧化碳在水中的溶解度很小,相对挥发度很大,与其他分子或离子的反应平衡常数很小,因而容易从液相转入气相,而氨却不同,它不仅在水中的溶解度很大,而且与硫化氢和二氧化碳的反应平衡常数也大,只有当它在一定条件下达到饱和时,才能使游离的氨分子从液相转入气相。显然,通入水蒸气可起到加热和降低气相中硫化氢、氨和二氧化碳分压的双重作用,促进它们从液相进入气相,从而达到净化水质的目的。

2) 工艺流程

我国采用的水蒸气汽提有单塔、双塔两种类型,共有四种流程:单塔低压汽提、单塔加压汽提、双塔加压汽提和双塔高低压汽提,其中较常用的是前三种。

(1) 单塔低压汽提。

汽提塔操作压力为 0.05 MPa(表压),有带回流和不带回流两种流程。前者的酸性气可送往硫回收装置,后者的酸性气多排至火炬焚烧。目前一般采用带回流流程(图 9-3-4),回流液进入塔顶,酸性气混合排至硫回收装置的特殊喷嘴,作为回收硫的原料气。

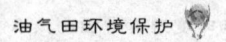

(2) 单塔加压汽提。

汽提塔操作压力为 0.3~0.5 MPa（表压），有无侧线抽出和侧线抽出两种流程。

① 无侧线抽出。当含硫废水中的硫化氢和氨含量较低时，如果只需要脱除硫化氢，允许氨留在水中，不会影响生物处理的正常操作，即可采用该流程。含硫废水分两路进入汽提塔，一路经换热后进入塔中部作为热进料，另一路作为冷回流进入塔顶，控制顶温，从而获得较高纯度的酸性气。

② 侧线抽出。该流程实质上是把双塔汽提流程中的氨汽提塔和硫化氢汽提塔重叠在一个塔内，利用二氧化碳和硫化氢的相对挥发度比氨高的特性，首先将原料废水中的二氧化碳和硫化氢从汽提塔的上部汽提出去，随即控制适宜的塔体温度，在塔中部形成 $n(NH_4)/n(H_2S+CO_2)$（即氨的物质的量/硫化氢与二氧化碳的物质的量之和）大于 10 的液相及富氨气体，该气体抽出后，采用变温变压的三级分凝，获得纯度较高的氨气，可制成氨水，或经压缩机压缩制成液氨产品（图 9-3-5）。

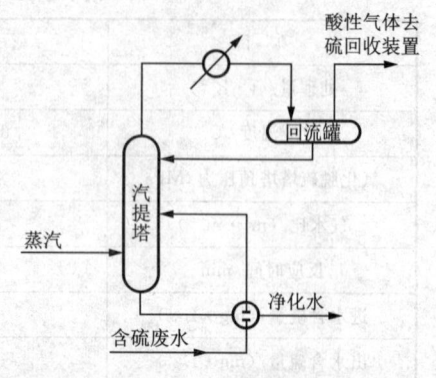

图 9-3-4　单塔低压汽提带回流流程图

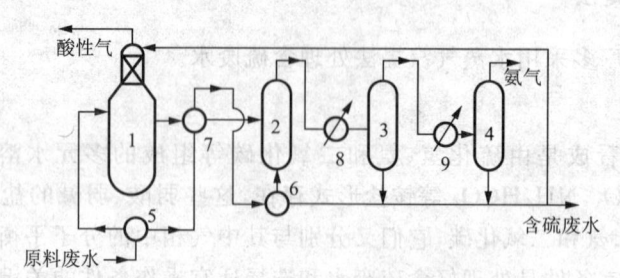

图 9-3-5　单塔加压侧线抽出汽提流程图
1—汽提塔；2,3,4——级、二级、三级分凝器；
5,6—换热器；7,8,9——级、二级、三级冷凝冷却器

(3) 双塔加压汽提。

一般硫化氢汽提塔的操作压力为 0.4~0.5 MPa（表压），氨汽提塔的操作压力为 0.1~0.3 MPa（表压），含硫废水可先进硫化氢汽提塔再进氨汽提塔。硫化氢汽提塔底水进入氨汽提塔，塔顶气体经冷凝冷却后得到高纯度氨气；含有硫化物的冷凝液大部分返回氨汽提塔顶作冷回流。

三、含酚废水的处理

含酚量低的废水无回收价值，与全厂废水混合后可不加预处理而直接排入污水厂。高质量浓度含酚废水回收处理的一般方法见表 9-3-11。

表 9-3-11　含酚废水回收处理的一般方法

分　类	回收处理方法	脱酚率/%	优缺点
物理法	蒸汽脱酚	80 左右	操作简单方便，但脱酚塔太笨重，效率较低
	塔式萃取	90~97	回收率较高，有成熟的运行经验，但废水有新的污染

续表

分 类	回收处理方法	脱酚率/%	优缺点
物理法	离心机萃取	90~99	机器制造与安装要求较高,废水有新的污染
	活性炭或磺化煤吸附	85~99	净化效率高,设备简单,但再生麻烦,对预处理要求高
	离子交换	95~99	可去除氰化物、吡啶等杂质,但成本高,对预处理要求高
	超声波	92~98	效率高,但成本高,尚未实用化
化学法	电解氧化	>90	效率高,但耗电量与含盐量大
	二氧化氯	可达100	不产生氯酚,处理效果稳定,但货源少,价格较贵
	臭氧氧化	99	杀菌能力强,处理彻底,但臭氧发生器价格高
	化学沉淀	>94	可回收酚、醛等物质,方法简单、经济,但处理后废水含酚量较高
生物法	活性污泥	95~99	处理效率高,设备简单,但运转管理的要求较高
	生物滤池	85~98	设备简单,运转管理方便,但占地面积大,卫生条件差
	塔式生物滤池	80~98	负荷高,占地少,耗电少,但出水水质较差
	生物转盘	80~99	适应性强,管理方便,但占地较大
	氧化塘、氧化渠	70~90	设备少,经济,但受地区、气候条件限制大,占地面积大
	污水灌溉		利用水分与肥分可支援农业,但卫生条件差,须严格控制水质
重复使用	封闭循环法		可不排(或少排)废水,减少危害,减轻设备处理负荷,但管理要求较严格
	掺入循环供水系统		可不排(或少排)废水,稳定循环水质,但对预处理的要求较高
	熄焦法		免除复杂的处理设备,但对设备有一定的腐蚀,对大气有污染

1. 萃取法

用作萃取脱酚的萃取剂有苯、重苯、芳香烃、醋酸丁酯、轻油、煤柴油、重溶剂油、醋酸乙酯、异丙醚、磷酸三甲酚、苯乙酮、N-503、湿润剂等。高桥化工厂的实践证明,该厂的异丙苯、N-503 的萃取效果较优。N-503 是一种淡黄色油状液体,化学名称为二(1-甲基庚基)替乙酰胺,它对苯酚具有高效的萃取能力,一次萃取脱酚率可达 95% 以上。其化学性能稳定,易于再生,经碱洗两次,苯酚的萃取率达 99% 以上,萃取后含酚量低于 50 mg/L;经长期使用,萃取剂不老化、不分解,脱酚效率不下降。高桥化工厂的脱酚装置已运转多年,至今仍稳定正常,效果良好。

酚钠废水中和工序为间断操作,其投料为人工现场控制,而萃取工序为连续运行,废水流量、投碱量、油水比(萃取剂投料量)等均用仪表控制。

高桥化工厂脱酚装置从1978年投产至今,运行情况及处理效果逐年提高,每年平均回收苯酚300余吨,"三废"综合利润10余万元。表9-3-12为脱酚装置脱酚率。

表 9-3-12 脱酚装置脱酚率

月 份	1	3	5	7	9	11	平 均
进水酚质量浓度/(mg·L^{-1})	9 700	9 400	11 000	12 100	9 700	14 000	10 983.3
出水酚质量浓度/(mg·L^{-1})	17	27	65	47	31	30	36.58
脱酚率/%	99.8	99.7	94.4	96.4	99.7	97.8	98.0

2. 固定生物床处理含酚废水

以茂名石油工业公司炼油厂为例,2006年该厂炼油废水中的COD含量大于1 000 mg/L,挥发酚质量浓度为100~200 mg/L。采用固定生物床进行含酚废水的处理,其工艺流程为:含酚污水泵入生物床(两个生物床并联,生物床的工艺参数相同),废水中的酚类物质及其他有机物吸附在填料的生物膜上;空气由空气压缩机压缩后经空气流量计从生物床的底部进入,对生物床进行曝气;酚类等其他有机物在溶解氧的存在下被生物膜中的噬酚菌及其他异养菌生物降解,从而达到水质净化的目的。该厂含酚废水处理量为600 L/h,在反应器中的停留时间为2~3 h,曝气量为15 m^3/h,酚类降解率为85.4%,COD降解率为60.9%。

| 思考题 |

1. 简述炼油污水的来源和特征。
2. 简述石油加工中主要固体废物的来源、性质及其处理方法。
3. 石油炼制企业污水处理面临的主要问题有哪些?其回用的途径有哪些?
4. 炼油污水的深度处理技术有哪些?其特点和功能是什么?
5. 含硫废水的来源和处理方法各有哪些?
6. 含酚废水的处理方法有哪些?

参 考 文 献

[1] 国家环境保护局.石油石化工业废水治理[M].北京:中国环境科学出版社,1992.
[2] 张劲松,赵勇,冯叔初.气-液旋流分离技术综述[J].过滤与分离,2002,12(1):42-45.
[3] 屈撑囤.KY-3型聚合物处理炼厂含油污水研究[J].油气田环境保护,2000,10(2):38-40.
[4] 张伟,张国瑞.推动油气回收事业,促进能源与环境的和谐统一[J].节能与环保技术,2002(5):32-35.

[5] 琼斯 H R. 石油工业中的污染控制[M]. 北京：石油工业出版社，1981.
[6] 盛江英. 克拉玛依炼油厂新污水处理场技术总结[J]. 石油化工环境保护，2001，24(2)：32-34.
[7] 马云，黄风林，田小博. 炼油污水回用处理综述[J]. 安徽化工，2005(4)：44-46.
[8] 张东曙，高廷耀. 石化废水深度处理回用作循环冷却水[J]. 中国给水排水，2003，19(3)：93-94.
[9] 增向东，林大泉. 石油化工废气处理技术现状及发展动向[J]. 石油化工环境保护，2002，25(3)：40-43.
[10] 侯天明. 加工高硫原油的环保问题及治理对策[J]. 石油化工环境保护，1997，20(1)：44-48.
[11] 林本宽. 炼油厂含硫污水预处理及综合应用[J]. 炼油设计，1999，29(8)：43-49.
[12] 吴孟周. 加工高含硫中东原油的环保对策[J]. 石油化工环境保护，1999，22(4)：27-33.
[13] 严峻，陈广辉. 炼油厂脱硫脱氨净化水的综合利用[J]. 石化技术，2001，8(3)：149-152.
[14] 耿庆光，黄占修. 含硫污水汽提装置的技术改造[J]. 石油化工环境保护，2001，24(2)：35-39.
[15] 金铁垒. 环烷酸污水和柴油罐区脱水的综合治理[J]. 石油化工环境保护，2001，24(2)：11-13.
[16] 张家仁. 石油石化环境保护技术[M]. 北京：中国石化出版社，2006.

第十章 油气田环境污染控制与修复新技术

第一节 油气田环境污染控制技术

一、膜处理技术及其应用

膜处理技术是新兴的分离、浓缩、提纯、净化技术,是用天然或人工合成的高分子薄膜作介质,以外界能量或化学位差为推动力,对双组分或多组分溶液进行过滤分离、分级提纯和富集的物理处理方法。

1. 膜的定义及分类

到目前为止,膜仍没有一个完整精确的定义,通用的广义上的定义为:膜是两相之间的不连续区间。膜有一种三维结构的隔层,以区别通常所说的相界面。照此定义,膜可分为固相、液相和气相。

以高分子材料、致孔剂、添加剂为主要原料,通过人工合成的高分子膜对溶液具有选择透过性,即只能使溶剂或溶质透过,或只能使某些溶剂或溶质透过,而另一些溶剂或溶质不能透过,这种膜称为半透膜。

膜本身可以由聚合物或无机材料或液体制成,其结构可以是均质或非均质的、多孔或无孔的、固体或液体的、荷电或中性的。膜的厚度可以薄至 100 μm,厚至几毫米。不同的膜具有不同的微观结构和功能,需要用不同的方法制备,其分类见表 10-1-1。根据所需去除的水中粒子、分子或离子的大小,可以选择适宜的膜分离过程。

表 10-1-1 膜的分类

分类机理	类 型
按功能分	反应型:控制反应物的输入或生成物的输出; 分离型:以分离为主要目的
按来源分	天然型:天然物质改性或再生; 合成型:无机膜、有机膜、无机-有机复合膜
按形状分	管式膜、板式膜、中空纤维膜、蜂窝状膜

续表

分类机理	类 型
按作用机理分	吸附性膜、扩散性膜、离子交换膜、反应性膜(液膜、膜催化、膜反应器)
按结构分	多孔膜、非多孔膜、晶形膜、液膜
按用途分	气相系统用膜、气液系统用膜、液液系统用膜、气固系统用膜、固固系统用膜、液固系统用膜
按孔径分	反渗透膜(0.0001～0.005 μm)、纳滤膜(0.001～0.005 μm)、超滤膜(0.001～0.1 μm)、微滤膜(0.1～1 μm)

2. 膜技术在水处理中应用的基本原理

膜技术在水处理中应用的基本原理是：利用水溶液(原水)中的水分子具有透过分离膜的能力，而部分溶质或其他杂质不能透过分离膜，在外力作用下对水溶液(原水)进行分离，获得净化的水，从而达到提高出水水质的目的。目前常见的膜技术有：微滤(MF)、超滤(UF)、纳滤(NF)、反渗透(RO)、电渗析、渗透蒸发、液膜及毫微滤技术等。从膜法的功能上看，反渗透能有效地去除水中的农药、表面活性剂、消毒副产物、腐殖酸和色度等；纳滤膜可用于相对分子质量在300～1000范围内有机物质的去除；而超滤和微滤膜可去除腐殖酸等相对分子质量较大(大于1000)的有机物。

膜技术是解决目前饮用水水质不佳的有效途径。膜技术能去除水中的胶体、微粒、细菌和腐殖酸等大分子有机物，但对低相对分子质量的含氧有机物如丙酮、酚类、酸、丙酸几乎无效。图10-1-1为膜法液体分离技术示意图。

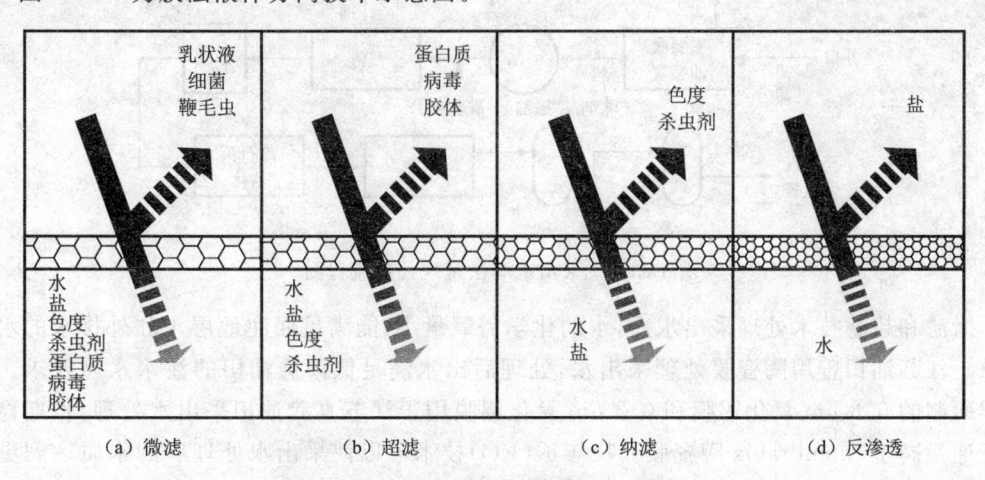

图 10-1-1　膜法液体分离技术示意图

(a) 微滤　　(b) 超滤　　(c) 纳滤　　(d) 反渗透

3. 膜技术的发展动态

美国国家环保局(EPA)推荐膜技术为最佳工艺之一；日本把膜技术作为21世纪的重要技术，并实施国家攻关项目——"21世纪水处理膜研究(MAC21)"，专门开发膜净水系统。

我国的膜技术研究起步于20世纪60年代中期，但长时间在实验室内和中试规模徘徊。从"七五"计划开始，国家科学技术委员会把膜技术列为国家重大科研项目加以支持，膜技术取得了较大进展，膜技术在国民经济发展中的重要性日益增强，国内膜工业产值也逐渐增加。

近十多年来,我国膜技术的总体水平有了很大的进展,但与国际先进技术的差距仍然很大,主要表现在:生产现代化、产业化程度低,原料不规范,工艺参数未严格控制,产品质量不稳定;膜的品种少,应用范围小;尤其在工艺设计、系统成套能力、膜组件水平、相关机电产品等方面,尚未达到国际先进水平,远不能满足国内市场需求,膜技术存在很大的发展空间。

目前膜技术在油气田主要用于:

(1) 采油回注水的处理。膜法可以除去水中的乳化油,提高注入水的质量。

(2) 含油废水的处理。许多工业生产和运输业都产生大量的含油废水,膜技术是达标排放最有效的方法。

(3) 生活用水的净化。许多油气田处在比较偏远的地方,受周围环境条件和总投资的限制,需要在生产厂区内一并解决员工生活用水的净化及供给,许多油气田采用膜法处理自有水源井的水以满足零散分布生产区块生活用水的需要。

把膜技术进一步应用到水处理中的障碍是:基建投资和运转费用高,易发生堵塞,需要高水平的预处理和定期的化学清洗,存在浓缩物处置等问题。随着清洗方式的改进,膜堵塞和膜污染问题的改善以及各种膜价格的降低,膜技术对水处理领域会产生重大影响。

4. 膜技术在油田中的应用

采用膜技术处理采出水可以达到要求的水质标准,其常规处理流程如图 10-1-2 所示。图 10-1-3 是柱状多通道 Membralox 陶瓷膜滤器剖面图。

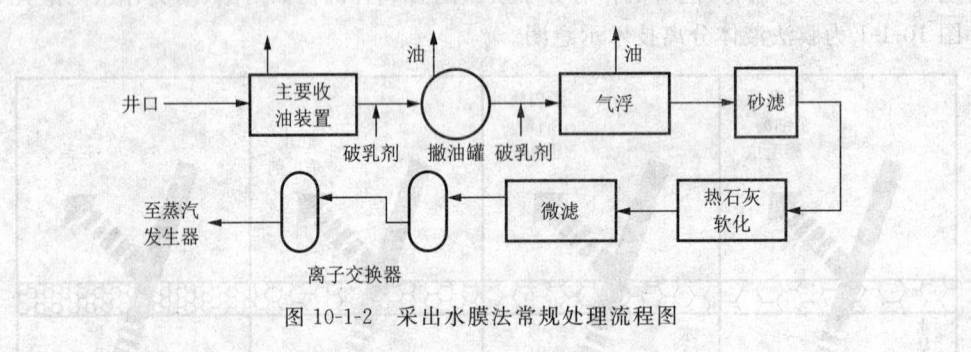

图 10-1-2 采出水膜法常规处理流程图

微滤和超滤技术处理采出水后,水的化学需氧量小,能满足回注地层水和外排水的水质要求。江苏油田曾用陶瓷膜处理采出水,处理后出水满足低渗透油田的注水水质要求。某大学研制的 0.8 μm 氧化铝膜和 0.2 μm 氧化铝膜用于江苏真武油田采出水处理,长期稳定运行通量高于 Membralox 陶瓷膜。反渗透(RO)技术可以使采出水处理后的水质达到更严格的要求,可用于锅炉给水。

美国过滤器公司在横向流渗滤中采用了一种新型陶瓷滤芯膜,膜材料采用 Al、Ti、Zr 和 Si 等金属氧化物。这种膜具有良好的物理性能、抗化学反应性和热稳定性,因而优于其他聚合材料膜。该膜滤芯为长 0.85 m、内设 19 个平行圆通道的六角形蜂窝状陶瓷骨架(图 10-1-4),滤膜采用粉浆浇铸法焙烧在通道内壁上,形成膜滤层,膜厚 30~50 μm,微孔孔径 0.2~5 μm,单根陶瓷滤芯膜的过滤面积为 0.2 m^2,陶瓷膜滤芯按 ASME 标准安装在 316L 不锈钢压力管内,组成单管单芯或单管多芯陶瓷膜滤器。其中,单管多芯膜滤器可内装 36 根膜滤芯,最大表面积可达 7 m^2。该公司生产的陶瓷膜滤器分为微滤器和超滤器两种类型。

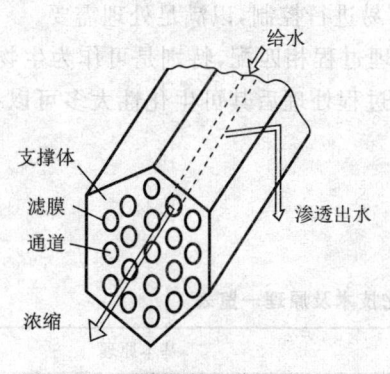

图 10-1-3　柱状多通道 Membralox
陶瓷膜滤器剖面图

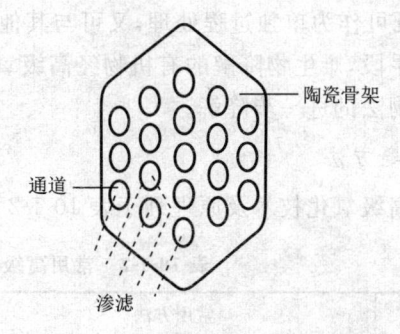

图 10-1-4　六角形蜂窝状陶瓷骨架
及薄膜层示意图

目前制约膜技术在油气田应用的主要因素是膜成本和膜污染两大问题。

二、预氧化、高级氧化技术及其应用

1. 预氧化

预氧化技术是指向原水中加入强氧化剂，利用强氧化剂的氧化能力去除水中的有机污染物，提高混凝沉淀效果。常用的氧化剂有氯气、臭氧和高锰酸钾等。

2. 高级氧化技术

高级氧化技术（advanced oxidation processes，AOP）是指将光、电、声、化学、微波等相关学科的先进技术应用于有机污染物或还原性无机污染物的氧化降解，并使之稳定化的技术。在氧化过程中以羟基自由基（·OH）为主要氧化剂与有机物发生反应，反应生成的有机自由基可以继续参加羟基自由基的链式反应，或者通过生成有机过氧化物自由基后进一步发生氧化分解反应直至降解为最终产物 CO_2 和 H_2O，从而达到氧化分解有机物的目的。由于其高效性（对污染物有较高的降解效率）、普适性（对大多数难降解有机污染物或还原性无机物均有效）以及氧化降解的彻底性（可使绝大多数污染物完全矿化而稳定），故被称为高级氧化技术。

1）特点

由于·OH 具有更高的标准电极电位（+2.80 V），因此具有更高的氧化能力。高级氧化过程区别于其他氧化的特点在于以下几个方面：

(1) 产生大量非常活泼的·OH，·OH 是反应的中间产物，可诱发后面的链反应，由于·OH 的电子亲和能为 569.3 kJ，可将饱和烃中的 H 拉出来，形成有机物的自身氧化，从而使有机物得以降解，这是各类氧化剂单独使用都不能做到的。

(2) ·OH 无选择性，可直接与废水中的污染物反应并将其降解为 CO_2、H_2O 和无害盐，不会产生二次污染。

(3) 反应速度快。

(4) 适用范围广，较高的氧化电位使得·OH 几乎可将有机物氧化直至矿化。

(5) 反应条件温和，通常对温度和压力无要求，不需在强酸或强碱介质中进行。

(6) 由于它是一种物理-化学处理过程,很容易进行控制,以满足处理需要。

(7) 既可作为单独过程处理,又可与其他处理过程相匹配,特别是可作为生物处理过程的预处理手段,难生物降解的有机物经高级氧化过程处理后其可生化性大多可以提高,从而有利于生物法的进一步降解。

2) 主要方法

常用高级氧化技术及原理列于表 10-1-2 中。

表 10-1-2 常用高级氧化技术及原理一览表

名 称	常用方法	基本原理
化学氧化	O_3 法、Fenton 法、O_3/H_2O_2 法、ClO_2 法	通过化学氧化作用将溶解性有害物质转变为微毒或无毒物质
湿式氧化	—	在高温高压下,水及氧的物理性质发生变化,当温度大于 150 ℃时,氧的溶解度随温度的升高而增大
光化学氧化	UV/H_2O_2、UV/O_3、$UV/H_2O_2/O_3$	通过氧化剂在光的辐射下产生氧化能力较强的自由基而进行的
催化氧化	TiO_2 催化氧化法、湿式催化氧化	利用催化剂的作用降低反应的活化能,提高氧化能力

3) 应用现状

高级氧化技术是强化分解水中高稳定性有机污染物(如农药和卤代有机物)的一种有效的方法。最近,在高级氧化方法方面开展了大量的研究工作,但能够在生产中应用的高级氧化方法还是比较少的。比如,一些以紫外线(UV)为主的以及各种光催化氧化方法在生产中应用,特别是在大规模生产中应用还有相当大的难度。

(1) 化学混凝-催化氧化法处理钻井污水。

化学混凝-催化氧化法处理钻井污水工艺流程如图 10-1-5 所示,它由化学混凝和过氧化氢催化氧化两个处理过程组成。化学混凝段是利用在酸性条件下钻井液体系的不稳定性和混凝剂的电中和、吸附、搭桥作用使污水中大量的悬浮物、胶体物质脱稳、絮凝,从而除去污水中大部分 COD 及色度。过氧化氢催化氧化段主要是利用 Fenton 试剂(H_2O_2/Fe^{2+})的强氧化性氧化去除混凝沉降后水中残存的溶解性小分子物质,使 COD、色度进一步降低。过氧化氢氧化段使用的铁触媒经酸处理后可作为混凝段的混凝剂再利用,因此可大大降低药剂的耗量和产生的污泥量。Fenton 试剂的强氧化性是建立在过氧化氢与亚铁离子反应生成羟基自由基基础上的,其反应式如下:

$$Fe^{2+} + H_2O_2 \longrightarrow Fe^{3+} + \cdot OH + OH^- \tag{10-1-1}$$

$$Fe^{2+} + \cdot OH \longrightarrow Fe^{3+} + OH^- \tag{10-1-2}$$

羟基自由基不仅具有很强的氧化能力,可直接破坏有机物的发色基团并使有机物氧化分解,而且氧化反应后产生的有机物对铁絮凝体有较强的吸附性,通过分离可有效去除。

最佳工艺条件:

① 初始 pH 值为 3.0~5.0,氧化时间为 3 h。

② 氧化剂为 H_2O_2 的加量:按 $m(H_2O_2):m(COD)=(1.0\sim1.2):1$ 投加,一般加量为

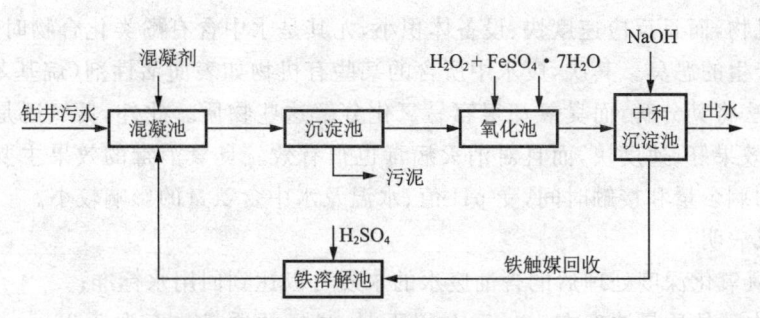

```
钻井污水 → 混凝池 → 沉淀池 → 氧化池 → 中和沉淀池 → 出水
         混凝剂    污泥   H₂O₂+FeSO₄·7H₂O  NaOH
              H₂SO₄
              铁溶解池 ← 铁触媒回收
```

图 10-1-5 化学混凝-催化氧化法工艺流程图

500～600 mg/L。

③ 催化剂硫酸亚铁的加量：按 $n(H_2O_2):n(Fe^{2+})=10:3$ 投加，一般加量为 1 500～2 000 mg/L。

④ 药剂投加方式：分两次投加，间隔时间为 10 min。

从技术上来看，化学混凝-催化氧化法具有工艺简单、灵活，完全可以适应钻井污水复杂、多变、流动性大的特点，处理后出水可达标外排或回用，可充分利用目前井场污水处理设施，易于操作和管理，较其他方法具有更强的适用性。对于解决钻井污水处理 COD、色度超标问题，该方法为一种在技术经济上可行的有效方法，尤其适用于钻井中后期采用磺化钻井液或聚磺钻井液产生的钻井污水处理。

(2) 混凝-Fenton 试剂法处理油田采油废水。

混凝-Fenton 试剂法处理油田采油废水分混凝和 Fenton 氧化两个步骤进行。混凝处理的最佳操作条件为：PAC 加量 25 mg/L，PAM 加量 0.25 mg/L，pH=7，温度 50 ℃，在高速搅拌速度 200 r/min 下搅拌 60 s，低速搅拌速度 100 r/min 下搅拌 3 min，沉降时间为 30 min。Fenton 法处理的最佳操作条件为：H_2O_2 加量 113 mg/L，Fe^{2+} 加量 111 mg/L，温度 60 ℃，pH=4，反应时间 60 min。经混凝和 Fenton 处理（工艺流程见图 10-1-6）后，水中油的质量浓度为 1.46 mg/L，COD 为 3.8 mg/L，SS 质量浓度为 2.0 mg/L，达到了油田回注水水质标准。

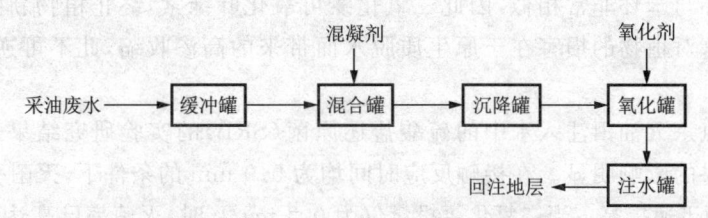

```
采油废水 → 缓冲罐 → 混合罐 → 沉降罐 → 氧化罐
                  混凝剂            氧化剂
                          回注地层 ← 注水罐
```

图 10-1-6 混凝-Fenton 试剂法处理油田采油废水工艺流程图

利用混凝-Fenton 试剂法处理采油废水，土建费用较低，处理设施占地面积小，具有除油和悬浮颗粒效果好、氧化能力强、作用速度快、杀菌能力强等优点，可采用间歇式反应，运行费用适中，但对于难降解的含油废水有一定的经济和技术可行性。

(3) 臭氧氧化在油田中的应用。

臭氧是一种优良的强氧化剂，氧化电位高，能够氧化许多有机物，如蛋白质、氨基酸、有机胺、链型不饱和化合物、芳香族化合物、木质素和腐殖质等。目前在水处理中，臭氧主要用于废水的三级处理以及受有机物污染水源的给水处理。采用臭氧氧化法不仅可以有效地去

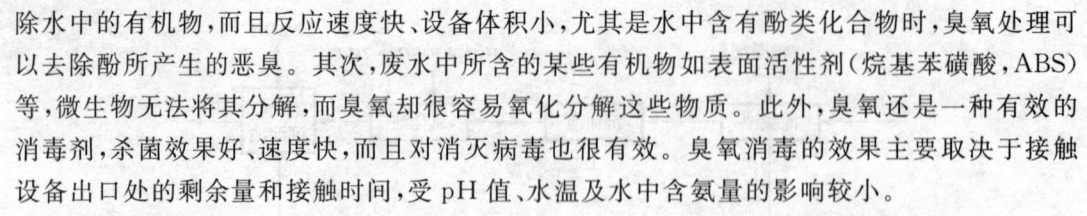

除水中的有机物,而且反应速度快、设备体积小,尤其是水中含有酚类化合物时,臭氧处理可以去除酚所产生的恶臭。其次,废水中所含的某些有机物如表面活性剂(烷基苯磺酸,ABS)等,微生物无法将其分解,而臭氧却很容易氧化分解这些物质。此外,臭氧还是一种有效的消毒剂,杀菌效果好、速度快,而且对消灭病毒也很有效。臭氧消毒的效果主要取决于接触设备出口处的剩余量和接触时间,受pH值、水温及水中含氨量的影响较小。

研究结果表明:

① 经臭氧氧化深度处理后的含油废水的水质可以达到回用水标准;

② 废水中油的质量浓度在12 mg/L以下时,臭氧的质量浓度为2.88 mg/L,接触反应时间10 min后,油的去除率可达到95%以上;

③ 臭氧氧化处理含油废水时,碱性条件下废水的处理效果好于酸性条件;

④ 臭氧对废水中油类污染物的去除作用受流速的影响较大,流速较大时,臭氧与污染物的接触时间相对较短,去除效果变差,因此利用臭氧进行含油废水深度处理时一定要严格控制废水流速;

⑤ 在臭氧投量为0.4~0.66 mg/L,接触反应时间大于25 min,臭氧质量浓度大于2.0 mg/L的条件下,能满足回注水水质标准中的细菌控制指标。

(4) 二氧化氯在油田中的应用。

二氧化氯是一种黄绿色气体,具有与氯相似的刺激性气味,沸点为10 ℃,在-11 ℃时变为红色液体,在-59 ℃时形成结晶,其在水中的溶解度为2.8 g/L(22 ℃)。二氧化氯分子中具有19个价电子,有一个未成对的价电子,这个价电子可以在氯与两个氧原子之间游动,因此它本身就像一个游离基,这种特殊的分子结构决定了其具有强氧化性。从二氧化氯在水中发生的反应可以看出,二氧化氯遇水迅速分解,生成多种强氧化剂,如$HClO_3$、$HClO_2$、Cl_2和H_2O_2等,并能产生多种氧化能力极强的活性基团,氧化能力是氯气的2.6倍、次氯酸的9倍,在pH值较小时氧化能力最强,但比臭氧氧化能力弱。作为水的消毒剂,二氧化氯的杀菌活性在很宽的pH值范围内都比较稳定。此外,二氧化氯还可以有效地杀灭水中的藻类,这主要是由于二氧化氯对苯环有一定的亲和性,能使苯环发生变化而无臭无味,而叶绿素中的吡咯环与苯环非常相似,因此二氧化氯可氧化叶绿素,终止植物新陈代谢,中断蛋白质的合成。这对植物的损害在于原生质脱水而带来的高渗收缩,此不可逆过程会导致藻类死亡。

用二氧化氯杀灭油田注入水中的硫酸盐还原菌(SRB)的实验研究结果表明,二氧化氯投量对灭菌效果的影响明显。在接触反应时间均为5.0 min的条件下,灭菌率随水中二氧化氯投量的增加而迅速提高。当二氧化氯投量仅为0.3 mg/L时,灭菌率已高达97.5%;当二氧化氯投量提高到1 mg/L时,灭菌率基本达到100%。这充分说明二氧化氯对SRB具有很强的灭菌能力。

用二氧化氯对炼油循环水进行的杀菌灭藻、除垢和减缓腐蚀现场试验研究结果表明:二氧化氯可有效控制炼油循环水中的微生物含量,加药量约1 mg/L,24 h后杀菌率达100%;同时可减少黏泥在热交换设备上的形成,有效除去污垢,使缓蚀剂发挥作用,腐蚀速率明显减小(不大于0.1 mm/年),循环水浊度小于10 mg/L。在大庆石化总厂循环冷却水系统中,冲击式投加时,投加量为200 mg/L,有时也可按质量比投加,投加比例为:m(二氧化氯):m(硫化物)=3:1,正常只需20 mg/L。

(5) 湿式氧化技术在油田中的应用。

此技术主要适用于处理各种高浓度难生物降解的有机废水和含硫、含氮等废水,如炼油厂各种碱洗废碱液、乙烯裂解废碱液、腈纶丙烯腈浓缩液、橡胶和硫化橡胶废水等的处理和预处理,从根本上消除废水中的臭味性物质,降解有机物和改善废水的生化处理性能。到目前为止,此技术已成功地应用于上海、安庆、大庆、大连、长岭、青岛、南京、九江等多家石化企业的炼油、乙烯裂解废碱液的工业处理上,并取得了良好的处理效果。

对环烷酸和酚含量较高的碱渣废水,传统方法多采用"沉降除油—硫酸酸化—分离"的工艺流程。如果不考虑回收,对 H_2S 尾气的处理,以前大多数工厂采用焚烧的方式,但现在对 SO_2 的排放进行了严格限制,有些工厂改用磺化钛菁钴催化剂对硫化物进行缓和湿式氧化工艺处理。

传统处理碱渣废水的工艺在处理效果和二次污染等方面有许多缺点:① 沉降—酸化工艺主要是去除酚类化合物,处理效率较低,出水的可生化性并不理想;② 磺化钛菁钴催化湿式氧化脱臭工艺氧化不彻底,Na_2S 被氧化为硫代硫酸钠,仍然会影响进一步的处理;③ 回收过程产生了大量含 H_2S 的尾气和酸性水,即使用焚烧法处理尾气,也会造成二次污染;④ 脱臭处理后产生的污水的表面活性物质质量浓度高,尽管限流排入含油污水处理系统,但也会产生破坏性作用,使污水处理合格率下降 50% 左右;⑤ 回收得到的环烷酸和粗酚中含有较高质量浓度的 H_2S 和有机硫化物,使产品具有恶臭气味,降低了其使用价值。针对上述问题,可采用串联式二级湿式氧化处理工艺路线,即如图 10-1-7 所示的碱渣废水处理工艺方案进行处理。

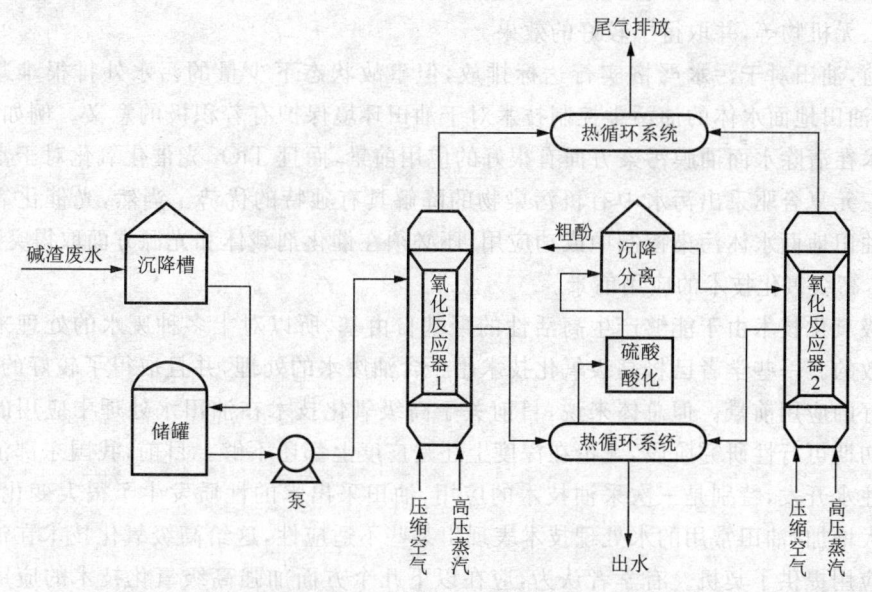

图 10-1-7 碱渣废水的二级湿式氧化处理流程图

第一级为缓和湿式空气氧化,在 100 ℃,0.2~3.5 MPa 的反应压力下将碱渣废水中的 Na_2S 和有机硫氧化为 SO_4^{2-},反应式为:

$$2S^{2-} + 2O_2 + H_2O \longrightarrow S_2O_3^{2-} + 2OH^- + 113.1 \text{ kcal/mol}(Na_2S) \quad (10\text{-}1\text{-}3)$$

$$S_2O_3^{2-} + 2OH^- + 2O_2 \longrightarrow 2SO_4^{2-} + H_2O + 133.8 \text{ kcal/mol}(Na_2S) \quad (10\text{-}1\text{-}4)$$

第二级为催化湿式氧化,温度控制在 200~300 ℃ 之间,压力控制在 5.0 MPa 左右,空气或者纯氧曝气,采用 $\gamma\text{-}Al_2O_3/CuO$ 作催化剂。

碱渣废水经过沉降分离器除油后进入储罐,然后经泵加压送至一级缓和湿式氧化反应器,脱除硫化物;如果碱渣废水中含有较多的环烷酸和酚,可采用硫酸进行酸化回收,并且调节 pH 值;料液部分循环逐步进入二级催化湿式氧化反应器,对残留的酚及其他大部分 COD_{Cr} 进行降解。为维持反应温度和压力,套筒式反应塔夹层引入高压蒸汽调节温度,内部用空压机曝气,维持氧的分压和总的操作压力。处理过程中的热量采用热交换装置进行回收利用。

该工艺流程具有如下优点:① 将碱渣中的硫化物(包括有机硫)氧化为硫酸盐,氧化效率接近 100%,大量节省后续回收环烷酸或酚以及调节 pH 值过程的耗酸量,并且避免二级反应器发生催化剂中毒;② 不破坏碱渣中可以回收的环烷酸和酚,而且得到的回收产品质量得到较大提高;③ 排出的尾气不含 H_2S 等恶臭气体,而且挥发酚等污染物含量大大降低;④ 节约能耗,对 COD_{Cr} 的质量浓度在每升几万毫克以上的碱渣废水氧化产生的热量进行回收利用,可以维持整个系统所需的大部分热能。

(6) 光催化氧化在油田中的应用。

光催化氧化技术是利用 TiO_2 等半导体材料作为催化剂,当半导体材料受到能量大于其禁带的光照射时,发生电子跃迁,在半导体材料表面形成电子/空穴对,这些空穴可以吸附水分子或氢氧根离子,产生具有强氧化能力的羟基自由基,将吸附在颗粒表面的有机污染物氧化分解为无害物质。目前,光催化氧化技术的应用领域已扩展到多种污染物质的处理,包括烃类、醇、酚、酸、卤代脂肪族化合物、卤代芳香类化合物、含氯化合物、染料、农药、表面活性剂、油类、无机物等,并取得了较好的效果。

目前,油田对于污水严格实行达标排放,但事故状态下少量的污水外排很难避免。因此,研究油田地面水体的油污染控制技术对于油田环境保护有着积极的意义。例如,光催化氧化技术在清除水面油膜污染方面有很好的应用前景,而且 TiO_2 光催化氧化对于富含表面活性的三元复合驱采出污水中有机污染物的降解具有独特的优势。当然,光催化氧化技术要想在油田地面水体污染控制中成功应用,还必须在催化剂载体和光源方面取得突破。

(7) 高级氧化技术的应用前景。

高级氧化技术由于能够产生高活性的羟基自由基,所以对十多种废水的处理来说都是相当有效的。一些学者已将高级氧化技术用于含油废水的处理,并且取得了较好的效果,显示了良好的应用前景。但总体来说,目前关于高级氧化技术在油田水处理中应用的研究大都处于初期可行性研究阶段,无论在深度上还是广度上都还不够。目前,我国东部油田经过多年的注水开发,特别是三次采油技术的应用,油田采出水的性质发生了很大变化,处理的难度大大增加,油田常用的水处理技术表现出某些不适应性,这给高级氧化技术在油田水处理中的应用提供了契机。有学者认为,应在以下几个方面加强高级氧化技术的应用研究以改善油田水质:① 在油田采出污水杀菌中应用;② 用于油田水的灭藻和除泥;③ 用于油田地面水体的油污染控制。

前人的研究成果已证实了高级氧化法在废水处理中的实用性,并在水处理领域显示了广阔的处理前景。实际上,在国外尤其是欧洲,高级氧化法处理废水早已经在一些对经济成本不敏感的工业过程中得到了广泛的应用;国内近年来也应用了 UV/H_2O_2 过程处理造纸厂废水并取得了显著进展,O_3/UV 系统处理废气的研究早已展开。近年来,高级氧化过程应用领域已扩展到水体中难降解的持久性污染物。此外,高级氧化过程所需的新型反应器、撞击流反应器、高级氧化法耦合的研究也正在展开,以便进一步强化废水的降解并提高其处理效果。高级氧化过程在城市污水消毒、医院污水处理以及野外污水处理等方面也有应用的实例。随着对高级氧化技术的深入研究,可望在不久的将来在更多的领域内有广泛的应用,并产生新的理论和技术。

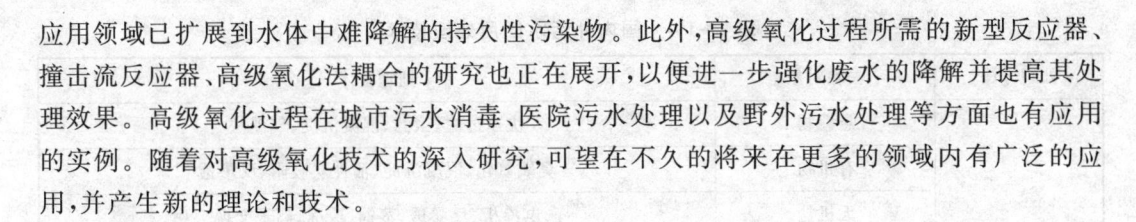

三、污水回用处理技术及其应用

将废水(或污水)经二级处理和深度处理后回用于生产系统或生活杂用称为污水回用。工业污水污染程度相对较重,对水体的危害大,推进工业污水的回用是企业的社会责任,也是降低成本、提高竞争力的重要途径。从策略上,应把握以下几点:

(1) 污水回用是一项系统工程,要按照统一规划、先易后难、积极稳妥的步骤进行;

(2) 工业污水有害物质含量较高,色度和臭味都比城市污水严重,要特别注意回用水对用水系统及区域环境卫生安全的影响;

(3) 先源头治理,再污水回用,总体目标应该是技术可靠、节水减排效果好、投资回报率高;

(4) 污水回用处理系统不仅要考虑污水排放量的减少,而且应该考虑污染物排放量的削减;

(5) 水质的复杂性要求通过实验来验证并改进技术路线和设计,以保证回用工程的成功。

1. 石油生产企业污水回用的途径

石油生产企业污水回用的途径主要有:作注水井水源回注;作锅炉用水产生蒸汽;作循环水补充水源;作工业用水水源。

在实际处理过程中,依照污水的性质及其回用的途径不同,所采取的处理技术也不尽相同,要具体问题具体分析。

2. 回用处理技术

工业污水回用处理技术是指根据不同的水质特点和回用用途,将达标外排污水进行处理并回用的技术。按照复杂程度,污水回用处理技术可归纳为简单处理、传统处理单元组合技术、膜分离组合技术三大类,其特点及适用范围见表10-1-3。国内外常用的污水回用处理技术见表10-1-4。

表 10-1-3 污水回用处理技术路线及特点

类 型	处理单元	特 点	适用范围
简单处理技术	絮凝、过滤杀菌的组合	投资省、水质差、处理费用低、回用单元费用高	外排水水质好,达到一级标准,不需要脱盐
传统处理单元组合技术	生物滤池、混凝沉淀、杀菌、过滤、活性炭吸附组合	较复杂、投资较大、水质较好、运行费用相对较低	外排水水质较好,达到二级标准,不需要脱盐
膜分离组合技术	传统处理单元、MBR、MF、UF、NF、RO 的组合	工艺简捷、投资较大、分离效率高、出水水质好	回用单元对水质要求较高,需软化或脱盐

表 10-1-4 国内外污水回用处理技术

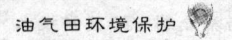

处理方法	去除对象	处理技术
物理化学法	悬浮物	快速过滤、微滤、混凝沉淀、气浮法
	有机物	臭氧氧化、混凝沉淀、活性炭吸附、反渗透
	无机盐	电渗析、反渗透、蒸馏、冷冻、离子交换
	磷	活性矾土吸附、石灰混凝、铝盐或铁盐凝聚、离子交换
	氨 氮	吹脱、氨解吸、沸石吸附、离子交换、折点加氯
	脱 臭	臭氧氧化、活性炭吸附
	大肠杆菌群	氯消毒、臭氧氧化、UV（紫外线）消毒、超滤
生物法	有机物	滴滤池、延时曝气、氧化塘、土地处理
	氮、磷	A-O、A-A-O、UCT 工艺、生物接触氧化、氧化沟、SBR

3. 工业污水回用处理技术流程选择

任何一种污水处理单元技术都有一定的适用范围，应根据水质条件进行合理组合，设计出可靠的处理回用流程，这是成功的关键之一。图 10-1-8 是采用传统处理单元与膜分离技术组合的典型流程。回用污水中要去除的物质有两大类：一是有机物，二是无机盐。两者的含量和回用用途决定了回用处理技术路线，组合原则见表 10-1-5。

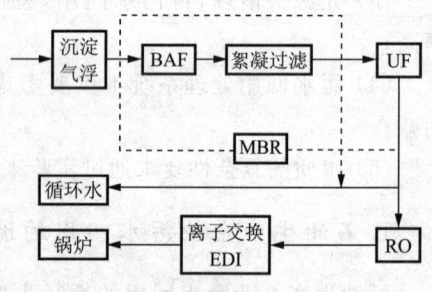

图 10-1-8 典型膜分离技术流程

表 10-1-5 污水回用处理技术组合

项 目	有机物含量低	有机物含量高
无机盐含量低	杀菌、过滤等简单处理回用	BAF 或 MBR 等降低有机物含量后回用
无机盐含量高	BAF+UF+RO（或电吸附）脱盐后回用或 MBR+RO（或电吸附）脱盐后回用	

1) 简单处理回用系统盐的浓缩问题

假设用于循环水厂补充水的 COD 为 50 mg/L，电导率为 1 000 μS/cm，按浓缩倍数 3.5 运行，循环水排污将因 COD 超标而不能直接排放，必须回污水处理厂重新处理，但污水处理系统只能降低 COD，不能降低盐含量，从而使系统中的无机盐不断浓缩。因此，应在污水含盐量较高或排放水 COD 允许值较低的情况下进行脱盐处理，使系统水的含盐量维持在合理水平。图 10-1-9 为回用水系统含盐量浓缩示意图。

图 10-1-9 回用水系统含盐量浓缩示意图

2) RO 浓水排放问题

经过预处理的污水中总是含有一定量的 COD，脱盐处理一般不能使用离子交换法，而

RO 是较好的选择。但 UF 和 RO 只有物理分离作用,不能直接降低 COD,如果预处理装置将 COD 降至 30~35 mg/L,经 RO 4 倍浓缩后,难以达标排放,特别是在 COD 排放标准为 60 mg/L 的情况下,即使适度降低回收率,也难以达标排放。

该问题的解决途径:一是增加预处理措施(如高级氧化、活性炭吸附等),进一步降低 COD,使污水达标排放;二是将污水处理系统分为高含盐、低含盐处理系列,低含盐污水处理回用,高含盐污水集中处理后达标排放。这样设计的系统不仅可降低污水排放量,而且可降低污染物排放量。

4. 水力旋流器

作为液液、液固分离设备,水力旋流器早在 1891 年就获得专利,但它被广泛应用于工业生产中则是在第二次世界大战之后。最初水力旋流器是作为离心选矿设备应用的,后来逐渐应用于石油、化工、制药、污水处理等行业。自 20 世纪 70 年代开始,国外逐渐应用水力旋流器处理油田含油污水。与传统的油田含油污水处理设备相比,水力旋流器体积小、质量轻、操作简便,这些特点引起了行业人士的极大兴趣。1989 年我国南海东部流花 11-1 油田首次采用 Krebs 公司生产的水力旋流器处理含油污水,1993 年胜利油田引进了一台 CONOCO 公司的 Vortoil 水力旋流器。此后,国内科研部门对水力旋流器也进行了深入的研究开发和现场试验工作,并取得了一定的成果。

1) 结构及工作原理

水力旋流器作为油水分离设备,借助于离心力将密度较小的油滴从水中分离出去。水力旋流器的结构如图 10-1-10 所示。

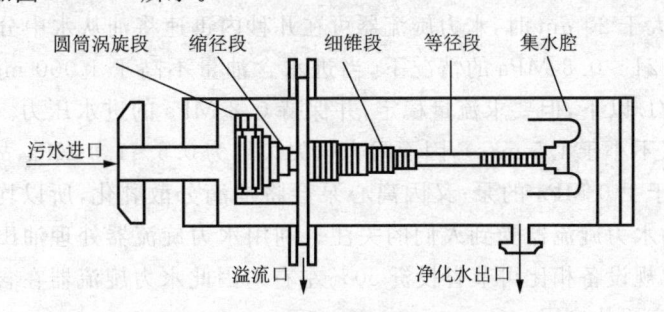

图 10-1-10 水力旋流器的结构图

含油污水沿切线方向进入圆筒涡旋段后形成旋流,进入缩径段后由于截面改变,流速增大,形成螺旋流态。由于油和水的密度差,水附着于旋流器管壁而油滴向中心移动。流体进入细锥段后,管径不断缩小,流速持续增加,离心力也随之增大,小油滴被挤入压力较低的锥管中心,聚合形成油芯。在净化水沿旋流管壁呈螺旋线向前流动的同时,低压区的油芯向后流动并从溢流口排出,而净化水则由集水腔流出,从而实现油、水分离。图 10-1-11 和表 10-1-6 为国内油田使用水力旋流器处理含油污水的一般流程和使用情况。

图 10-1-11 国内油田使用水力旋流器处理含油污水的一般流程

表 10-1-6 国内油田使用水力旋流器处理含油污水的情况

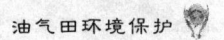

使用地点	处理量 /(m³·d⁻¹)	原油密度 /(kg·m⁻³)	原油黏度 /(mPa·s)	入口含油 /(mg·L⁻¹)	出口含油 /(mg·L⁻¹)
惠州 32-3 平台	6 200	0.830(15 ℃)	—	—	450
惠州 26-1 平台	7 900	0.830(20 ℃)	13.0(40 ℃)	—	29
陆丰 13-1 平台	2 370	0.870(20 ℃)	—	—	20~27
西江 FPSU	2 750	0.868(15 ℃)	8.3(55 ℃)	95	7~30
流花 FPSU	23 700	0.920(20 ℃)	96.0(50 ℃)	95	35
胜利郝一站(试验及应用)	5 000	0.879(20 ℃)	120.0(50 ℃)	200~500(60 ℃)	15~30
胜利孤东 2#(试验)	3 000	0.923(20 ℃)	365.0(50 ℃)	1 000~4 000(55 ℃)	40~80
胜利丁王站(应用)	5 000	0.894(20 ℃)	172.0(50 ℃)	500(43 ℃)	30
胜利永一站(应用)	15 000	0.898(20 ℃)	154.0(50 ℃)	100~150(62 ℃)	15~20
胜利常青站(应用)	3 000	0.902(20 ℃)	240.0(50 ℃)	500~1 000(47 ℃)	40~50

2) 特点

(1) 优点。

水力旋流器具有体积小、质量轻、除油效率高、无运行部件、自控水平高等特点,在处理量及来水性质相同的条件下,其质量比其他除油设备轻80%~90%。它不仅适用于油田污水的油、水分离,也可作为采出液的预脱水设备。当采出液油水密度差大于 0.05 g/cm³、采出水中油珠粒径大于 20 μm 时,水力旋流器可在几秒内迅速将油从水中分离出去。在控制进出口压差为 0.21~0.8 MPa 的情况下,当进水含油量不高于 1 000 mg/L 时,出水含油量可降到 50 mg/L 以下,但要求流量稳定,并保持 0.8 MPa 的进水压力。水力旋流器因为要求进口流速大(不小于 4.5 m/s),因而阻力损失大约为 0.5~1.0 MPa,故需在该设备进口加一个扬程不低于 1.0 MPa 的泵;又因离心泵会将油滴分散乳化,所以均使用螺杆泵。因此,开发低压降的水力旋流器受到人们的关注。利用水力旋流器处理油田含油污水具有良好的性价比(与常规设备相比可节省投资50%左右),因此水力旋流器在含油污水处理方面将会得到越来越广泛的应用。

(2) 缺点。

水力旋流器也存在一些需要解决的问题,例如:利用水力旋流器处理原油密度大于 0.93 kg/m³(20 ℃)的含油污水在国内尚无成功的例子,也无详细的试验数据可参考;因靠离心力除油,所以对悬浮物和粒径小的乳化油去除率很低,后续流程中应加强去除乳化油和悬浮物的处理工艺;水力旋流器本身对污水中油滴粒径的影响无详细的资料可参考。上述问题都需要进一步的研究和试验工作。

关于污水回用技术,前面章节中已涉及很多内容,下面主要介绍国内外一些比较新的污水回用处理技术及工艺流程。

5. 采油污水回用

C. F. Garbutt 报道了一种新的油田采油废水处理工艺(图 10-1-12),其特点是将水力旋流器引入流程，替代传统的隔油与浮选单元。该技术可以将硬度为 2 000 mg/L、含硫化物 500 mg/L、含 TDS 10 000 mg/L、含油 200 mg/L 的采油废水转变为蒸汽锅炉用水。Texas 西部 Permian Basin 油田利用该工艺处理废水前后水质情况结果见表 10-1-7。

采油废水 → 水力旋流器 → 一级过滤 → 汽提塔(脱硫) → 石灰软化 → 二级过滤 → 阳离子交换 → 至蒸汽锅炉

图 10-1-12　某油田采油废水处理工艺流程

表 10-1-7　Permian Basin 油田采油废水处理结果

分析项目	采油废水	净化水	分析项目	采油废水	净化水
pH	6.5	10.2	SS/(mg·L^{-1})	100	0
温度/℃	26.7	96.1	TDS/(mg·L^{-1})	10 000	7 000
总硬度(CaCO$_3$)/(mg·L^{-1})	2 000	0.5	硫酸盐/(mg·L^{-1})	450	450
总碱度(CaCO$_3$)/(mg·L^{-1})	2 150	200	Na$^+$/(mg·L^{-1})	2 500	2 550
油/(mg·L^{-1})	200	0	Cl$^-$/(mg·L^{-1})	3 500	3 500
硫化物/(mg·L^{-1})	500	200	Fe^{2+}/(mg·L^{-1})	0.5	0
二氧化碳/(mg·L^{-1})	600	0	Si^{2+}/(mg·L^{-1})	10	0

图 10-1-13 为北海 Ula 油田采油废水回注的处理工艺流程。

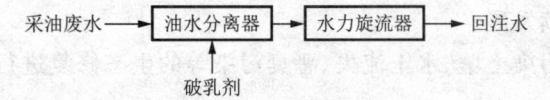

采油废水 → 油水分离器 → 水力旋流器 → 回注水
　　　　　　　↑
　　　　　　破乳剂

图 10-1-13　北海 Ula 油田采油废水回注的处理工艺流程

该流程中采用三个油水分离器和六个水力旋流器串联，处理后的水质可达到回注水的要求。其中，含油量由 200～500 mg/L(主要以 O/W 型乳状液形式存在)降至 20～30 mg/L 以下。

此外，A. W. Lawrence 等报道了一种采用 GAC-FBR(活性炭生物流化床反应器)新工艺处理近海油田采油废水的流程。该技术主要是为满足日益严格的废水排放标准，特别是零排放标准而开发的新技术，由美国的 BDM 石油技术公司和气体研究所共同完成，目前该技术已进行了中试放大试验。美国的墨西哥海湾油田采油废水排放标准规定含油量日最高不超过 42 mg/L，月平均不超过 29 mg/L，采用该技术能完全达到标准，甚至可达到更严格的排放指标，即日最高含油量不超过 10 mg/L。这种流程由油水分离器、絮凝、气浮、GAC-FBR、电渗析等单元组成。

S. W. Hughes 等提出了可供选择的废水处理工艺。这些流程主要由油水分离器、溶气气浮、高级氧化(UV/O$_3$ 或 UV/H$_2$O$_2$ 等)、金属离子去除系统(氢氧化物或硫化物沉淀)、过滤、离子交换、蒸发等单元组成。

可见，随着环保要求的提高和油田回注水水质的严格化，近年来国内外油田采油废水的治理技术已得到改进和提高。采油废水的治理工艺已由原来的隔油—混凝—过滤技术改为隔油—混凝—气浮—生化—过滤技术。

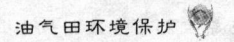

6. 石化污水回用

近年来,石化行业在工业污水回用方面做了大量工作,有数套污水回用工程相继投入运行并取得了宝贵经验。表 10-1-8 为石化污水回用典型案例。

表 10-1-8 石化污水回用典型案例

单位名称	技术路线	规模/(t·h^{-1})	投用时间/年
镇海炼化	过滤—杀菌—循环水		2002
燕化炼油一期	曝气生物滤池—混凝沉淀—杀菌—纤维过滤—活性炭—循环水	500	2002
燕化炼油二期	一期出水—UF+RO—离子交换—锅炉	412	2004
巴陵石化	己内酰胺污水—膜生物反应器—循环水	2×150	2004

第二节 生态环境修复技术研究与应用

众所周知,生态环境恶化的主要原因有两个方面:一是自然因素,二是人为因素。

随着人口的增加和经济社会的发展,人们向大自然不合理索取粮食、饲料和燃料,导致植物资源日益短缺,森林面积锐减、草场退化,土地荒漠化,水土流失严重,生物栖息地丧失及片断化,生物多样性丧失,生态危机日趋严重,人类陷入自身导致的生态困境之中,并且严重威胁到社会的可持续发展。

下面主要对石油污染土壤、水土流失、恶臭污染等的生态修复进行论述。

一、石油污染土壤生态修复

1. 石油工业引发土壤污染的现状

石油是一种战略资源,石油工业是国家综合国力的重要组成部分。全世界大规模开采石油是从 20 世纪初开始的,1900 年全世界石油消费量约为 $2\,000\times10^4$ t,100 多年来这一数量已增长百余倍,石油成为人类最主要的能源之一。表 10-2-1 为一些国家 2003 年使用各种能源的比例。

表 10-2-1 部分国能源基本消耗比例(2003 年)

国家	石油/%	天然气/%	煤炭/%	核能/%	水电/%	合计/%
美国	40	25	25	8	2	100
法国	36	15	5	38	6	100
德国	38	23	26	11	2	100
荷兰	49	39	10	1	1	100
英国	34	38	18	9	1	100
日本	49	14	22	10	5	100
中国	23	3	68	1	5	100

在石油生产、储运、炼制加工及使用过程中，由于事故、不正常操作及检修等原因，都会有石油烃类的溢出和排放，如油田开发过程中的井喷事故、输油管线和储油罐的泄漏事故、油槽车和油轮的泄漏事故、油井清蜡和油田地面设备检修、炼油和石油化工生产装置检修等。对于石油烃类的大量溢出，应当尽可能予以回收，但有的情况下回收很困难，即使尽力回收，仍会残留一部分，对环境（土壤、地面和地下水）造成污染。目前，全球石油的总产量每年约为 22×10^8 t，其中约有 17.5×10^8 t 由陆地油田生产。全世界每年有 800×10^4 t 石油进入环境，我国每年有近 60×10^4 t 石油进入环境，严重污染土壤、地下水、河流和海洋。

石油类物质进入土壤会破坏土壤结构，分散土粒，使土壤的透水性降低。这是因为石油类物质的水溶性一般很小，土壤颗粒吸附石油类物质后不易被水浸润，不能形成有效的导水通路。积聚在土壤中的石油烃大部分是高分子组分，它们黏着在植物根系上并形成一层黏膜，阻碍根系的呼吸与吸收功能，甚至导致根系腐烂。石油污染对作物生长发育的不利影响还表现为：发芽出苗率降低，生育期限推迟，贪青晚熟，结实率下降，抗倒伏、抗病虫害的能力降低等（表10-2-2）；石油类物质可改变土壤有机质的组成和结构，导致土壤有机质的碳氮比和碳磷比发生改变，并引起土壤微生物群落、微生物区系的变化。土壤遭受石油污染后不仅直接导致粮食减产，而且人类食用生长于污染土壤上的植物及其产品会影响身体健康。如沈抚污灌区，由于长期使用抚顺石油污水灌溉，致使生长的水稻品质变劣并发出不良气味，大米中油残留严重超标。石油类在作物体及果实部分残留的毒害成分主要是多环芳香烃类，石油中的芳香烃类物质对人及动物的毒性较大，尤其以双环和三环为代表的多环芳香烃毒性更大，因其有致癌、致变、致畸等活性和能通过食物链在动植物体内逐级富集，所以其在土壤中的累积更具危害性。到目前为止，总计发现了2 000多种可疑致癌化学物质，可分为四大类，其中第一类就是以多环芳香烃为主的有机化合物。多环芳香烃类物质可以通过呼吸、皮肤接触、饮食摄入等方式进入人或动物体内，影响其肝、肾等器官的正常功能，甚至引起癌变。如果人体较长时间接触石油中较高浓度的苯、甲苯、二甲苯、酚类等物质，则会出现恶心、头疼、眩晕等症状。

表 10-2-2 土壤中酚或烃类物质含量对水稻生产情况的影响

污染物	质量分数/(mg·kg^{-1})	水稻反应
酚	<1	生长发育正常
	1~2	轻度矮化
	>2	严重矮化
油	400~600	矮化减产
	>1 000	严重矮化

被石油污染的土壤在露天暴露时，其中的溶解气、轻烃会挥发进入大气，造成大气污染；由于土油池失修或大雨造成溢油，使原油流入水域造成水体污染。石油类物质还会通过地下水的污染以及污染的转移对人类生存环境的多个层面构成不良胁迫。

我国目前勘探开发的油气田和油气藏已有400多个。有关主要污染物的调查统计报告显示，1998年各石油、炼化企业工业固体废物产生量为 428.98×10^4 t，利用率低于50%，工业固体废物排放量为 15.61×10^4 t；工业固体废弃物历年累计堆存量 $1 884.5 \times 10^4$ t，占地面积

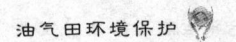

$181.7×10^4$ m²,年产石油污染土壤近 $10×10^4$ t,累计堆放量近 $50×10^4$ t。

以上数据只是对国有石油企业污染物排放的调查统计,若考虑油田地区相关地方企业的排污量以及突发事故造成的污染和泄漏,则情况将更加严重。因此,随着石油开采和使用量的增加,大量的石油及其加工品进入环境,不可避免地对环境造成污染,给生物和人类带来危害。目前,石油污染问题已成为世界各国普遍关注的问题,因此应采用合适有效的方法对石油污染环境进行修复,并最终使被污染的生态环境得到最大限度的恢复,从而将社会效益、经济效益和生态效益有机结合起来。

2. 相关领域的技术研究现状

1) 污染土壤的物理处理方法

(1) 焚烧法。

焚烧法只适于小面积被石油烃类严重污染土壤的治理,要求温度在815~1 200 ℃之间,而且对焚烧过程中可能产生的有毒物质要进行收集处理,进入焚烧炉的土壤颗粒直径不得大于 25 m。该方法不适于大面积污染土壤治理的原因是处理成本过高。

(2) 隔离法。

隔离法是采用黏土或其他人工合成的惰性材料,把被石油烃类污染的土壤与周围环境隔离开来。

该方法没有破坏石油烃类,只是防止污染物质向环境(地下水、土壤)迁移。由于石油烃类对隔离系统不会产生影响,所以该方法适合于任何石油烃类污染土壤的控制,对于渗透性差的地带尤其适用。此法与其他方法相比,运行费用较低,但对于毒性期长的石油烃类,只是暂时地防止了石油烃类的迁移,不能作为永久的治理方法。

(3) 换土法。

换土法是用新鲜未受污染的土壤替换或部分替换污染土壤,以稀释污染物,增加土壤环境容量。换土法又可分为翻土、换土和客土三种方法。翻土就是深翻土壤,将聚集在表层的污染物分散到土壤深层,从而达到稀释和自处理的目的。换土就是把污染土壤取走,换入新的干净土壤。该方法适用于小面积严重污染土壤的治理,但对换出的土壤须进行治理。在操作过程中,操作人员会接触到污染土壤,人工费用较高,故一般仅适用于事故后的简单处理。客土法是向污染土壤内加入大量的干净土壤,覆盖在表层或混匀,使污染物浓度降低或减少污染物与植物根系的接触。对于水稻等浅根作物和移动性较差的污染物,采用客土法较好。新加入的土壤应尽量选择黏重或有机质含量高的土壤,以增加土壤的环境容量,增强土壤的自净能力,减少客土量。

2) 污染土壤的化学处理方法

(1) 萃取法。

根据相似相溶原理,使用有机溶剂对石油污染土壤中的原油进行萃取,然后对有机相进行分离并回收其中的原油,实现废物的资源化。此法适于处理油污浓度较高的土壤,处理后的石油污染土壤中污染物的含量可低于5%。

(2) 土壤洗涤法。

将污染土壤破碎,混入足够的水和洗涤剂,得到土壤、水和洗涤剂相互作用的浆液,静置,使污染物与洗涤剂一起上升,从水相中将部分脱除污染物的土壤分离出来,如图 10-2-1 所示。重复前述步骤,使土壤与水混合,并加入微生物活性剂和 H_2O_2,使污染物降解。将土壤分离出来,洗涤土壤后归入环境。过滤有污染物的水,将水排出,或将污染土壤放入容器内,将表面活性剂与水混合制成洗涤水。表面活性剂为 $C_8 \sim C_{15}$ 的直链醇与 2~8 个环氧乙烷单元的加成物。

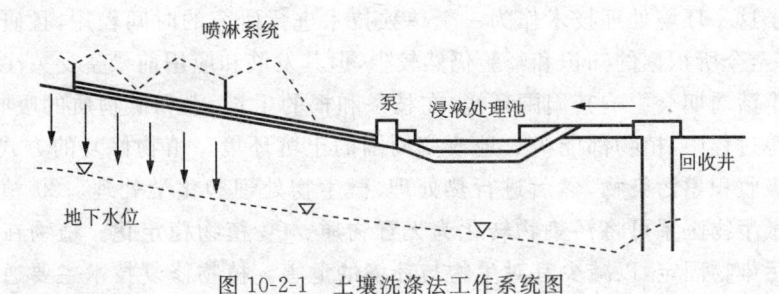

图 10-2-1　土壤洗涤法工作系统图

(3) 化学氧化法。

化学氧化法是向被石油烃类污染的土壤中喷洒或注入化学氧化剂,使其与污染物质发生化学反应,从而实现净化的目的。化学氧化剂有臭氧、过氧化氢、高锰酸钾、二氧化氯等,其中二氧化氯对石油烃类有较高的清除效率,氧化反应可在瞬间进行,且二氧化氯的造价较低,用起来比较经济。化学氧化法适合于土壤和地下水同时被石油烃类污染的治理,可配合曝气装置,抽出的地下水经曝气塔后,大部分挥发物质被清除,向从曝气塔流出的水中注入氧化剂后,再回灌于土壤,使氧化剂充分与土壤、地下水接触。在治理过程中,需预先确定地下水污染带的位置,再确定抽水井的位置和注水井的位置(抽水井应设在地下水污染带上,注水井应布置在土壤污染较强的位置)。化学氧化法不会对环境造成二次污染,但操作相对较复杂。

3) 污染土壤的生物修复方法

生物修复是一项具有革新意义的技术,根据最新的研究成果,生物修复技术在治理污染土壤时,不仅可以治理不同类型的土壤(或水体),如油田、沙漠、草原等,还可以处理含有放射性的土壤;既可以处理原油污染,也可以处理汽油、柴油等石油馏分的污染;既可以处理环烷烃和脂肪烃,也可以降解苯系物和多环芳香烃,还可以处理醚类、氯代烷烃、木馏油等。

烷烃降解的生化机理是 β-氧化和充氧作用。在绝大多数情况下,正构烷烃的生物降解最初是由同甲烷-氧化酶类似的复杂的一氧化酶系统酶促进行的。在此过程中,烷烃氧化成相应的伯醇,伯醇在 β-氧化酶、丁基脱氧酶和硫酸酯酶的作用下,经由醛而转化成羧酸。McKenna 等认为,羧酸很容易通过 β-氧化降解成少两个碳链长度的乙酰基COA,后者再进入三羧循环,分解成 CO_2 和 H_2O,并释放出能量,或再进入其他生化过程。关于烷烃降解过程中链烯是不是中间产物的问题仍存在争议。Pareck 等发现,正十六烷厌氧细菌能将十六烷转化成相应的醇和烯;后来又发现,该过程在好氧条件下亦能进行。此外,有的微生物还可以通过亚终端氧化,使烷烃先生成酮,经氧化酶酶促生成酯,而后水解,再氧化为酸的途径来降解烷烃。

生物修复技术的种类众多,按照所运用生物类型的不同可以将其分为植物修复技术、动物修复技术、微生物修复技术等。

(1) 植物修复技术。

植物修复技术是利用植物对环境污染物质进行处理的技术。它是利用植物与环境之间的相互作用,对环境污染物质进行清除、分解、吸收或吸附,最终使土壤环境得到恢复。

植物修复技术与其他修复技术相比,具有成本低、对环境影响小、能使地表长期稳定,在清除土壤污染的同时可清除污染土壤周围的大气和水体中的污染物,有利于改善生态环境等优点。由于这一环境处理技术作为一个单独技术进行研究的时间较短,且研究效果的体现时间较长,至今所积累的知识和经验仍然较少,但其发展和应用前景备受关注。

植物的生活周期会影响其周围环境,在枝条和根的生长、水和矿物质的吸收、植株的衰老及其腐解等过程中,植物都能极大地改变周围的土壤环境。植物修复的方式有:① 植物提取。植物吸收积累污染物,然后进行热处理、微生物处理和化学处理。② 植物降解。植物及其相关微生物区系可将污染物转化为无毒物质。③ 植物稳定化。植物在与土壤的共同作用下将污染物固定,以减少其对生物与环境的危害。植物修复技术主要通过植物直接吸收有机污染物、植物释放分泌物和酶、刺激根区微生物的活性并强化生物转化作用这三种机制去除环境中的有机污染物。

(2) 动物修复技术。

动物修复技术是利用动物对污染土壤环境进行研究和修复的技术。此法在国外有较长的研究历史,国内的研究还处于摸索阶段。动物修复技术研究包括两个方面的内容:① 用生长在污染土壤上的植物体、粮食等饲养动物,通过研究动物的生化变异来研究土壤的污染状况;② 直接将土壤动物,如蚯蚓、线虫类饲养在污染土壤中以进行相关研究。

(3) 微生物修复技术。

微生物修复技术是利用土壤中的土著微生物或向污染环境补充经驯化的高效微生物,在优化的环境条件下,加速分解污染物,修复被污染的土壤的技术。微生物修复技术是研究比较多且相对成熟的一种技术,早期的生物修复均指此类修复。根据是否取土操作,可将此技术分为两大类,即原位修复、异位修复。

① 原位修复技术。

原位修复技术是指在受污染的地区直接采用微生物修复技术,不需将污染物挖掘和运输,一般采用土著微生物,有时也加入经过驯化和培养的微生物以加速处理,常常需要用各种工程化措施进行强化,如可采取添加营养、供氧(加 H_2O_2)等措施提高其降解力,并通过一系列贯穿于污染区的井直接注入配好的溶液来完成;亦可采用把地下水抽至地表,进行生物处理后再注入土壤中进行再循环的方式改良土壤。由于氧交换的需要,该方法适用于渗透性好的不饱和土壤的治理。原位修复技术包括投菌法、生物培养法、生物通气法、土耕法等。

a. 投菌法:直接向遭受石油污染的土壤接入外源的污染物降解菌,同时提供这些细菌生长所必需的常量营养元素和微量营养元素。Sanjeet Misshra 等通过采用存在于载体上的微生物联合体和营养物质对 4 000 m^2 的石油污染土地进行处理,结果证明该方法是可行的。

b. 生物培养法:定期向污染土壤中加入营养和氧(或 H_2O_2)作为微生物氧化的电子受体,给污染环境中已经存在的降解菌提供一个良好的生长环境,提高土著微生物的代谢活性,从而将污染物降解为 CO_2 和 H_2O。研究认为,提高受污染土壤中土著微生物的活力比采用外源微生物更可取,因为土著微生物已经适应了污染物的存在,外源微生物不能有效地与土著微生物竞争,因此只有在现存微生物不能降解污染物时才考虑引入外源微生物。

c. 生物通气法:一种强迫氧化的微生物降解方法。在污染土壤上至少打两口井,安装鼓风机和抽真空机,将空气强排入土壤中,然后抽出,土壤中挥发性的有毒有机物也随之去除,如图 10-2-2 所示。在通入空气时,加入适量的氨气,可以为土壤中的降解菌提供氮素营养,促进微生物降解活力的提高。生物通气法生物修复系统的主要制约因素是土壤结构,不合适的土壤结构会使氧气和营养元素在到达污染区域之前就被消耗,具有多孔结构的土壤污染可以采用生物通气法进行处理。

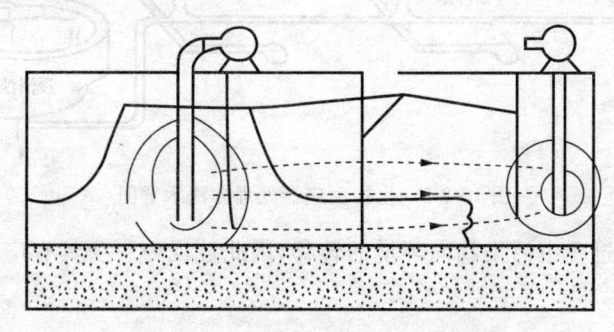

图 10-2-2　生物通气处理工作示意图

d. 土耕法:对污染土壤进行耕耙处理,同时施入肥料并进行灌溉,然后加入石灰,为微生物尽可能提供一个良好的环境,使其有充足的营养、水分和适宜的 pH 值,保证污染物降解在各个层次都能发生。土耕法比较节约成本,简单易行,美国环保局早在 1989 年在阿拉斯加州威廉王子海湾的原油污染生物清洁项目中就采用了此方法。

② 异位修复技术。

异位修复技术是将污染土壤挖出,在场外或运至场外的专门场地进行处理的方法,主要有堆肥法、生物反应器法、预制床法等。堆肥法是最早使用的方法之一,并且广泛应用于炼油厂含油污泥的处理。

a. 堆肥法:为防止污染物向地下水或更广大地域扩散,可以将受污染的土壤从污染地区挖掘起来,然后将土壤运输到一个经过各种工程准备的地点堆放,形成上升的斜坡,并在此进行生物处理,处理后的土壤再运回原地。在处理过程中,加入土壤调理剂以提供微生物生长和石油生物降解的能量。加入土壤调理剂可提高土壤的渗透性,增加氧的传输,改善土壤质地,并可为快速建立一个大的微生物种群提供能源。微生物既消耗土壤调理剂,又消耗石油产品,处理时间一般为 1~4 个月。

b. 生物反应器法:将受污染的土壤挖掘起来,与水混合,然后在接种了微生物的反应器内进行处理,其工艺类似于污水生物处理方法,如图 10-2-3 所示。泥浆生物反应器是最灵活的方法,将污染土壤用水调成泥浆,装入生物反应器内,控制碳氮比、温度、pH 值等一些重要的生物降解条件以提高处理效果。处理后的土壤与水分离后经脱水处理再运回原地。M. Perle 等运用生物反应器处理柴油污染的土壤就是一个成功的事例。

c. 预制床法:在不泄漏的平台上铺上石子和沙子,将受到污染的土壤平铺其上,厚度约为 20 cm,同时加入营养物质和水,必要时也可加一些表面活性剂,定期翻动土壤补充氧气以满足土壤中微生物生长的需要。处理过程中流出的渗滤液回灌于该土层上,以便彻底清除污染物。这一技术将污染土壤集中在生物修复预制床上,既可保证理想的工艺条件与处理

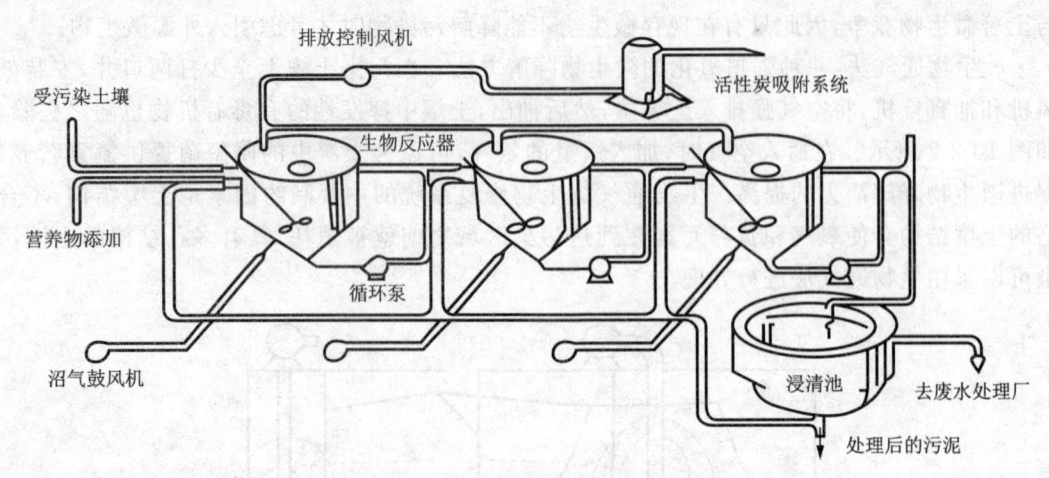

图 10-2-3 生物反应器处理方法示意图

效果,又可防止处理过程中污染物向环境的转移,因此被视为一项具有广阔应用前景的处理技术。

(4) 其他生物法。

除上述方法外,还有其他生物方法用于石油污染土壤的研究。

① 酶法:在土壤中添加一定的污染物,待一定时间后,分析酶活性变化,找出土壤污染对土壤的影响界限。

② 土壤呼吸法:土壤呼吸作用受土壤中物质成分的影响较大,因此,可通过研究土壤呼吸来研究土壤污染状况。

③ 生物降解法:研究土壤中的某种有机物的降解可了解土壤污染状况。

二、水土流失生态修复

在油田开发和管道建设等过程中,不可避免地会造成一定程度的水土流失。我国黄土高原、新疆、内蒙古西部、青藏高原西北部荒漠等地区水土流失尤为严重。因此,利用生态修复技术进行水土保持也是一项具有重要意义、实现可持续发展的任务。

1. 国内外水土流失研究现状

1) 国外水土流失研究现状

(1) 美国水土流失治理现状。

美国是世界上公认的重视环境保护与治理的国家之一,其水土保持事业起步早,成就大,对世界各国的水土保持事业有重要的影响。美国的水土保持法律法规制定较早,并逐步完善,为水土保持工作提供了有效的法律保障。

1935 年 4 月,美国首次颁布了《水土保持法》,对土地开垦、耕作、工矿建设等水土流失的防治做了相应规定,此后又做了多次修改。

美国水土保持和小流域治理在战略上是防止水和风对土壤的破坏。采用的方法有工程措施和自然界生物方法,其目的是防止水和空气在荒地上无限制地流动。美国目前的水土保持措施分为坡面治理和沟壑治理两大类。坡面治理措施主要有水土保持农业耕作措施、田间工程措施、造林草措施。沟壑治理措施主要有草皮排水道、封沟育林草、沟头防护、削坡填沟、坝库工程(混凝土坝、砌面坝、土坝)等。

美国的小流域规划亦比较全面,其特点:一是注重在评价土地资源的基础上,分析水土流失状况、成因及改善措施,并运用多学科的知识综合制定规则;二是在规划过程中特别重视与土地所有者密切合作,使规划与其经济目标相一致;三是体现出多目标性,即通过对各种资源的保护,将防洪、水土保持、土地利用、林草地管理、居民点的发展、水质的监测和改善、野生动物保护及旅游点的建设等结合起来,以维护土壤生产能力,提高流域总体环境质量。

(2)澳大利亚水土流失治理现状。

澳大利亚各州早在 20 世纪 40 年代就颁布了《水土保持法》,对保护和合理利用水土资源起到了重大作用。20 世纪 80 年代以后,特别是近几年来,全澳洲展开了声势浩大的土地保育运动,并施以法律手段,使水土资源监督执法进入了新的历史阶段。

为保障水土保持科研工作的顺利进行,澳大利亚政府每年拨给科工组织的科研经费达 7 亿澳元(约合 50 亿元人民币)。各州区都设立专门的水土资源保护研究所,并在各大专院校组织大量的土壤专家、环保专家和林业、水利专家协作攻关,对全澳主要河流的土壤水质进行普查、制图和化验,详细研究各地土壤和水的理化性质、侵蚀发展成因及趋势,注重水质污染成因和土壤盐渍化成因及其防治措施的研究。

澳大利亚政府为使民众充分认识到水土流失的危害性和治理的紧迫性,各州都相应立法,并用各种媒介对公众进行宣传,特别是对农民进行宣传,建立教育基地,加强全民教育,从青少年和儿童抓起,强化对水土资源的保护意识。

为了确保水土资源的综合利用和保护,联邦政府成立了高层次的土地保育协调委员会,协调各州、各部门的关系,强化流域的统一管理、综合治理,力求减少和避免各种矛盾及纠纷,取得了较好的成效。

2) 国内水土流失研究现状

我国既是世界上水土流失严重的国家之一,又是世界上开展水土保持历史悠久并积累了丰富经验的国家。从 20 世纪初开始,我国进行了对水土流失规律的初步探索,为开展典型治理提供了依据。新中国成立后,我国政府十分重视水土保持工作,在长期实践的基础上,总结出以小流域为单元、全面规划、综合治理的经验。1991 年,我国颁布了《中华人民共和国水土保持法》,使我国的水土保持步入依法防治的轨道。1998—2000 年,国务院先后批准实施了《全国生态环境建设规划》《全国生态环境保护纲要》,对 21 世纪初期的水土保持生态建设做出了全面部署,并将水土保持生态建设作为我国实施可持续发展战略和西部大开发战略的重要组成部分。近年来,我国实行积极的财政政策,利用国债资金开展了大规模的生态建设,在长江上游、黄河中游以及环北京等水土流失严重地区,实施了水土保持重点建设工程、退耕还林工程、防沙治沙工程等一系列重大生态建设工程。同时,注重安排生态用水,在塔里木河及黑河流域下游和湿地成功地实施了调水工程,对于改善生态环境、恢复沙漠绿洲、遏制沙漠化起到了积极的作用。凡是经过治理的地区,水土流失都得到有效控制,农业生产条件和生态环境有了很大改善,区域经济得到发展,人们的生活水平显著提高。我国在长期的水土保持实践中积累了丰富的经验,走出了一条具有中国特色的综合防治水土流失的道路,形成了符合中国国情的水土保持理论基础、技术路线、管理机制与建设模式,为我国水土保持事业的发展奠定了坚实的基础。

2. 生态修复技术在水土保持中的应用

水土流失作为一项自然和人为的复合性灾害,从其危害深远性上讲远超过洪水、地震等自然灾害,因为它所摧毁的是人类赖以生存的土地和资源环境。因此,水土保持生态修复应坚持因地制宜、因害设防、以防为主、治用结合、综合治理的原则,生态修复与重建对策的主体应该是以保护、建设和发展具有稳定性和持续性强的多重效益的生态工程建设,并辅以限制人类过度经济活动的配套措施。

1) 生态修复的目标与措施

(1) 生态修复的目标。

基于历史变迁及区域生态环境的剧烈变化,要修复并恢复到过去存在的、确定的生态系统是不现实的。因此,修复的目标是恢复曾经存在过的、更多的是创建与以前存在过的生态系统有相同物种组成、功能和特性的相似生态系统,以维护区域内的生态环境,遏止水土流失。

(2) 生态修复的措施。

生态修复措施根据区域内水土流失的特点及修复目标的要求,通过人为干预来启动、修复整个区域内的生态过程。生物措施是以植被的构建为主体,植被修复是增加系统生物多样性、改善土壤结构、增加生态系统的调控能力。生态修复措施主要包括封育、封禁、抚育更新复壮、人工补植补种等。

生态修复要依靠大自然的力量实现,需要一定水、热、植被、土壤等自然条件和社会经济条件,生态修复的形式和内容多种多样。目前最常用、最直接的实施形式是封育保护,即根据不同的土地类型、植被状况及生态修复目标,划分重点预防保护区、重点监督区和重点治理区,进行分类指导,也可采取全封或半封半开发形式,还可分封禁型、封育型和封造型进行管理。按照整体的生态建设规划,因地制宜、因势利导地处理好封育与开发的关系,条件不具备的就不能采取全封,否则也是事倍功半。

2) 生态修复对策

不同地区生态系统退化的程度不同,自然条件和社会经济情况也不尽相同,导致所采取的生态修复措施不同。针对不同区域生态退化的特点,研究确定相应的修复措施。

综合各地的实践,概括起来主要做法有五个方面:① 退耕还林(草),以粮代赈;② 封山禁牧,舍饲养畜;③ 综合治理,以小促大;④ 调整结构,持续发展;⑤ 生态移民,保护环境。以上做法是系统配套、相辅相成的。

3) 我国生态修复分区

我国幅员辽阔,自然条件、社会经济状况和水土流失情况差异较大。从制约自然修复能力的主导因子——水分状况——来看,由东南至西北,从湿润带、半湿润带到半干旱带、干旱带,多年平均降水量从2 000多毫米到几十毫米,甚至十几毫米,干燥指数从小于1.0到大于100不等,可见其变化之大。从人口密度情况分析,除城市外,东部人口密度高的地方大于400人/km^2,而西部人口密度稀的地方小于1人/km^2。此外,由于社会经济和地方财力的差距,各地对水土保持生态修复所能承担的经费压力也不同。面对如此大的差异,要实事求是地防治水土流失,必须根据自然规律和社会经济情况,对全国水土保持生态修复进行科学分

区,分类指导。水土保持生态修复分区的原则和依据是:

(1) 以影响生态修复和植物生长的控制性因素作为划分生态修复一级类型区的主导因子。

干燥指数(蒸发能力与降水量之比)是反映水分状况的核心指标,故以干燥指数作为划分生态修复一级类型区的主导因子。干燥指数大于5、多年平均降雨量小于200 mm的地区,植物(乔、灌、草)生长困难,属干旱区;干燥指数为2~5、降雨量小于400 mm的地区,仅利于灌、草生长,不宜乔木生长,属半干旱区;干燥指数为1~2、降雨量大于400 mm的地区,适宜植物(乔、灌、草)生长,属半湿润区;干燥指数小于1、降雨量大于800 mm的地区,利于植物(乔、灌、草)生长,属湿润区。

(2) 按照全国水土流失一级类型区,依据全国水土保持工作分区划分生态修复二级类型区。

(3) 依据区内相似性、区间差异性和社会经济条件,确定生态修复措施布局。由于生态修复还与人均土地资源有密切关系,故在采用主导因子(干燥指数)的同时,还要考虑人口密度和水土流失强度两方面的因素。

根据上述原则和依据,将全国划分为4个一级类型区和13个二级类型区,见表10-2-3。

表10-2-3 全国水土保持生态修复分区表

分区代号	名称 一级类型区	名称 二级类型区生态恢复区	年降水量/mm	干燥指数	干湿类型区
Ⅰ	长白山区及东南部湿润带生态修复区	长白山黑土漫岗区 长江以北土石山区	>800	<1	润湿区
Ⅱ	华北、东北部分及青藏高原东部半湿润带生态修复区	哈沈一线黑土漫岗区 北方土石山区 太原兰州以南黄土高原区 西南石质山区	>400	1~2	半湿润区
Ⅲ	内蒙古高原、黄土高原、青藏高原半干旱区生态修复区	内蒙古高原风蚀区 太原兰州以北黄土高原区 青藏高原区	<400	2~5	半干旱区
Ⅳ	新疆、内蒙古西部及青藏高原西北部荒漠干旱带生态修复区	内陆河流域风蚀区 "三化"草原区 戈壁沙漠区	<200	>5	干旱区

水土保持生态修复是一项依靠自然力量为主、人为参与为辅的受损生态系统恢复工程,其投资小、收效大,事半功倍,受到各级政府的重视。从生态安全和资源安全方面考虑,尽快制订全国生态修复规划以指导我国的生态修复工程是一项非常紧迫的工作。

三、恶臭污染治理生物技术

挥发性有机污染物及恶臭物质主要来源于生活和工业生产两方面。生活污染源主要有粪便处理、生活垃圾和食物腐烂等；工业污染源主要有石油化工、牲畜屠宰与肉类加工、水产加工、油脂工业、炼油、煤气、化肥、制药、皮革制造、造纸、合成材料、污水处理和垃圾处理等。挥发性有机污染物及恶臭物质，如苯类、芳香类、含氧烃、有机硫化物、硫化氢、氨等物质逸散到大气中，会危害人体健康和影响大气环境质量。

随着社会的发展和人们环保意识的增强，人们对大气环境提出了更高的要求。恶臭污染已在全球范围内受到广泛关注，许多国家认为它是仅次于噪声的六大公害之一。1961年8—9月，日本川崎市曾连续发生三次恶臭公害事件。有关恶臭污染的诉讼事件也不断增加，恶臭物质不仅会使人感到不快和厌恶感，而且还危害着人们的健康和生命。国外有些国家较早地开始了恶臭污染方面的研究，并将其作为一种公害，同时实行专项立法。尤其是为防止和避免污水处理厂臭味对周围居民生活的影响，一些发达国家先后制定了一些具体规定，例如德国规定城市污水处理厂界限外 300 m 范围内不得建造生活设施，达不到此要求，污水处理厂就要采取必要的防止臭气扩散的措施。

1. 恶臭治理技术概述

近年来，随着生产的发展，我国城市的恶臭污染问题变得日益严重，治理恶臭的呼声越来越高。脱臭方法从最初的采用水洗法逐步发展到效果良好的微生物脱臭法。在传统处理技术中，研究较多并且广泛采用的物理化学方法主要有吸附法、活性炭过滤法、焚烧法、冷凝法、吸收法、湿式分离、离子化分离器等。近年来逐步形成和优先发展的控制技术包括生物法、光分解法、电晕法、臭氧分解法、等离子体分解法等。生物法有生物洗涤、生物过滤，其中生物过滤又分为土壤脱臭法、堆肥脱臭法、土壤生物滤床、生物滴滤法等。生物法与物理化学法相比，其主要优点是投资少，运行费用低，污染物不会被转移到其他地方，不会产生二次污染等，因此得以迅速发展，尤以日本、德国、荷兰等国取得的成果最显著。

2. 化学脱臭法

所谓化学除臭法，是指添加某些化学药剂，使之与具有臭味的物质发生反应，从而达到脱臭的目的。

1) 氧化法

臭气中有很多臭源物质具有还原性，故可以采用强氧化剂将其氧化为无臭化合物，从而达到除臭目的。目前探讨较多的除臭氧化剂有臭氧、高铁酸盐溶液等。

(1) 臭氧(O_3)除臭。

常温下，O_3 很快分解为氧分子和氧原子，氧原子具有较强的氧化性，与 H_2S、NH_3、硫醇等反应可生成无害无味物质，同时也可以氧化、分解有机物，起到杀菌、除臭的作用。

臭氧除臭不仅可用于去除空气中的臭味，还可以处理被污染的水体。在除臭接触池底部装上微孔扩散器，使 O_3 与水充分接触，臭味去除率大大提高。经处理后，污水的 COD、BOD 大幅度减少，溶解氧含量明显提高。

(2) 高铁酸盐溶液除臭。

高铁酸盐溶液可采取两种方法进行配制，其一是由 NaClO 氧化 Fe^{3+} 盐制得 FeO_4^{2-} 与 ClO^- 共存的碱性溶液，称为复合型高铁酸盐溶液；其二是通过重结晶制得 K_2FeO_4，将其溶于碱溶液，称为纯高铁酸盐溶液。高铁酸盐具有氧化性，对具有还原性的作为臭源的 H_2S

的消除率可达99%以上，当FeO_4^{2-}浓度相近时，复合型高铁酸盐溶液对H_2S的吸收总量高于纯高铁酸盐溶液。用复合型高铁酸盐溶液喷洒垃圾除臭及应用于养殖场除臭，效果明显，说明复合型高铁酸盐溶液不仅可消除H_2S臭气，而且对其他臭源物质同样有效。

2）催化氧化法

采用催化氧化法可以使醇、醛、酮、酸、烃等有机物分解，因此可以采用该法去除某些由于有机成分存在而引起的臭味。目前用于除臭的催化氧化法主要有光催化氧化和催化燃烧等。

（1）光催化氧化。

TiO_2类化合物在光照下，在O_2和H_2O体系中可发生催化反应，产生原子氧和羟基自由基，它们具有很强的化学活性，可杀菌除臭。例如，日本三菱造纸公司推出一种可水洗再生的光催化除臭滤气器，可用于空气清新机、空调等的除臭，由于具有水洗再生特性，可实现光催化除臭滤气器的长寿命，且不必非要光源，故适用范围更广。P. Pichat等采用纳米TiO_2涂覆的玻璃纤维网，利用光催化处理臭气，效果较好。

（2）催化燃烧。

邵炬等研制的除臭用陶瓷催化器能将废气中的有机溶剂、恶臭气体催化燃烧，从而达到除臭净化的目的。该催化器以董青石陶瓷为载体，涂覆$\gamma\text{-}Al_2O_3$为第二载体，浸渍活性组分Pt制成，它能使有机溶剂和恶臭气体的起燃温度降低，且能无焰燃烧，生成无毒无味的CO_2和H_2O。

3）高压静电法

广州石油化工总厂在从碱渣中回收Na_2CO_3的过程中采用了高压静电除尘器，提高了Na_2CO_3的回收率，同时降低了外排废气中低浓度H_2S和硫醇的量，减少了臭气的排放。高压静电除臭是指臭味物质分子在高压静电场内，被Tyndall效应产生的氧化性极强的活性粒子或自由基氧化，改变了本身的化学结构，变成无特征发臭基因的物质。

3. 物理化学脱臭法

目前普遍应用的物理化学脱臭法是吸附法，常用的吸附剂有活性炭、活性炭纤维、沸石、某些金属氧化物和大孔高分子材料等。活性炭是传统的吸附剂之一，由于其比表面积大，吸附量较大，广泛应用于各行各业，但由于它具有吸附量有限、抗湿性能差、再生困难、造价高、寿命不长等特点，在除臭方面人们正致力于研究某些新的吸附剂以取代之。

王宁等研制的含Ag/Mn的活性炭纤维比仅含Ag或Mn的活性炭纤维具有更优良的除臭性能，同时还具有抗菌性能。Yasuhiro Abe等对载Mn活性炭纤维的除臭性能也有研究。

4. 生物脱臭法

国外研究利用微生物处理废气开始主要是研究去除屠宰厂、堆肥厂的恶臭，但近年来发展很快，适用范围扩大到化工废气治理，包括化工工艺过程中排放的有机废水及化工污水厂释放的恶臭气体处理等。目前生物脱臭法已逐渐成为净化有机废气和恶臭物质的主要方法之一。生物脱臭技术是利用微生物将废气中的有机污染物或恶臭物质降解或转化为无害或低害类物质的过程。

1923年，Bach曾利用土壤过滤床去除污水处理厂散发的含硫化氢等恶臭物质的气体。自1957年美国报道利用土壤脱臭法处理H_2S以来，生物脱臭法就在生物过滤法（生物附着）和生物洗涤法（生物悬浮）两种类型上发展。生物脱臭法分类如图10-2-4所示。

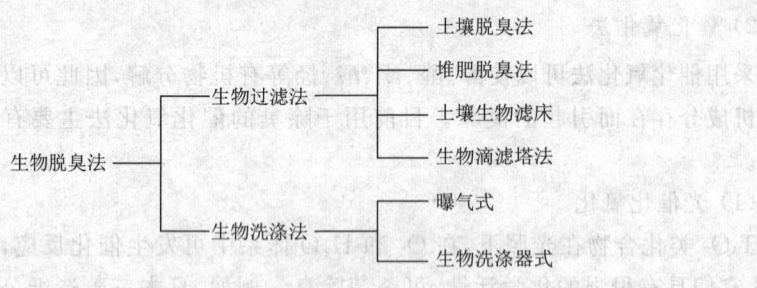

图10-2-4　生物脱臭法分类图

1) 土壤脱臭法

土壤脱臭法是人们最早利用的生物脱臭法。日本三菱长崎机工所采用的土壤脱臭装置是由最下层的扩散层（石子）、其上的均匀层（砂子）和上层的土壤层构成的。缓慢导入土壤层的恶臭气体首先被土壤颗粒吸附，然后被土壤中存在的大量微生物吸收分解。处理系统一般使用一年后会发生酸化，需加入石灰调整pH值。该方法对于低浓度的臭气处理来说是一种既经济又简便的方法，并且无二次污染，其最大的不足是占地面积大。为此，日本三菱长崎机工所又开发了一种以特制颗粒化土壤为填料的塔式装置，占地面积只有传统土壤法的1/20～1/10，并能处理高浓度臭气。土壤法在污水处理厂、化工厂和畜牧厂等都有应用实例。

2) 堆肥脱臭法

堆肥脱臭法是以城市垃圾、禽畜粪便和污泥等有机废物为原料，经好氧发酵得到的熟化堆肥进行脱臭的处理技术。由于堆肥方式比土壤法中的细菌繁殖密度高，故整个装置紧凑、去除臭气效果更好。据报道，用土壤法2 min才能去除的恶臭成分，用堆肥法仅需30 s即可完成。近年来，欧美一些国家开发了许多封闭式装置，从而提高了对脱臭过程的控制能力。

3) 土壤生物滤床

在西欧，20世纪60年代中期至80年代后期，安装了100多个泥炭或堆肥物质构成的生物滤床；在日本，20世纪70年代至80年代，也有100多个土壤生物滤床投入使用；美国亦有为数众多的土壤生物滤床应用于污水处理厂、脂肪提取加工厂及堆肥制造厂等排出的恶臭气的治理。美国威斯康星州安装了一个处理混合的挥发性有机气体的土壤生物滤床，面积为190 m^2，床深1 m；美国亚利桑那州的一个脂肪提取加工厂安装了一个处理能力为1 100 m^3/h气体的土壤生物滤床，占地面积420 m^2，床深36 cm。此外，还有处理能力高达16 000 m^3/h，占地面积更大的土壤生物滤床。土壤生物滤床技术被认为是净化空气污染物的一项新技术。

4) 生物滴滤塔法

生物滴滤塔法（填充塔型脱臭法）出现于20世纪80年代后期，以其装置合理性、高效性和占地面积小等优点成为当时生物脱臭法的主流。臭气由生物滴滤塔下部通入，臭气成分在通过填充层时，由于填充滤料表面的微生物的分解作用而达到脱臭目的。为了提供微生物生长繁殖所需的水分和营养物质,并冲走生物代谢生成物,需要在填充塔的顶部连续或间歇地喷淋水。

生物滴滤塔之所以能实现高效脱臭,极重要的是填料表面能附着大量的微生物,因此填料的选择至关重要。填充塔内的填料应具有以下性能:① 对臭气成分去除效率高;② 材质好(强度大、质轻)、廉价;③ 能保持水分。塔内填充层的高度和操作条件(气体流量、液体喷淋量等)都会影响去除率。该方法有广阔的应用前景。

5) 曝气式

日本率先提出用臭气代替空气通入活性污泥法的曝气池中进行脱臭,经几天驯化后,活性污泥中的微生物即可将恶臭成分分解,减少恶臭物质对周围环境的散发。

6) 生物洗涤器式

1979年,日本某铸造厂首先采用洗涤器式生物脱臭法处理含胺、酚和乙醛等污染物的气体,效果很好。另据报道,近年来德国开发的二级洗涤脱臭装置不仅处理效果好,而且运行费用极低。如今生物洗涤塔已成功用于一些产业。由搪瓷厂烘炉散发出的含乙醇、丙酮、乙醇醚、芳香族化合物、树脂等的废气及由煅烧装置、铸造车间(含胺、酚、甲醛、氨气)以及炼油厂排放的废气均可用生物洗涤塔去除。污水处理散发的臭气也可利用生物洗涤塔进行处理。

由于化学法和物理化学法处理费用相对较高,且容易产生二次污染,而生物法处理费用低、效率高,且不产生二次污染,因此生物除臭法是恶臭处理技术发展的方向。

当今世界生态恢复已经成为人类社会可持续发展所面临的迫切需要解决的重大问题之一,恢复生态学具有非常广阔的研究和应用前景。许多研究已经在土地利用及土壤恢复,森林恢复,草地、河流、湖泊和湿地的恢复,矿山和特殊污染环境的生态恢复,城市环境的生态恢复等领域取得了成功。今后研究受损生态系统的恢复与重建应力求做到定量化,为追究损害和破坏生态系统的法律责任提供定量的数据,确定生态恢复的速度以改进不必要的处理对策;通过比较不同类型受损生态系统的恢复状态,选择最佳的管理技术措施和恢复途径。在遵循自然规律的前提下,把退化和受损生态系统设计成既可最大限度地被人类所利用,又能恢复生态系统的必要功能并使系统处于自我维持状态是可以实现的。

第三节 环境应急技术研究与应用

一、国际石油行业环境应急技术的发展

石油石化行业为高危行业。从管理学的角度讲,风险在石油生产的开发活动中无处不在。国外石油发展史上发生了许多具有重大影响的突发环境事故,如印度的博帕尔环境污染灾难、美国特拉华市炼油厂废酸污染事故、巴西钻井平台海洋石油污染事故、西班牙海域"威望"轮特大溢油事故、墨西哥输油管原油泄漏事故、英国海域"拖雷·坎尼荣"号触礁沉没污染海洋事故等。

事故和危机的发生具有突然性和不可确定性。无论是有毒有害物质的泄漏、污染物的

事故性排放、生产车间和容器的爆炸,还是油品储运设备的撞、翻、漏等,无一不对人员生命、社会财产、自然环境等产生巨大影响,造成不可弥补的损失。面对潜在的突发环境事故,需要的是有效的管理机制、周密的防范预案、完善的应急网络、精干的应急队伍、适用的应急器材,形成科学、可行的环境安全应急体系。既要尽量控制和避免突发环境事故的发生,又要在发生环境事故时及时应对,有效处置,最大限度地减少其造成的影响和损失。

一些发达国家在环境突发事件应急和管理方面已经做了很多工作。对于突发性环境污染事件造成的经济、环境及人们生命和健康等巨大灾难,国外各国政府尤其是美国、加拿大、英国、日本、俄罗斯等国家制定了一系列应急管理措施,从机构、法律、政策措施等方面逐步建立起相应的应急管理机制。例如,加拿大标准协会(CSA)制定了《石油工业(上游)应急响应指南》,该指南提供了阿尔伯塔能源和公用事业部(EUB)上游石油工业应急准备及响应的基本要求,并且采用了 CAN/CSAZ-31。该指南详细说明了应急准备及响应的一般要求,这些要求适用于与上游石油操作有关的任何危险。另外该指南还讲述了关于酸性油井、酸性石油生产设备和附属收集系统、高蒸汽压力管道、生产水和碳氢化合物的溢出、地下油库中储存碳氢化合物的特定要求。

国外大石油公司对环境紧急事件的防范和处理十分重视。他们把严格按照环保法律、法规要求开展生产经营当作本公司的基本要求,任何短时间的超标排放对企业来说都是事故。因此,国际大石油公司十分注意控制非正常生产状态时的污染物排放。在正常状态下污染物全部达标排放的基础上,他们对可能出现的事故状态都有应急措施,紧急情况下或紧急停产时暂时将废物储存在缓冲设施中,杜绝事故状态下污染物的超标排放、减少环境紧急事件的发生。例如,BP、SHELL、埃克森等石油公司在完善运行 HSE 管理体系的同时,还有具体的环境应急管理体系,对原油泄漏、化学物质排放、水中污染物、废气排放、固体废弃物、油井井喷、事故性泄漏等环境应急表现参数进行收集、统计和发布。

国际大石油公司建立了风险评价和控制机制,对每种可能的危害进行识别评价,采取适当的控制措施,对可能发生的紧急情况进行科学分析,抓好应急准备、应急管理、应急响应等不同环节;建立了包括应急组织体系、信息系统、报告制度、紧急救援、各类资源调用、应急联络、善后处理等方面在内的应急反应体系,遇到环境紧急事件能够及时有效地采取措施,避免或减少其不利影响。

二、国内石油行业环境应急技术的发展

2006 年,我国发布了《国家突发公共事件总体应急预案》(以下简称"总体预案"),明确提出了应对各类突发公共事件的六条工作原则:以人为本,减少危害;居安思危,预防为主;统一领导,分级负责;依法规范,加强管理;快速反应,协同应对;依靠科技,提高素质。"总体预案"是全国应急预案体系的总纲,明确了各类突发公共事件分级分类和预案框架体系,规定了国务院应对特别重大突发公共事件的组织体系、工作机制等内容,是指导预防和处置各类突发公共事件的规范性文件。

近年来,各类突发性环境污染事故时有发生,由于突发事故具有爆发的突然性、危害的严重性,以及影响的广泛性和长期性等特点,采取切实有效的措施来预防这类事故的发生,提高对事故处理的应变能力,已经成为环境保护的一项非常重要的工作。

《国家突发环境事件应急预案》发布后,国家环保总局组织了应急演练。整个演习通过

远程指挥与现场演练相结合,按常备不懈、积极兼容、统一指挥、分级管理、保护公众、保护环境的应急方针,借助环境应急指挥系统与环境信息传输系统,利用互联网技术、卫星定位技术、无线传输技术,模拟发生环境污染事件处理、处置的程序与过程,提高对环境应急的远程及现场指挥能力,发挥环保部门快速反应、协同作战的作用,达到演练程序、锻炼队伍、提高能力的目的。

针对重大突发环境事件应急中的难点、热点问题,一些科研机构投入了一定力量进行相关科学研究,这些研究涉及危险源识别、隐患评价、应急管理、现场救援、应急监测、事故预防、责任追究等方面,为不同行业、不同地区、不同专业建立科学有效的重大突发事件应急预案奠定一定的基础。

近年来,中国石油和所属企业高度重视环境保护,不断加大工作力度,环境保护工作取得了积极进展。但一些企业重生产经营、轻环境保护的思想依然存在,污染物排放还不能实现全面稳定达标,环境污染和生态破坏事故时有发生。特别是"11·13"爆炸事故引发的松花江重大水环境污染事件,充分暴露了少数企业环境保护责任制不落实、环境监管体系不完善、污染事故预防和应急措施不到位等问题。总体上,中国石油在环境保护管理体系和环境应急机制方面还有很多技术和管理问题没有解决,还有很多工作要做。

三、中国石油环境应急技术的现状

中国石油作为资源、能源型特大企业,在其生产的全过程中存在许多潜在的环境风险。这些风险有些已被事先识别和预防,有些则未被识别而无法预防,造成了环境突发事件和事故的发生。

目前,中国石油的环境安全形势十分严峻:环境应急体系尚未建立,应急预案亟待编制,应急网络有待完善,应急技术亟须推广,应急器材亟须加强,应急意识亟待提高,应急资金亟须落实。为规避环境风险,促进和谐发展,中国石油已经组织开展了"环境紧急事件应急预案研究与开发"项目的研究,在"十一五"环保科技规划中将"环境安全应急体系及应急技术研究"列为重点内容,使环境应急的科研和管理工作大大向前推进了一步。

环境安全应急体系及应急技术研究和攻关的目标是:

(1) 研究、建立高效环境危险因素识别系统和快捷畅通的危机预警机制,变事后补救为事先预防。

(2) 研究、建立全方位、多层次的环境应急管理体系和应急预案体系。结合实际,突出重点,研究设计和编制环境应急管理体系和应急预案体系,实现及时、有序、有效开展应急救援和处置的目标。

(3) 研究、建立并完善环境安全应急监测技术方法体系。加强应急监测能力建设,做好组织、技术、装备、人员等储备,快速、准确地跟踪判断污染物种类和浓度,实现及时为指挥系统提供应急决策依据的目标。

(4) 研究、建立环境事故应急决策信息支持系统,包括危险源数据库、专家数据库、应急技术数据库、地理信息数据库、综合应急信息数据库等,掌握突发事故相关信息,提供应对事故处理的有效支持,实现环境事故应急的科学化管理的目标。

(5) 研究、设计和完善环境应急能力和技术支撑条件。做到五个加强,即加强环境应急队伍建设,加强环境应急设备和物资准备,加强环境应急理念及意识培训,加强环境应急演练并提高实战水平,加强环境应急科研和技术支撑,解决技术难题,实现常备不懈、训练有素、快速响应、保障应急的目标。

在环境应急和管理的技术层面应该深入开展好以下几个方面的研究和应用:

1) 环境事件危险源识别技术研究

从环境污染突发事件应急管理的发展阶段来看,发达国家经历了由应急处理到防灾,再转向预警应急管理的渐进型发展历程。要做到预防和预警,危险源的识别和评价是非常必要的。

(1) 石油企业所在地自然环境状况调查及环境敏感性分析包括:重点纳污水体及保护对象(水源地、河段、湖泊、地下水、海洋等)调查,大气环境状况及扩散条件(气象、地形等)调查、分析,土壤及生态环境状况(自然保护区、环境脆弱区、农牧保护区等)调查,确定水、气、土壤和生态重点保护和防范区域。

(2) 石油企业所在地环境事故风险分析和排查,包括水环境污染事故重点危险源和风险排查、大气环境污染事故重点危险源和风险排查、土壤环境污染和生态破坏事故重点危险源和风险排查、核辐射污染事故重点危险源和风险排查,建立所有可预见的环境事故清单,对重大环境因素实施监控,做好防范。

(3) 环境事件危险源识别采用的主要技术包括环境因素调查表法、物料衡算法、污染物流失总量法、风险评价矩阵表法。

2) 污染排放浓度超标和生态环境安全的预警机制研究

近年来,国家先后颁布和实施了9部环境保护法律和19部自然资源等相关法律、47部环境保护行政法规和471项国家环境标准。严格遵守国家环境保护法律、法规是确保企业正常生产经营的基本要求。

中国石油现有油气生产和炼化企业65家,分布于全国各地,在油田和炼化生产过程中涉及自然保护区、城市功能区、湿地、水源地、文物古迹等环境敏感点,环境安全问题十分突出。近年来,中国石油相继出现生态破坏、地下水污染、恶臭公害、噪声扰民、危险品泄漏及超标排放等环境事故,已引起国家以及当地政府的高度重视,直接影响到企业的生产发展和正常运行。因此,工作重点放在以下两个方面:

(1) 开展油气生产环境安全与生态保护技术研究,重点解决地下水污染、恶臭公害、稳定达标排放、生态修复、环境应急等问题,将环境突发事件预警、分析、评估技术作为环境科研攻关重点,集中力量加以突破。

(2) 通过遥感、在线监测等技术监测污染排放浓度超标和生态环境安全问题,建立污染排放浓度超标和生态环境安全的预警机制,对重点污染源、重大环境隐患进行监控,既是企业依法经营的基础,也是中国石油实现持续有效协调发展的保证。

3) 应急预案体系的发展完善和应用研究

油气生产线长面广,大多涉及饮用水源地、生态敏感区;炼化装置易燃易爆,大多濒临江河湖海、居民集中区。石油石化行业的高风险特点决定了中国石油环境保护工作的艰巨性、复杂性和长期性。各石油企业加快建立"企业自救、属地管理、区域联动"的应急体系,完善各级应急预案,配备应急设备;在编制各级突发环境事件应急预案时,统筹考虑环境因素,结合本单位和地域特点,提高突发环境事件的应对能力。

(1) 完善各级突发环境事件综合应急预案。

(2) 研究编制或完善各种环境事件的专项应急预案,如突发水污染物超标排放事件应急预案,突发有毒气体扩散事件应急预案,突发海上溢油事件应急预案,突发陆上溢油事件应急预案,突发辐射事件应急预案,突发危险废物污染事件应急预案,突发生态破坏事件应急预案,突发环境事件应急监测预案,环境危险源排查、评估、监控方案,突发环境事件事后评估及环境恢复方案。

4) 应急处置技术和应急监测技术研究

针对污染物超标排放、有毒气体扩散、危险废物泄漏、海上(陆上)溢油、放射源失控、生态破坏等环境敏感问题,提高环境应急管理能力,研发应急处置技术,使事件在最短的时间内得到有效控制。

(1) 研究与建立应急监测技术方法体系,包括石油企业环境事故源快速监测技术方法,石油企业事故现场调查点位和断面布设技术方法,环境要素连续样品采集、保存和传递方法,石油企业特征污染物定性、定量、半定量分析和检测技术,适用的环境应急监测仪器、设备标准和规范化。

(2) 研究与建立突发环境事故应急信息支持系统,包括危险源数据库、应急预案库、监测方法库、环境标准库、事故处理处置方法库、应急专家库和社会信息库等。

(3) 研究与建立事故污染趋势预测模型,包括空气污染物扩散模型、水污染扩散模型等,引进和开发污染事件发展过程分析技术及污染事件应急处理向导软件。

(4) 研究和编制环境应急演练、策划和实施计划,包括桌面演习策划及实施计划、特殊风险演习策划及实施计划、环境要素演习策划及实施计划、单项目应急演习策划及实施计划、组合演习策划及实施计划、与地方政府联合演习策划及实施计划,提高企业整体的应急能力。

思考题

1. 选择油田环境污染控制与治理新技术中的一种,从其特点、原理谈谈自己对其在油田应用前景的预测。

2. 高级氧化技术在油田污水处理中的优势及存在的问题有哪些?

参考文献

[1] 何小娟,杨再鹏,党海燕,等.膜技术在水处理中的应用及膜材料研究进展[J].化工环保,2004,24(3):185-189.

[2] 王振宇.膜技术在水处理中的应用前景[J].环境保护科学,2005,31(2):21-23.

[3] 王保国,文湘华,陈翠仙.膜分离技术在石油化工中应用研究现状[J].化工进展,2002,21(12):880-884.

[4] 童忠良.膜分离技术与设备在石油化工中的应用前景[J].化工设备腐蚀与防护,2003(4):7-10.

[5] 沈光林.膜法气体分离技术在石化中的应用新进展[J].现代化工,2003,23(3):15-17.

[6] 董子丰.气体膜分离技术在石油工业中的应用[J].膜科学与技术,2000,20(3):38-43.

[7] 阚连宝,齐晗兵,崔红梅.油田水处理中的典型高级氧化技术[J].油田地面工程,2006,25(10):23.

[8] 屈撑囤,马云,谢娟.油气田环境保护概论[M].北京:石油工业出版社,2009.

[9] 鲍晓丽,隋铭皓,关春雨,等.水处理中的高级氧化技术[J].环境科学与管理,2006,33(1):105-107.

[10] 赵苏,杨合,孙晓巍.高级氧化技术机理及在水处理中的应用进展[J].能源环境保护,2004,18(3):5-13.

[11] 刘书孟.高级氧化技术在油田水处理中的应用[J].油气田环境保护,2004,14(3):25-27.

[12] 张素香,屈撑囤,王新强.光催化剂改性剂固定化技术的研究进展[J].工业水处理,2002,22(7):12-14.

[13] 陆光华,万蕾,苏瑞莲.石油烃类污染土壤的生物修复技术研究进展[J].生态环境,2003,12(2):220-223.

[14] 于晓丽.落地原油对土壤污染及治理技术[J].农业环境与发展,2000,(3):28-29.

[15] 屈撑囤,冯吉利,刘晓娟.固化法处理含油污泥的室内研究[J].环境科学与技术,2005,28(5):69-70.

[16] 张海荣,姜昌亮,赵彦,等.生物反应器法处理油泥污染土壤的研究[J].生态学杂志,2001,20(5):22-24.

[17] 杨建涛,朱琨,马娟,等.石油污染土壤的淋洗治理技术研究[J].甘肃环境研究与监测,2003,16(1):1-3.

[18] 孙庆峰,余仁焕.石油污染土壤处理技术研究的进展[J].国外金属矿选矿,2002(12):4-9.

[19] 屈撑囤,卢会霞,卜绍峰.灰关联分析法研究中原油田文一污水的腐蚀因素[J].腐蚀科学与防护技术,2005,17(3):198-200.

[20] 陈家庆.环保设备原理与设计[M].北京:中国石化出版社,2005.

[21] 董国永.石油环保技术进展[M].北京:石油工业出版社,2006.

第三篇 油气田环境影响评价

　　面对严峻的环境形势，人类开始考虑采取一种行之有效的方法来约束自己的行为，使各类组织重视自己的环境行为和环境形象，并希望以一套比较系统、完善的管理方法来规范人类自身的环境活动，达到改善生存环境的目的。为此编写了"油气田环境管理体系"（第十一章）。

　　长期以来，对于人类活动所造成的环境影响，人们只能进行被动的防治，即所谓的"先污染、后治理"。进入20世纪下半叶后，随着生产活动的急剧扩大，人类使自然界发生了大规模的改变，并为此付出了很大的代价。人们从实践经验中逐渐认识到，工程和环境的相互影响有些能够事后修补，有些属于不可逆变化，于是人们便积极探索事前预防的途径。为此编写了"油气田环境影响评价"（第十二章）。

第十一章　油气田环境管理体系

第一节　概　述

随着中国加入WTO后国际进程的加快,政府对企业污染防治监管力度的增大,以及公众对企业环境保护期望值的提高,建立ISO 14000环境管理体系,持续进行清洁生产,已成为石油企业提高市场竞争力、实施可持续发展战略的必然选择。

一、环境管理体系简介

随着社会、经济的不断发展,人口的不断增加,越来越多的环境问题摆在我们面前:温室效应加剧、酸雨不断蔓延、臭氧空洞出现、水体不断遭到严重污染、土地大量荒漠化、草原退化、森林锐减、许多珍稀野生动植物濒临灭绝……在这一系列环境问题中,可以说大部分是由人对自然的破坏造成的。这些问题已经危及人类社会的健康生存和可持续发展,面对如此严峻的形势,人类开始考虑采取一种行之有效的办法来约束自己的行为,使各类组织重视自己的环境行为和环境形象,并希望以一套比较系统、完善的管理方法来规范人类自身的环境活动,达到改善生存环境的目的。

首先是国际标准化组织(ISO)开始酝酿制定这样一套比较系统、完善的管理方法。1987年,ISO成功地制定和颁布了ISO 9000质量管理体系系列标准,对改善企业的质量管理模式起到了很大作用,在世界范围内引起了很大的反响。

进入20世纪90年代以后,环境问题变得越来越严峻,ISO对此做出了非常积极的响应。1993年6月,ISO成立了第207技术委员会(TC207),专门负责环境管理工作,主要工作目标是支持环境保护工作,改善并维持生态环境的质量,减少人类各项活动所造成的环境污染,使之与社会经济发展达到平衡,促进经济的持续发展,其职责和主要工作范围是环境管理体系(EMS)的标准化。环境管理体系是一个组织的整个管理体系中的一个组成部分,包括制定、实施、实现、评审和保持环境方针所需的组织结构、计划活动、职责、惯例、程序、过程和资源。环境管理体系这个概念产生以后,经过三年的发展与完善,形成了ISO 14000环境管理体系系列标准。

环境管理体系系列标准发布以后,在世界范围内得到广泛响应,数以百万计的组织通过建立和实施环境管理体系来提高环境管理水平,使环境业绩得到持续改进。

我国采用了ISO 14000环境管理体系系列标准,发布了GB/T 24000环境管理系列标准,促进了我国企业和各类组织建立环境管理体系的进程。通过建立和实施环境管理体系,可以达到提高企业和产品的市场竞争力、树立优秀企业形象、加强管理、降低成本、减少环境责任事故的发生、从根本上实现污染预防、提高企业环境管理水平和员工的环境意识等目的。

中国石油所属企业将 ISO 14001 环境管理体系与 HSE 管理体系相结合,从环境因素的识别和评价入手,建立和实施了环境管理体系,一些企业还取得了国际认证,从而改进了环境管理,树立了良好的企业形象。近几年来,通过持续改进和创优升级,将清洁生产、绿色 GDP 指标体系与环境管理体系结合,取得了更加显著的成效。

二、HSE 管理体系的由来及其在中国石油的发展

石油石化工业具有高温高压、易燃易爆、有毒有害等特点,是一个资金密集、工艺复杂、生产条件苛刻、连续化大生产的高风险行业。由于危险因素和不确定因素较多,发生事故的概率较高,且一旦发生重大事故,容易导致事态扩大,可能引发更为复杂或更大范围的问题,所造成的公众危害、环境破坏、经济损失和政治影响巨大。

HSE 管理体系是一种将健康、安全与环境作为一个整体系统进行管理的管理体系,最早由国际石油天然气生产者协会提出。HSE 管理体系体现了以人为本、持续改进的科学管理思想,在国际社会和国际大石油公司的共同努力和推动下,逐步发展成为被国际石油界广泛推崇和共同执行的一种国际管理规则。

20 世纪 70 年代以来,国际石油界在生产得到迅猛发展的同时,在安全生产、环境保护和职业健康方面也暴露出许多新的问题。1988 年英国北海油田 Piper Alpha 石油平台的爆炸灾难以及 1989 年埃克森石油公司 Valdez 油轮漏油引起的海洋污染等事故,引起了国际社会对生命、财产和环境的极大关注。

随着油气勘探开发市场的国际化合作发展,各国大石油公司都在积极探索建立有效的 HSE 管理体系,并努力使其发展成国际石油界共同遵守的一项规则,从而形成一种进入国际石油市场的壁垒。1991 年,油气勘探开发论坛在海牙召开第一届 HSE(健康、安全、环境)年会,HSE 这一概念被国际石油界接受。此后,国际石油工程师学会(SPE)每两年召开一届国际油气勘探和生产 HSE 年会,HSE 年会成为各国石油公司交流 HSE 管理体系和展示企业文化的一个学术平台,HSE 管理体系随即被国际石油公司广泛采用,并且成为国际石油界现行通用的管理惯例和共同遵守的管理规则,也成为石油公司进入国际市场的准入证。

中国石油作为我国的大型石油公司之一,以"奉献能源、创造和谐"为使命,正在加快实施"走出去"和全面建设具有国际竞争力跨国企业集团的发展战略,为国民经济发展和国家能源战略安全发挥着重要作用。因此,中国石油把安全生产、环境保护放在事关企业生存和发展、关系社会稳定的十分重要的地位上,不断学习和借鉴国外先进的 HSE 管理方面的经验,结合企业实际探索和建立长效安全生产运行机制。在这种背景下,中国石油紧紧瞄准国际石油界 HSE 管理体系发展态势,于 1997 年参照 ISO/CD 14690,制定并发布了石油天然气行业标准《石油天然气工业健康、安全与环境管理体系》(SY/T 6276—1997)及配套的实施标准,开始了建立与国际石油界管理接轨的 HSE 管理体系的系统工程。受国际大石油公司外部环境影响和企业自身提高核心竞争实力内在动力的推动,在政府有关部门的大力支持和正确引导下,中国石油提出"先国外、后国内,先试点、后推广"的原则,不断积累 HSE 管理经验。经过几年来国内外企业共同探索与实践,中国石油的 HSE 管理体系

的建设内容不断丰富,模式逐步完善,符合当今国际石油界 HSE 管理体系主流发展的方向。

第二节　中国石油的 HSE 管理体系

一、中国石油 HSE 管理体系的原理和要素

1. 持续改进的基本原理

中国石油 HSE 管理体系借鉴了戴明循环模式,即由"计划(Plan)、实施(Do)、检查(Check)和改进(Action)"四个阶段的循环组成。PDCA 循环模式为建立、实施和完善 HSE 管理体系提供了整体结构框架和有效运行机制,通过不断重复 PDCA 循环这一过程,推动 HSE 绩效实现持续改进(图 11-2-1)。

PDCA 循环模式展示了持续改进的 HSE 管理体系基本原理,是和"安全第一、预防为主"的基本方针相一致的,为企业实现安全生产的自律机制奠定了基础。围绕组织的 HSE 方针和目标,HSE 管理体系特别强调策划,事先识别各种风险,采取风险控制措施,写所做的、做所写的和记录所做的。在 HSE 管理体系运行过程中,通过实施检查和审核,不断改进管理和采取预防措施,确保风险得到控制、隐患得到消除、事故得到有效预防,企业的 HSE 业绩就会稳步提高。可见,通过 PDAC 循环不断重复运行,将事先预防、持续改进的思想贯穿于整个 HSE 管理体系的建立和运行中,从而保证体系运行的有效性。

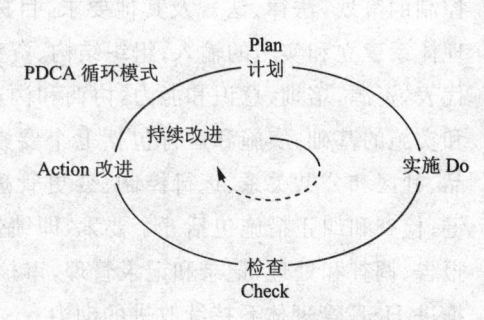

图 11-2-1　持续改进的基本原理

2. HSE 管理承诺

中国石油总经理向全社会做出如下承诺:

中国石油一贯认为:世界上最重要的资源是人类自身和人类赖以生存的自然环境。保护环境、关爱员工的健康和人民群众的生命财产安全是本公司的核心工作之一。为了"奉献能源,创造和谐",我们将:

(1) 遵守所在国家和地区的法律法规,尊重当地的风俗习惯;
(2) 以人为本,预防为主,追求零事故、零伤害、零污染的目标;
(3) 保护环境,推行清洁生产,致力于可持续发展;
(4) 优化配置 HSE 资源,持续改进健康安全环境管理;
(5) 各级最高管理者是 HSE 的第一责任人,HSE 表现和业绩是奖惩、聘用人员以及雇佣承包商的重要依据;
(6) 实施 HSE 培训,建立和维护 HSE 文化;
(7) 向社会坦诚地公开我们的 HSE 业绩;

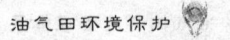

(8) 在世界上任何一个地方,在业务的任何一个领域,我们对 HSE 态度如一。

中国石油的所有员工、供应商和承包商都有责任维护本公司对健康、安全与环境做出的承诺。

3. HSE 管理体系关键要素

中国石油的 HSE 管理体系由七个关键要素组成,包括领导和承诺,健康、安全与环境方针,策划,组织结构、资源和文件,实施和运行,检查和纠正措施,管理评审。

领导和承诺是 HSE 管理体系建立和实施的前提条件;健康、安全与环境方针是 HSE 管理体系建立和实施的总体原则;策划包括五个要素,即对危害因素的识别、风险评价和风险控制的策划,法律、法规及其他要求,目标和指标,健康、安全与环境管理方案,它是 HSE 管理体系建立和实施的输入;组织结构、资源和文件包括七个要素,即组织结构和职责,管理者代表,资源,培训、意识和能力,协商和沟通,文件,文件和资料控制,它是 HSE 管理体系建立和实施的基础;实施和运行包括七个要素,即设施完整性、承包方和(或)供应方、顾客和产品、社区和公共关系、运行控制、变更管理、应急准备和响应,它是 HSE 管理体系实施的关键;检查和纠正措施包括五个要素,即绩效测量和监视,不符合、纠正和预防措施,事故、事件报告、调查和处理,记录和记录管理,审核,它是 HSE 管理体系有效运行的保障;管理评审是推进 HSE 管理体系持续改进的动力。

各个关键要素的原则和要求见表 11-2-1。

表 11-2-1　中国石油 HSE 管理体系的关键要素

HSE 管理体系要素	HSE 管理的原则和要求
领导和承诺	各级组织的最高管理者应有明确的 HSE 承诺,有责任维护 HSE 文化
健康、安全与环境方针	建立层层负责的 HSE 目标责任制,明确 HSE 管理的指标、行动原则
策划	各级组织应制定中长期 HSE 管理规划和年度计划,具体项目实行 HSE 作业指导书,HSE 作业计划书、HSE 现场检查表
组织结构、资源和文件	确保 HSE 管理人、财、物的优化配置,建立一套层次分明的 HSE 管理体系文件
实施和运行	员工和承包商在接触任何一项工作时,必须熟悉相关 HSE 风险和控制措施,严格按照规定程序实施活动和任务
检查和纠正措施	定期开展健康、安全与环境监测,必要时采取变更措施
管理评审	对体系执行的效果和适应性定期进行评价,持续地改进管理

二、中国石油 HSE 管理体系的运行

1. 文件化管理及两个层面的体系运行模式

在建立 HSE 管理体系方面,中国石油通过一系列规范、指南和实施办法对建立 HSE 管理体系文件提供了原则框架,如图 11-2-2 所示。

在中国石油总部成立 HSE 指导委员会,行使总指导协调职能,制定企业 HSE 方针,提

管理层次	组织机构	HSE 体系文件	主要支持文件
中国石油总部	HSE 指导委员会	HSE 方针、承诺 HSE 管理手册 企业 HSE 标准 HSE 体系建立指南	突发事件总体应急预案、各种类型专项应急预案、重大危险源控制计划
所属企业、控股公司、直属企业及所属专业公司	HSE 管理委员会	HSE 管理手册 HSE 程序文件 HSE 作业文件 HSE 管理方案 HSE 体系实施指南	重大隐患治理计划、应急（救援、响应）预案
基层队、车间、站、项目部	HSE 管理领导小组	HSE 作业指导书 HSE 作业计划书 HSE 现场检查表	现场应急处置预案

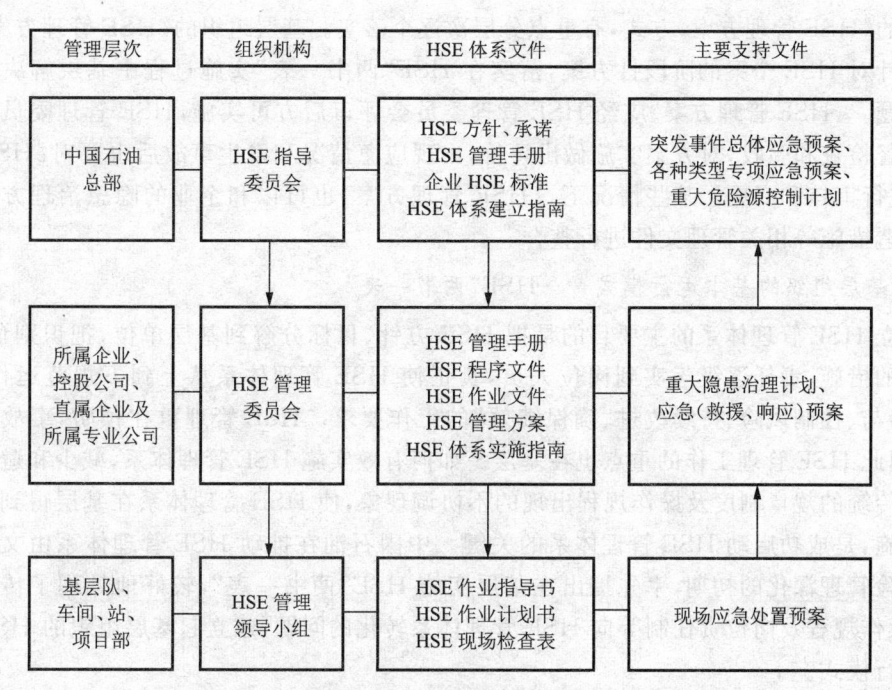

图 11-2-2　中国石油 HSE 管理体系文件层次及框架

供统一的 HSE 政策、标准和体系建立指南，由总经理做出书面 HSE 承诺并签发《HSE 管理手册》。

中国石油所属企业公司、控股公司、直属企业及其所属专业公司成立 HSE 管理委员会，在中国石油的 HSE 方针、标准和体系建立指南等文件指导下，编制《HSE 管理手册》《HSE 程序文件》《HSE 作业文件》《HSE 管理方案》《HSE 体系实施指南》，建立和保持自己的 HSE 管理体系。

基层组织或项目部成立 HSE 管理领导小组，按照上级 HSE 管理体系要求，识别本组织或项目存在的风险，编制和实施《HSE 作业指导书》《HSE 作业计划书》《HSE 现场检查表》，即 HSE "两书一表"。

《HSE 管理方案》和 HSE "两书一表"的实施，有针对性和较好地解决了基层组织和管理层的 HSE 管理体系运行的重点问题，构成了企业两个层面的 HSE 管理体系运行模式。

为了强调和突出应急管理、隐患治理，从现场风险识别开始，逐级编制应急处置预案、救援预案和响应预案，中国石油总部编制突发事件总体应急预案和专项应急预案，作为体系文件的支持文件，将意外情况处置等重大管理也纳入管理体系。

1）管理层的基本运行模式——《HSE 管理方案》

《HSE 管理方案》主要用于中国石油所属企业局处两级机关等管理层面的 HSE 管理模式，重点解决各级组织在管理体系运行过程中发现的事故隐患、管理缺陷、不足，或是需要管理层协调、投资等解决的问题，以实现管理体系持续改进。

企业的《HSE 管理方案》应结合年度健康、安全与环境工作规划制定。《HSE 管理方案》包括风险削减目标和指标、活动和任务安排及重大危害和影响的风险控制措施、资源需求、时间进度及职责权限等内容。企业综合性《HSE 管理方案》可采用编制综合性指导文件加上具体的《HSE管理方案》方式,有重点分层次逐个落实。基层组织的《HSE管理方案》原则上应是针对HSE个案的阶段性方案,落实在HSE"两书一表"实施过程中基层解决不了的隐患问题。《HSE管理方案》应经HSE管理委员会评审后方可实施,HSE管理委员会还要进行监督检查和验收,对方案实施做出评价,出现应急情况和发生事故后也要对《HSE管理方案》进行审核和变更。某些情况下,《HSE管理方案》也可以和企业的隐患治理方案以及技术改造措施等相关管理文件进行整合。

2)基层组织的基本运行模式——HSE"两书一表"

建立HSE管理体系的主要目的是把HSE方针、目标分解到基层单位,把识别危害、削减风险的措施、责任逐级落实到岗位人员,真正使HSE管理体系从上到下规范运作,体现"全员参与、控制风险、持续改进、确保绩效"的工作要求。HSE管理重在预防,事故出现在基层,因此HSE管理工作的重点也在基层。如何有效实施HSE管理体系,减少和避免文件体系和传统的规章制度及操作规程出现的不协调现象,使HSE管理体系在基层得到快速有效的实施,是成功启动HSE管理体系的关键。中国石油在推动HSE管理体系由文件化管理向风险管理深化的初期,率先提出在基层实施HSE"两书一表",较好地处理了传统规章制度、操作规程及岗位责任制等向HSE管理体系转化的问题,建立起基层组织的HSE管理体系运行模式。

《HSE作业指导书》用来描述常规的作业制度、操作规程及岗位职责等,是相对静态的文件。《HSE作业指导书》是基层组织施工作业实施HSE风险管理的基本指南,它是根据设备、人员和各项常规作业的HSE风险情况(也可按工艺单元或设备操作单元划分),在人员、工艺、设备、作业环境等因素相对稳定的情况下,按照有关HSE判别标准和规范,结合历年工程施工总结出的经验教训,由管理人员、技术专家、熟练的岗位操作人员共同进行逐项危害识别,按照"合理并尽可能低"的风险控制原则,对各类风险制定对策措施,经过业务主管部门(或HSE监督部门)组织评审后,整理汇编成相对固定的指导现场作业全过程的HSE管理文件。

《HSE作业计划书》是针对变化了的情况,由基层组织结合具体施工作业的情况和所处环境等特定的条件,为满足新项目作业的HSE管理体系要求以及业主、承包商、相关方等对项目风险管理的特殊要求,在进入现场作业前所编制的HSE具体作业计划。《HSE作业计划书》在内容上主要偏重新的风险识别和应急预案编写,是基层组织用来解决现场新的HSE风险管理问题,实现施工作业HSE目标,持续改进施工HSE表现,提高或改善作业HSE绩效的补充方案。《HSE作业计划书》是在《HSE作业指导书》控制和削减常规风险的文件要求基础上,进一步评估现场具体的施工人员、机具、环境和HSE法规标准,通过补充、变更和细化有关控制、削减风险的关键措施内容而制定的更切合实际、更具个性化和约束力的供"现场"操作的HSE作业文件。

中国石油做出规定,凡是新上项目,必须根据项目情况,按照HSE管理体系要求,编制《HSE作业计划书》。由此可见,《HSE作业计划书》是一个相对动态的文件,是对《HSE作业指导书》的补充。随着基层组织HSE管理体系运行的不断深化,《HSE作业指导书》的内容也会不断得到完善和补充,《HSE作业计划书》在内容和编制上就逐渐简化,其主要内容更倾向于编制有针对性和可操作性的、细化的项目应急预案。

《HSE检查表》是在现场施工过程中实施检查的工具,涵盖《HSE作业计划书》和《HSE

作业指导书》的主要检查要求和检查内容,是事先精心设计的一套检查表格。

2. 管理、监督相对分离的 HSE 监督机制

国外大石油公司为了加强对承包商的 HSE 管理,以维护公司声誉和项目的 HSE 业绩,已经开始实施 HSE 第三方监督。HSE 监督和质量监督、工程监督等岗位一样,已经成为一种专业并走向职业化。在目前国内从事石油专业的 HSE 监督机构还没有发展和形成一定规模的情况下,中国石油借鉴国外推行 HSE 管理体系的具体做法,在企业系统内部推行了 HSE 管理和监督相对分离的监督机制。这也是在建立和实施与国际接轨的 HSE 管理体系的过程中,通过不断探索和建立长效运行机制,持续改进 HSE 绩效,总结和摸索出的成功经验。在企业实施 HSE 管理体系基础上提出并建立 HSE 监督机制,从而在体制上保证 HSE 管理的工作到位、措施到位、责任到位和现场生产的监督到位。实践表明,HSE 监督机制建设是现阶段实现高效 HSE 管理的一个有效途径,有利于企业 HSE 业绩和管理水平的提高。

3. 培训、咨询和认证的技术支持

为了使 HSE 管理体系的培训咨询工作有序开展,获取管理体系的外部认证,为企业建立和运行 HSE 管理体系提供技术支持,中国石油同时开展了培训、咨询和认证的技术支持模式建立工作。

1) HSE 培训、咨询

按照地区分布和上下游特点,中国石油组建了 HSE 培训基地,并取得了国家管理体系培训、咨询资格,构建了 HSE 管理体系培训和咨询的技术支持网络。在 HSE 管理体系培训方面,建立起"四级管理、三级培训"分级管理的培训体制,即按照国家四级培训机构设置的原则和要求,对 HSE 培训机构实行四级管理,同时按照"高级、重点、普及"三个层次开展培训。一是对企业领导干部、HSE 部门负责人、HSE 总监和 HSE 审核员实行统一安排的高级培训,由中国石油总部人事和 HSE 主管部门负责考核,颁发中国石油培训合格证书;二是对企业管理干部、监督、HSE 内审员的重点培训,由培训机构具体实施培训,用规范的题库进行考试,由公司 HSE 指导委员会颁发合格证书;三是对基层普及 HSE 知识、技能及特种作业人员培训和技能鉴定等培训,由企业组织有相应资格和能力的培训机构进行培训。各企业在培训规划指导下,结合企业实际,对企业所属管理人员、从业人员及特种作业人员,有计划地组织有关人员定期参加 HSE 培训。

2) HSE 管理体系审核认证

为了确保 HSE 管理体系得到规范运行和实现持续改进,中国石油引进了第三方 HSE 管理认证制度,在国家有关部门的大力支持下,成立了独立运作的 HSE 管理体系认证中心,并同时获得国家职业健康安全管理体系(OHSMS)认证资格。HSE 管理体系认证中心对申请 HSE 管理体系的组织独立开展认证审核工作,申请单位通过认证后可同时获得 HSE 管理体系和 OHSMS 两个认证审核证书。

HSE 培训、咨询和认证工作有效激发了中国石油各企业建立体系的内在动力,使企业在建立和运行 HSE 管理体系模式基础上自发地走上持续改进的体系运行轨道。开展 HSE 管理体系外部审核,不仅为企业提供了一个客观公正的外部认可,提高了企业声誉,而且还

带动了HSE管理体系咨询、培训和认证工作的全面开展,教师队伍、审核员队伍和HSE专家队伍的业务能力不断提高。通过开展咨询、培训和体系认证审核工作,从事培训、咨询和认证的工作人员除具备HSE管理体系和OHSMS审核能力外,多数还顺利取得了ISO 14001环境管理体系咨询或认证资格,对推动中国石油HSE管理体系标准实施和管理体系一体化发展创造了条件,提供了良好的技术支持保证。

三、HSE管理体系应用成果及发展前景

1. HSE管理体系应用成果

到2005年底,中国石油已有25个企业发布了HSE管理体系文件,291个二级单位在实施HSE管理体系基础上稳步推行倒优升级工作,有5 982个基层组织实施了"两书一表"。有263个单位通过了HSE管理体系的外部审核,181个单位获得HSE管理体系认证证书。通过推行HSE管理体系,中国石油的HSE管理理念和文化建设也有了较好的提升,安全成为企业五个核心经营理念之一,被提升到企业安全文化建设的重要地位。同时,通过加强和规范HSE管理,提高了施工队伍在国内外市场的竞争能力,赴海外施工作业队伍得到了合作伙伴和业主的好评,树立了良好的企业形象。作为理论与实践探索的一项重要成果,《中国石油HSE管理体系》在2002年被国家安全生产监督管理局评为首届安全科技成果一等奖。

1)管道建设HSE管理体系

中国石油天然气管道局在西气东输管道工程施工中承担的任务占总工程量的70%。面对沙漠戈壁、黄土高原、农田水网,以及长江、黄河穿越等复杂施工作业环境,挑战管径大、线路长、作业面广等世界级难题,管道局全面推行HSE管理,通过对施工生产组织、作业环境、机具配置、原材料供应及生活环境等进行危险危害辨识和风险评价,共识别出风险因素330项,筛选重点危险源、重大环境因素52项,编制《HSE作业指导书》12份、《项目HSE计划书》26份,涉及HSE削减控制措施872项、应急计划52项。通过组织施工人员进行技术交底和员工控制风险的培训,严格HSE现场监督,在施工技术与管理中创下28项中国企业新纪录的同时,取得了整个工程施工安全、健康、环保无重大责任事故,创造出中国石油管道史上最好的HSE记录,被誉为国家"绿色工程"。

2)高含硫气田开发HSE管理体系

四川石油管理局认真总结"12·23"事故的沉痛教训,针对高含硫化氢作业的特点,在风险培训的基础上,自下而上地对每个岗位的HSE风险进行辨识和评价,确保全员参与、分级控制。据不完全统计,四川石油管理局识别HSE风险因素21 000多个,编写各类预案400多个,其中确定管理局级重大预案8个。四川石油管理局事故应急救援预案由总则、预防与应急准备、报告与信息管理、应急预案的实施、应急救援的保障、应急救援的持续改进六个方面组成,既突出了与西南油气田分公司的协调配合,又考虑到与当地政府、相关部门的衔接联动。与此同时,四川石油管理局组织专家编写了《石油野外职工应急自救防护手册》《H_2S中毒预防知识手册》,分发给员工和井场周围的公众,构架了四川气田系统的事故预防和应急网络。

3) 环境敏感区 HSE 管理体系

辽河油气勘探局根据地处辽河三角洲、环境敏感的特点,把推行清洁生产作为加强 HSE 管理体系的技术手段。一是,实施 HSE 风险管理,根据辽河油气勘探局筛选的 282 项环境因素,进行分类分级评价,确定重大环境因素 27 项,制定污染控制措施和应急措施 82 项,使环境风险降低到可以接受并尽可能低的程度。二是,加大清洁生产技术开发力度,在对重大环境因素逐个进行分析的基础上,立足生产过程控制和污染处理技术的系统集成,开发研究清洁生产技术 31 项,其中获得国家专利 12 项,有效地解决了稠油污染处理成本高的问题。2003 年,辽河油气勘探局减少落地油排放约 3×10^4 t,减少污水排放 16×10^4 t,节约环境成本费用 800 多万元,杜绝了特大、重大环境污染和生态破坏事故的发生。

2. HSE 管理体系发展前景

随着中国石油 HSE 管理体系的推行,许多合作伙伴或企业、单位、组织也对实施 HSE 管理体系表现出极大的关注和兴趣,已有许多与石油工业密切相关的企业加入 HSE 管理体系推行的队伍中,研究、学习和规范组织的管理体系,并要求获得 HSE 管理体系认证资格。在石油工业安全标准化组织的推动下,三大石油集团(中国石油天然气集团公司、中国石油化工集团公司和中国海洋石油总公司)修订了 SY/T 6276—1997 标准,中国石油的 HSE 管理体系模式无疑为该项工作的进展探索了宝贵经验。

中国石油 HSE 管理体系模式正在按照体系循环和持续改进的运行方式不断完善,HSE 管理体系的理念被越来越多的管理者和广大员工所接受,对 HSE 管理体系的认识也由开始的文件化管理、风险管理上升到卓越管理和文化管理的战略高度。在国内队伍管理方面,全面实施 HSE 管理体系已经成为基层、基础建设和提高队伍基本素质的主要内容,对推动企业 HSE 管理长效机制的建立发挥着有力的促进作用。在中国石油实施"走出去"、建设一流现代企业制度和建成跨国企业集团的发展战略中,HSE 管理体系已经成为提高企业核心竞争力的迫切要求,建立与国际接轨的 HSE 管理体系,弘扬企业的先进文化管理理念,成为中国石油在国内和海外发展的战略目标。

第三节 ISO 14001 环境管理体系与 HSE 体系的整合

我国的石油企业在建立 ISO 14000 环境管理体系时,为了优化资源配置,避免与现行 HSE 管理体系资源的分散和部分管理要素的重叠,减少管理成本,提高管理效率,本着"高效、规范、务实"的原则,适时地开展环境因素筛选,建立满足 ISO 14001—2004 与 SY/T 6276—2010 两套标准的控制文件,在实施过程中坚持做到持续改进,将 ISO 14001 环境管理体系与 HSE 管理体系进行有机的整合,建立一体化的管理体系,提高环境管理和 HSE 表现的绩效水平。

一、体系整合的可行性

ISO 14000 环境管理体系是基于《环境管理体系规范及使用指南》(ISO 14001)建立的,由 17 个要素组成,体系结构如图 11-3-1 所示,是国际通用的环境管理体系模式。HSE 管理体系基于《石油天然气工业健康、安全与环境管理体系》(SY/T 6276—1997)行业标准建立，由七个要素组成,体系结构如图 11-3-2 所示,是国际石油界认可的健康、安全与环境管理惯例。分析两套管理体系具有以下共性和个性。

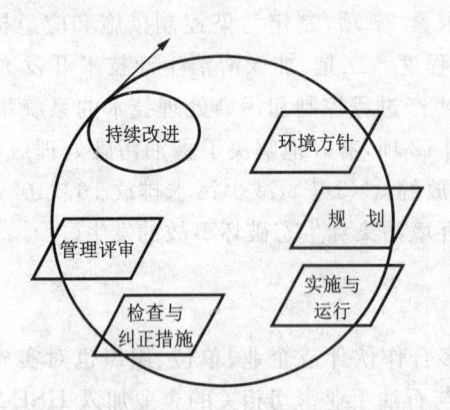

图 11-3-1　ISO 14001 环境管理体系结构 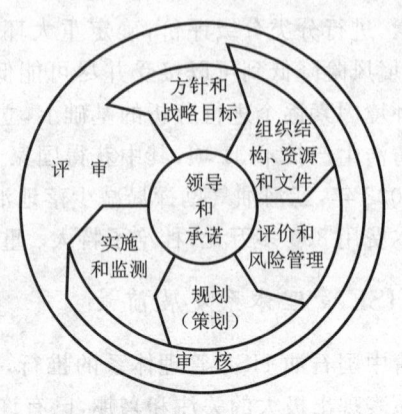　　　图 11-3-2　HSE 管理体系结构

1. ISO 14001 环境管理体系与 HSE 管理体系的共性

ISO 14001 环境管理体系与 HSE 管理体系都是企业现代管理体系中的一部分,是规范企业管理的重要手段,都具有科学性、实践性和广泛的指导性。HSE 管理体系与 ISO 14001 环境管理体系的许多管理要素相同(如文件控制、记录控制、内部审核等),有些管理要素相似或可相容(如目标、指标、监测和测量等)。HSE 管理体系与 ISO 14001 环境管理体系的相同点是共同遵循 PDCA 管理模式,基于"法制化"的管理思想,主要共性包括:预防为主、领导承诺、持续改进、过程控制。

2. ISO 14001 环境管理体系与 HSE 管理体系的个性

HSE 管理体系是行业的管理惯例,重点强调将风险降低到实际可行并尽可能低;ISO 14001 环境管理体系是国际通行标准,重点强调重要环境因素的控制。HSE 管理体系和 ISO 14001 环境管理体系的主要个性包括:

(1) HSE 主要以强化内部管理为目标,注重内部环境审核;ISO 14001 以环境绩效提高为目标,注重获得外部认证。

(2) HSE 重点关注健康、安全、环境风险的识别以及风险控制;ISO 14001 重点关注环境因素的筛选以及重大环境因素的持续改进。

从以上分析可以看出,虽然 ISO 14001 环境管理体系和 HSE 管理体系标准不同,但都是基于 PDCA 管理模式,强调"领导承诺、预防为主、全员参与、持续改进"的管理思想,都通过标准的实施、风险的评估、文件化的管理来规范企业的行为,减少风险,达到"内强素质、外树形象"的目的。因此,在 HSE 管理体系基础上,兼容 ISO 14001 要素,进行 HSE 与 ISO 14001 环境管理体系整合,可满足两个标准的要求。对于企业来说,HSE 管理体系和 ISO 14001 环境管理体系的整合可以减少体系建立的工作量、优化管理,符合现代企业一体化管理的要求。

二、体系要素的整合

1. 体系要素之间的关系

ISO 14001 环境管理体系与 HSE 管理体系的建立都必须满足标准要素的要求,体系整合既要考虑共性要素的一致性,同时还要突出个性要素的特征。ISO 14001 的标准要素共计 17 个,其中 12 个需要建立程序,5 个需要形成文件,见表 11-3-1。HSE 需控制的一级要素有 7 个,二级要素有 26 个。ISO 14001 环境管理体系与 HSE 管理体系整合时,共同要素有 5 个,相容要素有 10 个,个性要素有 2 个,要素间的整合关系见表 11-3-2。

表 11-3-1 ISO 14001 标准要求需形成程序或文件的描述

要素编号	要素名称	建立程序文件	在文件中描述	与 HSE 要素整合关系
4.2	环境方针		√	相容要素
4.3.1	环境因素	√		个性要素
4.3.2	法律、法规和其他环境要求	√		个性要素
4.3.3	目标、指标和方案		√	相容要素
4.4.1	资源、作用、职责和权限		√	相容要素
4.4.2	能力、培训和意识	√		相容要素
4.4.3	信息交流	√		相容要素
4.4.4	文件		√	相容要素
4.4.5	文件控制	√		相同要素
4.4.6	运行控制	√		相容要素
4.4.7	应急准备与响应	√		相容要素
4.5.1	监视和测量	√		相容要素
4.5.2	合规性评价	√		相容要素
4.5.3	不符合、纠正与预防措施	√		相同要素
4.5.4	记录	√		相同要素
4.5.5	内部审核	√		相同要素
4.6	管理评审		√	相同要素

表 11-3-2 ISO 14001 标准要素与 HSE 要素的对照表

ISO 14001—2004	SY/T 6276—1997	整合度
4.2 环境方针	5.1 领导和承诺	B
	5.2 方针和战略目标	B
4.3.1 环境因素	5.4 评价和风险管理 5.4.1 危害和影响的确定 5.4.2 建立判别准则 5.4.3 评价 5.4.4 建立说明危害和影响的文件	C

续表

ISO 14001—2004	SY/T 6276—1997	整合度
4.3.2 法律、法规和其他环境要求	—	C
4.3.3 目标、指标和方案	5.4.5 具体目标和表现准则	B
4.4 实施与运行	5.5 规划（策划） 5.5.1 总则 5.4.6 风险削减措施	B
4.4.1 资源、作用、职责和权限	5.3 组织结构、资源和文件 5.3.1 组织结构和职责 5.3.2 管理者代表 5.3.3 资源 5.5.2 实施完整性 5.3.5 承包方	B
4.4.2 能力、培训和意识	5.3.4 能力	B
4.4.3 信息交流	5.3.6 信息交流	B
4.4.4 文件	5.3.7 文件及其控制(5.3.7.1)	B
4.4.5 文件控制	5.3.7 文件及其控制(5.3.7.2)	A
4.4.6 运行控制	5.5.3 程序和工作指南 5.6.1 活动和任务	B
4.4.7 应急准备和响应	5.5.5 应急反应计划 5.5.4 变更管理	B
4.5 检查和纠正措施	5.6 实施和监测	B
4.5.1 监视和测量	5.6.2 检测	B
4.5.2 合规性评价 4.5.3 不符合、纠正与预防措施	5.6.4 不符合和纠正措施 5.6.5 事故报告 5.6.6 事故调查处理	A
4.5.4 记录	5.6.3 记录	A
4.5.5 内部审核	5.7 审核和评审 5.7.1 审核	A
4.6 管理评审	5.7.2 评审	A

2. 体系要素的整合

处理好个性要素是 HSE 与 ISO 14001 整合体系建立是否成功的关键。在 HSE 管理体系建立基础上，建立 ISO 14001 环境管理体系应突出以下几个要素：

1) 环境因素识别和评价

组织应制订专门的"环境因素识别和评价管理程序"，以明确组织环境因素识别、评价和更新要求。为了减少与 HSE 管理体系中风险评价与危害识别要素相关文件的内容重叠，HSE 风险评价与危害识别要素相关文件重点应放在危害识别和风险评价上。

2) 法律、法规及其他要求

组织应制订"法律、法规及其他要求管理程序",以确保组织确定适用于环境因素的法律、法规及其他要求,并建立获取这些法律、法规和其他要求的渠道。该程序可以和现有管理体系的法律、法规及其他要求的程序进行合并,也可在环境管理手册中详细描述而不制订专门的程序文件。

3) 环境管理方案

组织应制订"环境管理方案控制程序",以明确能够根据重要环境因素对环境影响的严重程度,按轻重缓急有计划、有步骤地制定和实施环境管理方案,消除或减缓重要环境因素的环境影响。在某些情况下,环境管理方案可以和组织的技术改造措施相关管理文件进行整合。

三、体系文件的整合

ISO 14001 环境管理体系与 HSE 管理体系一般都采用三个层次的文件进行控制,即管理手册、程序文件、作业文件,这也为建立 ISO 14001 和 HSE 体系整合提供了条件。但为了突出个性,分层控制,确保整合体系的有效运行,方便第三方认证,一般可采用"管理手册分设,程序文件补充,作业文件统一"的模式。ISO 14001 环境管理体系与 HSE 管理体系整合后的文件结构如图 11-3-3 所示。

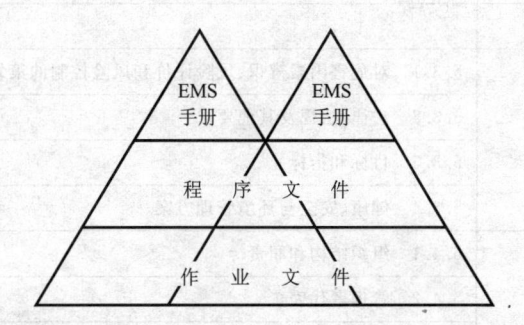

图 11-3-3　ISO 14001 环境管理体系与 HSE 管理体系整合后的文件结构

1. 环境管理手册

ISO 14001 的规范部分并未要求组织在建立环境管理体系时一定要编写环境管理手册。通常为适应组织进行 ISO 14001 环境管理体系认证的需要,便于文件的管理,组织应编制单独的环境管理手册。

2. 程序文件

ISO 14001 与 HSE 体系整合后,程序文件应覆盖 ISO 14001 环境管理体系标准的 17 个要素。考虑 ISO 14001 标准的特性,一般情况下应在 HSE 程序文件中增加环境因素筛选和识别、环境保护法规管理、清洁生产控制、环境方案等个性程序。程序文件编号不做统一规定,通常按组织内部规定对文件进行编号,但应标识出环境管理程序的相关程序。标题应能明确表现活动的内容、特点,指明或引用与本程序相关联的文件。

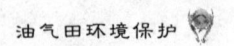

3. 作业文件

作业文件原则上应合并统一，以便于基层员工操作。对于 ISO 14001 与 HSE 体系整合，环境因素和 HSE 风险的有效控制是关键，一般采用"两书一表"格式。同时，还应充分考虑到作业文件修改后与其他文件的接口，做到分配任务恰当合理、控制过程相互协调、HSE 管理方案具体可行。

四、一体化的企业 HSE 管理体系标准

中国石油在执行《石油天然气工业健康、安全与环境管理体系》(SY/T 2676—1997)行业标准基础上，通过工作实践，对 HSE 管理体系的建立和运行有了更加深刻的认识。分析国际 HSE 发展趋势和国家对安全生产、职业安全健康及环境保护的标准规范要求，结合《环境管理体系要求及使用指南》(GB/T 24001—2004)、《职业健康安全管理体系规范》(GB/T 28001—2004)等标准，中国石油于 2004 年制定并发布了《中国石油天然气集团公司健康安全环境管理体系第 1 部分规范》(Q/CNPC 104.1—2004)，其要素构成见表 11-3-3。

表 11-3-3　Q/CNPC 104.1—2004 要素构成表

一级管理要素(7 个)	二级管理要素(23 个)
5.1　领导和承诺	
5.2　健康、安全与环境方针	
5.3　规划(策划)	5.3.1　对危害因素辨识、风险评价和风险控制的策划
	5.3.2　法律、法规及其他要求
	5.3.3　目标和指标
	5.3.4　健康、安全与环境管理方案
5.4　组织结构、资源和文件	5.4.1　组织结构和职责
	5.4.2　管理者代表
	5.4.3　资源
	5.4.4　培训、意识和能力
	5.4.5　协商和沟通
	5.4.6　文件
	5.4.7　文件和资料控制
5.5　实施和运行	5.5.1　设施完整性
	5.5.2　承包方和(或)供应方
	5.5.3　顾客和产品
	5.5.4　社区和公共关系
	5.5.5　运行控制
	5.5.6　变更管理
	5.5.7　应急准备与响应

续表

一级管理要素(7个)	二级管理要素(23个)
5.6 检查和纠正措施	5.6.1 绩效测量和监视
	5.6.2 不符合、纠正和预防措施
	5.6.3 事故、事件报告、调查和处理
	5.6.4 记录和记录管理
	5.6.5 审核
5.7 管理评审	

整合后的健康安全环境管理体系(HSEMS)要素突出了与国际石油界HSE管理规则发展潮流的一致,便于开展国内外业务合作,同时实现了与HSE管理体系、ISO 14001环境管理体系的整合,达到了HSE管理体系与相关管理体系在要素上兼容、文件上简化、操作上简便的目标。

五、环境管理体系在中国石油的应用

在推行HSE管理体系过程中,中国石油所属多家单位将HSE管理体系和ISO 14001环境管理体系有机地结合起来,建立了整合的环境管理体系。至2005年,中国石油有75家单位成功地将ISO 14001管理体系与HSE管理体系整合,已有256个二级单位建立了ISO 14001环境管理体系,116个基层单位通过ISO 14001环境管理体系认证;中国石油天然气股份有限公司化工与销售分公司所属的9家地区公司全部通过ISO 14001环境管理体系认证,炼油与销售分公司有10家生产性地区分公司和4家销售企业通过了ISO 14001环境管理体系认证,勘探与生产分公司的辽河油田分公司、大庆油田分公司所属全部采油厂、塔里木油田分公司以及长庆油田分公司、西南油气田分公司的一些二级单位也已通过了ISO 14001环境管理体系认证。中国石油所属各单位通过ISO 14001环境管理体系认证情况见表11-3-4。

表11-3-4 中国石油所属各单位通过环境管理体系认证情况(2005年)

序 号	单位名称	通过ISO 14001环境管理体系认证的二级单位数/个
1	大庆石油管理局	29
2	辽河石油勘探局	18
3	吉林石油集团有限责任公司	4
4	抚顺石油化工公司	3
5	大港油田集团有限责任公司	3
6	长庆石油勘探局	4
7	新疆石油管理局	10
8	独山子石化总厂	1
9	华北石油管理局	15
10	石油天然气管道局	11

续表

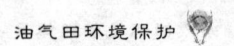

序 号	单位名称	通过 ISO 14001 环境管理体系认证的二级单位数/个
11	玉门石油管理局	3
12	青海石油管理局	2
13	兰州炼油化工总厂	1
14	兰州石化公司	1
15	乌鲁木齐石化总厂	5
16	东方地球物理勘探公司	1
17	中国石油集团测井有限公司	1
18	吉林石化集团公司	1
19	辽阳石油化纤公司	2
20	中国石油天然气股份公司勘探与生产分公司	28
21	中国石油天然气股份公司炼油与销售分公司	14
22	中国石油天然气股份公司化工与销售分公司	9
23	中国石油天然气股份公司天然气与管道分公司	2
	合 计	168

国际环境管理模式的引入和有效运行开拓了中国石油环境管理的新局面,进一步提升了企业的环保管理水平,增强了各级管理人员和全体员工的环境意识,在实现环境管理与国际接轨,形成系统化、规范化的科学管理模式方面迈出了坚实的一步,环境业绩得到明显改进。

第四节 环境应急管理

一、突发事件的分类和分级

1. 中国石油突发事件分类

1) 工业生产事件

工业生产事件主要包括井喷失控、装置爆炸、火灾事故、海难、海(水)上溢油、危险化学品(含剧毒品)事故、油气管线泄漏、放射性事件、交通运输事故、公共设施和设备事故、作业伤害、环境污染和生态破坏事故等。

根据突发环境事件的发生过程、性质和机理,石油企业突发环境事件主要分为七类,分别为突发水环境污染事件、突发有毒气体扩散事件、辐射事件、海上溢油事件、陆上溢油事件、危险化学品及废弃化学品污染事件和生态环境破坏事件。

2) 公共卫生事件

公共卫生事件主要包括突发重大食物中毒事件、急性职业中毒事件、重大传染病疫情和群体性不明原因疾病等。

3) 自然灾害事件

自然灾害事件主要包括影响到石油企业生产经营的各种自然灾害,包括洪汛灾害、气象灾害、破坏性地震灾害、地质灾害、海洋灾害等。

4) 社会安全事件

社会安全事件主要包括群体性事件、恐怖袭击事件、石油天然气供应事件和涉外突发事件,以及其他造成重大社会影响的突发事件等。

2. 分级

参照国家有关规定,中国石油突发应急事件分为以下三级。

Ⅰ级突发事件(集团公司):指突然发生,事态非常严重,对集团公司的员工生命安全、设备财产、生产经营和工作秩序带来严重危害或威胁,已经或可能造成特别重大人员伤亡、特别重大财产损失或重大生态环境破坏,造成较大社会影响和集团公司声誉影响,需要集团公司统一组织协调、调度集团公司各方面的资源和力量进行应急处置的突发事件。

Ⅱ级突发事件(企业):指突然发生,事态严重,对石油企业的员工生命安全、设备财产、生产经营和工作秩序造成严重危害或威胁,已经或可能造成重大人员伤亡、重大财产损失或严重生态环境破坏,造成较大社会影响和企业声誉影响,需要调度企业多个部门和相关单位力量和资源进行联合处置的突发事件。

Ⅲ级突发事件(企业下属单位):指突然发生,事态较为严重,对石油企业下属单位的员工生命安全、设备财产、生产经营和工作秩序造成一定危害或威胁,已经或可能造成较大人员伤亡、较大财产损失或生态环境破坏,对社会影响和企业声誉影响较小,需要调度企业下属单位个别或多个部门的力量和资源就能够处置的突发事件。

二、突发事件应急的工作原则

1. 中国石油突发事件应急的总体原则

(1) 以人为本,减少危害。把保障员工和公众的生命安全和健康作为首要任务,调配资源,采取必要措施,最大限度地减少突发事件及其造成的人员伤亡和财产损失。

(2) 居安思危,预防为主。高度重视事故预防,对重大安全隐患进行评估、治理,努力减少突发事件的发生,常抓不懈,坚持常态与非常态相结合,做好应对突发事件的各项准备工作。

(3) 统一协调,分级负责。在中国石油的统一领导下,切实发挥公司总部的管理、监督、协调、服务职能,建立健全应急体制,落实应急职责,实行应急分级管理制度,充分发挥公司各级应急机构的作用。

(4) 依法规范,加强管理。依据有关的法律法规和公司管理制度,加强应急管理,使应急工作程序化、制度化、法制化。

(5) 整合资源,联动处置。建立和完善区域应急中心,整合利用企业现有应急资源和外部应急资源,实行区域联防制度,实现组织、资源、信息的有机整合,形成统一指挥、反应灵敏、功能齐全、协调有序、运转赢效的应急管理机制。

（6）支出合理，依法赔偿。处置突发事件所采取的措施应该与突发事件造成的影响和危害的性质、程度、范围和阶段相适应，有多种措施可供选择的，应选择对公众利益损害较小的措施，并应对员工和公众的合法利益所造成的直接损失依法给予补偿。

（7）依靠科技，提高素质。加强危机预防科学研究和应急专业技术开发，积极应用先进的技术及装备，充分发挥专家和专业机构的作用，提高应对重特大突发事件的技术能力，避免发生次生、衍生事故。加强应急知识宣传和技能培训教育工作，提高广大员工自救、互救和应对突发事件的综合素质。

（8）归口管理，信息及时。归口部门统一信息发布和媒体管理，及时坦诚地面向公共和媒体，在信息不完整的情况下向各利益相关方提供阶段性信息，主动联系政府、依靠社会、通过社会资源共同应急。

2. 突发环境事件专项应急的原则

（1）以人为本，减少危害。树立全面、协调、可持续的科学发展观，把维护公众健康和人身安全作为环境应急工作的出发点和落脚点，最大限度地减少突发事件及其造成的人员伤亡和危害。

（2）居安思危，预防为主。加强环境危险源的监控，建立环境污染事件风险防范体系和信息报告体系，从源头控制环境事件的发生。坚持预防与应急相结合，常态与非常态相结合，做好应对突发事件的各项准备工作。

（3）企业自救，属地管理。一旦发生突发环境事件，企业必须立即采取措施控制事态发展，全面实行企业自救，并及时向地方政府和上级部门报告。企业应接受地方政府的统一领导，与地方政府部门协同合作，由地方政府动用社会救援力量，严谨、快捷、有序、冷静地应对突发环境事件。

（4）科技支撑，区域联动。加强环境应急技术研究和开发，采用先进的监测、预测、预警和应急处置技术和设施，充分发挥专家队伍和专业人员的作用。位于同区域的企业要建立健全区域联防、联动机制，突发环境事件发生时能够对事发地企业进行援助，最大限度地发挥区域应急能力。

三、中国石油的应急预案体系

1. 集团公司突发事件总体应急预案

集团公司突发事件总体应急预案是预案体系的总纲，是集团公司为应对重特大突发事件而制定的规范性文件，规定了集团公司应急组织机构和职责、应急运行机制、应急管理程序、应急保障等内容。集团公司突发事件总体应急预案由集团公司应急办公室负责制定，报国家有关部门备案。

2. 集团公司突发事件专项应急预案

集团公司突发事件专项应急预案主要应对某一类型或几种类型突发事件，着重解决特定突发事件的应急处置和应急响应，由集团公司应急办公室组织有关部门制定，报集团公司应急领导小组批准后实施,并根据形势发展和工作需要不断补充完善。环境突发事件应急预案是其中的一项专项预案。

3. 企业突发事件应急预案

企业突发事件应急预案是企业及其下属单位针对各类突发事件而制定的应急预案,包括总体预案和各专项预案及应急程序,按照分类管理、分级负责的原则分别制定。企业的突发事件总体应急预案应报集团公司应急办公室备案。

集团公司应急预案体系的构成如图11-4-1所示。

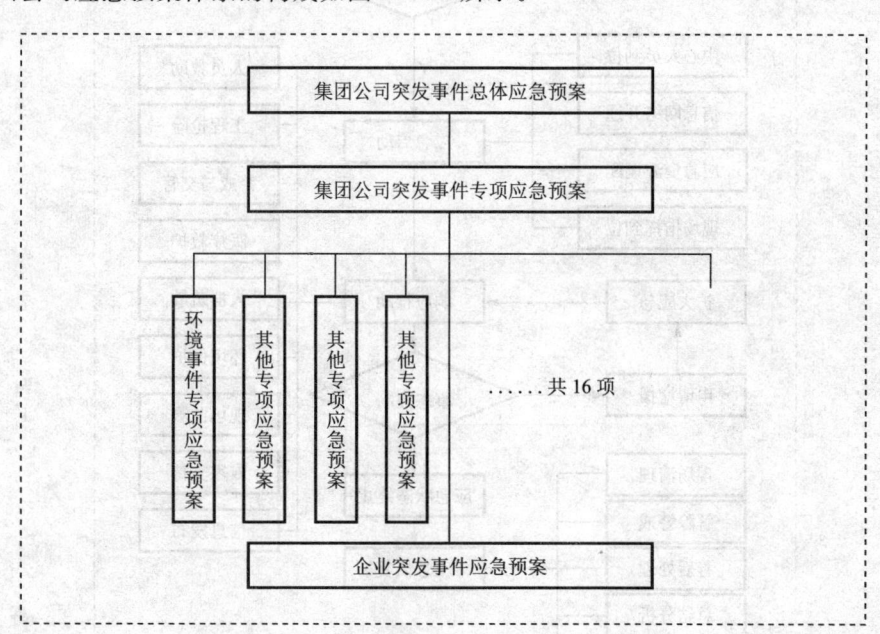

图 11-4-1　集团公司应急预案体系的构成

四、突发环境事件应急响应

突发环境事件应急响应分为接警、判断响应级别、应急启动、响应行动、事态控制、应急状态终止和应急恢复等步骤,如图11-4-2所示。

按照突发环境事件的类别和特点,根据实地情况,采取但不限于以下相应的处置措施。

1. 突发水环境污染事件的处理

(1) 采取有效措施,尽快切断污染源。

(2) 迅速了解事发地地表及地下水文条件、重要保护目标及其分布等情况。

(3) 迅速布点监测,在第一时间确定污染物的种类和浓度,并出具监测数据;测量水体流速,估算污染物转移、扩散速率。

(4) 针对特征污染物质,采取有效措施使之被吸收、稀释、分解,降低水环境中污染物质的含量。

(5) 严防饮用水中毒事件的发生,做好对中毒人员的救治工作。

(6) 对污染状况进行跟踪调查,根据监测数据和其他相关数据编制分析图表,预测污染

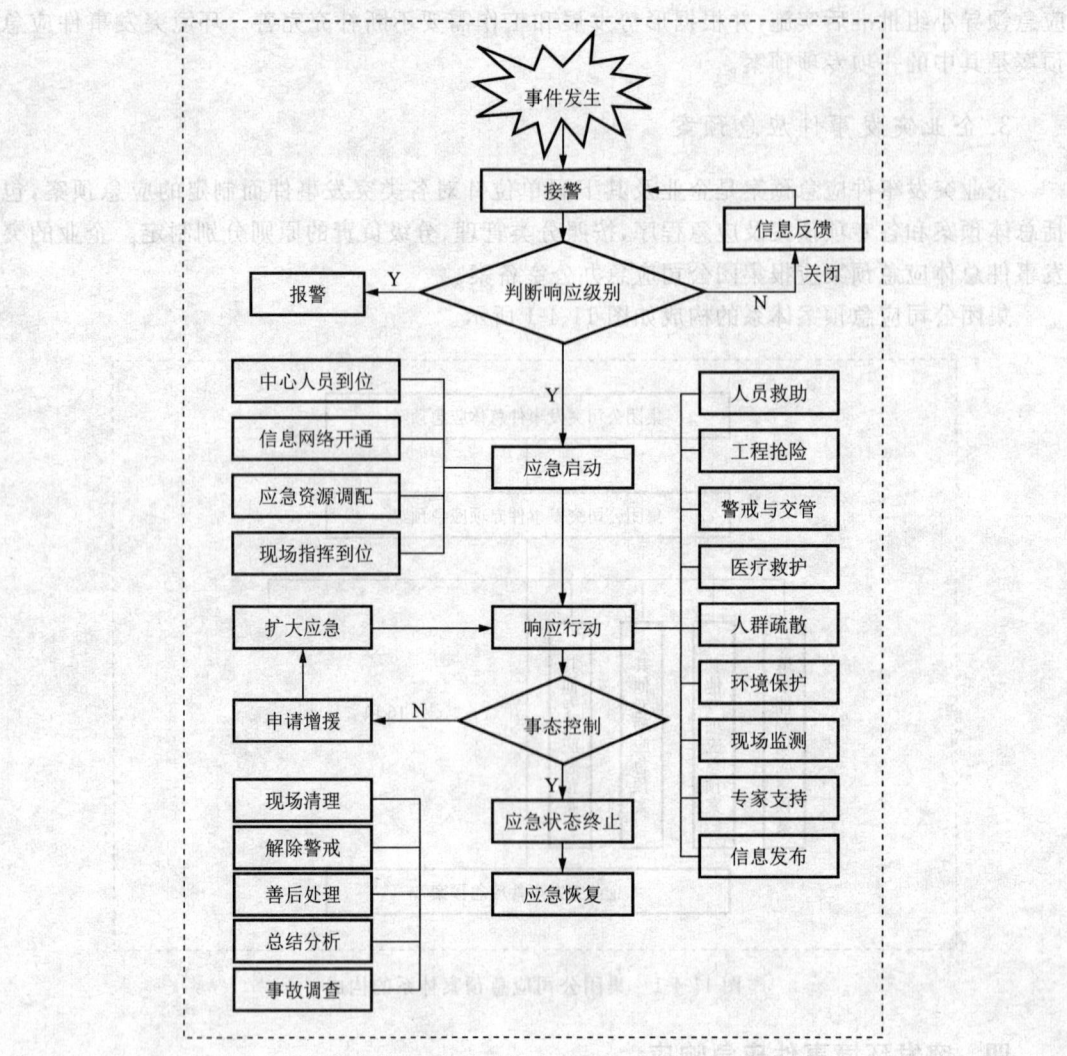

图 11-4-2 突发环境事件应急响应程序图

迁移强度、速度和影响范围,及时调整对策。

2. 突发有毒气体扩散事件的处理

(1) 采取有效措施尽快切断污染源;
(2) 迅速了解事发地地形地貌、气象条件、重要保护目标及其分布等情况;
(3) 迅速布点监测,确定污染物种类、含量,以及现场空气动力学数据(气温、气压、风向、风力、大气稳定度等),采取有效措施保护敏感环境目标;
(4) 做好对毒气中毒人员的救治工作;
(5) 对污染状况进行跟踪监测,预测污染扩散强度、速度和影响范围,及时调整对策。

3. 辐射事件的处理

对于放射源丢失、被盗或被抢事故:
(1) 应当封锁并保护好现场,组织力量排查与搜寻丢失或被盗被抢的物质;

(2) 配合公安机关、武警部队、卫生行政部门进行调查、侦破；

(3) 在指定区域内宣传放射性物质的危害特性。

对于放射泄漏事故：

(1) 迅速做好事故现场布控，设定初始隔离区，紧急疏散转移隔离区内所有无关人员；积极与当地政府环保、卫生、公安部门协调，切断一切可能扩大辐射污染范围的环节。

(2) 迅速收集现场信息，组织制定现场处置方案并负责实施；组织专业技术人员佩戴个人防护用具进入事故现场，实时监测空气中的放射强度，尽早查明事故原因，为事故处理提供科学依据。

(3) 在采取有效个人安全防护措施的情况下组织人员彻底清除污染。对可能受放射性核素污染或放射损伤的人员，立即采取暂时隔离和应急救援措施；组织有可能受到放射性物质伤害的周边群众进行体检。

4. 海上溢油事件的处理

(1) 采取有效措施尽快切断溢油源头；

(2) 迅速了解溢油的类型、海况和风况，预测溢油扩散趋势；

(3) 调查事发海域附近自然保护区、野生动物繁殖区等重要环境保护目标，采取措施使其免受或少受影响；

(4) 采用围油栏等措施限制溢油扩散范围，同时使用机械回收、喷洒消油剂、现场焚烧、生化补救等方法消除污染油层；

(5) 调查溢油对海岸线和海洋生物的影响，采用高压冲洗、真空回收、化学处理、微生物处理等方法清除海岸线污染，协助开展野生动物的救治工作。

5. 陆上溢油事件的处理

(1) 采取有效措施立即切断溢油源头。

(2) 采用机械回收等方法，最大限度地回收溢油。

(3) 对少量确实无法回收的油，采用投加降烃菌等方法降低残油的污染程度。投加降烃菌后应按照降烃菌的使用方法打好围堰并正确维护。

(4) 评估对生态保护目标的破坏程度，形成报告。

6. 危险化学品及废弃化学品污染事件的处理

(1) 采取有效措施尽快切断污染源；

(2) 迅速了解事发地地形地貌、气象条件、地表及地下水文条件、重要保护目标及其分布等情况，采取措施尽力保护重要目标不受污染；

(3) 若污染物污染了水体，则实时监测水体中污染物的含量，预测污染物的迁移转化规律，及时采取相应对策，严防发生饮用水中毒事件；

(4) 实时监测大气中剧毒物质的含量，并预测污染物的迁移、扩散及转化规律，及时采取相应对策；

(5) 对土壤中的污染物进行消毒、洗消、清运，最大限度地消除危害；

(6) 做好中毒人员的救治工作。

五、应急保障

1. 应急队伍保障

本着应急资源统筹计划、合理布点的原则,分专业分层次逐步建立和完善中国石油区域应急救援中心或基地(如井喷事故、重大装置火灾爆炸、危险化学品事故、长输油气管线事故等),整合企业现有应急资源,建立区域联动协调机制;充分利用社会应急资源,签订互助协议,确保应急期间的医疗救治、治安保卫、交通维护和运输等应急救援力量的保障;加强应急队伍的业务培训和应急演练,强化员工应急能力建设;加强国内、国际交流与合作,不断提高应急队伍的素质和能力。

2. 资金保障

应急管理和办事机构对应急工作所需费用做出预算,财务部门进行审核,经应急领导机构审定后列入年度预算计划;重特大事件应急处置结束后,对应急处置费用进行如实核销;加强对应急工作费用的监督管理,专款专用。根据需要,石油企业可设立专项应急资金,以应对重特大突发事件。

企业和下属单位处置突发应急事件所需费用按照分级负担的原则列入预算。

3. 物资和装备保障

依据重特大事件应急处置的需求,建立健全以区域应急中心(或基地)为主体的应急物资储备和社会救援物资为辅的物资保障体系,建立应急物资动态管理制度。在应急状态下,应急领导机构统一调配使用应急物资和装备。根据环境应急工作需要,中国石油通过现有资源整合、针对性购置及与地方政府资源共享等方式,加强环境应急预警、环境应急安全防护、环境应急通信、环境应急监测、环境应急工程抢险控险、海上溢油应急、环境应急医疗卫生等设备和物资的准备。

石油企业应遵循"服从调动,服从大局"的原则,保证满足应急救援的需求,按照上级指令将所需物资及时调运到现场。石油企业的常备物资经费由自筹资金解决,列入生产成本。

4. 技术保障

组织聘请专家,分类分级建立石油企业突发重特大事件应急处置专家库;加大应急技术的研发力度,不断改进应急技术装备,建立健全中国石油突发重特大事件应急技术平台,包括设立应急技术机构、应急预警技术和应急救援处置技术研发与储备、应急对象的基本信息库建设等。

1) 建立环境应急专家库

石油企业要充分利用现有的技术人才资源和技术设备设施资源,提供在应急状态下的技术支持,组建专家库。专家库由环境监测专家、危险化学品专家、环境评估专家、生态环境保护专家、特殊风险(井喷、钻井、溢油、泄漏、爆炸等)工程专家等组成。

2) 成立环境应急技术支持中心

组织成立环境应急技术支持中心,积极引进和研发环境预警、污染物迁移转化规律、污

染泄漏处理处置等环境应急技术,形成对突发环境事件的实时模拟及决策支持能力。主要有以下四个方面的工作:

(1) 开展石油企业范围内污染源、放射源、生产作业涉及环境敏感目标等环境保护信息的调查,掌握污染源的种类、排放的特征污染物、排放强度、地区分布,放射源的类别、特性、地区分布,环境敏感目标的名称、性质、保护范围等信息,作为管理工作的基础资料;

(2) 建立环境安全预警系统,包括重点污染源排污状况实时监控信息系统、预警信息收集处理系统等,做到尽早发现、报告和处理,将事故消灭在萌芽状态;

(3) 建立突发环境事件应急处置数据库系统,包括各种污染物和危险化学品的特性和处置方法等数据信息,为应急反应提供基础资料;

(4) 建立事故状态下污染物迁移转化模拟系统,能够模拟水污染物、大气污染物的迁移转化方式,为现场准确决策提供技术支持。

3) 建设环境应急监测体系

中国石油组织建设了环境应急监测中心和八个区域应急监测分中心,完善了应急监测网络。环境应急监测中心设在北京,在中国石油环境监测总站的基础上进行完善,负责应急监测技术的研究和开发,以及突发环境事件的应急监测指导工作。区域应急监测分中心设在主要地区企业的环境监测站,包括大庆、吉林、辽河、新疆、青海、兰州、长庆、四川等,配备应急设备和人员,确保其能够在事故发生后 6 h 内赶到事故现场,担负现场应急监测任务。同时,各企业要完善现有监测站建设,要具有一定的快速反应能力。

在紧急状态下,环境应急监测中心的任务是:

(1) 协助事发地政府环境监测机构做好环境应急监测工作;

(2) 指导应急监测分中心和企业环境监测机构进行应急监测工作;

(3) 根据监测结果,综合分析突发环境事件污染变化趋势,预测并报告突发环境事件的发展情况和污染物的变化情况,并将其作为突发环境事件应急决策的依据。

区域应急监测分中心的任务是:

(1) 尽快赶赴现场,开展应急取样和监测工作。

(2) 收集污染事故有关监测资料和信息,实施应急监测方案,及时编写监测报告。

(3) 调查事故发生的前后情况,结合现场监测结果,判断污染物的种类、含量、范围及可能产生的危害。现场应急指挥部应在有能力的条件下立即实施现场环境监测,提供主要污染物的定性、定量分析报告。

4) 与当地政府部门密切配合

在应急响应状态下,应急救援应与当地政府配合,得到当地环保、公安、医疗、运输、气象等部门的支持。

5. 通信保障

石油企业应急领导机构应建立、完善应急通信系统,在应急工作中确保应急通信畅通。企业应保障突发事件场所的应急通信保障。

6. 医疗救护

石油企业应根据应急需要,按照区域布点设立企业专业应急医疗救护机构,以组织实施医疗救治工作和各项预防控制措施;同时通过协议确定的社会应急医疗救护资源,支援现场应急救治和防疫工作。

7. 人员防护和安置

应急救援人员要为符合救援要求的人员配备安全职业防护装备,严格按照救援程序开展应急救援工作,确保人员安全。当政府、周边部队、消防机构等外来人员介入应急救援时,必须以保证其自身安全为前提。

按照国家法律法规、标准、规范的要求在生产区域内建立紧急疏散地或应急避难场所。

配合政府部门使受到突发事件影响的公众得到安置,当对周围社区的危害已经实际发生时,应及时依法安排补偿。此外,气象、新闻发布、公共关系与法律等保障工作分别由有关部门按照部门职责承担。

8. 应急培训和演练

向员工和周边民众讲明可能造成的危害,广泛宣传相关法律法规知识和突发环境事件的预防、避险、避灾、自救、互救常识。按照有关规定对应急救援相关人员进行业务培训和应急培训,各级环境保护管理部门负责对应急救援培训情况进行监督检查。定期组织应急队伍进行训练和演习,也可与地方政府联合演习,演习要有记录和书面总结。

| 思考题 |

1. 何为环境管理体系?
2. 简述 HSE 管理体系的由来及其在中国石油的发展。
3. 简述中国石油 HSE 管理体系的原理和要素。
4. 简述中国石油 HSE 管理体系的运行模式、监督机制、技术支持。
5. 阐述 ISO 14001 环境管理体系与 HSE 管理体系的整合。
6. 简述突发事件的分类和分级。
7. 简述突发事件应急的工作原则。
8. 中国石油的应急预案体系有哪些?
9. 如何做出突发环境事件应急响应?
10. 应急保障包括哪些?

参 考 文 献

[1] 夏桂文,赵宇. 石化企业实行 HSE 管理体系的必要性[J]. 辽阳石油化工高等专科学校学报,2002,18(4):78-79.
[2] 刘伯华. 世界清洁燃料生产的发展趋势[J]. 国际石油经济,2004,12(5):19-22.
[3] 李津,陈彦玲. 我国石油石化行业的 HSE 管理体系[J]. 石油化工高等学校学报,2002,15(2):82-86.
[4] 张秀义. 世界石油天然气工业 HSE 管理的新进展[J]. 油气田环境保护,2001,11(1):

11-13.

[5] 李巍,张霞,闫毓霞.油田生产环境安全评价与管理[M].北京:化学工业出版社,2005.

[6] 周爱国.论面向21世纪中国石油企业的可持续发展[J].油气田环境保护,2002,12(3):1-3.

[7] 周爱国.ISO 14001环境管理体系与HSE管理体系整合技术原理和实践[J].油气田环境保护,2003,1(1):3-5.

[8] 祝光耀.拓展国际环境合作 促进全球可持续发展[J].环境保护,2006(3):9-13.

第十二章 油气田环境影响评价

第一节 概 述

一、环境影响评价概念

1. 由来

长期以来,人们对人类活动所造成的环境影响只能进行被动的防治,也就是环境被污染或破坏之后再采取补救措施。进入 20 世纪下半叶后,随着生产活动的急剧扩大,人类使自然界发生了大规模的改变,人造物(有用物和废弃物)大量散布于自然环境中,规模之大、数量之多,使自然界已无法利用自身恢复到原有的生态平衡,导致出现了一些严重的环境问题,如大面积水土流失、盐碱化、沙漠化、酸雨,整个河流或河段被污染,具有重要经济价值和科学价值的一些动植物锐减甚至濒临灭绝,大城市的污浊空气、大量垃圾和噪声干扰等,已经反作用于人类,严重影响到人们的物质生活、精神生活以及未来的发展条件。同时,随着全球人口急剧增长,人们由农村大量涌入城市,形成了与社会生活紧密相连的复杂结构,每建设一项大工程或开拓一个新工业区,都会给社会环境带来明显的影响。人们从实践经验中逐渐认识到,工程和环境的相互影响有些能够事后修补,有些属于不可逆变化,事后很难挽救,于是人们便积极探索事前预防的途径。环境影响评价正是适应这一需要的一项实用技术。

环境影响评价的概念于 1964 年在加拿大召开的国际环境质量评价学术会议上提出。美国在其《国家环境政策法》(1969 年)中把环境影响评价作为其在环境管理中必须遵循的一项制度。随后瑞典、澳大利亚、新西兰、加拿大、德国、菲律宾、印度、泰国、印度尼西亚等也相继在 20 世纪 70 年代建立了环境影响评价制度。到目前为止,包括我国在内世界上已经有 100 多个国家和地区在开发建设活动中推行环境影响评价制度。

2. 概念

1) 环境影响

环境影响是指人类活动(经济活动、政治活动和社会活动)导致的环境变化以及由此引起的对人类社会和经济的效应,它包括人类活动对环境的作用和环境对人类的反作用两个层次。环境影响评价是对上述作用、变化以及效应进行评估,并制定避免或减轻不利影响的对策和措施。

2) 环境影响评价

《中华人民共和国环境影响评价法》中指出:环境影响评价是指对规划和建设项目实施后可能造成的环境影响进行分析、预测和评估,提出预防或者减轻不良环境影响的对策和措施,进行跟踪监测的方法与制度。

环境影响评价是一种科学方法和技术手段,是一个调查、分析、研究并最终得出结论的过程。其目的是确保拟开展的某项人类活动在环境方面是合理的、适当的,拟定开发中必须落实的减缓不利影响的措施,从而达到人类行为与环境之间的协调发展,并为环境管理者提供实施有效管理的科学依据。

二、环境影响评价的基本功能

环境影响评价作为一种有效的管理工具具有四种最基本的功能:判断功能、预测功能、选择功能和导向功能。评价的基本功能在评价的基本形式中得到充分的体现。评价的基本形式有以下几种:

(1) 以人的需要为尺度,对已有的客体做出价值判断,即从可持续发展的角度,对人的行为做出功利判断和道德判断,对自然风景区做出审美价值判断等。在现实生活中,人们对许多已存在的有利或有害的价值关系并不了解。通过这一判断,可以了解客体的当前状态,并提示客体与主体需要的满足关系是否存在以及在多大程度上存在。

(2) 以人的需要为尺度,对将形成的客体做出价值判断。显然,这是具有超前性的价值判断。其特点在于,它是思维中构建未来的客体,并对这一客体与人的需要的关系做出判断,从而预测未来客体的价值。这表示未来客体可能是现有客体所导致的客体,也可能是现有客体可能导致的客体中的一种,还可能是新创造的客体。这时的评价是对这些客体与人的需要的满足关系的预测,或者说是一种可能的价值关系的预测。人类通过这种预测来确定实践目标,确定哪些是应当争取的,哪些是应当避免的。评价的预测功能是其基本功能中非常重要的一种功能。

(3) 将同样都具有价值的客体进行比较,从而确定其中哪一个是更有价值,更值得争取的。这是对价值序列的判断,也可称为对价值程序的判断。在现实生活中,人们常常面临着不同的选择,在这种必须做出选择的情势中,评价的功能就是确定哪一种更值得取,而哪一种更应该舍。这就是评价所具有的选择功能,通过评价将取与舍在人的需要的基础上统一起来,理智和自觉地倾向于被选择之物,以使实践活动更加符合目的。

在人类活动中,评价最为重要的、处于核心地位的功能是导向功能,其他三种功能都隶属于这一功能。人类理想的活动是使目的与规律达到统一,其中目的的确立要以评价判定的价值为基础和前提,而对价值的判断是通过对价值的认识、预测和选择这些评价形式才得以实现的。因此也可以说,人类活动目的的确立应基于评价,只有通过评价,才能建立合理的、合乎规律的目的,才能对实践活动进行导向和调控。

简单来说,评价是人或人类社会对价值的一种能动的反映,评价具有判断、预测、选择和导向四种基本功能,这是环境影响评价的哲学依据。在环境影响评价的实际工作中,环境影

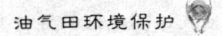

响评价的概念、内容、方法、程序以及决策等都体现出上述依据。同时，人们也在不断地运用环境影响评价的哲学依据，发现环境影响评价中的不足，解决面临的问题，不断地充实和发展环境影响评价，使这一领域的工作顺应社会的要求，实现可持续发展。

三、环境影响评价的重要性

环境影响评价是一项技术，也是正确认识经济发展、社会发展和环境发展之间相互关系的科学方法，是正确处理经济发展并使之符合国家总体利益和长远利益，强化环境管理的有效手段，对确定经济发展方向和保护环境等一系列重大决策有重要作用。环境影响评价能为地区社会经济发展指明方向，从而合理确定地区发展的产业结构、产业规模和产业布置。环境影响评价过程是对一个地区的自然条件、资源条件、环境质量条件和社会经济发展现状进行综合分析的过程，它是根据一个地区的环境、社会、资源的综合能力，将人类活动不利于环境的影响限制到最小。环境影响评价的重要性主要体现在以下几个方面：

（1）保证建设项目选址和布局的合理性。合理的布局是保证环境与经济持续发展的前提条件，而不合理的布局则是造成环境污染的重要原因。环境影响评价从建设项目所在地区的整体出发，考察建设项目的不同选址和布局对区域整体的不同影响，并进行比较和取舍，选择最有利的方案，保证建设项目选址和布局的合理性。

（2）开发建设活动和生产活动都会消耗一定的资源，给环境带来一定的污染与破坏，环境影响的评价作用就是以可持续发展、循环经济的理念为指导，采取一系列资源综合利用技术、清洁生产技术和环境保护措施，将资源最大限度地转化为产品以服务于人类，而且产生的污染物最少。

（3）为区域的社会经济发展提供导向。环境影响评价可以通过对区域的自然条件、资源条件、社会条件和经济发展等进行综合分析，掌握该地区的资源、环境和社会等状况，从而对该地区的发展方向、发展规模、产业结构和产业布局等做出科学的决策和规划，指导区域活动，实现可持续发展。

（4）促进相关环境科学技术的发展。环境影响评价涉及自然科学和社会科学的广泛领域，包括基础理论研究和应用技术开发。环境影响评价工作中遇到的问题必然会对相关环境科学技术提出挑战，进而推动相关环境科学技术的发展。

四、环境影响评价的分类

根据人类活动的类型及其对环境的影响程度，环境影响评价可分为建设项目、区域开发和战略等三类。这三种类型的任务、内容、方法各不相同，但彼此间构成系统、子系统的联系和制约，是不可分割的，如图12-1-1所示。

1) 建设项目环境影响评价

单个建设项目环境影响评价是在项目可行性研究阶段，根据项目性质、规模和所在地区的自然环境、社会环境的调查分析，对其选址、设计、施工等过程，特别是营运或生产阶段可能带来的环境影响进行预测、分析与评估，找出其对环境影响的程度和规律，在此基础上制定防治措施和环境保护对策建议，进行建设项目的环境可行性研究。

单个建设项目环境影响评价是我国目前环境影响评价工作的重点。1998年发布的《建

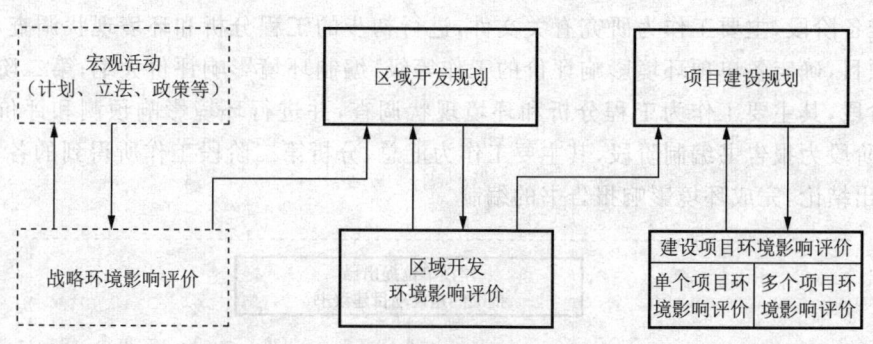

图 12-1-1　环境影响评价类型及其相关关系

设项目环境保护管理条例》按照建设项目对环境的影响程度、建设项目的性质及建设项目所处的环境区域,对建设项目的环境保护进行分类管理,开展环境影响评价。这类环境影响评价的基本特点是紧密结合具体项目的工程特征和拟在地区的环境特征,抓住影响环境的主要因素进行评价,具有工程技术性和实用性,评价结论具有针对性。

如果在同一地区或同一评价区域内进行两个以上项目的建设,则可把多个项目作为整体看作一个建设项目进行影响预测,预测结果反映各个单项建设项目对环境的叠加影响,防治对策具有整体性和经济性。

2) 区域开发环境影响评价

区域开发环境影响评价对象是该区域内的所有的开发建设行为,属区域性评价。主要论证区域的功能、建设性质、开发规划、总体规模、项目布局、结构和时序等,从区域环境可持续发展和循环经济理念的角度论证该区域对开发规划的环境承载能力并提出技术上可行、经济布局合理、对整个区域环境的不利影响尽可能低的整体优化方案和区域排污总量控制方案,促进区内社会、环境与开发建设之间的协调发展。

区域开发环境影响评价的基本特点是有宏观上的荣统性和完整性,必须从一个区域的自然环境和经济、社会条件出发,开展比较广阔的区域环境影响评价。

3) 战略环境影响评价

战略环境影响评价是对人类环境质量有重大影响的宏观人为活动,如国家的计划(规划)、立法、政策方案等的评价。它是从全国的、长期的环境保护战略着眼(范围是全国、全省,不是某个区域),评价一个政策、一个规划可能造成的影响,它识别的影响是潜在的、长期的和宏观的,评价方法多为定性的和半定量的各种综合、判断和分析。

战略环境影响评价属全国性、地方性或行业性的战略性评价,是在最高层次上进行的环境影响评价,为最高层次的开发建设决策服务,在环境保护工作中所起的作用是巨大的和全局性的。发达国家十分重视战略环境影响评价且有完善的法律和评价手段。

五、环境影响评价的工作程序和等级划分

建设项目环境影响评价工作分类原则上执行国家环境保护总局 2015 年发布的《建设项目环境影响评价分类管理名录》的有关规定。

1. 工作程序

环境影响评价工作程序如图 12-1-2 所示。环境影响评价工作大体分为三个阶段:第一

阶段为准备阶段,主要工作为研究有关文件,进行初步的工程分析和环境现状调查,筛选重点评价项目,确定各单项环境影响评价的工作等级,编制环境影响评价大纲;第二阶段为正式工作阶段,其主要工作为工程分析和环境现状调查,并进行环境影响预测和评价环境影响;第三阶段为报告书编制阶段,其主要工作为汇总、分析第二阶段工作所得到的各种资料、数据,得出结论,完成环境影响报告书的编制。

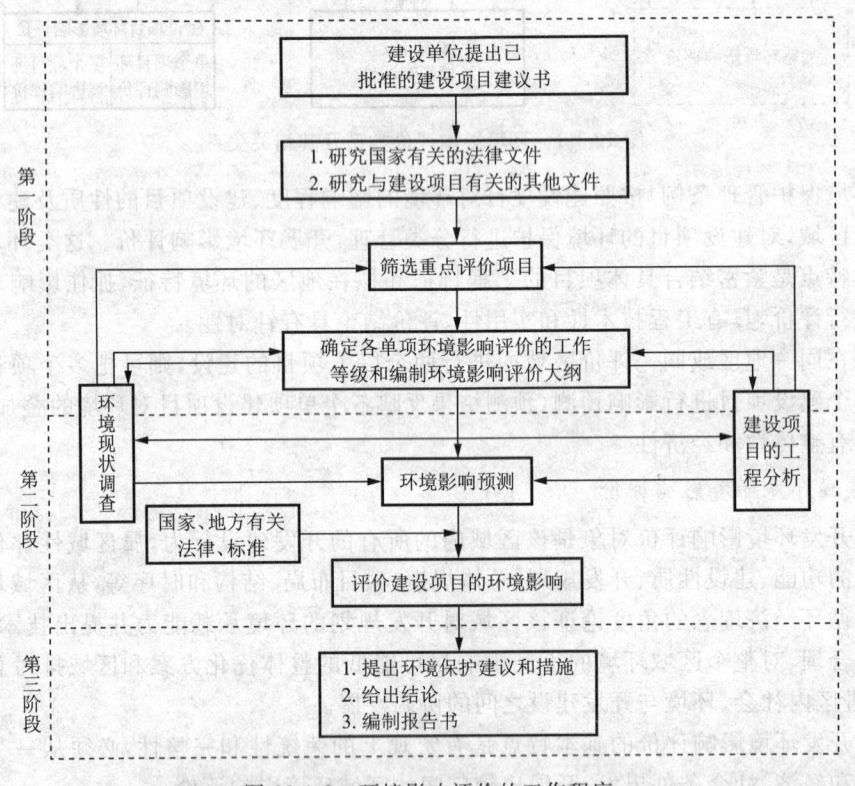

图 12-1-2 环境影响评价的工作程序

2. 工作等级的确定

环境影响评价的工作等级是指需要编制环境影响报告书的各评价专题的工作级别,通常根据其内容、深度与工作量多少分为三个等级:一级评价专题较多,评价区域范围大,污染源调查要求详细,现场监测工作量大、项目齐全,代表时期包括冬夏两期以上,预测模式需要验证,预测项目完整,结论要明确,对策要可行;二级评价内容要求较少;三级评价更为简略。

由于建设项目规模有大有小,对环境产生的污染或破坏程度也有深有浅,环境影响评价深度和广度也应有所区别。因此,为了统一同一类型建设项目的评价要求,使评价工作规范化,避免主次不分而浪费人力、物力和时间,需要针对建设项目的特点和项目所在地区的环境条件划分评价工作等级。

环境影响评价工作等级划分的依据主要有三个:① 建设项目的工程特征,主要包括工程性质、工程规模、能源和资源的使用量及类型、产品种类与性质、工艺路线与生产方法、污染物排放特点(排放量、排放方式、排放去向,主要污染物种类、性质、排放浓度)等;② 建设项目所在地区的环境特征,主要包括自然环境特征(地貌、气象、水文)、环境敏感地区类型及程度、特定保护目标、环境功能规划、环境质量现状、社会经济环境现状等；③ 国家、地方政府颁发的有关法规。

建设项目环境影响评价工作等级划分的条件如下：

（1）凡是满足以下条件的，原则上要求进行一级评价：① 大型以上建设项目，污染物排放量大，污染因子多，毒害比较严重；② 项目所在地区的地貌、气象、水文、地质等自然条件复杂，不利于污染物的稀释、扩散、迁移和转化；③ 评价区内或其边界外附近有明令规定的重点保护对象，如水源地、城镇、居民稠密区、名胜古迹、风景游览区、温泉、疗养院、自然保护区等；④ 项目所在地区的环境污染超标或接近超标，纳污能力小。

（2）凡是满足以下条件的，原则上要求进行二级评价：① 大型以下建设项目，污染物排放量较大，污染因子较多，毒害比较严重；② 项目所在地区的自然条件不是很复杂，地势较平坦，基本上属于平原或起伏不大的丘陵，且与城镇之间有一定的防护距离；③ 评价区内只有一般保护对象，如村落、经济林、养殖场等。

（3）凡是满足下列条件的，原则上要求进行三级评价：① 建设项目的污染物排放量不多，污染因子较少，而且只具有一般毒性；② 项目所在地区的自然条件较好，自净能力强；③ 项目所在地区的环境质量现状较好，环境容量较大，且没有重要的环境敏感地区及法定保护对象。

一般来说，建设项目的环境影响评价包括一个及以上的单项影响评价，每个单项影响评价的工作等级不尽相同。若各单项影响评价的工作等级均低于三级，则该项目的影响评价就不需要编制报告书，只需填写《建设项目环境影响报告表》；若整个评价中只有个别单项评价工作低于三级，则可根据具体情况进行简单的叙述、分析或不做叙述、分析。

各单项环境影响评价工作等级按以下标准确定：环境空气按《环境影响评价技术导则 大气环境》（HJ/T 2.2—2008），地表水按《环境影响评价技术导则 地面水环境》（HJ/T 2.3—1993），声环境按《环境影响评价技术导则 声环境》（HJ/T 2.4—2009），环境风险按《建设项目环境风险评价技术导则》（HJ/T 169—2004），地下水和生态环境按《环境影响评价技术导则 陆地石油天然气开发建设项目》（HJ/T 349—2007）。

六、环境影响因素及评价因子

建设项目的主要环境影响因素见表 12-1-1，主要环境影响评价因子见表 12-2-2。建设项目环境评价工作可根据自身特点及周围环境敏感性，从表中筛选环境影响因素和评价因子，并根据油气组分特点适当补充其他特征评价因子。

表 12-1-1 建设项目环境影响因素一览表

影响因素	环境因素	环境空气	地表水	地下水	声环境	土壤	植物	动物	其他
施工期	占地								
	废气	钻机、车辆废气及单井罐挥发的烃类等							
	废水	钻井废水、生活污水							

续表

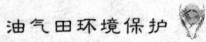

影响因素 \ 环境因素			环境空气	地表水	地下水	声环境	土壤	植物	动物	其他
施工期	固体废物	落地油、钻井岩屑及钻井液等								
	噪声	施工车辆、钻井噪声等								
	风险	井喷、套外返水、井漏								
运行期	废气	加热炉等烟气无组织挥发的烃类								
	废水	生产废水及生活废水								
	固体废物	油气运输、处理产生的废干燥剂、催化剂、油泥等								
	噪声	加热炉及机泵噪声								
	风险	高含H_2S气田井喷、管线泄漏、储罐泄漏、装置爆炸等								

表 12-1-2 建设项目环境影响评价因子一览表

环境影响因素	评价因子	现状调查	污染源调查	影响预测
环境空气	SO_2			
	烟尘			
	NO_x			
	H_2S			
	总烃			
	非甲烷总烃			
地表水	COD			
	石油类			
	氨氮			
	硫化物			
地下水	COD			
	总硬度			
	石油类			
	氨氮			
	硝酸盐氮			

续表

环境因素	评价因子	现状调查	污染源调查	影响预测
声环境	等效声级			
生 态	植 被			
	动 物			
	土 壤			
	土地利用结构			

第二节 油气田建设项目工程分析

一、油气田建设项目工程分析的主要任务

建设项目的工程分析是建设项目环境影响评价工作中的基本专题,是进行环境影响预测和评价的基础,贯穿于评价工作的全过程,其主要任务是全面分析项目工程特征和污染特征,为环境影响评价工作提供基础数据,利于把握建设活动与环境保护工作全局的关系。

《建设项目环境评价分类管理名录》中明确规定石油和天然气开采类项目应进行工程分析,因此,石油开发和生产型建设项目必须首先进行工程分析,查清建设项目污染物的产生(包括生产工艺、污染物种类、数量)、处理或治理方法、排放方式和排放种类,定量地给出污染物的排放量,估算其环境影响,提出减少其环境污染的措施。

二、油气田建设项目工程分析的内容和重点

1. 油气田建设项目工程分析的主要内容

建设项目工程分析的主要内容如图 12-2-1 所示(图中虚线把工程分析划分为左右两部分)。

1) 调查项目建设概况

概况包括项目名称、建设地点、建设性质、生产规模、工程组成内容、占地面积、油气田储层特征、地质构造、开发方案、地面基础设施建设方案,并给出区域位置图。

2) 调查项目现有工程概况

了解建设项目依托的现有工程概况,并对建设项目进行工程分析。建设项目一般包括施工期、运行期、闭井期三个时期。施工期、运行期主要包括钻采、集输、处理三个过程,是对环境造成影响的主要时期;闭井期主要是环境功能恢复时期。

由于实施建设项目时,勘探过程已经发生,因此,工程分析应对勘探期进行回顾调查分析,并以施工期、运行期为重点,进行环境影响因素及产污环节分析,量化环境影响因素和评价因子。闭井期侧重于环境保护措施分析。

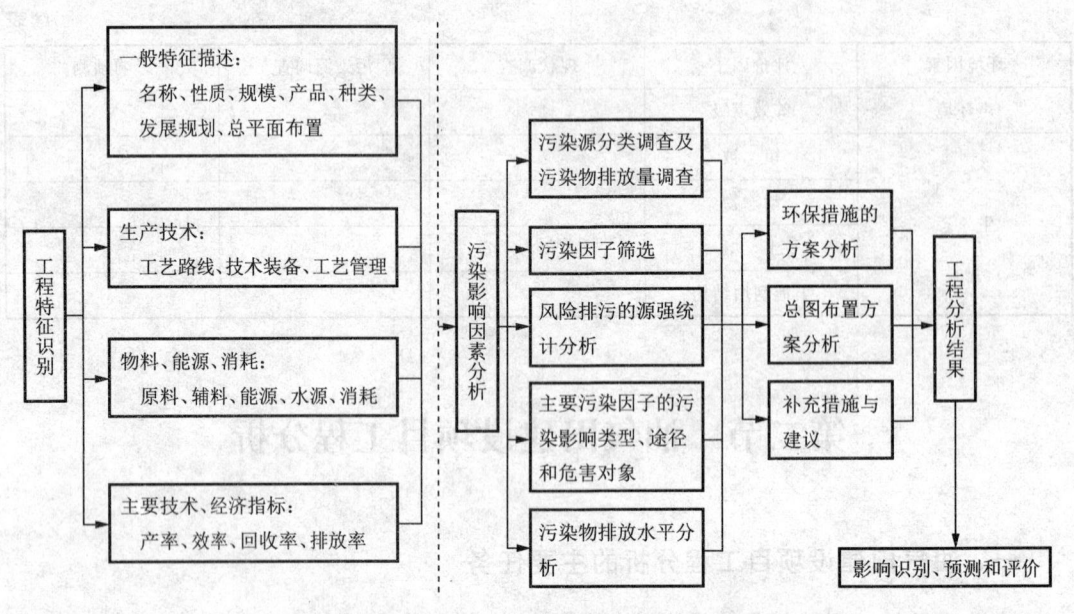

图 12-2-1　建设项目工程分析的主要内容

2. 油气田现有工程分析

对于涉及（依托）现有工程的建设项目，应调查了解并说明现有工程的情况，主要包括：井网布设及产能情况；油气集输设施的规模、实际集输量及工艺方法；油气处理设施的规模、实际处理量及工艺方法；现有工程的"三废"排放情况（列表给出，表中应列出评价标准、规定指标，固体废物给出主要成分并按《国家危险废物名录》分类及编号）；污染防治设施的规模、实际处理量及工艺方法、实际运行效果（进、出口指标，去除效率）；污染源达标排放分析（标准指数法）；现存的环境保护问题（说明已运行井场是否存在套外返水、漏油问题，油气集输站场及管线是否存在集输管线腐蚀泄漏问题、油气处理厂及其环保设施处理能力是否满足要求等）；现有工程污染物产生总量、削减总量、排放总量（表12-2-1）。

表 12-2-1　现有工程污染物排放总量表

类　别	名　称	产生总量/(t·年$^{-1}$)	削减总量/(t·年$^{-1}$)	排放总量/(t·年$^{-1}$)	备　注
废　气	废气量				
	SO_2				
	烟尘				
	NO_x				
	H_2S				
	总　烃				
	非甲烷总烃				
	其　他				

续表

类 别	名 称	产生总量/(t·年$^{-1}$)	削减总量/(t·年$^{-1}$)	排放总量/(t·年$^{-1}$)	备 注
废 水	废水				
	COD				
	石油类				
	氨 氮				
	硫化物				
	其 他				
固体废物	落地原油				
	其 他				

3. 勘探期回顾

调查勘探期的探井布设、原辅材料及公用工程消耗、勘探过程、土地利用、"三废"排放量,以及已经对环境造成的影响,查找遗留的环境问题。

4. 油气田建设项目工程分析

1) 施工期

(1) 钻井部分。

调查并描述钻井、井下作业采用的工艺方法,重点调查钻井工艺过程中保护地下水含水层的措施;调查并列表给出原辅材料和公用工程消耗量及来源、原辅材料的主要成分及物理化学性质。

(2) 集输部分。

调查管线布设及走向、场站(或阀室)布设位置,给出管线走向及场站(或阀室)位置图;调查并说明管线穿越或跨越交通路线、河流、隧道的次数,穿越交通道路的等级、河流的大小等;调查并列表说明不同地段管线的敷设方式及工艺,包括开挖方式、选材、抗震、防腐等工艺措施。

(3) 道路部分。

调查并说明道路、路网布设情况,附道路、路网布设图;调查并列表给出道路穿越的环境敏感点或区域;调查并说明道路的修建方式。

(4) 场地布置及土地利用。

调查并说明井场、场站、处理厂分布及场站、处理厂平面布置情况,给出场站、处理厂平面布置图;调查并列表给出建设项目永久、临时占用土地的数量、类型、土石方量及拆迁数量。

(5) 污染影响因素及产物环节分析。

分析施工期环境影响因素及废水、废气、固体废物、噪声的产生环节,给出生产过程示意图,图中标出环境影响因素及产污环节。列表给出"三废"排放情况,表中须列出评价标准规定指标及预测所需的相关参数。

2) 运行期

(1) 原辅材料、公用工程消耗及来源。

调查并列表给出油气集输及处理、修井作业等原辅材料、公用工程消耗及来源,调查并列表给出原辅材料的主要成分及物理化学性质。

(2) 工艺过程。

调查并描述油气集输工艺过程及各类型阀室、场站的工艺过程,给出集输工艺流程图及各类型阀室、场站工艺流程图(图中标出"三废"排放点);调查并描述油气处理工艺过程,给出工艺流程图(图中标出"三废"排放点);调查并描述修井工艺过程。

(3) 给排水平衡及硫平衡。

对于原油处理工程,调查用水、采出水、排水、回注水平衡情况,给出水平衡图或表;对于天然气脱硫处理工程,调查天然气中硫元素的流向及分布情况,并分析硫元素在天然气处理过程中流入、流出的平衡情况,给出硫平衡图或表。

(4) 产污环节分析。

分析油气集输、处理、修井等过程废水、废气、固体废物、噪声的产生环节,列表给出"三废"排放情况。

3) 拟采取的环保措施

调查并简要介绍建设项目拟采取的、包括闭井期以解决勘探期遗留问题的环境保护措施,主要包括措施名称、方法、工程量、效果等内容。根据环保设施划分标准编制工程项目全部环保措施的分项汇总表,并列出分项投资估算额。将环保措施分为废气治理措施、废水处理措施、固废处理(置)措施、噪声控制措施等类,分别从工艺方案、设备、构筑物、处理效果、投资和技术经济指标等方面进行论述。

4) 达标排放分析

采用标准指数法对废气、废水污染源进行达标排放分析;对于未做到达标排放的污染源,提出进一步的技术经济可行的治理措施。

5) 污染物排放总量核定

按表 12-2-1 核定出建设项目施工期、运行期在满足清洁生产、达标排放的前提下污染物产生总量、削减总量、排放总量。

污染物排放量统计核算方法原则上采用"三本账"模式法。

对于新建项目,拟建工程自身污染物核定排放总量与按治理规划和环境保护措施实施后能够实现的污染物削减总量之差为污染物最终外排量。

对于改扩建和技术改造项目,改扩建和技术改造项目前现有的污染物实际排放总量和项目按计划实施后自身污染物排放总量之和与治理规划和环境保护措施实施后能够实现的污染物削减总量之和就是拟建项目最终排入外环境的污染物量。

(1) 污染物有组织排放量核算及统计。拟建项目按污染流程图中所标明的污染物排放点位置和编号顺序编制表格,对应统计废气、废水、固体废物的排放量,同时列出废气、废水的质量浓度和数量。注意:废气排放量和质量浓度分别以 $m^3/年$ 和 mg/m^3 为单位,废渣排放量以 t/年为单位,废水中污染物质量浓度以 mg/L 为单位。

(2) 污染物无组织排放量核算及统计。要给出拟建项目废气无组织排放源的位置、源

强、排放方式和排放源特征参数。无组织排放源所在生产单元的等效半径是排放源特征参数之一,其计算公式为:

$$r=\sqrt{\frac{S}{\pi}} \tag{12-2-1}$$

式中　r——无组织排放源所在生产单元的等效半径,m;

　　　S——无组织排放源所在生产单元占地面积,m^2。

(3) 污染物非正常排放量核算及统计。主要统计事故条件下所排放污染物的数量和质量浓度等。

三、油气田建设项目工程分析的方法和要求

1. 工程分析的方法

对现有工程通过收集资料及现场监测进行调查;对勘探期通过现场调查、资料收集、监测进行回顾分析。建设项目本身的工程分析方法主要有类比分析法、物料平衡计算法、查阅参考资料分析法等。这些方法一般是在项目规划、设计和可行性研究等技术文件不能满足工程分析要求的情况下选用。

1) 类比分析法

类比分析法是利用与拟建项目同类或相似的已有项目的相关资料进行过程分析的方法。该方法工作量大、耗时长,所得结果比较准确。在评价时间允许、评价工作等级较高且有可参考的相同或相似的现有工程时,应采用该方法。运用此方法时应注意拟建项目和类比项目的几个相似性:

(1) 环境特征的相似性,包括项目拟建地区的地貌状况、环境功能划分等情况;

(2) 一般工程特征的相似性,包括项目性质、建设规模、产品结构、工艺路线、生产方法、车间组成、原材料、燃料来源与成分、用水量和设备类型等;

(3) 污染物排放特征的相似性,包括污染物排放量和质量浓度、排放方式、去向、污染方式和途径等。

2) 物料平衡计算法

该方法通过理论计算来确定建设项目污染物的排放量,其基本原理是质量守恒定律,即在生产过程中投入的物料总量应该等于产品量和物料流失量之和:

$$\sum G_{投入} = \sum G_{产品} + \sum G_{流失} \tag{12-2-2}$$

式中　$\sum G_{投入}$——投入系统的物料总量;

　　　$\sum G_{产品}$——产出产品总量;

　　　$\sum G_{流失}$——物料流失总量。

采用此法计算污染物排放量时,必须全面了解项目的生产工艺,掌握各种物料成分和消耗定额。此方法具有一定的局限性,并非所有项目都可以采用。

3) 查阅参考资料分析法

该方法是一种利用同类工程已有的环境影响报告书或可行性研究报告等资料进行工程

分析的方法。在评价工作等级较低、评价时间紧或者无法采用以上两种方法的情况下,可用该方法。

该方法虽然非常简便,但所得数据准确性差。

2. 油气田建设项目工程分析的要求

在油气田的不同开发阶段,开发方案可能不一定包括勘探、钻井、道路修建、采油(气)、集输、处理、修井全过程,因此,具体建设项目的工程分析应该做到结合其工程内容突出重点、分清层次。例如,修井过程为运行期的井下作业过程,其作业性质、施工方法、管理方法、"三废"产生过程及治理方法均与施工期的钻井及井下作业相近。因此,为便于管理,使报告书更具实用性,可将修井过程与施工期的井下作业一起进行工程分析。

四、油气田建设项目工程分析小结

油气田建设项目的工程分析小结主要对以下问题进行总结:① 项目选址的合理性分析结果;② 总图布置中存在的问题及建议;③ 污染源分析及污染物排放总量;④ 主要污染物的削减及治理措施;环保措施合理性和可行性。

第三节 油气田开发的环境要素评价

油气田开发过程主要包括建设期和营运期两个阶段,建设期主要进行钻井、测井、洗井、设备及辅助材料的运输和临时堆放、井场建设、泵站建设、输油水管线等地面工程建设活动;营运期主要是指采油(气)、油(气)储运以及系统配套等环节。因此,环境要素评价可分为环境空气、地表水、地下水、声环境、固体废物、土壤环境及生态环境影响评价等。

一、环境空气质量现状与影响评价

1. 环境空气影响评价的内容和工作程序

油气田建设项目的环境空气影响评价工作的内容和程序与其他建设项目基本相同。评价基本内容包括以下几项:

(1) 弄清建设项目概况,分析项目的大气环境影响因素,收集大气污染源资料,并对污染源进行评价。

(2) 进行大气环境现状监测,得出大气污染物的本底质量浓度值,评价区域内大气环境质量现状。

(3) 收集和分析评价区地形和气象资料,总结出大气环境影响预测需要的地形和气象条件。

(4) 研究评价区大气扩散规律,得出大气扩散参数,选择合适的烟气抬升高度模式和大气扩散模式。

(5) 根据评价区地形及气象条件、项目排污条件、大气扩散参数和所选择的扩散模式,计算预测项目建成后长期和短期的大气污染物质量浓度分布,得出影响质量浓度值。通过影响质量浓度值和本底质量浓度值的叠加,得到大气污染物质量浓度分布预测值,然后绘制环境质量变化图。

(6)确定评价标准,对预测结果进行评价,根据评价结论提出预防大气污染、改善大气环境质量的建议。

2. 环境空气质量现状评价

1) 环境空气质量现状调查

收集分析油气田建设项目评价区内现有例行监测资料及其界外区各例行大气监测点近三年的监测资料,统计分析各点各季主要污染物的质量浓度值、超标量和变化趋势等。由于现状监测费用在评价工作总经费中所占比例较高,因此如果近三年监测资料基本没有变化,应尽量直接利用。

2) 环境空气质量现状监测范围及布点

监测范围应根据油气田建设项目可能影响的范围确定,一般设置在已确定的评价范围内。

监测点设置的数量及其布局应根据油气田建设项目的规模和性质、区域大气污染状况和变化趋势、环境功能区划和敏感区分布以及地形、污染气象等自然因素综合考虑确定。

监测布点应本着以环境功能区为主、兼顾均匀性的原则,布设位置应具有较好的代表性,其监测值应能反映一定范围区域内大气环境污染的水平和规律。布点还应考虑自然地理条件、交通状况和工作环境,使监测点既科学又便于工作。监测点周围应开阔,采样口水平线与周围构筑物高度的夹角不应大于30°;原则上,20 m以内应没有污染源,15~20 m以内不应有绿色乔灌木,与建筑物的距离不应小于建筑物高度的2.5倍。油气田建设项目的监测点一般不应少于六个。

监测布点常用的方法有网格布点法、同心圆多方位布点法、扇形布点法、配对布点法、功能分区布点法五种。

3) 监测布点图

监测前应绘制监测布点图,并标明指北向、比例尺、风玫瑰图、监测点和敏感点位置,还要列表说明监测点与油气田建设项目拟建地址的距离。

4) 评价因子的筛选

首先选择油气田建设项目等标排放量较大的污染因子,然后考虑项目中的特征因子,如总烃、非甲烷总烃。一般选择的评价因子不超过五个。

5) 监测时间及频率

监测时间和频率主要应考虑项目拟建地区的气象条件和人们的工作、生活规律。一般来说,一级评价项目不得少于冬、夏两期;二级评价项目可仅取一期不利季节,必要时也应取两期;三级评价项目必要时可作一期监测。具体采样时间应根据气象条件的日(或年、季)变化特点,按照《环境影响评价技术导则 大气环境》(HJ/T 2.2—2008)确定。

6) 环境空气质量现状评价

针对油气田建设项目的环境空气评价因子,利用单因子污染指数法对环境空气质量现状进行评价。评价内容一般包括污染物检出率、超标率、超标倍数、污染物质量浓度变化状况等,并计算污染因子评价指数,得出评价结论。

3. 环境空气影响预测与评价

1) 环境空气调查

环境空气调查包括资料的收集和统计分析、污染物的现状监测、现场气象调查和室内模拟实验等。调查内容主要是气象条件、环境空气污染源和环境空气质量现状。

2) 环境空气影响预测

研究油气田建设项目评价区的大气扩散规律,得出大气扩散参数,同时结合评价区地形及污染气象条件、项目排污条件等,选择合适的烟气抬升高度模式和大气扩散模式进行预测。大气扩散模式详细类型及适用条件预测内容参照《环境影响评价技术导则 大气环境》(HJ/T 2.2—2008)中的有关条款。

3) 环境空气影响评价

(1) 评价参数。

① 环境目标值。主要依据《环境空气质量标准》(GB 3095—2012)和油气田建设项目所在区域的大气功能区划确定环境目标值。

② 评价指数。评价指数定义如下:

$$I_i = \frac{C_i}{C_{0i}} \tag{12-3-1}$$

式中 I_i——污染因子 i 的评价指数;
C_i——污染因子 i 不同取样时间的质量浓度预测值,mg/m³;
C_{0i}——污染物 i 的环境质量标准,mg/m³。

$I_i \leqslant 1$ 为达标,$I_i > 1$ 则为超标。I_i 值越大,该污染因子的污染越严重。

依据各大气污染因子的评价指数值,绘制质量浓度分布图,明确 I_i 的变化范围和平均值、各因子的超标区及其功能特点,或未超标时 I_i 最大区的位置和面积。如果一次取样质量浓度超标,则应估计其季度(期)或年的超标小时数或频率值。季度(期)或年度污染达标情况按平均质量浓度计算评价指数来判定。

③ 污染分担率。经过加权的污染分担率 P_{ij} 定义如下:

$$P_{ij} = \frac{C_{ij}^2}{\sum C_{ij}^2} \times 100\% \tag{12-3-2}$$

式中 C_{ij}——第 j 类(或个)源在第 i 个接收点上贡献的质量浓度值;
$\sum C_{ij}^2$——全部源对第 i 个接收点的贡献加和。

应给出各计算点和关心点的 P_{ij} 值以及超标区、各功能区和整个评价区的平均风险值。

④ 标准分担率和允许排放量。某一类污染因子的标准分担率 b_{ij} 定义如下:

$$b_{ij} = \frac{C_{0ij}}{C_{0i}} \times 100\% \tag{12-3-3}$$

式中 C_{0ij}——第 j 类(或个)源允许贡献在第 i 个接受点上的最大质量浓度,mg/m³;
C_{0i}——第 i 个接收点上的环境质量标准,mg/m³。

标准分担率和允许排放量都可以通过总量控制方法求出。尚未实施总量控制的地区可根据《制定地方大气污染物排放标准的技术方法》(GB/T 3840—1991)给出。一般标准分担率约为 46%～60%。

（2）主要评价内容。

① 油气田建设项目的厂址和总图布置评价。结合评价区的环境特点、工业生产现状及发展规划、大气环境质量水平及可能的改善措施等因素，根据项目涉及的各主要污染因子的所有污染源在超标区、评价指数最大区、关心点以及厂区、办公区、生活区的污染分担率，从保护大气环境出发，对厂址选择和总图布置的合理性做出评价并提出建议。

② 污染源评价。对各污染因子及污染源在超标区或关心点的环境影响加以预测，给出污染物质量浓度分布图和污染源的污染分担率，然后结合区域环境和经济等因素提出建议，选出最佳方案。

③ 评价大气环境质量影响。在评价的基础上，结合各种调查资料，综合分析评价项目的大气环境质量影响。

二、地表水环境现状与影响评价

1. 地表水环境质量现状评价

1）现状调查范围与时间

调查应以资料收集为主，现场调查为辅，尽量减少现场调查工作量。现状调查范围应包括油气田建设项目影响较为显著的地表水区域。一般来说，等级高时调查范围应偏大，反之偏小；当水域下游附近有水源地、自然保护区等环境敏感区域时，应扩大调查范围，将敏感区包括进去以满足其影响预测需要。

确定调查时间时应注意，调查时间随评价等级的不同而不同；根据油气田建设项目所在区域的水文资料初步确定河流、湖泊、水库的丰水期、平水期和枯水期，同时确定最能代表这三个时期的季节或月份；对于有水库调节的河流，要注意水库放水与否所造成的流量变化；若调查范围内水域面源污染严重，丰水期水质比枯水期还恶劣，那么一、二级评价的各类水域必须调查丰水期，三级评价也应尽量调查丰水期；作为生活饮用水且冰封时间较长的水域，应调查冰封期水质和水文情况。

2）水质调查

油气田建设项目的水质调查要注意水质参数的选择。水质参数有两类：一类是反映水域水质一般状况的常规水质参数，要根据水域类比、评价等级及污染源状况，以《地表水环境质量标准》(GB 3838—2002)中所列出的常规参数为基础，进行适当增减；另一类是特征水质参数，对油气田建设项目来说，主要有石油类污染物、挥发酚、氨氮、COD等。

出于水环境保护的需要，对于扩建、改建项目，往往要求水质优于现有水质，因此除了按照《环境影响评价技术导则 地面水环境》(HJ/T 2.3—1993)要求确定水质调查参数、取样断面、取样点等的位置及取样方式外，水质调查时要注意项目立项时的水质与现有水质是否相同。环境影响预测计算时所用的水质背景值应为项目立项时的水质参数值。如果项目立项时的水质优于现有水质，那么在预测水质时不能直接用现有水质背景值。

3）地表水环境质量现状评价

地表水环境质量现状评价是水质调查的延续，主要采用文字分析阐述，数学表达式作为辅助。

评价基本依据主要是地表水环境质量标准和有关法规及项目当地的环保要求。对于一些国内尚无标准的水质参数，可建立临时标准或参照国外标准，但这需要按国家环境保护部规定的程序报有关部门批准。

评价方法可采用《环境影响评价技术导则 地面水环境》推荐的单项水质参数标准指数法。

一般情况下，单项水质参数评价中某水质因子的参数可采用多次监测的平均值，但如果该水质因子监测数据变化幅度较大，则可采用内梅罗平均值以突出高值的影响。内梅罗平均值的表达式为：

$$C = \sqrt{\frac{C_{max}^2 + C_{avg}^2}{2}} \tag{12-3-4}$$

式中　C——水质因子监测数据的内梅罗平均值，mg/L；

　　　C_{max}——水质因子监测数据的最大监测值，mg/L；

　　　C_{avg}——水质因子监测数据的算术平均值，mg/L。

对评价中出现的超标问题，应分析原因。

2. 地表水环境影响预测与评价

1）水质预测

预测因子：根据油气田建设项目特点，可主要选择COD、石油类进行影响预测，同时可结合当地地表水环境特点适当筛选预测因子。

预测方法：河流、湖泊、水库、海湾等的各种常用预测数学模型及预测模拟方法参见《环境影响评价技术导则 地面水环境》。

2）地表水环境影响评价

采用选择的预测方法，对建设项目废水污染物进行影响预测，采用标准指数法对预测结果进行评价，并进行影响分析。

（1）判定油气田建设项目地表水环境影响的重大性。

评价采用的水质标准应与环境现状评价相同。河道断流应由环保部门规定功能，并据此选择评价标准。

所有预测点和所有预测的水质参数均应进行各生产阶段不同情况的环境影响评价，但应有重点。水质方面，影响较重的水质参数必须作为评价重点；空间方面，水文要素和水质急剧变化处、水域功能改变处、取水口附近等应作为评价重点。

油气田建设项目地表水环境影响的重大性可参见《环境影响评价技术导则 地面水环境》。

（2）选址、生产工艺和废水排放方案的评价。

给出既定方案或各个备选方案的预测结果，结合经济、社会等多重因素，从保护地表水环境的角度推荐优选方案。

（3）提出地表水环境保护的措施。

根据上述各项预测和评价结果,提出地表水环境保护措施。地表水环境保护措施通常应包括污染削减措施和环境管理措施两部分。

(4) 给出评价结论并编写小结。

评价工作完成后,应给出明确的结论,即该项目在不同的实施阶段能否满足预定的地表水环境质量。小结的内容应包括地面水环境现状概要、建设项目工程分析与地表水环境有关部分的概要、建设项目对地表水环境影响预测和评价的结果、地表水环境保护措施的评述和建议等。

三、地下水环境现状与影响评价

1. 地下水环境质量现状调查与评价

1) 监测点布设

(1) 油气田建设项目对地下水环境产生的污染影响主要表现在以下三个方面:① 油气集输、加工处理过程中产生的生产、生活废水排入沟渠、湖库,经渗漏污染地下水;② 采用土地处理系统处理废水对地下水产生污染;③ 石油勘探、开发和储运过程中油的跑、冒、滴、漏对土壤、地下水的污染;④ 采油井、注水井、废弃油井、油气井套管腐蚀破坏和固井质量问题产生的套外返水、返油对地下水环境的污染。因此,重点选择上述所提及的、受建设项目影响处及其周围进行监测点布设。

(2) 陆相油田沉积盆地一般都具有多层叠置的含水层,因此地下水监测点布设要求如下:① 一级评价地下水质监测点不得少于九个,并控制评价区各个含水层;② 二级评价地下水质监测点不得少于七个,并控制有供水意义和已开采的含水层;③ 三级评价地下水质监测点不得少于五个,主要控制上部和已开采含水层,一般要求上游影响区的地下水监测点不得少于一个,下游不得少于两个。

2) 监测因子

根据油气田建设项目的排水特点及《地下水质量标准》(GB/T 14848—1993)的要求,监测因子一般可选为 pH 值、总硬度、溶解性固体、COD、石油类、NH_3-N、NO_3-N、NO_2-N、挥发酚等。另外,可根据油藏特征,适当补充铁离子、锰离子、Cl^-、S^{2-} 等。

3) 水质调查

按照确定的污染因子,调查评价区内地下水水质。对于已经被污染的地下水,应分析污染物的种类、污水渗漏的可能途径。

4) 水质现状评价

地下水水质现状根据《地下水质量标准》中的规定进行评价。

2. 地下水环境影响预测与评价

1) 确定预测条件

(1) 地下水预测范围应与已确定的评价范围一致。

(2) 预测点应设置在已有的取水井、观测井和试验井附近。

(3)一般承压地下水的补给量相对稳定,可按一种稳态状况进行预测;对于与地表水体有直接补给关系的地下水,其预测可以分为丰水期和枯水期两个阶段进行。

(4)预测阶段的划分和地表水环境影响预测相同。

2)水质预测

对于评价等级较高、环境水文地质条件复杂而又缺少资料的地区,在进行地下水环境影响预测之前需要开展勘察工作、模拟实验和类比考察,以获取有关参数,建立数学模型,然后对油气田建设项目废水污染物进行地下水影响预测。

3)地下水环境影响评价

根据地下水环境影响预测结果,对照国家和当地有关地下水环境质量的法规、标准,项目施工、运行等各阶段对地下水环境质量的影响做出评价,并对油气田建设项目的生产工艺、废水排放方案和水污染治理措施等提出意见,提出避免、削减和消除负面环境影响的措施、对策及建议。

四、声环境现状与影响评价

1. 声环境质量现状调查与评价

如果油气田建设项目不进行噪声环境的单项影响评价,一般可不叙述环境噪声现状;如需进行此类评价,应根据噪声影响预测的需要决定声环境现状调查的内容。声环境现状调查与评价的具体步骤执行《环境影响评价技术导则 声环境》(HJ 2.4—2009)中的有关规定,在充分收集、利用已有有效数据前提下,对声环境进行布点、测量、评价;对存在的超标问题,分析其原因。

2. 声环境影响预测与评价

1)预测准备工作

预测准备工作主要为预测范围和预测点布置。

预测范围和预测点布置具体按《环境影响评价技术导则 声环境》中的有关规定执行。

2)噪声影响预测

各种噪声影响预测模型及其用法详见《环境影响评价技术导则 声环境》。

3)噪声环境影响评价

噪声环境影响评价就是解释和评估拟建项目造成的周围环境预期变化的重大性。评价内容主要包括:油气田建设项目施工和运行阶段噪声的影响程度、影响范围及超标状况;受噪声影响的人口分布分析;建设项目的噪声源和引起超标的主要噪声源或主要原因分析;建设项目的选址、设备布置和设备选型的合理性分析;建设项目设计中已有的噪声防治对策的适用性和防治效果分析;针对该建设项目的有关噪声污染管理、噪声监测的建议等。详细内容见《环境影响评价技术导则 声环境》中的有关规定。

对于声环境较简单的油气田建设项目,该项工作可适当简化。

五、固体废物环境影响分析

按"减量化、资源化、无害化"的原则,对油气田建设项目产生的固体废物进行环境影响分析。主要包括以下四个方面的内容:

(1) 固体废物产生情况。包括固体废物的来源、种类、数量及处理及处置方法等。

(2) 危险废物产生情况。根据《国家危险废物名录》,对油气田建设项目排放的危险废物进行识别,列表分类说明危险废物的名称、来源、排放量、排放规律、成分、分类编号和处理方法等。

(3) 固体废物处理及处置措施。分析油气田建设项目对其产生的固体废物的处理及处置措施情况并提出补充意见;进行固体废物的处理及处置措施分析,包括处置方式的可行性和合理性分析,尤其要注重对土壤、植被和水体可能产生的影响进行分析。其处置方式最终必须符合《中华人民共和国固体废物污染环境防治法》的规定。

(4) 固体废物环境影响评价小结。简单扼要地说明建设项目固体废物的产生情况、综合利用与最终处理及处置措施的合理性和有效性等,结论要明确。

对于未建集中工业固体废物填埋场(不含钻井泥浆池)的建设项目,可不列专题,但应将对土壤、植被和水体可能产生的影响分析列入相应的评价专题。

六、土壤环境现状与影响评价

1. 土壤环境质量现状调查与评价

1) 调查范围

根据油气田建设项目评价工作等级、任务要求及主要污染源和污染物的排放方式、数量、质量浓度、污染途径等因素来确定调查范围。一般来说,土壤环境的调查范围应与环境大气及水环境的调查范围相对应。

2) 调查内容

土壤环境质量现状调查内容主要包括区域土壤类型特征调查、水土流失现状调查、土壤退化情况调查、土壤环境背景值资料收集、土壤污染源调查等。

区域土壤类型特征包括成土母质、土壤类型、土壤组成和土壤特性。土壤组成包括土壤有机质、氮磷钾和主要微量元素的含量;土壤特性包括 pH 值、Eh(氧化还原电位)、土壤质地、土壤代换量及盐基饱和度、土壤结构等。

水土流失现状调查内容包括土壤侵蚀类型、分布面积及侵蚀模数等。

土壤退化情况调查主要是对土壤沼泽化、潜育化、盐渍化和酸化等情况进行调查。

土壤环境背景值是土壤环境质量评价的重要基准,具有显著的区域性。因此,要尽量收集评价区域的土壤背景值资料,资料不足的情况下再进行现场监测。

对于土壤污染源,重点调查工农业污染源、污水灌溉以及自然污染源带来的污染物的种类、数量、质量浓度及其污染途径等。

3) 现状监测

土壤监测一般与土壤调查具有相同的范围。土壤监测内容主要包括布点采样、收集和制备土壤样品、确定土壤分析项目和土壤样品分析等。样品分析时要注意质量控制和数据处理的统一性。

4) 现状评价

土壤环境质量现状评价一般运用等标污染负荷比法，根据现有污染物及油气田建设项目拟排放的主要污染物，按毒性大小与排放量多少筛选并确定污染评价因子。常见污染因子包括有机毒物[酚、DDT、六六六、石油、苯并(α)芘、多氯联苯等]、重金属及其他有毒物质（汞、镉、铅、锌、铜、铬、镍、砷、氟、氰等），此外，还可选取一些附加因子。

评价工作主要以《土壤环境质量标准》(GB 15618—1995)中所列三级土壤环境质量标准值为基准。其中，没有列出的项目可以区域土壤背景值作为评价标准；如果没有背景值资料且评价区域影响范围较小，可使用对照区的土壤评价因子含量的平均值作为评价标准。

一般可采用单因子评价法评价土壤环境质量现状，表达式如下：

$$P_i = \frac{C_i}{S_i} \tag{12-3-5}$$

式中　P_i——土壤中污染物 i 的污染指数；
　　　C_i——土壤中污染物 i 的实测质量分数，mg/kg；
　　　S_i——污染物 i 的评价标准，mg/kg。

2. 土壤环境影响预测与评价

1) 土壤环境影响预测的基本内容

土壤环境影响预测的基本任务是根据油气田建设项目所在区域的土壤环境质量现状，研究建设项目排放的污染物在土壤中的迁移、转化和累积规律以及项目可能造成的土壤侵蚀、退化，提出或选择适宜的预测模式，模拟计算主要污染物在土壤中的累积或残留数量及土壤侵蚀量，预测该区域未来土壤环境质量的状况及其变化趋势，为建设项目的合理布局和科学的环境管理提供依据。

2) 土壤环境影响预测的步骤

(1) 计算土壤侵蚀量。由于油气田建设项目施工开挖、土壤裸露以及建成后土壤植被条件的变化会改变地面径流条件等，导致评价区域的土壤被侵蚀，侵蚀量常用美国通用土壤流失方程(USLE)来估算。

(2) 计算土壤污染物的输入量。油气田建设项目评价区已有的土壤污染物和项目新增土壤污染物之和为土壤污染物的输入量。

(3) 计算土壤污染物的输出量。土壤污染物的输出量主要包括随土壤侵蚀的输出量、被作物吸收的输出量、随淋溶流失的输出量和因污染物降解、转化而输出的量。

随土壤侵蚀的输出量可根据土壤侵蚀模数与土壤中污染物的含量计算；被作物吸收的输出量可根据作物收获量和作物中污染物的含量计算；随淋溶流失的输出量可根据淋溶流失水量计算；因污染物降解、转化而输出的量可根据残留率计算。

(4) 计算土壤污染物的残留率。污染物在土壤中的迁移转化过程十分复杂，一般选取与评价区的土壤侵蚀、作物吸收、淋溶、降解等条件相同或相似的小块土地，通过做模拟实验来估算污染物在土壤中的残留率。

(5) 预测土壤污染趋势。比较污染物的土壤输入与输出量,或根据土壤中污染物的残留率和输入量的乘积来预测土壤污染趋势,还可以根据土壤环境容量和污染物净输入量的比较来说明污染程度及趋势。

3) 土壤环境影响预测模型

(1) 土壤侵蚀量预测模型。

土壤年侵蚀量可采用美国通用土壤流失方程(USLE)进行预测。该方程为:

$$E = 0.247 R_e K_e L_l S_l C_t P \tag{12-3-6}$$

式中 E——平均土壤年侵蚀量,kg/(m²·年);
R_e——年平均降雨量的侵蚀潜力系数,kg/(m²·年);
K_e——土壤可侵蚀性系数;
L_l——坡长系数;
S_l——坡度系数;
C_t——作物和植物覆盖系数;
P——实际侵蚀控制系数。

如果评价区内有多个土壤性质和状态不同的地块则应进行累加,总的侵蚀量按下式计算:

$$G = \sum_{i=1}^{n} E_i A_i = 0.247 \sum_{i=1}^{n} (R_{ei} K_{ei} L_{li} S_{li} C_{li} P_i) A_i \tag{12-3-7}$$

式中 G——总侵蚀量,kg/年;
i, n——第 i 地块和总地块数;
E_i——第 i 块地的土壤年侵蚀量,kg/(m²·年);
A_i——第 i 地块的面积,m²。

(2) 土壤污染物残留量的预测模型。

通过各种途径进入土壤的污染物,由于土壤的吸附、分配和阻留作用,总会部分残留、累积在土壤中。可用下式预测污染物在土壤中的残留累积量:

$$W = K(B + R) \tag{12-3-8}$$

式中 W——污染物在土壤中的年累积量,mg/(kg·年);
K——污染物在土壤中的年残留率;
B——区域土壤背景值,mg/kg;
R——污染物的年输入量,mg/kg。

若污染年限为 n,且假定每年的 K 和 R 不变,则 n 年后污染物在土壤中的累积量可用下式计算:

$$W_n = BK^n + RK \frac{1 - K^n}{1 - K} \tag{12-3-9}$$

由式(12-3-9)可知,年残留率 K 对污染物在土壤中的累积量的影响很大。在不同地区,由于土壤特性各异,K 也不完全相同。因此,实际应用此式时要进行盆栽模拟实验,求出不同地区的准确年残留率。

(3) 土壤环境容量的计算。

某些重金属或难降解污染物,如 Cd、Pb、苯并(α)芘等,在土壤环境中的固定容量可按下式计算：
$$Q = (C_R - B) \times 2\,250 \tag{12-3-10}$$

式中　Q——土壤中某污染物的固定环境容量，g/hm^2（$1\ hm^2 = 10^4\ m^2$）；
　　　C_R——土壤中某污染物的容许含量，g/t（土壤）；
　　　B——土壤中某污染物的环境背景值，g/t（土壤）；
　　　$2\,250$——每公顷土地的表土计算重量，t/hm^2。

由式(12-3-10)可见，在一定区域土壤及环境条件下，若 B 确定，则土壤环境容量取决于污染物的容许含量 C_R。因此，制定适宜的土壤临界含量极为重要。

4) 土壤环境影响评价

(1) 评价油气田建设项目对土壤影响的重大性和可接受性。根据油气田建设项目的排污特点和所在地区的土壤污染现状，指出主要污染物的污染程度、范围、分布及污染发展趋势；说明主要农作物可食部分的污染物含量及产量变化情况；根据土壤环境影响预测，指出受建设项目影响而遭到破坏或污染的土壤面积及其经济损失。

(2) 提出减轻或消除土壤环境负面影响的对策。针对拟建项目，提出控制土壤污染源的措施和建议、土壤污染防治的途径和方法、防止和控制土壤侵蚀的对策、加强土壤与植被监测和管理的方法以及必须具备的条件。

七、生态环境现状与影响评价

因受地理位置(经度、纬度)、气候及下垫面的影响，地球上的生态系统可以分为陆地生态系统和水域生态系统。陆地生态系统是地球上最重要的生态系统类型，包括森林、草原、荒漠等类型；水域生态系统包括陆地上的地表水域和海洋水域。

油气田建设项目所涉及的生态系统一般包括森林、草原、荒漠等生态系统以及农田生态系统、水域生态系统、湿地生态系统。

1. 生态环境质量现状调查与评价

油气田建设项目一般都需要进行生态环境影响评价，因此应根据现有资料对下列部分或全部内容进行叙述：建设项目周围地区的植被情况(覆盖度、生长情况)，有无国家重点保护的或稀有的、濒危的或作为资源的野生动植物，当地的主要生态系统类型(森林、草原、沼泽、荒漠等)及现状。此外，还应根据需要选择以下内容进一步调查：本地区主要的动植物清单，生态系统的生产力、物质循环状况，生态系统与周围环境的关系以及影响生态系统的主要污染源。

生态现状评价要有大量的数据，如植被覆盖率、频率、密度、生物量、土壤侵蚀程度、荒漠化面积、物种数量等的测算值、统计值来支持评价结果，也可以应用定性与定量相结合的方法，常用的方法有图形叠置法、系统分析法、生态机理分析法、质量指标法、景观生态学法、数学评价法等。

2. 非污染生态影响预测与评价

1) 影响预测内容和方法

油气田建设项目的非污染生态环境影响预测内容主要包括：① 是否使某些生态影响严

重化;② 是否使某些已有的生态环境问题向有利的方向发展;③ 是否使某些生态问题发生时间与空间上的变化;④ 是否带来新的生态环境问题。预测内容因生态系统类型的不同而不同。

(1) 森林、草原、荒漠等生态系统:预测永久及临时占用土地造成生态系统中各类型植被分布及数量的变化,包括植被覆盖率、种群数量、生物量等;预测建设项目生产活动对各类野生动物生存及活动造成的影响。当所占用的土地与某珍稀濒危物种的栖息地有重合时,应分析论证对该物种的生存所造成的影响及未来的生存趋势。对于集输管线敷设、油区道路建设施工区,应分析引发的生境切割影响。

(2) 农田生态系统:预测永久及临时占用耕地造成生态系统中农业用地结构的变化;预测农作物产量及农业产业结构的变化。

(3) 水域生态系统:预测并分析建设项目废水对水域生态环境带来的理化性质及水域生态系统的可能改变。

(4) 湿地生态系统:预测并分析永久及临时占用土地造成湿地生态系统各类型植被分布及数量的变化,包括植被覆盖率、种群数量、生物量等;预测并分析建设项目废水对湿地生态系统水体带来的理化性质改变;预测野生动物生境变化,分析建设项目生产活动对各类野生动物的生存及活动造成的影响,重点分析对濒危珍稀物种的种群数量及生存所带来的影响。

对于工程扰动土地面积较大的集输管线敷设工程、油区道路建设工程,应作水土流失影响预测。

一级评价以"3S"技术为依托,对土地利用状况、土地荒漠化、植被覆盖状况、生物量、生物多样性以及生态系统稳定性进行综合分析预测,分析建设项目实施后区域生态环境功能是否符合当地生态功能区划要求。

一级评价项目除对所有重要评价因子进行单项预测外,还要对区域性全方位的影响进行预测;二级评价项目要对所有重要评价因子进行单项预测;三级评价项目要对关键评价因子(绿地、珍稀濒危物种、荒漠等)进行预测。

非污染生态环境影响预测主要采用类比分析、生态机理分析、景观生态学的方法进行定性分析与阐述,也可用数学模型进行预测。

2) 评价内容

评价内容主要包括:从生态完整性的角度评价生态环境质量现状,即注意区域环境的功能与稳定状况;用可持续发展观点评价自然资源现状、发展趋势和承受干扰的能力;分析植被破坏、荒漠化、珍稀濒危动植物物种消失、自然灾害、土地生产能力下降等类重大资源环境问题及其产生的历史、现状和发展趋势。

3) 评价重点

(1) 钻井阶段:由于井场占地改变了土地利用格局而引发的景观生态环境改变和动植物物种生存和移动等问题;机械噪声对人类和动物生存造成的影响问题;钻井对环境造成的污染问题以及由此带来的人体健康问题。

(2) 井下作业阶段:长时间的井下作业带来的区域环境问题,包括地上辅助工作和场地污染带来的生态影响。

(3) 油气开采、集输和储运阶段:除与上述两个方面相同的内容外,还应考虑长距离输油(气)及中间设施的运转对区域环境中动植物物种移动的影响、对地下潜流和地表径流的影响及对土地生产能力的影响等带来的生态影响。

（4）事故对资源的破坏和环境的污染：油气田生产的偶发事故，如井喷、输油管道泄漏等对生态环境带来的影响。

4）评价结论与对策

评价结论必须明确给出区域环境的生态完整性、人与自然的共生性、土地和植被生产力受到破坏等重大生态环境问题和自然资源的特征及其抗干扰能力等。要用可持续发展的观点对生态环境质量进行判定。根据评价结论提出生态负面影响的防治、恢复和生态环境管理措施。

第四节　清洁生产与循环经济分析

一、清洁生产基础知识

1. 清洁生产概念

清洁生产是我国实施可持续发展战略的重要组成部分，也是我国污染控制由末端控制向全过程控制转变、实现经济和环境协调发展的一项重要措施。

《中华人民共和国清洁生产促进法》第一章第二条指出：本法所称清洁生产，是指不断采用改进设计，使用清洁的能源和原料，采用先进的工艺技术与设备、改善管理、综合利用，从源头削减污染，提高资源利用效率，减少或者避免生产、服务和产品使用过程中污染物的产生和排放，以减轻或者消除对人类健康和环境的危害。

2. 建设项目清洁生产分析的基本要求

清洁生产强调全过程污染控制，即对建设项目，应在选址、布局、产品方案和原材料、能源方案的选择、工艺设备选择、施工建设以及产品使用等方面进行全过程污染控制。在环境影响评价阶段，进行清洁生产评价时，首先要转变观念，树立通过生产全过程控制来减少甚至消除污染物产生的观念；应评价降耗和减污、体现清洁生产的方案，是否从源头消灭环境污染，环保措施是否从源头贯穿生产全过程。

在进行清洁生产评价时，应了解国家和地方有关经济发展的规划，掌握国家和地方的产业政策、技术政策和环保政策；掌握行业清洁生产水平，了解有关行业先进技术及工艺、设备、原材料和能源消耗等方面的信息。在进行建设项目清洁生产分析时，应运用这些信息，评价项目的清洁生产水平，提出提高清洁生产水平的建议。

二、建设项目清洁生产评价指标

清洁生产评价指标应能覆盖原材料、生产过程和产品的各个主要环节，既要考虑对资源的使用，又要考虑污染物的产生，因而环境评价中的清洁生产评价指标可分为六大类：生产工艺与装备要求、资源能源利用指标、产品指标、污染物产生指标、废物回收利用指标、环境管理要求。下面简要介绍前五个指标。

1. 生产工艺与装备要求

对于建设项目的环评工作,选用先进的清洁生产工艺和设备,淘汰落后的工艺和设备,是推行清洁生产的前提。这类指标主要从规模、工艺、技术、装备几方面体现出来,考虑的因素有毒性、控制系统、循环利用、密闭、节能、减污、降耗、回收、处理、利用等。

2. 资源能源利用指标

在正常情况下,生产单位产品对资源的消耗程度可以部分地反映一个企业的技术工艺和管理水平。从清洁生产的角度来看,资源能源利用指标的高低同时也反映企业的生产过程在宏观上对生态系统的影响程度,因为在同等条件下,资源能源消耗量越高,对环境的影响越大。资源能源利用指标通常由原辅材料的选取、单位产品的取水量、单位产品的能耗和单位产品的物耗等指标构成。

3. 产品指标

对产品的要求是清洁生产的一项重要内容,因为产品的质量、包装、销售、使用过程以及报废后的处理及处置均会对环境产生影响。同时,产品的寿命优化问题也应加以考虑。

4. 污染物产生指标

除资源能源利用指标外,另一类能反映生产过程状况的指标便是污染物产生指标。污染物产生指标较高,说明工艺相对比较落后或(和)管理水平较低。考虑到一般的污染问题,污染物产生指标分为三类,即废水产生指标、废气产生指标和固体废物产生指标。

(1) 废水产生指标。废水产生指标首先要考虑的是单位产品的废水产生量,因为该项指标最能反映废水产生的总体情况。但许多情况下单纯的废水量并不能完全代表生产状况,因为废水中所含污染物种类的差异也是生产过程状况的一种直接反映。因此,废水产生指标又可细分为两类,即单位产品废水产生量指标和单位产品主要废水污染物产生量指标。

(2) 废气产生指标。废气产生指标和废水产生指标类似,也可细分为单位产品废气产生量指标和单位产品主要大气污染物产生量指标。

(3) 固体废物产生指标。对于固体废物产生指标,情况则简单一些,因为目前国内还没有像废水、废气那样具体的排放标准,因而该指标可简单地定为单位产品主要固体废物产生量和单位固体废物中主要污染物产生量。

5. 废物回收利用指标

废物回收利用是清洁生产的重要组成部分。在现阶段,生产过程不可能完全避免产生废水、废料、废渣、废气(废汽)、废热,然而,这些"废物"只是相对的概念,在某一条件下是造成环境污染的废物,在另一条件下就可能转化为宝贵的资源。生产企业应尽可能地回收和利用废物,而且应该是高等级地利用,逐步降级使用,然后考虑末端治理。废物回收利用主要指标可分为废物综合利用量和利用率。

三、油气田开发清洁生产评价的内容

清洁生产是将整体预防的环境战略应用于生产过程和产品中。油气田开发清洁生产评

价主要针对拟建项目的钻井、井下作业、采油和油气集输等生产过程的生产工艺与装备、资源能源利用、污染物产生和废物回收利用等方面，评价项目是否符合清洁生产要求，并对发现的问题提出相应的改进建议。

1. 工艺技术选择合理性分析

从所用工艺技术与设备的先进性与合理性、所用原辅材料的清洁性等方面分析钻井、井下作业、油气集输、处理工艺技术选择的合理性及技术先进水平。

2. 清洁生产措施分析

调查并详细说明建设项目从钻井至油气采出、处理加工全过程采取的清洁生产措施，并分析其效果。

3. 清洁生产技术指标

清洁生产技术指标包括钻井及井下作业过程、油气处理过程的量化指标。

(1) 钻井及井下作业过程的量化指标包括：钻井井场占地面积(m^2/井)、钻井废弃钻井液[t/(100 m 标准进尺)]、钻井液循环率、落地油产生量(t/井)和落地油回收率。

(2) 油气处理过程的量化指标包括：油气处理所耗新鲜水[m^3/(t 标准油气)]、水的重复利用率、油气处理综合能耗[kg 标煤/(t 采出液或采出气)]。水的重复利用率可利用下式计算：

$$水的重复利用率 = \frac{重复水用量}{新鲜水用量 + 重复水用量} \times 100\% \quad (12\text{-}4\text{-}1)$$

标准油气当量是根据天然气的热值折算而成的油的产量，《环境影响评价技术导则 陆地石油天然气开发建设项目》(HJ/T 349—2007)规定：1 255 m^3 天然气＝1 t 原油。

根据油气田自身特点，选择上述可对比的指标与同类项目(钻井及井下作业过程主要考虑同类地区，油气处理过程主要考虑同水平规模、油气组分类似)进行对比，分析其工艺的先进水平。

四、清洁生产分析的方法和程序

1. 清洁生产分析方法

清洁生产分析可选用的方法有：

(1) 指标对比法。根据我国已颁布的清洁生产标准，或选用国内外同类装置清洁生产指标，对比分析项目的清洁生产水平。

(2) 分值评定法。首先给各项清洁生产指标逐项制定分值标准，再由专家按百分制打分，然后乘以各自权重得到总分，最后按清洁生产等级分值对比分析清洁生产水平。

目前，国内较多采用指标对比法。

2. 清洁生产分析程序

指标对比法作为清洁生产评价的主要方法，其评价程序为：

(1) 收集相关行业清洁生产标准，如果没有颁布标准，可以采用国内外同类装置清洁生

产指标;
(2) 预测本建设项目的清洁生产指标值;
(3) 分析本建设项目的清洁生产水平,并与标准值进行比较;
(4) 编写清洁生产分析专节,并判别本项目的清洁生产水平;
(5) 提出清洁生产改进方案或建议。

五、循环经济分析

"循环经济"是由美国经济学家 K·波尔丁于 20 世纪 60 年代提出的,是指在资源投入、企业生产、产品消费及其废弃的全过程中,把传统的依赖资源消耗的线性增长的经济转变为依靠生态型资源循环来发展的经济。原国家发改委环境和资源综合利用司指出:循环经济应当是指通过资源的循环利用和节约,实现以最小的资源消耗、最小的污染获取最大的发展效益。其核心是资源的循环利用和节约,最大限度地提高资源的使用效益;其结果是节约资源、提高效益、减少环境污染。"减量化、再利用、再循环"(reduce, reuse, recycle, 3R)是循环经济最重要的实际操作原则。

所谓"减量化"原则,有两个含义:一是指在生产过程中减少污染排放,实行清洁生产;二是指在生产过程中减少能源和原材料消耗,也包括产品包装的简化和产品功能的扩大,以达到减少废弃物排放的目的。所谓"再利用"原则,要求产品在完成其使用功能后尽可能重新变成可以重复利用的资源而不是有害的垃圾,即从原料制成产品,经过市场直到最后消费变成废物,再被引入新的"生产—消费—生产"的循环系统。所谓"再循环"原则,要求产品和包装器具能够以初始的形式被多次和反复使用,而不是一次性消费和使用完毕就丢弃。同时要求系列产品和相关产品零部件及包装物兼容配套,产品更新换代而零部件及包装物不淘汰,可为新一代产品和相关产品再次使用。

减量化原则具有循环经济第一法则的意义。循环经济本质上是一种生态经济,是可持续发展的经济形式,它具有三个重要的优势:一是提高资源和能源的利用效率,最大限度地减少废弃物排放,保护生态环境;二是实现经济、社会和环境的"共赢"发展;三是将生产和消费纳入一个有机的持续发展的框架中。

循环经济分析即是从企业或区域内的清洁生产技术、资源重复利用、"三废"治理及综合利用方面,分析建设项目实施循环经济的途径和效果。

第五节 油气田开发环境风险评价

一、环境风险评价基本概念

1. 环境风险

环境风险是指突发性事故对环境(或健康)的危害程度,用风险值 R 来表征,其定义为事故发生概率 P 与事故造成的环境(或健康)后果 C 的乘积,即

$$R(危害/单位时间) = P(事故/单位时间) \times C(危害/事故) \tag{12-5-1}$$

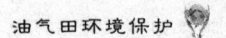

油气田开发存在多种风险,如井喷、爆炸、火灾、油气泄漏、溢油等。这些风险既可能单独发生,也可能交叉或连锁发生。发生的原因既可能是自然灾害,也可能是人为因素或设备腐蚀等。

2.建设项目环境风险评价

建设项目环境风险评价是指对某建设项目在建设和运行期间发生的可预测突发性事件或事故(一般不包括人为破坏或自然灾害)引起的有毒有害、易燃易爆等物质泄漏,或突发事件所产生的新的有毒有害物质所造成的对人身安全与环境的影响和损害进行评估,并提出防范、应急与减缓的措施。

二、油气田开发环境风险评价工作程序

油气田建设项目的环境影响评价程序包括环境风险识别、环境风险分析、后果计算、风险评价、风险管理和防范措施、应急计划等步骤或内容(图 12-5-1)。

1.风险识别阶段

该阶段的目标是确定危险物质、风险源和风险类型。风险识别对象是原料、辅料、中间和最终产品、工厂生产系统。识别方法主要有列表筛选法、专家调查法、事故树分析法、概率评价法、综合评价法等。

图 12-5-1 环境风险评价流程图

2.风险分析阶段

该阶段的目标是确定最大可信事故及其概率,分析对象是已识别的危险因素和风险类型,分析方法有定性方法(类比法、加权法)和定量方法(指数法、概率法、事故树法)。

3.后果计算阶段

该阶段的目标是确定危害程度及范围,对象是最大可信事故,计算方法包括大气扩散计算、水体扩散计算、爆炸损失计算、火灾热辐射计算和综合损害计算等。

4.风险评价阶段

该阶段的目标是确定风险值和可接受水平,对象是最大可信事故和风险评价指标体系,评价方法有外推法和等级评价法。

5.风险管理阶段

该阶段的目标是制定降低风险的措施,对象是可接受风险水平,方法是费效分析。应从以下几方面提出措施:

1) 正确选址

分析所选场址的合理性,包括周围环境的安全和风险问题。具有潜在危险事故的项目选址时应注意在建址和周围居住区等设置足够的缓冲区。

2) 工程设计中的安全措施

工程安全设计应作为工程设施设计的组成部分,要避免为了节省投资而不顾潜在风险的行为。

3) 施工监督措施

项目施工监督十分重要,是其能否达到设计规定和要求的保障,必须在环境风险评价中加以阐述。

4) 岗位培训

岗位培训和经常性的安全教育对工业设施维护、工程安全保障至关重要,应在风险评级中有所阐述。

5) 应急措施预案

制定应急措施预案的目标是将事故损害减至最小,对象是事故现场及其周围影响地区,方法主要是模拟类比法。

三、油气田开发环境风险评价工作内容与方法

油气田开发环境风险评价的基本内容为:风险识别、源项分析、风险后果计算、风险计算和评价、风险管理等。

1. 风险识别

风险识别是分析建设项目哪里有环境风险,并确定风险类别。

1) 风险识别的类型

油气田建设项目存在的环境风险类型主要包括井喷、溢油、火灾、爆炸、泄漏、紧急放空等(表12-5-1)。

表12-5-1 油气田生产事故风险类型、来源及危害

事故类型	来源	主要危害	可能含有的主要污染物	环境影响
井喷	钻井工程、井下作业	释放有毒污染物,引发火灾,污染环境,危及人身及财产安全	原油、天然气、H_2S	污染大气;原油覆盖地表和渗入地下后,阻塞土壤孔隙,使土壤板结,通透性变差,不利于植物生长;若原油流入地表水体,会形成油膜,阻碍水体溶氧,使水质变坏
溢油	钻井工程、井下作业、采油井场、油气储运	对环境造成重大污染,引发火灾、爆炸	石油类污染物	油品挥发,造成大气污染;原油覆盖地表和渗入地下后,阻塞土壤孔隙,使土壤板结,通透性变差,不利于植物生长;若原油流入地表水体,会形成油膜,阻碍水体溶氧,使水质变坏
泄漏	井下作业、油气储运、注水系统	污染环境,引发火灾爆炸,损害人身及财产安全	石油类、天然气、挥发烃类、回注污水	阻塞土壤孔隙,使土壤板结,通透性变差,土壤功能破坏,植被死亡;污染大气,污染地表水和地下水

续表

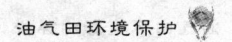

事故类型	来源	主要危害	可能含有的主要污染物	环境影响
火灾、爆炸	钻井井喷、油气储运	有害气体、热辐射、抛射物等污染环境,损害人身健康及财产安全	有害气体	污染大气,破坏植被
紧急放空	油气储运	污染环境	伴生气、挥发烃类	污染大气

2) 风险识别范围

油气田建设项目的环境风险识别可界定在各生产过程的物料及产生的污染物、生产系统、储存运输系统、相关的公用工程和辅助系统等范围内。

3) 风险识别内容

风险识别主要包括危险物质识别、生产过程识别、事故形式及危害类型识别。

2. 源项分析

源项分析是发现、识别系统中的危险源。建设项目环境风险评价源项分析的主要内容是:确定最大可信事故的发生概率、危险化学品的泄漏量。最大可信事故是指在所有概率不为零的事故中,对环境(或健康)危害最严重的重大事故,即指泄露的有毒有害物质、着火、爆炸和有毒有害物质泄露,给公众带来严重危害,对环境造成严重污染的事故。源项分析的方法包括定性分析和定量分析方法,具体方法参见《建设项目环境风险评价技术导则》(HJ/T 169—2004)。

3. 风险后果计算

风险后果计算是在风险分析和源项分析的基础上,对最大可信事故给环境(或健康)造成的危害和影响进行预测分析。对事故泄漏释放到环境的有毒有害物质,因在水体中弥散或在大气中扩散,进而引发的环境污染,以及危害身体健康、影响生态环境的后果进行预测,确定影响范围和程度。油气田建设项目的最大可信事故可能为井喷或油气泄漏,也可能为火灾或爆炸。

4. 风险计算和评价

1) 风险值

风险值是风险评价表征量,包括事故的发生概率和事故的危害程度。

2) 后果综合

根据油气田建设项目的最大可信事故,选择井喷、溢油、泄漏、火灾、爆炸等风险事故的一种或几种进行事故后果计算,列出最大可信事故的"危害-距离"表,然后计算总危害。"危害"主要包括死亡、损伤和财产损失;"距离"是指对某种危害承受点距危险源的最大距离。最大可信事故所致环境危害 C 是其各种类型危害 C_i 的总和,即

$$C = \sum_{i=1}^{n} C_i \tag{12-5-2}$$

危害 C 的单位:人的损失为"死亡数/事故";财产损失为"金额/事故"。

3) 风险计算

最大可信事故的环境风险可利用下式进行计算：

$$R = PC \tag{12-5-3}$$

式中　R——风险值,死亡数/年;

　　　P——最大可信事故概率,事件数/年;

　　　C——最大可信事故造成的危害,死亡数/事件。

油气田生产系统中存在许多子系统,各子系统中都存在一个最大可信事故,其风险值设为 R_i。选出危害最大的作为本项目的最大可信事故,其风险值记为 R_{max},并以此作为风险可接受水平的分析基础。

4) 风险评价

风险可接受分析采用最大可信事故风险值 R_{max} 与同行业的可接受风险水平 R_L 进行比较,若 $R_{max} \leqslant R_L$,则该项目可以建设;若 $R_{max} > R_L$,则该项目必须采取降低风险措施以达到可接受水平,否则不能建设。

5. 风险管理

环境风险管理就是提出减缓或控制环境风险的措施或决策,达到既要满足人类活动的基本需要,又不超出当前社会对环境风险的接受水平。它包括减轻和消除事故对环境的危害、应采取的减缓措施和应急方案。油气田建设项目环境风险评价的重点是针对最大可信事故,提出具体环境风险应急防治措施并制定应急方案,防止风险事故对周围环境敏感点造成次生污染。油气田建设项目的应急措施包括溢油、井喷、火灾及爆炸等防治措施。

1) 溢油防治措施

溢油的防治措施:溢油监测、防止扩散措施、回收和处置措施等。

应急措施:紧急切断进油阀门,紧急关闭防火堤内排水等有可能漏油的阀门,采取防火措施,收集溢出的油品等。

2) 井喷防治措施

井喷的防治措施:利用地震技术探测异常高压以预防井喷,通过钻井试油掌握压力系统来预防井喷,利用钻井液密度控制液柱回压以预防井喷,利用防喷装置控制井口压力以预防井喷。

应急措施:利用过路井阻截高压气流来制止井喷,通过注水井停注和溢流降压来制止井喷,利用救援井侧向连通压井以制止井喷,打塞制止井喷等。

3) 火灾、爆炸防治措施

火灾、爆炸的防治及应急措施见表 12-5-2。

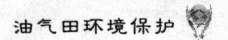

表 12-5-2 火灾、爆炸的防治及应急措施

工程防治措施		应急措施
燃料管理	根据各种油品的性能对其进行安全控制； 采用通风等方法去除油品蒸气； 加强监测，将油品蒸气控制在爆炸下限之内	采取紧急工程措施防止火灾扩大； 报告上级管理部门，并向消防系统报警； 消防救火； 紧急疏散附近人群，紧急救护伤员
火源管理	防止摩擦、撞击等机械引起火源； 控制高温物体着火源、化学及电气着火源	
油库设备安全管理	根据国家相关规定对设备进行分级； 根据分级要求确定检查频率并记录保存； 建立完善的消防系统	
防 爆	安装油罐顶安全帽等防爆装置； 设置防爆检测和报警系统	
抗静电	油罐设备接地要良好，要设永久性接地装置，油罐内禁止安装金属突出物； 燃料中添加抗静电剂以增加其导电性； 油罐进出油时要限制流速，禁止使用空气搅拌，要采用惰性气体；禁止在静电时间进行检查作业； 作业人员要穿戴抗静电工作服和导电性能好的工作鞋	
安全自动管理	运用计算机技术进行油品储运、装卸作业等的自动监测和控制	

第六节 环境影响报告书的编制要点

环境影响报告书应全面、概括地反映环境影响评价的全部工作，文字应简洁、准确，并尽量采用图表和照片，以使提出的资料清楚，论点明确，利于阅读和审查。原始数据、全部计算过程等不必在报告书中列出，必要时可编入附录。所参考的主要文献应按其发表的先后顺序由近及远列出。对于评价内容较多的报告书，其重点评价项目另编分项报告书，主要技术问题另编专题技术报告。

环境影响报告书应根据环境和工程的特点及评价工作等级，选择下列全部或部分内容进行编制。

0 前言

简要介绍建设项目确立过程、建设意义、开展环境影响评价的过程。

1 总论

按照《环境影响评价大纲》或《环境影响评价工作方案》、建设项目技术评价及批复意见，详细列出以下八节内容。

1.1 编制依据

1.2 评价目的及原则

1.3 环境功能区划及评价标准
1.4 污染控制和环境保护目标
1.5 评价时段
1.6 评价工作等级
1.7 评价范围
1.8 评价工作内容及重点
2 建设项目概况
介绍项目名称、建设地点、建设性质、生产规模、占地面积,附区域位置图。
介绍油气田储层特征、地质构造、项目组成内容(包括钻采、道路、集输、处理等工程内容)及土地利用、主要技术经济指标。
3 工程分析
3.1 现有工程分析
对于涉及(依托)现有工程的建设项目,说明依托(现有)工程的情况,重点说明现有环境问题。
3.2 勘探期回顾
对建设项目勘探期进行回顾分析。
3.3 建设项目工程分析
3.3.1 施工期
钻井部分:对施工期的钻井工艺、原辅材料消耗及性质,给出要求的列表。重点说明钻井工艺过程中保护地下水层的措施。
集输部分:说明管线布设走向及场站(阀室)位置、管线敷设工艺及穿越的环境敏感点或区域等情况,附要求的图表。
道路部分:说明道路、路网布设情况、修建方式、穿越的环境敏感点或区域等,附道路、路网布设图。
场地布置及土地利用:说明建设项目场站布置及土地利用情况、土石方量以及拆迁数量,给出要求列出的图表。
环境影响因素及产污环节分析:进行生产过程及影响因素(产污环节)分析,附要求的图表。
3.3.2 运行期
对建设项目运行期的原辅材料及公用工程消耗量、来源、主要成分及物理化学性质进行介绍,并对生产过程、产物环节、"三废"排放进行分析,附要求的图表。
3.3.3 拟采取的环境保护措施
简要介绍建设项目拟采取的环境保护措施。
3.3.4 达标排放分析
对建设项目的污染源进行达标排放分析。
3.3.5 污染物排放总量核定
对建设项目排放污染物总量进行核定。
4 建设项目所在区域的环境概况
4.1 地理位置(附平面图)

4.2 自然环境概况

介绍建设项目所在区域自然环境概况,主要包括地质、地形地貌、气候气象、水文(附水系图)、水文地质、土壤类型与植被分布(附植被分布图)、野生动物分布、周围自然遗迹、自然保护区的分布情况等。

4.3 社会环境概况

介绍建设项目所在区域社会环境概况,主要包括:地域经济发展状况,居住区、企事业单位及人口分布情况,土地利用状况(附土地利用图),相关的文物保护遗址分布等。

4.4 产业政策及地方区域发展规划

介绍与建设项目相关的产业政策和建设项目所在地的区域发展规划,以及建设项目与之符合性。

4.5 环境功能区划及生态功能区划

介绍建设项目所在区域的环境功能区划和生态功能区划,以及建设项目与之符合性。

5 清洁生产与循环经济分析

5.1 工艺技术选择合理性分析

对建设项目选用的工艺合理性及先进性进行分析。

5.2 清洁生产措施

分析建设项目采取的清洁生产措施及效果。

5.3 清洁生产水平分析

计算可对比的量化指标,并与同类项目进行对比,分析建设项目的清洁生产水平。

5.4 循环经济分析

介绍并分析建设项目采取的循环经济措施及效果。

6 环境质量现状调查与评价

包括环境空气、地表水、地下水、声环境、固体废物环境生态环境等现状调查与评价。

7 环境影响预测与评价

包括环境空气影响预测与评价、地表水影响预测与评价、地下水影响预测与评价、声环境影响预测与评价、固体废物环境影响分析、生态环境影响分析等。

8 环境风险分析

9 公众参与评价

包括公众参与的对象、公众参与的形式、公众意见调查的实施、调查结果的统计分析。

10 环境保护措施论证分析

10.1 污染防治措施

论述建设项目拟采取的污染防治措施技术经济可行性,对项目设计存在的环保问题进一步提出污染治理措施。

10.2 生态保护措施

主要从生态减缓、恢复、补偿三个方面论述建设项目拟采取的生态保护措施的技术经济可行性。对项目设计存在的环保问题,进一步提出生态保护措施。

10.3 "以老带新"措施

10.4 "三同时"项目一览表

11 污染物排放总量控制分析

12 替代方案及减缓措施
13 HSE 管理体系及环境监控
14 环境影响经济损益分析
15 环境可行性论证分析

包括建设项目环境可行性论证分析及建设项目选址合理性分析。

16 评价结论

间接、准确、客观地总结、概括报告书及各专题的主要内容,给出各专题的评价结论,最终给出建设项目环境可行性的综合评价结论。

17 附件、附图及参考文献

17.1 附件

主要有环境评价工作委托书(合同)或任务书、建设项目建议书及批复、评价大纲及批复。

17.2 附图

17.3 参考文献

参考文献应给出作者、文献名称、出版单位、版次、出版日期等。

| 思考题 |

1. 环境影响评价分为几个等级?如何确定?
2. 建设项目工程分析包括哪些内容?工程分析的方法及其特点是什么?
3. 环境要素评价可分为哪几个主要阶段?
4. 油气田开发清洁生产评价的内容及评价程序是什么?
5. 油气田开发的环境风险类型有哪些?如何进行环境风险的评价?

参考文献

[1] 陆雍森.环境评价[M].上海:同济大学出版社,1999.
[2] 国家环境保护总局环境影响评价管理司.环境影响评价岗位培训教材[M].北京:化学工业出版社,2006.
[3] 丁桑岚.环境评价概论[M].北京:化学工业出版社,2001.
[4] 董国永.石油环保技术进展[M].北京:石油工业出版社,2006.
[5] 王景华,穆从如,刘凤奎.油田开发环境影响评价文集[M].北京:中国环境科学出版社,1989.
[6] 张家仁.石油石化环境保护技术[M].北京:中国石化出版社,2006.